普通高等学校计算机类一流本科专业建设系列教材

数 据 结 构

主　编　王廷梅
副主编　杜丽娟　陈战胜　胡正坤

科学出版社

北 京

内 容 简 介

学会与数据打交道的方法，能够为数据建立结构并基于该结构进行操作是智能化时代 IT 工作者的必备技能。

本书的核心目标是通过学习数据结构的基本概念、数据的逻辑结构、存储结构及算法设计等，学生可以学会从业务领域中抽象出与数据相关的问题，掌握将问题从业务领域映射到技术领域的步骤和方法，提高解决问题的能力。本书注重学生抽象思维和计算思维的养成，是一本以"学生为中心"传递方法和思维的教材。本书是"以问题为导向，以任务为驱动"展开的，每章设置一个问题及解决该问题所需完成的若干个任务，并随着任务进程的推进逐步将知识、技术和方法融入其中，使得任务完成过程与知识学习过程、方法训练过程、思维养成过程融为一体。

本书可作为计算机相关专业的"数据结构"课程教材，也可作为 IT 工作者及爱好者的技术参考书。

图书在版编目（CIP）数据

数据结构 / 王廷梅主编. —北京：科学出版社，2021.11
（普通高等学校计算机类一流本科专业建设系列教材）
ISBN 978-7-03-069795-0

Ⅰ. ①数… Ⅱ. ①王… Ⅲ. ①数据结构-高等学校-教材 Ⅳ. ①TP311.12

中国版本图书馆 CIP 数据核字（2021）第 185797 号

责任编辑：潘斯斯 张丽花 / 责任校对：王 瑞
责任印制：张 伟 / 封面设计：迷底书装

科 学 出 版 社 出版
北京东黄城根北街 16 号
邮政编码：100717
http://www.sciencep.com

北京九州迅驰传媒文化有限公司印刷
科学出版社发行 各地新华书店经销
*
2021 年 11 月第 一 版 开本：787×1092 1/16
2024 年 8 月第三次印刷 印张：22
字数：521 000

定价：79.00 元
（如有印装质量问题，我社负责调换）

前　　言

在互联网技术的支撑下，云计算、大数据、人工智能和区块链技术促使人类社会从信息化时代迈入智能化时代，我们能够深切地感受到智能教育、智慧医疗、智能交通带来的红利。其实，信息化向智能化快速发展的幕后推手就是数据和基于数据的操作。学会与数据打交道的方法，给纷繁复杂的数据建立结构并通过实施各种操作挖掘其有价值的信息来解决实际问题，不仅是智能化时代 IT 工作者的必备技能，也是学习"数据结构"课程的终极目标。

1968 年，图灵奖获得者、美国计算机科学家 Donald Ervin Knuth（高德纳）在其 *The Art of Computer Programming. Volume I: Fundamental algorithms* 中比较系统地阐述了数据的逻辑结构和存储结构及其操作，开创了数据结构的最初体系，自此"数据结构"作为一门独立的课程出现在计算机系的教学计划中。随着软件的规模和复杂度越来越高，软件设计方法变得越来越重要，数据结构设计越来越被人们重视，以至于"数据结构"课程成为计算机相关专业的专业基础必修课程，随后种类繁多的《数据结构》教材纷至沓来。

当前，市面上关于数据结构的教材大致分成三类。第一类是传统经典教材。经过学生多年的使用和检验，这类教材的知识点准确、全面、简练，但是全书内容结构是基于知识系统性的，缺乏应用场景及基于应用场景的逻辑思路分析，可以归结为"以教为中心"的教材。第二类是近些年出现的数据结构相关教材。这类教材除了包含全部或者部分经典教材中的知识点外，还添加了一些实际应用问题及其相关思路分析，但是大部分实际应用问题都是传统的数学问题，这样会导致很多学生深陷于数学知识的困扰而对数据结构的学习止步不前。近年来，教育部大力推进产教融合、校企合作，促生了一些新型教材。第三类就是教、学、做一体化类教材，通常包含设定目标、任务及实践完成三个部分，其中部分任务是基于实际应用场景的，部分任务是基于经典教材中的案例的。"数据结构"内容属于软件设计范畴，其重点是从业务领域中抽象出与数据相关的问题，并将问题从业务领域映射到技术领域的步骤和方法，注重学生抽象思维和计算思维的养成。以上三类教材一般需要通过教师的授课讲解才能获得能力的培养，也就是说是"以教为中心"，学生获得知识能力的高低很大程度上取决于任课教师的讲解。

在本书编写过程中，一方面借鉴已有教材的优秀成果，另一方面更加突出"以学为中心"的项目式教学目标。本书主要包括以下特色：

首先，本书内容也包含经典教材的知识点，但是其内容章节的推进以完成一个项目的若干任务为牵引，通过分析完成任务所需知识点进而带入相关的知识点，让学生感受到学习知识是为了完成任务，而不是完成任务是为了学习知识，由此贯彻并体现了"能力导向"的重要思想。其次，全书每章的内容不是生硬的植入，而是随着任务进程的推进，一环扣一环、自然而然出现的，即使没有教师讲解，学生也可以独自完成学习的全过程，并达到很好的学习效果，由此贯彻并体现了"以学为中心"的重要理念。最后，在本书开篇就归纳总结了解决数据结构问题的七个步骤，即基于业务领域的四个步骤为确定数据集、确定数据对象、构建逻辑结构、确定操作，基于技术领域的二个步骤为定义数据类型、定义存储结构、定义操作。通过七个步骤的实施，让学生掌握从业务领域的具体问题映射到技术领域解决问题的方法，由此贯彻并体现"以计算思维和抽象思维为目标"的课程初心。

同时，本书案例以国家近年来为解决民生问题而实施的一系列惠民行动为背景，如"村村修公路""为驰援武汉抗击新冠肺炎疫情的捐款"等。让学生在学习时能够感受到中国特色社会主义道路自信、理论自信、制度自信、文化自信。

本书的主要内容在应用型本科高校和高职院校的计算机相关专业讲授多年，并根据任课教师、企业专家、学生的意见和建议进行了多次调整和完善。

本书编写分工如下：第 1、2、8 章由王廷梅编写，第 3～5 章由杜丽娟编写，第 6、7 章由陈战胜编写，第 9、10 章由胡正坤编写。全书由王廷梅统稿。附录中英文专业词汇的整理，以及有关程序的调试和文字校对等工作由在读研究生张华帅完成，作者在此表示衷心的感谢！

限于作者的水平和时间，书中难免存在不足之处，望读者不吝指正，谢谢！

编　者
2021 年 1 月

目　　录

第1章

数据结构概述

在互联网技术的支撑下，云计算、大数据、人工智能和区块链技术促使人类社会从信息化时代进入智能化时代，我们能够深切地感受到智能教育、智慧医疗、智能交通等带来的红利。其实，信息化向智能化快速发展的幕后推手就是数据和基于数据的操作。数据结构就是研究数据与数据之间的关系，通过构建数据模型并设计基于该数据模型的操作来解决实际问题。那么到底什么是数据结构，如何基于实际问题构建数据结构(数据模型)，如何把数据模型存储到计算机内，如何基于数据结构确定操作并实现操作来解决实际问题，这些都是本书要解决的重要问题。这些问题的解决不仅涉及基于业务领域的需求分析，而且涉及基于技术领域的软件设计及实现，更重要的是要掌握从业务领域的需求到技术领域的设计及实现的映射方法。在解决问题的过程中，学生的抽象能力和计算思维不断得到训练。如果把职场比作一场武林大会，学会程序设计语言让你拥有了利剑，而掌握了数据结构的思想精髓才是克敌制胜的剑谱。

"一年之计在于春，一日之计在于晨。"一书之计在于开篇。开篇中会从宏观层面概述数据结构的全貌，使读者建立对数据结构的初步印象，对读者后面的学习兴趣产生直接的影响。本章首先介绍数据结构的基本概念，使读者把握什么是数据结构，之后重点介绍数据结构的逻辑结构和存储结构，以及基于数据结构的操作及实现，最后总结用数据结构解决实际问题的方法和步骤，使读者学会与数据打交道的专业方法。

为了使读者更好地学到本书的精髓，建议读者在开始学习本书之前，最好学过一门高级程序设计语言，因为数据结构不仅会用到数据类型、结构体、指针及函数的基本知识，更重要的是需要读者理解计算机的解题思路。需要说明的是，数据结构的思想和方法是不依赖于具体计算机程序设计语言的。

本章问题：某社区党支部驰援武汉抗击新冠肺炎疫情捐款软件的设计与实现。

问题描述：2020 年初，突如其来的新冠病毒肆虐武汉，并迅速在全国蔓延。为了保护人民的生命安全，在党中央的统一部署下，全国人民充分发挥"一方有难、八方支援"的精神，以空前的团结在人力、物力、财力上给予武汉最强有力的支援。本章的学习任务就来自某社区党支部支援武汉的一次捐款活动。党支部书记老张把此次捐款工作交给了从事软件开发工作的社区在职党员小李，让小李针对这次捐款活动开发一款软件。老张向小李简单介绍了本次捐款活动的相关要求。内容主要为：参加本次捐款的人员为本社区正式党员、预备党员和入党积极分子，其中正式党员 45 人，预备党员 10 人，积极分子 30 人，共计 85 人；每人的捐款额度不限；需要统计和查询捐款数据。最后，老张特别强调，此次捐款自愿参加。

接到任务的小李马上与老张进一步了解都需要统计什么数据、查询什么数据，之后对软件需求进行梳理，经老张确认后总结如下：

(1)捐款人，本社区的正式党员 45 人、预备党员 10 人，积极分子 30 人，共计 85 人；

(2)能够保存捐款数据；

(3)能够查询每个人的捐款额度；

(4)能够统计总的捐款人数；

(5)能够统计三类人的捐款额度；

(6)捐款遵循自愿原则。

具有多年软件开发经验的小李马上看出，这是一个典型的数据结构问题，并确定设计及实现捐款软件需要完成以下三个任务：

(1)为捐款软件的数据设计数据结构；

(2)为捐款软件的数据设计存储结构；

(3)基于捐款软件的数据结构定义操作及实现算法。

任务确定后，小李马上开始着手设计及开发工作。下面我们将与小李一起来完成捐款软件的设计及实现任务。

既然确定是数据结构问题，小李的第 1 个任务就是为捐款软件设计数据结构。

1.1　为捐款软件的数据设计数据结构

我们首先来了解和认识数据结构，深入理解到底什么是数据结构，才能和小李一起来完成此捐款软件的设计及任务实现。

顾名思义，数据结构就是数据间的结构，所以学习数据结构之前，必须要先知道什么是数据以及关于数据的一些最基本的概念和术语。

1.1.1　数据及其基本术语

我们已经进入人工智能、大数据驱动的智能化时代。我们生活、工作在数据包围的环境中。外卖点餐系统、网上购物系统、房产中介系统、道路交通管理系统、微信社交系统等无一不是基于数据构成的。那么，到底什么是数据呢？是我们头脑中诸如"1、2、3…"这样的数字吗？当然不是。

【问题 1-1】什么是数据？

我们来简单分析一下上面提到的软件系统。外卖点餐系统中要有客户数据、餐品数据、订单数据等；道路交通管理系统中要有道路连通数据、位置数据等；微信社交系统要有好友数据、发送信息数据等。这些种类繁多的系统中的数据也各具特点，有字符、字符串、声音、图像、视频，以及链接的网页。所以，数据并不仅局限于整数、实数等数值类型，还包括其他非数值类型的数据。

数据(Data)是对客观事物的符号表示，是所有能被计算机识别、输入计算机中存储并被计算机程序处理的符号集合。

从上面的定义可知，数据是一个集合，包括数值、字符、音频、视频等非数值类型。数据是一种符号表示，要满足两个条件：①可以被计算机识别并输入计算机中存储；②可以被计算机程序处理。

数值型数据一般可以直接存储到计算机的存储器中,可以进行数学运算;非数值型数据一般需要特殊编码处理后才能存储在计算机的存储器中,可以查询某物流信息、修改商品信息、显示某统计结果等。

数据是一个集合,那么构成集合的元素是什么呢?

【问题 1-2】什么是数据元素?

集合简称集,是数学中一个基本概念,是确定的一堆东西,集合里的“东西”称为元素。现代的集合一般被定义为具有某种特定性质的具体的或抽象的对象汇总而成的集体。例如,小于 100 的自然数集、26 个小写英文字母集、第十二届中国医师奖获奖医师集等。构成集合的这些对象称为该集合的元素。在数据结构中,数据中的元素一般称为数据元素。

数据元素(Data Element)是组成数据的基本单位,用于完整地描述一个对象,在计算机中通常作为一个整体来处理。数据元素也称为元素或者记录。

根据上面的定义,100 个自然数是一个集合,每一个自然数是一个数据元素;10 个学生数据是一个集合,每个学生数据就是一个数据元素或者一个记录。假设学生数据元素是由学号、姓名、性别、年龄等构成的。在软件系统中,学生数据元素一般定义为一个整体,例如,在 C 语言中用结构体 struct 来定义,在面向对象语言中用类来定义。

【问题 1-3】什么是数据项?

例如,学生数据元素由学号、姓名、性别、年龄等构成,这说明,数据元素还可以再分,由更小的单位来组成,这就是数据项。

数据项(Data Item)是构成数据元素的最小单位,具有独立的意义并且不可分割。

并不是每个集合中数据元素都有数据项。例如,26 个小写的英文字母集合中,字母 a～z 是其数据元素。此时的数据元素已经不需要再分解成数据项了。再如,上面提到学生数据集合,其学生数据元素就要再分解为学号、姓名、性别、年龄等数据项。注意,数据元素是否需要分解为数据项,都分解为哪些数据项,是依据具体要解决的问题来决定的,没有固定的模式。

在实际问题中,我们研究的数据元素一般具有相同的特征,例如,每一个学生数据元素都包含学号、姓名、性别、年龄;每一个商品数据元素都包含商品编号、商品名称、商品价格;优秀的软件系统不会将学生数据元素和商品数据元素放在一个集合中处理。所以,软件系统都是把具有相同性质的数据元素放在一起来处理,这就是数据对象。

数据对象(Data Object)是指具有相同性质的数据元素的集合,是数据的一个子集。

这里要注意相同性质。例如,自然数是一个数据,小于 100 的自然数集是自然数的一个子集,是一个数据对象,因为每一个数据元素都满足小于 100 而且是自然数的性质。再如,学生数据,如果每一个学生数据元素都包含学号、姓名、性别、年龄,那么满足这样条件的学生数据元素构成的集合就是一个数据对象。也可以说,一个数据对象中的数据元素所包含的数据项必须是相同的。在后面的学习中,为了方便,一般会把数据对象简称为数据。

以上我们学习了数据、数据元素、数据项和数据对象,可总结一下:前三者之间是包含关系。数据是一个集合,由若干数据元素组成,每个数据元素可能由若干数据项组成。数据对象是数据的一个子集,也是由数据元素、数据项组成的,只不过这些数据元素具有相同的性质。

理解了这些基本概念和术语之后，我们就可以开始接触数据结构了。

1.1.2 数据结构的定义

【问题 1-4】什么是数据结构？

在百度百科中，结构解释为各个组成部分的搭配和排列。其实也可以说是各个组成部分之间的排列关系。那么数据结构就是数据元素之间的排列关系。例如，医疗叫号系统中，患者数据元素应该按照先后顺序线性排列；家族关系中，家庭成员数据元素应该按照父子关系分层排列。分别理解了数据和结构后，我们给数据结构一个定义。

数据结构(Data Structure)是相互之间存在一种或多种特定关系的数据元素的集合。

由上面数据结构的定义可知，数据结构首先要包含一个数据元素的集合，这些数据元素间存在特定关系，也就是排列顺序。由此，可以将数据结构形式化定义为 DS = <D, R> 的二元组，其中 DS 为单词 Data Structure 的首字母；二元组中字母 D 代表 Data，表示数据元素的集合；字母 R 代表 Relation，表示数据元素之间的关系。

在现实世界中或者在开发某个软件系统时，我们所要处理的数据元素一般是杂乱无章的。例如，小李在捐款软件中要处理的每个人的捐款数据、家族关系中每个家庭成员的数据、道路导航系统中每个城市的数据。我们需要依据要解决的问题，将杂乱无章的数据元素按照某种原则排列起来，建立数据元素之间的关系，也就是建立数据结构。因为针对相同的问题，不同的人可能构建的数据结构不同，所以会导致解决问题的效果和效率不同。这就是学习数据结构的重要意义所在，能够从问题中识别出数据，能够依据要解决的问题构建出合适的数据结构，为最终解决问题奠定良好的基础。

1.1.3 抽象数据类型

我们必须强调，为一个问题中的数据建立关系并构建数据结构的目的是解决这个问题。所以，基于同一个数据集，需要解决的问题不同，构建数据元素之间的关系也不同。例如，在一个家族系统中，全体家族成员为一个数据集。如果想要知道这个家族中所有成员的姓名，只要将家族成员数据按照线性排列即可；但是如果想要知道家族成员之间的关系，如父子关系、兄弟关系，那就要将家族成员数据按照分层(树型)排列。如此看来，数据结构并不像上面定义的那样简单。除了包含数据集 D 和数据元素间的关系 R 外，还要包括基于数据元素间关系 R 的操作，因为设计什么样的数据结构与要解决的问题密切相关。

因此，数据结构的形式化定义可以扩展为 DS = <D,R,O>，D 和 R 分别是数据集和数据元素之间的关系，而 O 代表 Operation，表示操作，也就是要解决问题需要做的动作。因此，数据结构更适合用抽象数据类型来描述。

【问题 1-5】什么是抽象数据类型？

在计算机程序设计语言中，数据类型是指一组性质相同的值及基于该组值的一组操作的总称。这里，数据也是数据对象，是指一组具有相同性质的值的集合。类型规定了所能进行的操作。如 int 类型，假设占 2 字节。那么"int k;"中 int 类型变量 k 的取值范围为 $-32768 \sim 32767$。int 类型规定了变量 k 只能做加、减、乘、除、取余操作。

由于编写的程序可能在不同的机型上编译并运行，如大型机、小型机、PC 等。不同的机型上，加、减、乘、除的具体实现可能不一样。但是 int 类型规定了相同的操作，从而使得程序设计者在编写程序时不需要关心具体的实现细节，这就是对 int 数据类型的抽象。

抽象数据类型是对已有数据类型的抽象。其实是采用了和面向对象一样的思维方法。将数据和操作封装在一起，构建的数据结构独立于具体的实现。也就是说在构建数据结构时，一定要根据解决问题的需要，不需要考虑具体如何在计算机中实现。

抽象数据类型(Abstract Data Type，ADT)是将一组数据元素、数据元素之间的关系和基于数据元素间关系上的一组操作封装在一起的一种表达方式。

对比上面数据结构的形式定义 DS = <D,R,O>，抽象数据类型的定义与数据结构的形式化定义是相同的。先给出用抽象数据类型构建数据结构的表示方法，具体如何应用将在后面学习，这里不再具体展开。

ADT 抽象数据类型名
{

　　　　数据集 D:<数据集合的定义>
　　　　数据元素间关系 R:<数据元素间关系的定义>
　　　　操作 O:<操作的定义>
　　　　操作名 i
　　　　　　初始条件
　　　　　　操作结果

}

其中，D 和 R 的定义通常使用"{ }"集合的形式表示，也可以用自然语言描述。操作 O 可能有多个，每个操作的定义包括要进行该操作的初始条件和操作完成后产生的结果。

至此，我们学习了数据结构的定义，知晓其实数据结构是一个三元组，不仅包含数据集和数据元素间的关系，还包含基于关系的操作。要设计数据结构，一定要抓住这三个要素，一旦三个要素都确定了，数据结构的设计就完成了。

理解了数据结构的定义，我们回过头来看看为什么当初程序员小李根据整理的软件需求确定就是一个数据结构问题。第 1 条，参加本次捐款的 85 人的捐款数据就是"捐款软件"中的数据集；第 2~5 条为基于捐款人数据集上的操作，所以是一个典型的数据结构问题。有的读者可能提出疑问：还缺少数据集中数据元素之间的关系呢。这个问题稍后解决，现在我们跟随程序员小李确定数据集合及基于该集合上的操作。

【问题 1-6】确定捐款软件数据结构中的数据集。

把捐款软件的数据结构命名为 donationSystem，定义为

$$donationSystem = <D, R, O>$$

其中，D 表示数据集；R 表示关系；O 表示操作。

先来确定数据集 D。问题中的数据集 D，也是问题中研究对象的集合。捐款活动中，主要的研究对象就是捐款人的捐款数据。所以数据集合 D 可表示为

$$D = \{ \text{捐款人 } i \text{ 数据 } | 0 \leqslant i \leqslant 85 \}$$

由于捐款遵循自愿原则，因此 0 表示没有人捐款，85 表示所有人都捐款了。

在数据集 D 中确定了数据元素,即每个捐款人的数据,那么,每个捐款人数据又需要包括哪些信息呢?也就是说,每个数据元素需要分解为哪些数据项?这需要仔细分析"6 条需求"。因为"需求 3"要查询每个人的捐款额度,所以需要记录捐款人姓名及捐款额度;因为"需求 5"要分类统计,所以需要记录捐款人员类型。此外,从技术需求考虑,为了便于检索和管理,一般会给数据集中的每一个数据元素增加一个域,作为主键,用来唯一标识该数据元素,因此增加了捐款人编号。也可以把数据元素分解出的数据项称为数据元素的公共属性。捐款人数据的公共属性如图 1-1 所示。

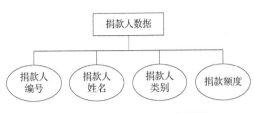

图 1-1 捐款人数据的公共属性

数据集 D 的定义可以更新为

捐款数据集 D = { (捐款人 i 编号,捐款人 i 姓名,捐款人 i 类别,捐款额度) | 0 ≤ i ≤ 85}

上面确定捐款人公共属性的过程提示读者,确定数据结构的三个要素都要依据需求,一定要重视需求。开发一个软件系统的成功与否,最关键的是看其是否"弄清楚需求、确定需求、依据需求"。

【问题 1-7】确定捐款软件数据结构中基于数据集 D 的操作。

确定了数据集之后,我们依据"6 条需求"确定基于数据集 D 上的操作。因为"需求 2"要求保存捐款数据;"需求 3"要求查询每个人的捐款额度;"需求 4"要求统计总捐款人数;"需求 5"要求分类统计。因此,可以确定基于捐款人数据集 D 上的 4 个操作,分别定义如下。

操作名:saveDonationInfo

　　初始条件:所有的捐款数据

　　操作结果:保存到 TXT 文件中

操作名:queryDonationAmount

　　初始条件:所有的捐款数据,指定捐款人编号

　　操作结果:指定捐款人编号的捐款额度

操作名:donationNumber

　　初始条件:所有的捐款数据

　　操作结果:总捐款人数

操作名:typeDonationAmount

　　初始条件:所有的捐款数据

　　操作结果:各类人的捐款总额度

学过程序设计的读者会发现,上面定义的操作在后面是用函数来实现的,其中,初始条件为函数的形式参数,操作结果为函数的返回值。

至此,我们确定了数据结构的数据集 D 和操作 O,接下来要确定数据集 D 中数据元素间的关系。要确定数据元素间的关系,就需要熟悉数据元素间可能存在哪几种关系,这是数据结构的逻辑结构问题。

1.1.4　逻辑结构及其构建

【问题 1-8】确定捐款软件数据结构中数据集 D 中数据元素间的关系,即数据的逻辑结构。

在确定数据元素间的关系之前,我们需要先学习数据元素间关系的表示方式,也称为数据结构的逻辑结构。

逻辑结构(Logical Structure)是指数据元素之间的相互关系,是基于实际问题需要,从逻辑关系上描述数据,抽象出来的数据模型。

逻辑结构是独立于存储结构的,与具体实现无关。

从以上逻辑结构的定义可知,逻辑结构一定要根据具体问题来描述数据元素之间的关系。此时,不需要考虑具体的实现。根据数据元素间关系的特征不同,逻辑结构通常分为以下四种。

1. 集合结构(Set Structure)

数据元素之间的关系除属于同一个集合外,再没有其他的关系。例如,100 以内的自然数,从 0～99 共 100 个自然数间的关系是集合关系。再如,一个班级的学生,每个学生都属于由该班级所有学生组成的班级学生集合。

集合结构一般有三种表示方式。第 1 种采用列举法来表示数据集 D,数据集 $D = \{$ 数据元素 1,数据元素 2,$\cdots$,数据元素 n $\}$。例如,100 以内的自然数集 $D = \{0,1,2,\cdots,99\}$。第 2 种采用数学上对集合的形式化表示方式,数据集 $D = \{$ 数据元素 $i|$ 数据元素的说明 $\}$。例如,100 以内自然数集 $D = \{i|i$ 是自然数且 $0 \leqslant i \leqslant 99\}$。第 3 种采用文氏图表示,这种表示方法比较直观。例如,我国直辖市集合用文氏图表示如图 1-2 所示。

图 1-2　我国直辖市集合文氏图

2. 线性结构(Linear Structure)

数据元素间是一对一的关系。除了第 1 个数据元素外,其余每一个数据元素都有唯一的直接前驱和唯一的直接后继。第 1 个数据元素没有前驱,最后一个数据元素没有后继。例如,某班级按照学号排列的所有学生数据集合。

线性结构一般有以下两种表示方式。

第 1 种用圆括号“( )”表示。例如,按照学号排列的某班级学生数据表示为:学生数据集 $D = ($张三,李四,王五,$\cdots)$,其中各数据元素间用逗号分隔开。假设数据元素用 a_i 来表示,则线性结构可以表示为 $(a_1,a_2,a_3,\cdots,a_n)$。

$a_1 \rightarrow a_2 \rightarrow a_3 \cdots \rightarrow a_i \cdots \rightarrow a_n$

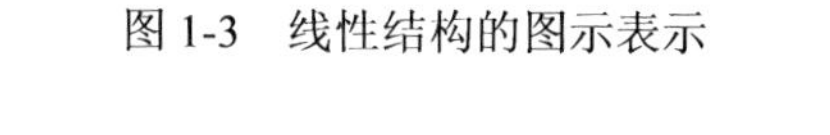

图 1-3　线性结构的图示表示

第 2 种用图示表示,线性结构的图示表示如图 1-3 所示。

3. 树型结构(Tree Structure)

数据元素间是一对多的分层关系,一般用图示的方式表示。例如,家族成员间的家族关系,张三有 3 个儿子,大儿子有 2 个儿子、二儿子有 1 个儿子、三儿子有 3 个儿子,张三家族关系用树型结构图示表示如图 1-4 所示。

在树型结构中，数据元素间以分层表示，其中某个数据元素仅与其直接上层的唯一一个数据元素有关系，而与其直接下层的多个数据元素有关系。

组织机构关系、计算机文件资源管理等都是最常见的树型结构。

4. 图型结构（Graph Structure）

数据元素间是多对多的关系，一般用图示方式表示。例如，某市 9 个村子之间道路交通情况的图型结构如图 1-5 所示。其中，图中的顶点表示村子，图中的边表示村子和村子之间有道路直接连通。通常情况下，数据元素为图中的顶点，用圆圈"○"表示，把代表数据元素的符号写在圆圈内。顶点之间的连线，也就是图中的边表示数据元素之间的关系。

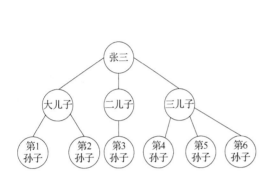 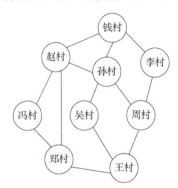

图 1-4　张三家族关系的树型结构图示　　　图 1-5　某市 9 个村子之间道路交通的图型结构

在图型结构中，任何两个数据元素间都可能存在关系，所以图型结构是比线性结构和树型结构都复杂的一种结构。但其实，线性结构是一种较为简单的树型结构，而线性结构和树型结构也是较为简单的图型结构。

知道了数据结构的逻辑结构的四种类型，小李开发捐款软件的数据结构是哪种数据结构类型呢？

我们来分析一下，由于捐款软件只要能够保存捐款数据、统计捐款人数、各类捐款人数和捐款额度、查询个人捐款额等，那么所有捐款人数据不需要构建复杂的关系，只要将它们一个接一个地排列起来，按照线性结构组织即可。当然可以按照不同的规则排列，例如，按照捐款的时间先后、按照捐款人的姓名字母顺序、按照给定捐款人的编号等。

捐款软件中数据结构的逻辑结构为线性结构，如果以捐款人编号为序，捐款人数据元素间的线性结构可以用如图 1-6 所示的图来表示。

图 1-6　捐款人数据元素间的线性结构

以上，对照数据结构的三个元组，数据集 D、数据间的关系或者逻辑结构 R、基于逻辑结构上的操作 O 已全部确定，小李已经完成了捐款软件中数据结构的设计。那么如何利用计算机存储这个数据结构呢？接下来的任务就是跟随程序员小李把数据及其数据间的关系，也就是数据的逻辑结构，存储在计算机中，使得逻辑结构转换为存储结构。

1.2　为捐款软件的数据设计存储结构

数据的存储结构是基于数据的逻辑结构的，是"数据结构"课程学习的关键内容。建立存储结构前，我们先来学习什么是存储结构。

1.2.1　存储结构的定义

【问题 1-9】什么是数据结构的存储结构？

如果要让计算机去完成捐款软件的"6 条需求"，首先必须要将所有捐款人的捐款数据连同它们之间的关系一起保存到计算机的存储器中，实现数据结构的逻辑结构到存储结构的映射。

存储结构(Storage Structure)是数据的逻辑结构在计算机存储器中的存储形式，是逻辑结构在计算机存储器中的映射，也称物理结构。

存储结构既要存储所有的数据元素又要存储数据元素之间的关系。

存储器是用来存储程序和各种数据信息的记忆部件，是由许多存储单元组成的。所有的存储单元按字或者字节顺序编址，每个存储单元都有唯一的存储地址，按照存储地址存放或读取存储单元中的数据，可以知道，存储单元是线性的，存储器示意图如图 1-7 所示，假设每个整数占 4 字节。前面学过四种逻辑结构，即集合结构、线性结构、树型结构和图型结构。通常来说，软件系统中的数据组织方式几乎不使用集合结构，所以本书不讨论集合结构的存储结构。针对后三种逻辑结构，将线性结构的逻辑结构存储在线性排列的存储单元中很简单，只要按照顺序把数据元素存储到连续的存储单元中即可，数据元素间一对一的顺序关系通过存储单元的地址连续来反映，线性结构的内存表示如图 1-8 所示，假设每个数据元素占 8 字节，第 1 个数据元素 a_1 的存储地址为 1000，则第 n 个数据元素 a_n 的存储地址为 $1000 + (n-1) \times 8$，即 $\mathrm{loc}(a_n) = \mathrm{loc}(a_1) + (n-1) \times C$，其中 C 为每个数据元素占用的存储单元数。对于树型结构和图型结构这两种非线性结构而言，存储所有的数据元素容易，但是用一维的线性存储空间来存储数据元素之间一对多或多对多的关系并非易事。

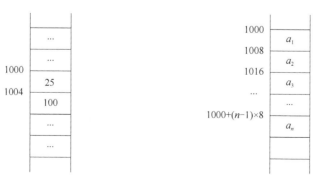

图 1-7　存储器示意图　　　　　图 1-8　线性结构的内存表示

下面我们来学习两种最常用的存储结构，即顺序存储结构和链式存储结构。

1.2.2　顺序存储结构

【问题 1-10】什么是顺序存储结构？

顺序存储结构(Sequential Storage Structure)是指将逻辑相邻的数据元素存储在物理位置相邻的存储单元中，借助在存储器中相邻的存储位置反映数据元素间的逻辑关系。

顺序存储结构是一种最常见、最基本的存储方式，适合存储具有线性关系的数据元素。在高级程序设计语言中，顺序存储结构通常使用数组来实现。

【问题 1-11】为捐款软件的逻辑结构设计顺序存储结构。

问题 1-8 中确定捐款软件数据的逻辑结构是线性结构，也就是把捐款人数据按照顺序一对一地排列起来。如果采用顺序存储结构，就是要将捐款人数据依据逻辑结构的顺序依次存储在地址连续的存储单元中，捐款软件捐款人数据的顺序存储结构如图 1-9 所示。

1000	1008	1016	1024	1000+$(i-1)×8$	1000+$i×8$	1000+$(n-1)×8$
捐款人1	捐款人2	捐款人3	…	捐款人i	…	捐款人n

图 1-9　捐款软件捐款人数据的顺序存储结构

注意，每个捐款人包括编号、姓名、类别、捐款额度四个数据项，这里仅笼统地用捐款人 i 代表。

我们可以先简单地讨论一下如何用顺序存储结构来存储树型结构和图型结构，尽管这些方法甚少使用，但是对于读者理解顺序存储结构非常有好处。

以树型结构为例来分析。树型结构中数据元素间是一对多的关系。"一"是固定的，而"多"是不固定的。要想用存储位置来反映这种一对多的关系，必须要让"多"是一个确定的数字，如 1 对 2、1 对 3 等。先来看图 1-4 所示的树型结构如何用顺序结构来存储。张三有 3 个儿子，是 1 对 3 的关系。而他的大儿子有 2 个儿子，是 1 对 2 的关系，二儿子有 1 个儿子是 1 对 1 的关系，三儿子有 3 个儿子，是 1 对 3 的关系。因此，为了能够通过存储位置来反映一对多关系，需要把"多"确定为 3，从而可以从存储位置上产生规律性。也就是假设每个人都有 3 个儿子，然后按照从左到右，从上到下的顺序将张三及其儿子、孙子的信息保存到顺序的存储单元中，张三家族数据顺序存储结构如图 1-10 所示。

1	2	3	4	5	6	7	8	9	10	11	12	13	14
张三	大儿子	二儿子	三儿子	第1孙子	第2孙子		第3孙子			第4孙子	第5孙子	第6孙子	

图 1-10　张三家族数据顺序存储结构

假设从存储器的第 1 位置开始存储，则在张三家族中，任何一个人；假设其存储位置是 i，则其儿子所在的存储位置分别为 $3×i-1$、$3×i$、$3×i+1$，$1≤i≤4$，其父亲所在的存储位置为 $\left\lfloor \dfrac{i+1}{3} \right\rfloor$，$i≥1$。有了这些公式，就可以直接计算某数据元素的存储地址，实现随机存取。

随机存取(Random Access)是指当存储器中的数据被读取或写入时，所需的时间与这段信息所在的存储位置无关。顺序存储结构可以实现随机存取。

既然用顺序存储结构实现了对树型结构的数据元素及其关系的存储，是否说明顺序存储结构就是适合的呢？我们来深入分析顺序存储结构的局限性。

【问题 1-12】顺序存储结构的局限性。

尽管用顺序存储结构实现了对树型结构的存储，但是读者会发现，为了能够用存储位置反映数据元素间的父子关系，图 1-10 中浪费了 3 个存储单元。可想而知，在更复杂的树型结构中，浪费的存储单元会更多，这对于存储器的利用率是不利的。所以，一般情况下，不建议使用顺序存储结构作为树型结构和图型结构的存储结构。除非在树型结构中，所有的结点都有相同分支数的情况下可以采用顺序存储结构。

另外，前面我们一直强调，一定要依据需求来确定要选择的存储结构。还记得捐款软件的"6 条需求"中的第 6 条吗？捐款采取自愿原则。这就说明，我们事先并不知道有多少人捐款，所以就没有办法确定需要顺序存储单元的个数。又因为顺序存储结构一般用数组来实现，而数组要求必须在定义的时候就要确定数组元素的个数。因此，如果实际问题中所处理的数据元素的个数不确定，建议不要使用顺序存储结构。

还有，要考虑后面的操作。当有"插入数据元素""删除数据元素"等操作时，对于顺序存储结构而言，在第 i 个位置插入一个新的数据元素，就要让第 i 个位置后面的每一个数据元素依次后移；同理，在第 i 个位置删除一个数据元素，就要让第 i 个位置后面的每一个数据元素依次前移。就像早晨在食堂打饭的一排队列，如果有人插队，那么在插队位置后面的人都要后移一位。我们提倡文明生活，坚决反对插队。在计算机中，如果频繁地前移或后移大量的数据元素，会导致计算机性能下降。所以，如果实际问题中经常需要插入和删除操作，建议不要采用顺序存储结构。

顺序存储结构存在的局限性怎么解决呢？另一种存储结构，即链式存储结构应运而生，下面我们一起来详细学习。

1.2.3 链式存储结构

【问题 1-13】什么是链式存储结构？

造成顺序存储结构存在局限性的主要原因有三方面：第一方面是只能用线性的存储位置来反映数据元素间的关系，所以非线性的关系很难反映；第二方面是静态，静态就是必须初始就要确定最大的存储空间需求，不能根据数据量变化灵活增减；第三方面是存储地址必须连续，从而导致增加或者删除数据元素时需要大量的移动。如果突破存储地址连续的限制和静态的限制，把数据元素存储在地址不连续的存储单元中，数据元素间的关系再单独存储，则采用链式存储结构。

链式存储结构(Linked Storage Structure)是把数据元素存储在任意位置的存储单元内，并需要附设指针来存放其后继数据元素的存储地址。数据元素之间的关系是通过指针来反映的。

链式存储结构是一种非常重要的数据结构，后面学习的线性结构、树型结构和图型结构都会使用链式存储结构。显然，链式存储结构比较灵活。数据元素可以存储在地址连续的存储单元内，也可以存储在地址不连续的存储单元内，因为数据元素之间的关系不再需要用存储位置来反映，而是用指针存放相应的存储地址来反映的。

我们用链式存储结构来存储捐款软件中所有捐款人数据。

【问题 1-14】为捐款软件的逻辑结构设计链式存储结构。

为了便于对比,仍然使用问题 8 中的存储地址表示。将所有的捐款人数据存储在地址不连续的存储单元中,捐款软件中捐款人数据的链式存储结构如图 1-11 所示。从捐款人 1 开始,均附设一个指针,用来指向下一个捐款人数据的存储地址。

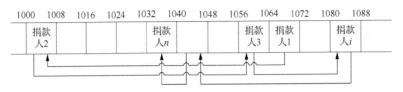

图 1-11 捐款软件中捐款人数据的链式存储结构

顺序存储结构中提到,每个捐款人包括编号、姓名、类别、捐款额度四个数据项。为了形象地表示捐款软件中捐款人详细数据的链式存储结构,用图 1-12 来表示。

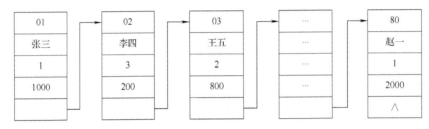

图 1-12 捐款软件中捐款人详细数据的链式存储结构

在链式存储结构中,每一个数据元素的存储结构称为结点。构成结点的每一个部分被称为该结点的域。在图 1-12 中,第 1 个域表示捐款人编号,这里约定用 01、02 等表示;第 2 个域表示捐款人姓名;第 3 个域表示捐款人类别,这里约定用 1 代表正式党员、2 代表预备党员、3 代表入党积极分子;第 4 个域为捐款额度,单位是元;第 5 个域为指针域,指向下一个结点的存储位置。对比图 1-11,存储捐款人张三捐款数据的第 1 个结点的指针域里存储了 1000,即第 2 个结点的存储位置,即捐款人李四的捐款数据的存储位置,其他同理,存储捐款人赵一捐款数据的最后一个结点的指针域为空,一般用尖角符号"∧"表示,表示链表的最后一个结点,也是最后一个捐款人数据。

同样以树型结构为例来讨论非线性结构的逻辑结构如何存储。仍然以张三家族来说。只要张三分别"拉着"三个儿子,每个儿子再"拉着"自己的儿子,那么张三家族每个成员间的家族关系就能够表示出来。这里"拉着"用指针来实现。张三家族关系的链式存储结构如图 1-13 所示。

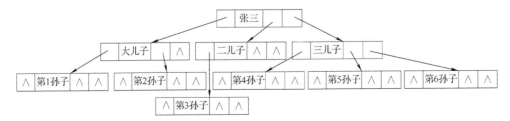

图 1-13 张三家族关系的链式存储结构

从图 1-13 可知，任何一个张三家族成员的数据用一个结点表示。该结点除了保存家族成员相关数据外，还要设置几个指针域，分别用来存储其孩子结点的存储地址，从而反映了家庭成员数据间的关系。图 1-13 中，每个结点都采用了相同的结构，也就是假设每个成员都有 3 个儿子，所以都设置了 3 个指针域，没有儿子的对应指针域置为空，所以图中有很多的空指针域。当然也可以按照每个成员实际的儿子数设置指针域，这样可以减少空指针域的数量。但是请读者注意，后期编程实现时，会遇到因每个结点的结构不同而使得实现举步维艰的问题。这些问题到具体章节再深入学习讨论。

依据树型结构的链式存储结构，相信读者已经知道如何表示图的链式存储结构，这里不再细述。

以上，我们学习了数据结构的逻辑结构和存储结构，其中存储结构又分为顺序存储结构和链式存储结构。需要重申，数据结构的逻辑结构是基于业务领域中具体问题的，而存储结构是基于技术领域中具体实现的。逻辑结构和存储结构其实是描述问题的两个不同维度，但是描述的是同一个问题，所以是从逻辑结构映射到存储结构。

回到数据结构的三元组定义上，针对小李开发捐款软件的数据结构，数据集 D、数据间的关系 R（逻辑结构）、基于 R 的操作 O 都已经设计完成，接下来就要研究如何实现了。

1.3　基于捐款软件的数据结构定义操作及实现算法

我们必须学习一些算法相关的知识，算法和数据结构有密切的关系，是一定要学习的。

数据结构的三元组定义中，操作是指解决问题需要进行的一系列步骤和动作。这些步骤和动作需要精心地设计，有逻辑地运算，既要使经过设计的步骤和动作最终解决问题，又要尽可能地简化步骤，使得解决问题的速度更快或者使用存储空间更少。算法与数据结构具有本质的联系，没有算法的数据结构相当于空谈，学习数据结构必须要熟悉算法及其相关知识。

1.3.1　算法的定义和特性

【问题 1-15】什么是算法？有哪些特性？

提到算法，读者可能会因联想到高深莫测的数学模型而生畏，其实不是这样的，我们先以 C 语言中学过的程序"交换两个整型变量的值"来重新认识一下算法。

交换两个整型变量的值，最常用的方法是用"借助第三方"的方法，即再定义第 3 个变量，用第 3 个变量作为中介实现交换，程序实现如下。

```
int a=10, b=20, temp;
temp=a;
a=b;
b=temp;
```

第 2 种方法，可以用"变量相加"实现交换，程序实现如下。

```
int a=10, b=20;
```

```
a=a+b;
b=a-b;
a=a-b;
```

第 3 种方法，可以用"异或"实现交换，程序实现如下。

```
a=a∧b;
b=a∧b;
a=a∧b;
```

以上用三种方法实现两个整型变量中值的交换说明解决一个问题可能有很多种实现方法，不同实现方法的特点不同。三种方法都用了三个步骤，分别通过"借助第三方""变量相加""异或"来实现，这就是三种不同的算法。

算法(Algorithm)是为了解决某类问题而规定的一系列有限步骤，在计算机中就是指令的有限序列。

上面三种算法都是为了解决两个整型变量中值的交换问题而规定的三个步骤。为了能够通过实施算法达到解决问题的目的，算法必须满足五个重要特性。

(1)有穷性。算法必须在有限的步骤内解决问题并自动结束，并且每一个步骤必须在有穷的时间内完成。

写过程序代码的读者知道，有时候运行程序出现死循环就说明没有满足有穷性。此外，并不是说只要步骤有穷、每个步骤完成时间有穷即可。一种算法的步骤和每个步骤完成的时间应该在可接受的范围内。假如网上购物，结算时用了 2 小时，相信很难有人再去光顾了。

(2)确定性。算法的每一个步骤应该具有确定的意义，不能有二义性。也就是说，算法必须对在任何情况下执行的每一个步骤进行严格定义，确保相同的输入得到相同的输出结果。

(3)可行性。算法的每一个步骤都可以通过现有的条件、执行有限次数实现。可行性主要是指利用现有的编程方法、工具、技术等，把算法转换为实际可运行的计算机程序是可行的。设计再巧妙的问题解决步骤，借助现有的技术和方法却不能实现，这样的算法是不可行的。

(4)输入。输入一般是指完成这个操作(执行这个算法)需要的前提条件，可以有、可以没有，也可以有多个。所以，算法有零个或者多个输入。一般把操作转换为函数，那么，算法的输入就是函数的形式参数。

(5)输出。输出是指完成这个操作(执行这个算法)的最终结果。数据结构中设计一个操作肯定是有目的的，需要产生最终的结果，结果可以是一个，也可以是多个。所以，算法至少有一个输出。没有任何输出的算法说明设计了没有意义的操作，是多余而没有必要存在的。算法的输出一般就是函数的返回值。

以上，我们学习了什么是算法以及算法必须有的特性，那么设计算法有什么具体的要求呢，或者说评价一种算法优劣的基本标准是什么，我们接下来学习设计算法的要求。

1.3.2　设计算法的要求

【**问题 1-16**】设计算法有哪些要求或者如何评价算法的优劣？

上面给定了解决两个整型变量中值的交换问题的三种算法,读者已经知道,解决一个问题的算法并不是唯一的。不同的人可能设计出不同的算法。那么,设计一种算法要符合哪些要求呢,如何来评价一种算法的优劣呢?

(1)正确性。算法的正确性是指在合理的数据输入的情况下,经过该算法的有限步骤,在有限的运行时间内得到正确的运行结果。

(2)可读性。算法的可读性是指算法要容易理解,便于阅读和交流。设计算法的目的,一是为了便于程序员间理解和交流软件设计及实现的方法和思路;二是为了能够通过阅读算法编写出程序代码。所以,一种好的算法最重要的是要便于理解,可读性强。晦涩难懂的算法不仅阻碍了程序员间的交流,而且不易于编程实现,依此编写出的程序也难于调试和维护。

这里尤其要提醒读者,无论是设计算法还是编写实现算法的程序代码,可读性非常重要。不能为了算法的步骤少、程序的代码行少而牺牲可读性。

(3)健壮性。一种好的算法除了能在输入合理数据的情况下,输出正确的结果。还应该在输入不合理数据的情况下,做出适当的处理,这就要求算法要有健壮性。例如,合理的银行密码要求输入 6 位数字,如果输入多于或少于 6 位、输入了非数字等都要有相应的处理,如提示"密码错误"等。如果一种算法在输入不合法数据时没有任何处理,就会产生异常或者莫名其妙的结果,这些都说明该算法的健壮性不好。

(4)高效性。算法的高效性体现在两个维度,一个是时间效率,是指算法的执行时间。针对同一个问题的不同算法,执行时间短的算法效率高,执行时间长的算法效率低。算法的时间效率通常用时间复杂度表示,将在后面学习。另一个是空间效率,是指运行算法占用的存储空间,不仅包括内存,还包括外部存储空间。占用存储空间越少的算法的空间效率越高。算法的空间效率通常用空间复杂度表示,也将在后面学习。当然一种好的算法应该同时满足时间效率高和空间效率高,但是实际上很难做到。

【问题 1-17】为捐款软件的数据结构定义操作及其实现算法。

根据问题 1-7 中确定的四个操作,我们通过定义函数的方式来定义操作,函数体中的语句需要设计算法来实现。这里仅以顺序存储作为存储结构来实现捐款软件的各种操作。

```
/*定义捐款人数据元素*/
struct donationInfo
{
    int donationNo;
    char donationName[20];
    int donationType;
    int donationAmount;
}
/*定义存储全部捐款数据的结构体数组*/
struct donationData
{
    struct donationInfo donors[85];
    int count; //实际捐款人数
}
```

```
/*定义保存捐款数据操作*/
void saveDonationInfo(struct donationData dd, FILE * file)
{
    int i;
    if((file=fopen("donationDataTxt","wb"))==NULL)
    {
        printf("打开文件失败");
        return;
    }
    for(i=0; i<dd.count; i++)
    {
        if(fwrite(&dd.donors[i],sizeof(struct donationInfo),1,file)=1)
        {
            printf("写文件失败");
        }
    }
    fclose(file);
}
/*定义指定捐款人的捐款额操作*/
int queryDonationAmount(struct donationData dd, int no )
{
    int i;
    double amount=0;
  for(i=0;i<dd.count; i++)
    {
        if ( dd.donors[i].donationNo==no)
        {
            return dd.donors[i].donationAmount;
        }
    }
}
/*定义统计人数操作*/
int donationNumber(struct donationData dd)
{
    return dd.count;
}
/*定义统计捐款总额度操作*/
int * typeDonationAmount(struct donationData dd)
{
    int i, sum1=0, sum2=0, sum3=0;
    int result[3];
    for( i=0; i<dd.count; i++)
    {
```

```
        if(dd.donors[i].donationType==1)
        {
            sum1=sum1+dd.donors[i].donationAmount;
        }
        if(dd.donors[i].donationType==2)
        {
            sum2=sum2+dd.donors[i].donationAmount;
        }
        if(dd.donors[i].donationType==3)
        {
            sum3=sum3+dd.donors[i].donationAmount;
        }
    }
    result[0]=sum1;
    result[1]=sum2;
    result[2]=sum3;
    return result;
}
```

1.3.3　时间复杂度和空间复杂度

【问题 1-18】什么是时间复杂度？

解决一个问题的算法有很多种。那么如何从中找出一种好的算法呢，可以从时间效率维度来考虑，这就涉及时间复杂度。

算法的**时间复杂度**(Time Complexity)是指算法的运行时间与问题规模的对应关系。一般情况下，算法中基本语句的重复次数是问题规模 n 的某个函数 $f(n)$。

算法的时间复杂度记为 $T(n) = O(f(n))$，表示随问题规模 n 的增大，算法执行时间的增长率和 $f(n)$ 的增长率相同。

因为用数学符号"O"来表示时间复杂度，所以也可以称为大 O 记法。我们常看到 $O(1)$、$O(n)$、$O(n^2)$ 等表示时间复杂度。数学中关于符号"O"有严格定义，这里不再深入研究，感兴趣的读者可以进一步自学。现在直接给出求得时间复杂度的方法。

(1)计算算法中基本语句的执行次数；

(2)用常数 1 取代运行时间中的所有加法的常数；

(3)在修改后的运行次数函数中，只保留最高阶项；

(4)如果最高阶项存在且不是 1，则去除与这个项相乘的常数。

经过以上四步，得到的就是该算法的时间复杂度。上面的公式看似很复杂，我们先看几种算法，慢慢理解。

第 1 种算法：

```
/*输入 n 的值，计算 5n+n³的值并输出*/
int n, sum=0;
scanf("%d", &n);
```

```
sum=5*n+n*n*n;
printf("%d", sum);
```

这种算法的执行次数 n 为 4。根据上面的规则，将 4 改为 1；执行次数 4 没有最高阶项，所以这种算法的时间复杂度为 $O(1)$。

通常 $O(1)$ 被称为常数阶。如果一种算法的时间复杂度是常数阶，说明其时间复杂度与问题规模 n 没有关系，是执行时间恒定的算法。

第 2 种算法：

```
/*输入 n 的值，计算 1 到 n 的和并输出*/
int n, sum=0;
scanf("%d", &n);
for( i=1; i<=n; i++)
{
    sum=sum+i;      //执行 n 次
}
printf("%d", sum);
```

这种算法共执行 $n+3$ 次。依据上面的规则，将 3 改为 1；只保留最高阶项为 n；n 的常数为 1，所以该算法的时间复杂度为 $O(n)$。

通常 $O(n)$ 称为线性阶。线性阶的算法一般都是关于问题规模 n 的单层循环，循环次数为 $f(n)$，说明其时间复杂度与问题规模 n 有关系。

第 3 种算法：

```
/*计算 n 行 n 列二维数组 a 中所有元素之和并输出*/
for( i=0; i<n; i++)
{
    for ( j=i; j<n; j++)
    {
        sum=sum+a[i][j];         //执行 n²/2+n/2 次
    }
}
printf("%d", sum);
```

这种算法共执行 $n^2/2+n/2+1$ 次。依据上面的规则，只保留最高阶项 $n^2/2$；去掉 n^2 的常数 1/2，所以该算法的时间复杂度为 $O(n^2)$。

通常 $O(n^2)$ 被称为平方阶。平方阶的算法一般都是关于问题规模 n 的双重循环，循环次数为 $f(n)$，说明其时间复杂度与问题规模 n^2 有关系。

第 4 种算法：

```
/*计算 n 以内的 2 的幂的值并输出*/
int n, power=1;
while(power<n)
{
    power=power*2;
```

```
}
printf("%d", power);
```

这种算法中，有多少个 2 相乘后会大于 n 使得循环退出，即 $2^x = n$，则 $x = \log_2 n$。所以该算法执行了 $\log_2 n + 1$ 次，其时间复杂度为 $O(\log_2 n)$。

通常 $O(\log_2 n)$ 称为对数阶。说明其时间复杂度与问题规模 $\log_2 n$ 有关系。

从以上四种算法中，一般来说，在问题规模为 n 的情况下，不包含循环的算法的时间复杂度为 $O(1)$；包含单重循环的算法的时间复杂度为 $O(n)$；包含双重循环的算法的时间复杂度为 $O(n^2)$；包含三重循环的算法的时间复杂度为 $O(n^3)$ 等。但是上面的规则不能绝对化，请读者计算下面算法的时间复杂度。

```
for(i=0; i<1000; i++)
{
    for (j=0; j<1000; j++)
    {
        sum=sum+a[i][j];        //执行 1000×1000 次
    }
}
```

这种算法虽有双重循环，不管执行多少次都和问题规模 n 没有关系，其时间复杂度为 $O(1)$。

```
for (i=0; i<1000; i++)
{
    for (j=0; j<n; j++)
    {
        sum=sum+a[i][j];    //执行 1000×n 次
    }
}
```

这种算法的时间复杂度为 $O(n)$。

常用的时间复杂度从小到大依次为

$$O(1) < O(\log_2 n) < O(n) < O(n\log_2 n) < O(n^2) < O(n^3) < O(2^n)$$

在此提醒读者，计算时间复杂度的难度在于计算循环语句的执行次数。如果能够准确地计算出循环语句的执行次数，得到时间复杂度就是一件简单的事情了。

除了时间复杂度外，空间复杂度也是衡量算法好坏的一个重要指标。

【问题 1-19】什么是空间复杂度？

算法的**空间复杂度**(Space Complexity)是指算法运行所需的存储空间与问题规模的对应关系。一般情况下，也是问题规模 n 的某个函数 $f(n)$。

算法的空间复杂度记为 $S(n) = O(f(n))$，表示随问题规模 n 的增大，算法执行所需存储空间的增长率和 $f(n)$ 的增长率相同。

算法运行时，其程序、常数、变量和输入数据需要占用内存空间，还需要存储对数据进行操作的辅助存储空间。例如，上面交换两个整型变量值的算法中，第 1 种算法除了保

存变量 a 和 b 值的两个存储单元外，还定义了临时变量 temp，需要增加一个存储单元来存储 temp 的值。而第 2 种和第 3 种算法却没有增加存储单元，所以从空间复杂度来衡量，后两种算法更优一些。

计算空间复杂度时，只要计算该算法执行时所需的辅助存储单元即可。如果一种算法执行时所需的辅助空间相对于输入数据量是一个常数，则称该算法为原地工作，其空间复杂度为 $O(1)$。

当前，鉴于算法运行时存储空间充足，一般衡量算法的优劣常常仅用时间复杂度。

根据上面所学，我们看捐款软件的四个操作的算法实现的时间复杂度，其中第一、二、四个操作算法的时间复杂度为 $O(n)$，而第 3 个操作算法的时间复杂度为 $O(1)$。因为比较简单，这里不再展开叙述。

我们学习了数据结构的定义、数据结构的逻辑结构、存储结构、逻辑结构到存储结构的映射、定义算法及其实现，跟随程序员小李一起开发完成了捐款软件，下面我们总结一下数据结构问题的解题步骤。

1.4 数据结构问题的解题步骤

像前面解决某社区党支部捐款软件开发问题所经历的一样，当你要解决的问题或实现的系统中需要处理数据时，应该建立"以数据为中心"的解题思路，并按照图 1-14 所示的数据结构问题的一般解题步骤来解决问题。

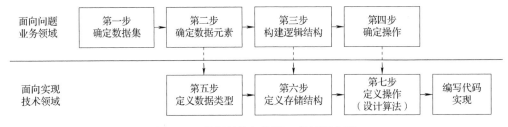

图 1-14 数据结构问题的一般解题步骤

首先在业务领域范围，面向要解决的具体问题，弄清楚软件需求。软件需求精准与否直接关系到软件的质量好坏。软件需求确定好了就可以开始解题步骤，并且设计好每一个步骤都要紧紧围绕软件需求。

第 1 步，确定数据集，就是要确定具体问题中的研究对象。例如，选班长问题，数据集就是班长候选人数据；学生成绩管理问题，数据集就是学生成绩数据等。

第 2 步，确定数据元素，就是研究数据集 D 中所有数据元素的公共属性。公共属性一般要考虑两个方面：一方面是依据软件需求或者软件功能来确定数据元素的公共属性，如捐款人数据，由于要查询每个人的捐款额、统计捐款总人数、分类统计捐款额，所以捐款人数据的公共属性要包括捐款人姓名、捐款人类别和捐款额度；另一方面，从技术方面来说，为了方便管理和快速检索，要给每一个数据元素一个主键，用来唯一标识该数据元素，所以捐款人数据还要包括捐款人编号。

以上两步完成了数据结构三元组<D,R,O>中的数据集 D。

第 3 步，构建逻辑结构，就是构建数据元素之间的关系。逻辑结构主要有线性结构、树型结构和图型结构。依据软件需求来确定数据元素之间是一对一、一对多还是多对多的关系。逻辑结构一般用图示表示。这一步完成了数据结构三元组<D,R,O>中的关系 R。

第 4 步，确定操作，就是根据需求确定要进行的动作。操作的描述形式为

　　操作名

　　　初始条件

　　　操作结果

解决问题可能需要确定多个操作。操作一般是完成一个任务，初始条件为完成任务所需的前提条件，操作结果为任务完成产生的结果。这一步完成了数据结构三元组<D,R,O>中的操作 O。

以上四个步骤在业务领域确定了数据结构，此时的数据结构要用抽象数据类型来表示。接下来，要进入技术领域，从实现的角度来设计数据结构，并设计算法实现。

第 5 步，定义数据类型，就是为第 2 步确定的数据元素定义数据类型，在 C 语言中用结构体来定义。在面向对象语言中，用类来定义。数据元素定义为结构体，数据项或者公共属性定义为结构体的成员。

第 6 步，定义存储结构，就是将第 3 步确定的逻辑结构存储在计算机存储器中，也是逻辑结构在计算机存储器中的映射。要根据需求来选择是顺序存储结构还是链式存储结构。一般顺序存储结构是结构体数组，链式存储结构为单链表。

第 7 步，定义操作，或者说设计算法，就是将第 4 步确定操作转换为函数定义。其中操作名转换为函数名，初始条件转换为函数的形式参数；操作结果转换为函数的返回值。函数体中的语句实现该操作要完成的任务，所以要设计算法，就是完成任务的步骤。设计算法时要注意时间复杂度和空间复杂度两个衡量指标，以确保该算法的高效性。

之后，就可以选择一种高级程序设计语言编写程序，运行实现即可解决问题。

1.5　本　章　小　结

本章以程序员小李开发捐款软件要完成的任务为推进主线和知识载体，主要讲述了什么是数据结构、逻辑结构、存储结构、算法，以及数据结构问题的解题步骤，主要让读者建立对数据结构的本质认识以及解题的方法步骤，为后面内容的学习提供理论依据和方法支持。

1.1 节是基于业务领域主要学习数据结构的基本概念。数据结构是一个三元组，即 DS=<D,R,O>，其中 D 为数据集，R 为数据集 D 中数据元素间的关系，O 为基于逻辑结构 R 的操作，这是数据结构的三要素。逻辑结构主要有集合结构、一对一的线性结构、一对多的树型结构和多对多的图型结构。在解决数据结构问题时，一定要紧密围绕软件需求，着眼于确定这三个要素，依次确定数据集、数据元素，构建逻辑结构，确定操作，并利用抽象数据类型的形式将数据结构表示出来。该节内容让读者学会根据具体问题构建数据结构的

逻辑结构。

1.2 节主要基于技术领域学习数据结构的存储结构。也就是数据结构在计算机存储器中的存在形式。保存数据结构不仅要保存所有的数据元素,更重要的是保存数据元素之间的关系。最典型的存储结构有两种:一种是顺序存储结构,用存储位置来反映数据元素间的关系;另一种是链式存储结构,用指针来表示数据元素间的关系。两种存储结构各有优缺点,所以在选择存储结构时一定要根据具体需求来确定。顺序存储结构适合于存储集合结构和线性结构,而且可以实现随机存储。链式存储结构适合于存储非线性的树型结构和图型结构,以及插入和删除操作较为频繁的问题。该节内容让读者学会根据逻辑结构构建数据结构的存储结构。

1.3 节主要基于技术领域学习数据结构中的第 3 个元组操作 O 的定义方法,即实现方法。操作一般是通过程序设计语言中的一个或多个函数来实现的。而函数的实现需要设计算法。算法具有有穷性、确定性、可行性、输入和输出 5 个特性。设计算法时要符合正确性、可读性、健壮性和高效性的要求。衡量算法的两个重要指标是时间复杂度和空间复杂度,时间复杂度的大 O 计算方法尤为重要。该节内容让读者学会根据存储结构来实现定义和操作。

1.4 节总结前面三节中解决数据结构问题的 7 个步骤,即确定数据集→确定数据元素→构建逻辑结构→确定操作→定义数据类型→定义存储结构→定义操作(设计算法)。该节内容让读者学会数据结构问题的解题方法和步骤。

习　　题

1. 理解下列数据结构术语:
(1)数据结构和抽象数据类型;
(2)线性结构、树型结构和图型结构;
(3)逻辑结构和存储结构;
(4)算法的时间复杂度和空间复杂度。
2. 简述解决数据结构问题的七个步骤,并应用之实现下面的问题:
新生开学,某班 30 名同学以不记名投票形式选举班长,以投票最多者当选班长。

第2章

预 备 知 识

第1章学习了数据结构的定义、数据结构的逻辑结构、存储结构、算法等内容，讲明了数据结构由数据集 D、数据元素间的关系 R 和基于关系 R 的操作 O 三个元组构成，并归纳总结了解决数据结构问题的七个步骤。接下来，我们学习具体的线性结构、树型结构和图型结构，以及应用这些数据结构解决实际问题。在开始学习这些内容之前，读者必须要掌握一些高级程序设计语言的知识和思路，一方面是在具体设计数据结构时要用到，另一方面是读者需熟悉计算机的解题步骤，具有初步的程序设计思维方式。本章以实现学生成绩管理系统的部分功能为载体，和读者一起复习数据结构所需的C语言基础知识。首先，数据结构是一个数据集 D 和数据元素间的关系 R 及基于关系 R 的一组操作 O 的总称，从这个定义看，数据结构其实是一种抽象数据类型，所以对数据类型的理解非常重要；其次，数据结构的数据元素一般需要定义为结构体数据类型，所以需要熟悉定义和应用结构体；然后，数据结构的顺序存储结构是结构体数组，链式存储结构是链表，所以需要熟练掌握结构体数组和链表的定义与应用；最后，数据结构的操作一般用函数实现，所以需要掌握函数的定义方法。总之，C语言的数据类型、数组、函数、指针、结构体、结构体数组及链表等知识必须在学习数据结构之前熟悉并掌握。本章内容为后面学习数据结构奠定知识基础并做好思维准备。

本章问题：学生成绩管理系统的设计与实现。

问题描述：学生成绩管理系统中，学生数据主要包括学号、姓名、性别、年龄、专业、C语言成绩、数学成绩和英语成绩，而且经常要对三门课成绩的平均分、及格率等进行统计。通过第1章捐款软件的学习，可以确定这是一个典型的数据结构问题。设计并实现学生成绩管理系统需要完成以下五个任务。

(1) 定义学生成绩管理系统中各类数据的数据类型；

(2) 设计学生数据构成并为之定义数据类型；

(3) 顺序存储学生数据；

(4) 链式存储学生数据；

(5) 基于学生成绩管理系统的数据结构定义操作及实现算法。

我们先来分析并完成第1个任务。

2.1　定义学生成绩管理系统中各类数据的数据类型

在计算机程序设计中，确定数据的数据类型及其存储结构是程序结构确定之后的重要步骤。只有确定了被系统处理的数据及其数据类型，并利用适当的数据结构存储这些数据，才能进行下一步的设计与开发。数据及其数据类型确定是否合适直接关系到程序的功能实现与否、性能的好坏。

仔细分析学生成绩管理系统所述需求，通常情况下，学号、姓名、专业都是用一到多个字符表示的数据。学号大多使用十几位数字字符表示，如 2015191232013。学号常被初学者误认为是数字，但是由于学号不进行类似于数字所做的加、减、乘、除等运算，所以在软件系统中，学号是字符形式的数据。

性别一般可以用"男"或"女"表示，也可以用"M"或"F"表示。其中 M 代表 Male，F 代表 Female，也是字符形式的数据。

年龄和各门课程的成绩一般都是整数形式的数据，且取值在一定的范围内。

平均分和及格率是小数形式的数据。

由此分析可知，要设计并实现学生成绩管理系统，计算机系统需要处理多种形式的数据。那么，计算机系统如何来表示、存储这些不同形式的数据呢？

不同形式的数据在计算机系统中是通过不同的数据类型来处理的。

2.1.1 数据类型

【问题 2-1】 什么是数据类型？

在程序中要处理各种形式的数据，如学生成绩管理系统中学生的学号、姓名、年龄、专业、课程成绩、平均分、及格率等。在这些被处理的数据中，有些数据具有相同的属性，主要包括存储方式、运算规律、取值范围，例如，学生年龄和各门课程成绩都以整数形式存储，都可以进行加、减、乘、除、取余运算，取值也都在-32768～+32767 之间（假设一个整型数据占 2 字节）。学生名字、学号和专业都是以字符串形式存储的，进行字符串所特有的操作，字符都来自一个字符集。因此，我们把具有相同的存储方式、运算规律、取值范围等属性的数据归为一类，称为数据类型。

数据类型(Data Type)是指一组值以及基于该组值的一组操作的总称。

这里"一组值"不仅包含一个值的集合，而且规定了值的取值范围。一组操作是指相同的运算规律。例如，int 类型，如果用 2 字节表示，则 int 类型的取值范围为-32768～+32767，基于该取值范围可以进行加、减、乘、除和取余 5 种操作。

【问题 2-2】 系统为何有数据类型之分？

计算机系统要处理大量不同类型的数据，如课程成绩数据是整数，学生的名字是字符串，计算得到的平均分是实数等。不同类型数据的取值范围不同，在计算机中占用的存储空间就不同，最重要的是计算机系统对它们的处理操作也不同。例如，学生的课程成绩数据，通常取值范围为 0～100，计算机系统利用 2 字节，即 16 个二进制位的存储单元来存储，2 字节的存储单元可以存储数据的取值范围为-32768～+32767，且对整数数据可以做加、减、乘、除和取余等操作。而对成绩的平均分、及格率等小数数据，系统会利用 4 字节 32 个二进制位作为存储单元，取值范围为-3.4×10^{38}～$+3.4\times10^{38}$，能做加、减、乘和除操作。在数学中，整数也属于实数范围，即一个整数也可以用实数形式表示。在计算机系统中，如果把整数用实数形式表示，系统会为每个整数分配 4 字节的存储空间而不是 2 字节，因此会大大浪费存储空间。就像一个马戏团的动物，装大象和猴子的笼子大小是不同的，如果用装大象的笼子来装猴子，那就太浪费了，此外，对大象和猴子的喂养和训练方法也是不一样的，它们表演的节目也是不同的。因此，计算机系统对不同类型的数据需要区别对待。那么，C 语言都有哪些数据类型呢？

【问题 2-3】C 语言都有哪些数据类型？

C 语言的数据类型分成基本类型、构造类型、指针类型和空类型，C 语言的数据类型如图 2-1 所示。

用 C 语言处理的每一个数据都要是图 2-1 中所列出的数据类型中的一种。其中，数据类型是由一种或多种基本数据类型构造而成的。指针类型专指利用指针进行操作的数据类型。空类型使用 void 表示，一般常见于函数的返回值类型，表示该函数的返回值是 void 类型。读者注意，返回值是 void 的函数不是没有返回值，而是一般返回一个对调用者没有实际意义的值，故用无值类型 void 表示。

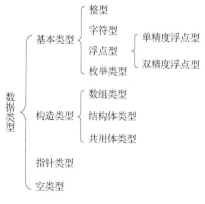

图 2-1　C 语言的数据类型

【问题 2-4】学生成绩管理系统中，有学号、姓名、性别、出生年月日、年龄、10 门课程成绩、所有课程成绩平均分等信息，确定以上数据的数据类型。

学号、姓名为字符类型。年龄是整数类型。平均分为实数类型，在 C 语言中被称为浮点类型，单精度还是双精度要根据具体问题对精度的要求来确定。性别如果使用"男"和"女"表示，可以是字符类型，又由于性别非男即女，故也可以是枚举类型。每门课程的成绩为整数。如果将 10 门课程成绩存放在一起，需要将保存 10 个课程成绩的存储单元构造在一起，即数组类型。出生年月日，一般也会构造一个固定的结构，分别存储学生出生的年、月、日信息，称为结构体类型。所以，在 C 语言中，除了保存单个的字符、单个的整数等基本数据类型外，很多时候会依据具体问题，将多个数据构造成一个整体进行存储和处理，即构造数据类型。

不同数据类型的数据，在系统中的表现形式不同。有的直接以数据形式出现，如 100、20.25 等，这种数据表示形式称为常量。而有的数据不是显式出现，需要保存在计算机的存储单元中，这个存储数据的存储单元称为变量。

2.1.2　变量

【问题 2-5】什么是变量？

先来看一个实例。学生王晨的数据如表 2-1 所示。现在要求先将王晨同学的这些数据保存在计算机中，再计算其三门课程成绩的平均分。

表 2-1　学生王晨的数据

学号	姓名	C 语言成绩	数学成绩	英语成绩
2015190432015	王晨	82	80	76

分析一下，学号、姓名是由多个字符构成的，故应使用字符型变量存储，需要向系统申请存储字符型数据的存储单元；课程考试成绩是整数，故应使用整型变量存储，需要向系统申请存储整型数据的存储单元；平均分是小数，故应使用浮点类型变量存储，需要向

系统申请存储浮点型数据的存储单元。

变量(Variable)是指在程序运行期间其值可以被改变的量。每个变量都有自己的数据类型。

变量其实是计算机内存中用来保存不同数据类型数据的存储单元。

存储单元中要保存的数据的数据类型即为变量的数据类型，变量的名字是保存的数据的存储单元起始地址的标识符，变量的值即为存储在存储单元中的数据，因此变量的 3 个要素分别为变量的数据类型、变量名和变量的值，如图 2-2 所示。

图 2-2 以一个整数类型为例，变量名为 c_score，变量值为 82。

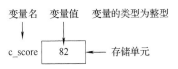

图 2-2　变量的 3 个要素

【问题 2-6】变量的数据类型及其定义。

由于存储单元里存储数据的数据类型不同，变量也具有不同的数据类型。每种数据类型的变量在定义时有其自己的标识符和取值范围，如表 2-2 所示。

表 2-2　C 语言中数据类型

变量类型	标识符	二进制位数	取值范围
有符号整型	int	16	$-2^{15} \sim 2^{15}-1$
无符号整型	unsigned	16	$0 \sim 2^{16}-1$
有符号短整型	short int 或 short	16	$-2^{15} \sim 2^{15}-1$
无符号短整型	unsigned short	16	$0 \sim 2^{16}-1$
有符号长整型	long int 或 long	32	$-2^{31} \sim 2^{31}-1$
无符号长整型	unsigned long	32	$0 \sim 2^{32}-1$
单精度浮点型	float	32	有效位 6～7 位，$-3.4 \times 10^{38} \sim +3.4 \times 10^{38}$
双精度浮点型	double	64	有效位 15～16 位，$-1.7 \times 10^{308} \sim +1.7 \times 10^{308}$
字符型	char	8	$0 \sim 255$

存储不同数据类型的数据，需要定义不同数据类型的变量。

变量定义的格式如下：

数据类型标识符　变量名;

例如，int c_score;表示在计算机系统中申请到一个存储 int 类型数据的存储空间，存储空间的标识为 c_score，即变量名。同理，可以做如下定义：

```
double average; //平均分
```

【问题 2-7】将王晨同学 C 语言成绩保存到计算机中。

在定义变量时，首先依据要存储的数据判断其数据类型，然后选择正确的类型标识符；其次还要确定预保存数据的取值范围，选择恰当的标识符。例如，C 语言成绩一定是整数的，确定为 int 型，又因为成绩信息不可能为负数，故可以定义为无符号的 unsigned int 型，即

```
unsigned int c_score;
c_score=82;
```

或者

```
unsigned  int c_score=82;
```

两种定义变量的方法运行的结果是相同的。第 1 种方法为先定义变量,再给变量赋值为 82,第 2 种方法是在变量定义的同时给变量赋值 82,称为变量的初始化。

定义变量 float x;表示变量 x 标识的存储单元存储单精度浮点数据,取值范围为 $-3.4 \times 10^{38} \sim +3.4 \times 10^{38}$,超出则会产生越界错误。double 类型为双精度浮点数,与 float 单精度浮点数相比,其有效位数更长,精度更高,取值范围更大。故在存储浮点类型数据时,要依据数据要求的精度和取值范围选择标识符定义变量。

无符号整型数据,即由 unsigned 标识的变量类型,只能表示正整数,其取值范围为有符号整型数据的 2 倍。

注意:在 C 语言中,每个字符在计算机内使用 ASCII 码表示,每个字符的 ASCII 码可以通过 ASCII 码表查阅。如大写字母 A 对应的 ASCII 码为 65,小写字母 a 对应的 ASCII 码为 97,故 char 型变量可以参加整数运算,并与 ASCII 码对应的整数互换,例如,定义字符型变量 char ch='a',则 ch + 20 = 117。

2.1.3 各类数据类型间的转换

C 语言中的数值型数据类型包括 double、float、int 和 char 类型,这些类型的数据组成的算式在计算时会发生数据类型的转换。有些转换是系统自动进行的,而有些转换要程序员显式操作才能完成。各类数据类型间主要有两种转换方式,分别为隐式类型转换和显式类型转换。

【问题 2-8】隐式类型转换。

例如,计算算式 2.5 + 100/4 – 'D' * 20 的结果。其中,double、float、int 和 char 都是数值型数据,这些数据之间可以进行混合运算。在运算之前,计算机自动将不同类型的数据转换为同一种数据类型,数值类型数据间的转换规则如图 2-3 所示。

float ——→ double ←—— long ←—— char ←—— int

图 2-3 数值类型数据间的转换规则

图 2-3 中箭头方向说明隐式转换规则是小数据类型(占有字节数少)向大数据类型(占有字节数多)转换。

算式 2.5 + 100/4 – 'D' * 20 的结果为-1332.500000。因为 2.5 为 double 类型,100/4=25 是整型,'D' 为字符类型,ASCII 码为 68,20 为整型,故最终数据类型为 double 类型,系统自动保留 6 位小数点,即-1332.500000。

【问题 2-9】显式类型转换。

数据类型间的转换是程序员显式完成的,称为显式类型转换或强制类型转换。强制类型转换的一般形式为

(类型名)表达式;

含义是将表达式的数据类型强制转换为括号里指定的数据类型。例如:

```
(int)3.14;
```

结果为 3,相当于取整操作。又如:

```
(char)97+'A'-(int)100.25
```

结果为 62。

2.2　设计学生数据构成并为之定义数据类型

将一个学生的数据采用字符数组、整型、字符型等变量分别存储，在学生人数较少时，这种方式简单易行。但在实际的学生成绩管理系统中，要输入并处理大量学生的数据。每个学生的数据有很多种数据类型，需要保存的成绩也不止 3 门课，这些数据单靠以基本数据类型分散存储是很难有效解决问题的，需要利用基本数据类型构造出更为复杂的数据类型。结构体就是最常用的一种构造数据类型。

2.2.1　结构体

【问题 2-10】什么是结构体？

我们来分析学生信息管理系统的需求，对每一个学生数据，如果采用基本数据类型变量保存，各种数据类型变量定义如下：

```
char  sno[13],sname[20],sex,major;              //学号、姓名、性别、专业
int   age,c_score,math_score,english_score;     //年龄、三门课成绩
```

以此方法保存学生数据需要做到：① 为每个学生定义 8 个变量，而且变量的名字不能重复。② 能够非常清楚地记得每个变量存储的是学生的哪项数据(从变量的名字可以看出)。一个学生需要定义 8 个变量还比较简单，那么 10 个学生、100 个学生呢？对程序员来说，这似乎是复杂而有难度的。那么必须构造一种新的数据类型，能够将学生数据构造成一个逻辑整体，将每个学生的各项数据都封装在一起，这就是结构体。

结构体(Structure)是由一组数据组合而成的一种新的数据类型，组成结构体型数据的每一个数据称为该结构体的一个成员。

结构体中成员的数据类型可以相同也可以不相同。

由上面的定义可知，像数组一样，结构体也是一种构造数据类型，是由若干数据类型的数据项构造而成的复杂数据类型，这些数据项称为结构体的成员。每一个成员可以是基本的数据类型，也可以是构造数据类型。结构体也是对变量概念的扩展，与数组只能存储相同类型的数据不同，结构体一次可以向系统申请多个存储单元来存储不同数据类型的数据。对结构体中的每一个成员，都要使用相应的名字标识，称为成员名。结构体是通过其成员名来访问和处理的。

2.2.2　定义结构体数据类型及变量

【问题 2-11】如何定义结构体数据类型及变量？

定义一个结构体数据类型，就是定义它包含的每一个成员，每一个成员由数据类型和成员名构成。C 语言中结构体数据类型定义使用关键字 struct，定义格式如下：

struct 结构体类型名

```
{
    数据类型 成员 1;
    数据类型 成员 2;
```
…
```
};
```
学生成绩管理系统中，定义学生结构体数据类型如下：
```
struct student
{
    char sno[20],sname[20],sex,major;
    int   age,c_score,math_score,english_score ;
};
```
定义的结构体数据类型名为 struct student。与定义普通变量相同，定义了结构体数据类型之后，就可以定义结构体变量了，定义格式如下：

struct 结构体类型名 结构体变量 1,结构体变量 2,…;

例如：

```
struct student stu1,stu2;
```

定义了两个 struct student 类型的结构体变量 stu1 和 stu2。结构体变量定义常出现的错误是漏掉了关键字 struct。

2.2.3   访问结构体成员

定义了结构体变量后，访问结构体变量是通过访问其成员来实现的。结构体变量的成员表示为结构体变量名.成员名。例如：

```
stu1.sname;            //结构体变量 stu1 的 sname 成员数据
stu2.major;            //结构体变量 stu2 的 major 成员数据
```

当然也可以定义指向结构体数据类型的指针，定义格式如下：

struct 结构体类型名 * 指针 1，指针 2，…;

例如：

```
struct student *pstu1, *pstu2;
```

用指向结构体数据类型的指针访问其成员时须表示为指针->成员名。例如：

```
pstu1->sname        //指针 pstu1 指向结构体的 sname 成员数据
pstu2->math_score    //指针 pstu2 指向结构体的 math_score 成员数据
```

这里，读者一定要区分是结构体变量还是指向结构体变量的指针。

2.3   顺序存储学生数据

要顺序存储多个学生数据，需要使用结构体数组。结构体数组首先是一个数组。下面要弄清楚什么是数组及如何定义数组。

2.3.1　数组

【问题 2-12】什么是数组?

思考一个学生从大一入学到大四毕业一般要学 40 门课程,如何保存一个学生的 40 门课程的成绩?如何保存 30 个学生的成绩,应该怎么存储?

仔细分析问题发现,成绩数据的数据类型都是整数,其取值范围为 0~100,故都是 unsigned int 类型。如果使用整型变量来存储,则要定义 40 个整型变量,假设变量名为 score1~score40。可以想象,如此多的相同数据类型变量不仅会使程序变得冗长难读,更会给程序员编程带来很大的麻烦。况且一个学生需要定义 40 个整型变量,30 个学生需要定义 1200 个整型变量。每一个变量定义,其实是向计算机系统申请一个存储空间,系统为程序分配一个存储空间。40 个变量则要提出 40 次申请,系统分配 40 次,这会大大降低系统性能。我们设想,能否一次向系统申请 40 个存储空间,系统一次性地分配给程序 40 个存储空间呢?这就是数组的概念。

数组(Array)是由有限个相同数据类型的变量构成的,构成数组的各个变量称为数组元素。

数组有一个数组名,用来标识第 1 个数组元素所在的位置。

数组元素用数组名[下标]来表示,一般下标是从 0 开始编号。

数组是一种最常用且最简单的构造数据类型,用来保存多个相同数据类型的数据,因此不能将数据类型不同的数据存储在同一个数组中。数组是对变量概念的扩展,一个变量一次向系统申请一个存储单元,一个数组一次向系统申请多个存储单元,这些存储单元在存储位置上是连续的,所以只要记住第 1 个存储单元的位置以及存储单元的个数,就可以达到存储多个相同类型的数据的目的。根据存储数据的维度不同,数组分为一维数组和二维数组。

2.3.2　定义数组

【问题 2-13】如何定义数组和使用数组?

一维数组定义格式:

数据类型　数组名[常量表达式]

数据类型代表数组中要存储数据的数据类型,数组名为第 1 个数据元素的存储位置标识,常量表达式是指数据元素的个数。

上面提到的存储一个学生 40 门课程的考试成绩,定义整型数组如下:

```
int  score[40];
```

数组名为 score(程序员按照标识符规定命名),存放 40 个 int 型数据。

再如,存放 11 位字符型的学生学号数据。定义字符型数组如下:

```
char  sno[11];
```

再如,char sname[20];表示系统一次性分配给该程序 20 个存储 char 类型数据的连续存储空间，第 1 个数组元素的存储地址标识是 sname。

数组中存储的数据称为数组元素，其表示方法为

数组名[下标]

注意：数组的下标一般是从 0 开始的。

例如，第 3 门课的成绩信息为 score[2]。

存储 30 个学生的成绩，每个学生有 40 门课程成绩，共计 1200 门课程成绩，就要使用二维数组。

二维数组定义格式：

数据类型 数组名[常量表达式 1] [常量表达式 2]

二维数组与数学中的矩阵类型，分为行和列，常量表达式 1 为行标，常量表达式 2 为列标，分别限定了数组中的行数和列数。

```
int  score[30][40];
```

表示系统一次性分配给程序 1200 个存储 int 类型数据的连续存储空间，第 1 个数据存放的地址为 score。数组 score 中共有 30 行 40 列，score[i][j]是第 i 个学生的第 j 门课的成绩。其中，i 的取值为 0~29，j 的取值为 0~39。

2.3.3　定义结构体数组

【问题 2-14】如何定义结构体数组？

2.2 节中的学生数据是一个结构体数据类型，已经定义为 struct student。存储一个学生数据可以定义一个 struct student 类型的结构体变量，如果存储 30 个学生数据就需要定义一个结构体数组。

结构体数组定义格式如下：

结构体数据类型名　结构体数组名[常量表达式]

顺序存储学生数据的结构体数组定义为

```
struct student stu[30]
//定义 30 个数组元素的结构体数组，每个数组元素是 struct student 类型
```

访问结构体数组元素的方法和结构体数组变量相同。

```
stu[10].sname    //第 11 个学生的 sname 信息
```

任务要求用链表存储 30 个学生数据。

2.4　链式存储学生数据

2.3 节完成了用结构体数组来存储 30 个学生的数据。结构体数组是一种顺序存储方式，用地址连续的存储单元来依次存储结构体数组中的每一个学生数据。但是，当计算机内存中没有足够大的连续存储空间来顺序存储这些学生数据时，可以采取不连续的存储方式，也就是使用链表来存储。

链表是由指针链接起来的，所以学习链表之前，需要先学习什么是指针。

2.4.1　指针

在计算机中，运行任何应用首先需要将其调入内存。计算机内存是以字节(8 位二进制)为单位的连续存储单元，一个存储单元可以存储 1 字节。就像街道上每个商店都有一个编

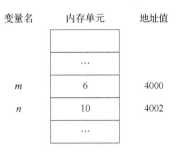

图 2-4　内存中的变量

号一样，每一个存储单元都有一个整数编号，这个编号被称为内存地址。内存中的变量如图 2-4 所示。存储单元的地址和存储单元的内容不是一个概念，存储单元的地址相当于商店编号，而存储单元的内容是存储单元中存储的数据，相当于商店里的货物。图 2-4 中，假设内存地址从 4000 开始的两个字节中存放了一个整数 6，内存地址从 4002 开始的两个字节中存放了一个整数 10。那么，首地址 4000、4002 就相当于两个商店的编号分别是 4000 和 4002，整数 6 和 10 就相当于商店里摆放的货物。

数据根据其类型不同，在内存中所占的存储空间大小也不同。无论是什么数据类型的数据，包括数组，它们在内存中的首地址就是它们的指针。

指针(Pointer)就是内存单元的地址，也称存储地址。

指针就是一个数据在内存中的首地址。变量在内存中存储的示意图如图 2-5 所示。

整型变量 a 占用编号为 2000、2001 的 2 字节，字符型变量 str 占用 2002、2003、2004、2005、2006 5 字节，浮点型变量 f 占用 3000、3001、3002、3003 4 字节。所以，a 的首地址是 2000，str 的首地址是 2002，f 的首地址是 3000，那么，就可以说 a 的指针是 2000，str 的指针是 2002，f 的指针是 3000。

而变量 p 比较特殊，p 本身的首地址是 8000，它存储了变量 f 的内存地址 3000。p 也是一个变量，称其为指针变量。

指针变量(Pointer Variable)也是一种变量，是指存储内存地址的变量。

名字	存储内容	地址
a	56	2000
str	hello	2002
	...	⋮
f	3.145	3000
	...	⋮
p	3000	8000
⋮	A	⋮
	...	

图 2-5　变量存储示意图

由于指针变量 p 存储的内存地址中的数据的数据类型不同，指针变量也有不同的数据类型。因此，定义指针变量时一定要标明其所指向的数据的数据类型。例如，定义一个指向 int 类型和一个指向 char 类型的指针变量。

```
int *pointer1;
char *pointer2;
```

指针指向某种数据类型的变量应定义为

指针名 =&变量名;

例如：

```
int a,*pointer1,arr[10];
char c,*pointer2;
```

```
pointer1=&a;              //"&"符号表示获取变量 a 的存储地址
pointer2=&c;
```

由于数组名就是地址，所以当指针指向数组时，可以写成：

```
pointer1=arr;            //指针 pointer1 指向数组 arr 的第 1 个元素 arr[0]
```

指向结构体变量的指针就是该结构体变量所占据的内存区的起始地址，但是与数组名不同，结构体变量名不是地址，所以当指针指向结构体变量时，要写成：

```
struct student stu1,*pointer;
pointer=&stu1;
```

注意，指针所指向的变量的数据类型必须与该指针的数据类型相同，否则将会发生错误。由前面可知，可以用指针变量来替代普通变量，例如：

```
int *pointer1;
struct student stu1,*pointer2;
*pointer1=2;
(*pointer2).age=18;
```

pointer1 是一个指针类型变量，*pointer1 表示指针 pointer1 所指向的 int 类型的变量，可以直接进行赋值。

2.4.2　链表

链表就是用指针来实现存储一组数据的。由于指针可以存储地址，那么要保存一组数据，除了要保存数据本身外，还要保存一个数据所在的内存地址，也就是指针，以此原则来存储这组数据构成的结构称为链表。

链表(Linked List)是一种物理存储单元上非连续、非顺序的存储结构，数据元素的逻辑顺序是通过链表中的指针链接次序实现的。

假设存储 5 个 int 类型数据，除了存储整数外，还要存储下一个整数的存储位置，这就需要将整数和指针构成一个结构，也就是结构体，在链表中，称这个结构体为结点。构建 5 个结点的链表如图 2-6 所示。

图 2-6　5 个结点的链表

在 5 个结点的链表中，head 为该链表的头指针，指向了该链表的第 1 个结点的地址。最后一个结点的指针用"∧"表示空，说明其后没有其他结点了。5 个整数依次为 10、15、18、7、60，每个结点除了包含存储整数的部分外，还包含一个指针，用来存储下一个结点的地址，一般用"→"来表示。每个结点是一个结构体，定义如下：

```
struct node
{
    int data;                //存储数据，一般称为数据域
```

```
    struct node *next;              //存储下一个结点的地址，一般称为指针域
}
```

现在分析如何用链式来存储学生数据。由于用链表来存储，因此需要在 2.2 节中定义的 struct student 的基础上，再增加一个成员 next，用来指向下一个结点的存储位置。修改后的结构体或结点定义如下：

```
struct student
{
    char sno[20],sname[20],sex,major;
    int age,c_score,math_score,english_score;
    struct student *next;
};
```

30 个学生数据构成 30 个结点的链表，设置头指针 head 指向第 1 个学生结点，最后一个学生结点的指针域置为空即可。

2.4.3 链表的常见操作

通常来说，链表上最常进行的是插入和删除操作，即在链表上插入一个新的结点、删除链表上一个已有的结点。

插入一个新结点操作如图 2-7 所示。

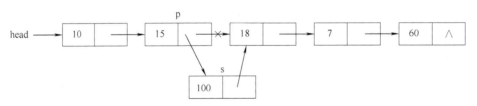

图 2-7 插入一个新结点操作

以图 2-7 为例，插入一个新结点的操作步骤如下：

```
s → data=100;
s → next=p → next;
p → next=s;
```

删除一个已有的结点操作如图 2-8 所示。

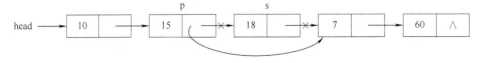

图 2-8 删除一个已有结点操作

以图 2-8 为例，删除一个已有结点操作如下：

```
p → next=s → next;
free(s);
```

根据学生成绩管理系统的需求描述，要完成统计三门课成绩的平均分和及格率两个操作，需要定义两个函数来实现。

2.5　基于学生成绩管理系统的数据结构定义操作及实现算法

2.5.1　模块化程序设计

C 程序是由一个或多个函数构成的。分析该任务，要统计课程成绩的平均分和及格率。如果这些操作都写在主函数 main 中，代码过于繁杂，容易出错，更重要的是编写在主函数中的代码不能被团队其他成员复用，造成效率不高等问题。在企业开发软件项目时，通常采取"分而治之"的思想，把大任务分解成小任务，小任务再分解为更小的任务。各个小任务完成了，大的任务自然而然就完成了，这就是模块化设计思想，C 程序的函数是实现模块化程序设计(Modular Programming)的重要形式。

模块化程序设计方法一般采用"自顶向下"的方法，就是将一个大问题分解成多个小问题，小问题还可以再分解为更小的问题。实现时采用"自底向上"的思想，先解决最底层的问题，然后依次向上，直到最大的问题得以解决。求解较小问题的算法与程序称为功能模块，各功能模块应该单独设计，然后将求解所有的小问题的功能模块组合成求解大问题的程序。

函数是为完成一个任务或者是实现一个功能或者是解决一个问题而设计编写的程序模块。模块化程序设计中，将大的问题逐层分解，最终表现为实现一个任务或一个功能的函数。通过设计和编写函数达到解决问题的目的。例如，求三个整数的最值问题的模块化分解如图 2-9 所示。

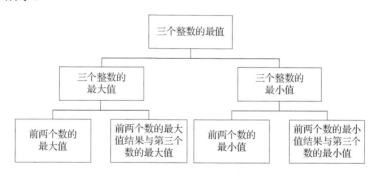

图 2-9　三个整数的最值问题的模块化分解

在分解的最底层，求最大值分支上，求前两个数的最大值、前两个数的最大值结果与第 3 个数的最大值两个小问题可以归结为一个问题，即求两个数的最大值问题。可以定义求两个数的最大值函数，两次使用两个数的最大值函数可以求得三个数的最大值。求解最小值同理。

2.5.2　函数及定义函数

函数是完成某项任务或实现某项功能或解决某个问题而编写的程序段。同普通变量一样，函数也要先定义后使用。

函数(Function)是为完成某项任务或实现某项功能或解决某个问题而编写的程序段，是模块化程序设计的基础。

定义一个函数需要把握好 4 个要素，即函数的返回值类型、函数名、函数的参数和函数体。函数定义格式如下：

函数的返回值类型　　函数名(函数的参数)
{
　　…　　//函数体
}

例如，求两个整数最大值的函数定义为

```
int getMax(int a,int b)
{
   if(a>b)
      return a;
   else
      return b;
}
```

其中，getMax 为函数名；int 为返回值类型，因为函数 getMax 返回值为整型变量 a 和变量 b 中的最大值，所以返回值一定是一个整数；int 类型的变量 a 和 b 为函数的形式参数。用"{}"括起来的程序段为函数体，具体实现该函数的功能。

初学者对定义函数通常不得要领，这里提供一种定义函数的思维方法，就是抓住函数的 4 个要素。

函数名一般用"见名知义"的英文词表示，通常看见名字应该知道该函数要完成的任务或实现的功能或解决的问题。例如，getMax 表示获得最大值。

函数的参数，就是要完成任务、实现功能、解决问题所需的前提条件。函数的参数可以有多个，用逗号分隔开，每个参数用数据类型和参数名来表示。必须要完成求两个整数变量的最大值，前提条件是必须给定两个整型变量。

函数的返回值类型，就是任务完成、功能实现、问题解决后得到的结果的数据类型。这里注意，不是结果而是结果的数据类型。例如，getMax 函数的最终结果是两个整型变量中的最大值，一定是整数，所以函数返回值类型为 int。

函数体，就是要完成任务、实现功能、解决问题要进行的具体步骤，是一个程序段。

根据上面对 4 个要素的分析，我们来完成本节任务。

求三门课程的平均分，函数名为 getAverage，表示求平均分；函数的参数为给定所有学生数据，即之前定义的结构体数组"struct student student[30];"返回值类型为 double 类型，因为返回值为平均分。函数定义如下：

```
double getAverage(struct student student[30])
{
   int i, sum=0;
   double ave;          //存储临时的平均分
```

```
for(i=0; i<30; i++)
{
    Sum=sum+students[i].c_score+students[i].math_score+students[i].
      english_score;
}
ave=sum/3/30.0;
return ave;
}
```

注意：形式参数 struct student student[30]中的 30 可以省略，因为形式参数会依据实在参数来具体确定数据元素的个数。

函数的参数有两种：一种是定义时写在函数名后面的括号内的参数，称为形式参数(简称形参)；另一种是函数调用时，函数名后面括号内的参数，称为实在参数(简称实参)。实参和形参是一一对应的。

函数调用时，形参对实参有值的传递，传递的内容有两种。

(1)传值：形式参数将其值复制一份给对应的实参，形参和实参各自独立。

(2)传地址：形参将其地址传递给对应的实参，形参和实参合二为一。

2.5.3　调用函数

定义过的函数就可以使用了，使用函数也称函数调用。

程序中出现的函数分成两种：一种是用户自定义函数；另一种是库函数，由 C 语言函数库提供的，需要在程序的开头用#include 引入相应的头文件。

例如，scanf 函数、printf 函数、getchar 函数、putchar 函数等，均在头文件 stdio.h 中，故在使用之前先要包含该头文件。系统函数不用定义，直接调用就可以了。

无论是用户自定义函数，还是系统库函数，调用时应注意下面几个问题：

(1)函数名一定正确，尤其是大小写必须相同。

(2)函数参数数据类型和顺序要符合定义。

(3)熟悉函数的功能，正确利用函数的返回值。

(4)函数的嵌套调用。

C 语言中，函数是不能嵌套定义的，即在一个函数体内不能出现另一个函数的定义。但是 C 语言允许函数嵌套调用，即在一个函数调用过程中又调用了另一个函数，函数的嵌套调用如图 2-10 所示。

如果一个函数在调用过程中又调用了它本身，这种嵌套调用称为函数的递归调用。

例如，求 n!的公式为递归调用。

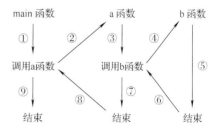

图 2-10　函数的嵌套调用

```
/*计算n!*/
int  f (int  n)
{
    long  c;
```

```
if(n==1)  c=1;
else c=f(n-1)*n;    //f(n-1)为函数递归调用
return c;
}
```

2.6　C 语言的语句

以上所学均为 C 语言的词语，接下来就可以用词语构造句子了。C 语言提供了很多方便程序员使用的句子。

C 语言的句子包括：

(1)空语句。C 语句必须以"；"结束，最简单的语句是一个分号，是空语句。

(2)表达式语句。任何表达式加上分号即为表达式语句，如赋值表达式语句"x = 3;"，算术表达式语句"x+y+z;"。

(3)控制语句：

① 分支语句，包括 if 语句、if-else 语句、switch 语句。

② 循环语句，包括 while 语句、do-while 语句、for 语句。

③ 无条件跳转语句，包括 goto 语句。

④ 循环跳转语句，包括 continue 语句、break 语句。

(4)函数调用语句。例如"putchar(ch);"是调用系统函数 putchar 的语句。用户还可以调用自己定义的函数。

(5)变量定义及初始化语句。例如"int score = 100;"。

2.7　预处理命令

为了提高编程效率，方便程序的后期维护，ANSI C 统一规定可以在 C 程序中添加一些预处理命令。但这些命令不属于 C 语言的组成部分，C 编译器不能直接对它们进行编译。

C 语言的预处理命令以"#"开头，经常使用的预处理命令是宏定义和文件包含。

2.7.1　宏定义

1. 宏定义的格式

宏定义又称宏代换、宏替换，简称宏，其定义格式为

#define 标识符 字符串

其中的标识符就是前面讲过的符号常量，也称宏名。宏定义的含义就是用字符串替换程序中标识符的每一次出现。例如：

```
#define  PI  3.14159
```

就是把程序中出现的 PI 全部替换成 3.14159。

2. 使用宏定义应注意的问题

(1)宏名建议使用大写字母表示。
(2)使用宏可以提高程序的通用性和可维护性，减少错误。一般数组大小使用宏定义。
(3)宏替换是在程序编译之前进行的，不做语法检查。
(4)可以使用#undef 命令终止宏定义的作用域。
(5)不必在宏定义语句后面加";"。
(6)宏定义不分配内存。
(7)程序中" "内的内容永远不会进行宏替换。

3. 有参数的宏定义

除了一般的字符串替换外，宏定义也可以有参数。格式如下：
#define 宏名(参数表)字符串
例如：

```
#define  s(a,b)  a*b。
```

就是将程序中每一个 s(a,b) 替换成 a*b。程序中的语句：area=s(3,2);
第 1 步替换为"area = a*b;"，第 2 步替换为"area=3*2;"。

2.7.2 文件包含

1. 文件包含的格式

文件包含是指在一个源文件中，通过文件包含命令将另一个源文件的内容全部包含在此文件中，在源文件编译时，连同被包含进来的文件一同编译，生成目标代码文件。
文件包含用#include 命令来实现，其格式为
#include "文件名" 或 #include<文件名>
表示将指定文件包含在当前的文件中。例如：

```
#include<stdio.h>或 #include "stdio.h"。
```

2. 使用文件包含应注意的问题

(1)文件包含是在程序被编译之前进行的。
(2)#include 命令的做法是将包含文件的内容复制到#include 语句处，得到新的文件。
(3)文件包含时不做语法检查。
(4)一个#include 命令只能包含一个文件。
(5)文件包含是可以嵌套的，即一个被包含文件又可以包含另一个被包含文件。
(6)#include 命令中文件名均可使用双引号和尖括号括起来，但两种方式是有区别的。使用尖括号形式时，系统在存放 C 库函数文件的目录中查找被包含的文件。用双引号形式时，系统先在当前目录中查找被包含文件，如果找不到，再到 C 库函数文件的目录中查找。

2.8 本 章 小 结

本章以学生成绩管理系统中的部分任务为推进主线和知识载体，主要讲述了 C 语言中的数据类型、结构体、数组和结构体数组、指针及链表、函数等内容，为开始学习数据结构做程序设计知识和方法的准备。

2.1 节主要学习了数据类型的概念。数据类型是一组值以及基于该组值的操作，这和数据结构的定义具有相似性。计算机存储的数据都具有数据类型，并且不同的数据类型占用的存储空间大小不同。程序中的数据通常有常量和变量两种表示形式，不同数值类型间的数据可以通过"隐式"或"显式"进行转换。学习该节内容对理解数据结构的概念非常重要。

2.2 节主要学习了结构体。结构体是由多种数据类型的数据组成的一种构造数据类型。定义结构体必须使用关键字"struct"，每一个数据称为该结构体的一个成员。结构体变量和指向结构体的指针在访问结构体成员的时候不同，变量使用原点符号"."，而指针使用箭头符号"→"。学习该节内容为数据结构的存储结构奠定了基础。

2.3 节主要学习结构体数组。数组是由多个相同数据类型的数据元素构成的，数组的名字为第 1 个数据元素的存储地址。结构体数组是由多个结构体类型的数据构成的。值得注意的是，结构体变量名不是地址，而结构体数组名是地址。学习该节内容为数据结构的存储结构奠定了基础。

2.4 节主要学习指针及链表。指针是一个内存地址，指针变量就是存储内存地址的变量。链表是用来存储多个相同数据类型的数据，这些数据在内存中的存储地址不一定连续。链表中的每一个结点除了存储数据本身外，还存储下一个结点的存储位置。结构体链表中每一个结点都表示一个结构体。学习该节内容为数据结构的链式存储奠定了基础。

2.5 节主要学习函数。函数是一个程序段，用来完成一个任务、实现一个功能或者解决一个问题。函数有 4 个要素，即函数名、函数的参数、函数的返回值类型、函数体。C 程序是由一个或多个函数构成的。函数也体现了模块化程序设计的思想。学习该节为定义数据结构中的操作奠定了基础。

2.6 节、2.7 节分别总结了 C 语言的语句和预处理命令，包括#include 和#define 的用法。学习该节内容为实现数据结构的操作奠定了基础。

习 题

1. 给下列数据定义合适的数据类型。
(1) 学生 40 门课程考试成绩的平均分；
(2) 一个月的天数；
(3) 南京长江大桥的长度；
(4) 从北京到西藏的距离；

(5)你自己的名字。

2. 在某商品销售系统中，商品数据包括商品编号、商品名称、商品类别、商品售出数量、商品单价等，该系统经常会统计当天的热销品(销售数量最多的产品)。任务要求用结构体来定义商品，并用结构体数组和链表分别存储所有商品数据(具体商品数量自定)，用函数实现统计当天的热销品。

第3章

线性表结构

相信大家都有过在学校上课之前找座位的经历。通常几位同学拿着上课的书本等，坐到想要的空座位上。为了方便，一个宿舍的 4 位同学会选取连在一起的一排座位作为目标。当然，如果没有连在一起的座位，那么哪里有位置就坐在哪里也是可以的。这个例子就是我们常说的线性结构的生活常见形式，如图 3-1 所示。

图 3-1　空座位教室布局

生活中还有很多其他的线性结构的例子，如在 ATM 机前排队取款、排队入场、摆放盘子、火车地铁的车库、货架等，如图 3-2 所示。生活中线性结构的实例，让我们对线性结构有了认识和了解。可以初步地认识到线性结构的数据，有头有尾、有数量限制、有操作的规则等。

图 3-2　其他线性结构的例子

　　因此在学习本章内容时，首先从线性结构的含义入手，对线性结构建立直观认识；其次通过对具体问题的分析与设计，主要训练线性表的逻辑结构的抽象模型建立、逻辑结构到存储结构的映射，提升抽象思维能力；最后学习基于线性表的存储结构上的操作，以培养计算思维、解决具体问题的能力。

　　本章问题： 设计一个统计选票的选票系统。

　　问题描述： 现设有若干个班长候选人的信息，要求可以根据以下 4 个问题返回结果：

(1) 班长候选人数。

(2) 第 3 个班长候选人是谁？

(3) 按照班长候选人得票数从大到小排序。

(4) 给出最高得票的班长候选人编号和票数。

　　根据本章问题的主要内容和要求，需要将该问题分解为以下任务。

(1) 为选票系统选择合适的数据结构。

(2) 为选票系统构建逻辑结构。

(3) 为选票系统构建存储结构。

(4) 为选票系统实现操作。

3.1　为选票系统选择合适的数据结构

　　通过分析这个系统用到的数据的特征，可以看出每一位班长候选人对应着一个票数，而且班长候选人的人数也是确定的、有限的。这些数据之间是一对一的，因此可以确定这些数据之间的关系可以通过线性结构来解决。首先我们认识一下什么是线性结构。

　　在数据结构中不仅有线性结构，还有非线性结构。线性结构是最常用、最简单的一种数据结构，可以将线性结构想象成一条线段，数据就是这条线段上的每一个点。线段有起点和终点，每个点前面有一个点，后面有一个点，常用的线性结构有线性表、栈和队列等。非线性结构的数据之间的关系不是一条线的前后关系，而是一个点前面可能有好多点，后面也可能有好多点，如树和图。

1. 线性结构的抽象数据类型

　　线性结构的抽象数据类型，涵盖了本章问题中设计选票系统的主要内容，首先需要确定这个系统中用到的数据集 D，也就是班长候选人的信息集合。其次确定这个数据集中的数据之间的关系 R，候选人与其信息是一一对应的。最后确定这个数据集上的操作 O，即找到第 3 个班长候选人的信息，根据票数排序数据集，找到最高得票的候选人编号和票数。

　　线性结构 $= (D, R, O)$。

　　D：数据集，$D = \{ a_i \mid 1 \leqslant i \leqslant n, \ n \geqslant 0 \}$。

　　R：关系/结构，$R = \{ \langle a_i, a_{i+1} \rangle \mid a_i, a_{i+1} \in D, 1 \leqslant i \leqslant n-1 \}$。

　　O：操作，$O = \{ \cdots \}$。

2. 线性表

线性表(Linear List)是一种典型的线性结构。在处理如 26 个小写字母、星座、十二生肖、5 位学生的生日、2 年级 7 班 43 位学生的期末考试成绩等数据时，就可以利用线性表。这类有很多个"唯一性"的数据，唯一的开头数据、唯一的结尾数据，有唯一前面的数据，有唯一后面的数据和唯一的集合。这些数据可以抽象表示为图 3-3。

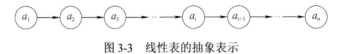

图 3-3　线性表的抽象表示

3.2　为选票系统构建逻辑结构

在完成第 1 步确定数据集时，不仅要确定数据内容，还要根据数据之间的关系，确定如何组织数据，也就是确定逻辑结构。

线性表是若干个数据元素构成的有序序列，可以用 $(a_1,a_2,\cdots,a_{i-1},a_i,a_{i+1},\cdots,a_n)$ $n \geqslant 0$ 这样的形式表示。数据元素的个数 n 为线性表的长度。当 $n=0$ 时，线性表是一个空表；当 $n>0$ 时，数据元素 a_1 是线性表的第 1 个结点(又称为首结点)，数据元素 a_n 是线性表的最后一个结点(又称为尾结点)。数据元素 $a_1,a_2,\cdots,a_{i-1}$ 都是数据元素 $a_i(2 \leqslant i \leqslant n)$ 的前驱，数据元素 a_{i-1} 是数据元素 a_i 的直接前驱；数据元素 $a_{i+1},a_{i+2},\cdots,a_n$ 都是数据元素 $a_i(1 \leqslant i \leqslant n-1)$ 的后继，数据元素 a_{i+1} 是数据元素 a_i 的直接后继。其中有 2 个特殊数据元素，一个没有直接前驱(首结点)，另一个没有直接后继(尾结点)。

1. 线性结构的特征

通过这些"唯一性"和线性表的含义，可以归纳线性结构的特征如下。
(1)必须是一个序列：数据元素之间有顺序。
(2)有限序列：数据元素必须是有限的或者 0 个。
(3)可数序列：数据元素必须是可数的。
(4)相同数据类型：数据元素具有相同的数据类型。

2. 线性表中的数据元素

线性表中的数据元素 a_i 所代表的含义根据应用的不同而不同。线性表中的数据元素结点可以是单值元素(每个元素只有一个数据项)。例如：
26 个小写字母：(a,b,c,…,x,y,z)。
星座：(白羊座,金牛座,…,水瓶座,双鱼座)。
十二生肖：(鼠,牛,虎,兔,龙,蛇,马,羊,猴,鸡,狗,猪)。
5 位学生的生日：(20120830,20111031,20120411,20110901,20120706)。
线性表中的数据元素结点也可以是记录型元素。例如：
2 年级 7 班 43 位学生的数学、英语、数据结构成绩信息：

{('2012001'，'王小哥'，74,86,68)，('2012002'，'陈大壮'，90,77,80)，…，('2012042'，'赵美丽'，80,79,64)，('2012043'，'孙淘淘'，78,85,74)}。

【**问题 3-1**】如果每一位候选人信息包括序号、姓名、票数，那么选票系统的数据元素如何表示？

班长候选人信息：{('2019007'，'张三'，7)，
　　　　　　　　　　　('2019005'，'李四'，20)，…，
　　　　　　　　　　　('2019015'，'赵六'，15)}

3. 线性表的数据操作

在确定好线性结构(D,R,O)中 D(数据集)和 R(关系/结构)后，就可以根据要求确定 O(操作)的内容。在任务(1)中提出的几个问题分别是：

(1)班长候选人数。

(2)第 3 个班长候选人是谁？

(3)按照班长候选人得票数从大到小排序。

(4)给出得票最高的班长候选人编号和票数。

那么就可以确定基于选票系统数据集的操作为

O={ O_1(确定班长候选人数)；

　　　O_2(确定第 3 个班长候选人的姓名)；

　　　O_3(将班长候选人得票数从大到小排序显示)；

　　　O_4(确定得票最高的班长候选人编号和票数)；}

3.3　为选票系统构建顺序存储结构

在确定好选票系统的逻辑结构后，就需要将数据存储起来，用于选票系统进行操作和使用。那么线性结构的数据如何进行存储，就是我们要重点了解的内容。

线性表的存储结构是使用线性表存储数据的方式，也就是线性表的逻辑结构在计算机内存中的具体存储映射。

实现映射主要解决两个问题：一是要确定从逻辑结构到存储结构映射的方法；二是要将映射到内存的存储结构用计算机语言定义出来。

前面提到了课前找座位这件事，学生会优先选取一排连在一起的空座，如果没有这样的座位，也会选取其他的空座位就座。这两种情况就对应着线性表的两类存储结构：**顺序存储结构和链式存储结构**。

【**问题 3-2**】选票系统数据集(逻辑结构)映射到计算机内存中(存储结构)。

根据前面确定的选票系统的数据集，每一位候选人信息包括序号、姓名、票数，因此如果将每位候选人的序号、姓名和票数信息都存储下来，那么就完成了逻辑结构在计算机内存中的表示，实现了逻辑结构到存储结构的映射。如此看来，确定从逻辑结构到存储结构的映射采用的方法就是先确定候选人信息的映射方法，即候选人的存储方法。

3.3.1　顺序存储结构

如果有连在一起的空座位，选取这样的空座位作为就座目标，这种情况就是线性表的顺序结构的一种体现，如图 3-4 所示。

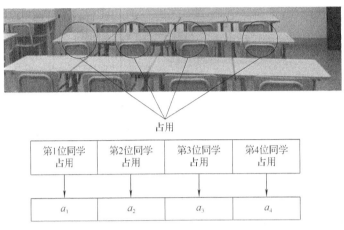

图 3-4　线性表的顺序存储

在内存中选取一片连续的存储空间作为就座的目标，然后将要存储在这片空间的数据放入即可。线性表顺序存储就是用地址连续的存储单元依次存储线性结构的有序数据元素。这里说的数据元素要求结构相同，也就是要求在座位上上课的人必须是上同一门课程的同学，这样才能在当前的教室上课，即这些数据元素存储在这片连续的空间内。所以线性表的每一个元素的数据类型都相同。顺序存储的线性表也称为顺序表（Sequential List）。

【问题 3-3】选票系统的顺序存储结构（顺序表）如何实现？

通过观察图 3-4 可以发现，顺序表存储数据与一维数组很相似。实际上，顺序表在实现时，一般会选取一维数组作为存储数据的实现形式。

顺序表的实现如下：

```
/*定义顺序表的结构体数据类型*/
#define MAXSIZE    20
struct  SqLinearList
{
     ElemType   data[MAXSIZE];  //此处 MAXSIZE 为数组长度，值为 20
     int   last;                //当前长度
} SqList;
```

注意：ElemType 是数据元素的数据类型。

顺序表的实现方式有如下三个要素。

(1)一维数组：一般使用一维数组作为数据存储的实现形式。

(2)最大的容量——数组长度：数组的长度，同时也是顺序表的最大容量，即最多可以存储数据元素的个数。

(3)当前的长度——线性表长度：顺序表长度，即实际存储数据元素的个数。

参照顺序表的实现，可以实现选票系统数据集的顺序存储结构，此时 ElemType 这个数据类型包括候选人的序号、姓名和票数这三种数据类型。

```
/*定义数据元素的结构体数据类型*/
typedef struct ElemType
{
        char no[18];        //存储候选人的序号
        char name[10];      //存储候选人的姓名
        int  count;         //存储候选人的票数
} ElemType;
```

【训练 3-1】实现存储 26 个小写字母的顺序表。

26 个小写字母的数据集：(a,b,c,…,x,y,z)。

```
#define MAXSIZE  26
struct SqLinearList
{
        char data[MAXSIZE];
        int  last;
} SqList;
```

【训练 3-2】实现存储 5 位学生的生日信息的顺序表。

5 位学生的生日信息：(20120830,20111031,20120411,20110901,20120706)。

```
#define MAXSIZE  5
typedef struct ElemType
{
        char year[4];    //存储生日的年
        char month[2];   //存储生日的月
        char day[2];     //存储生日的日
} ElemType;
struct SqLinearList
{
        ElemType data[MAXSIZE];
        int  last;
} SqList;
```

【训练 3-3】实现存储 2 年级 7 班 43 位学生的数学、英语、数据结构成绩信息的顺序表。

2 年级 7 班 43 位学生的数学、英语、数据结构成绩信息如下：

{('2012001','王小哥',74,86,68),('2012002','陈大壮',90,77,80),…,('2012042','赵美丽',80,79,64),('2012043','孙淘淘',78,85,74)}

```
#define MAXSIZE  43
typedef struct ElemType
{
        char Number[7];            //存储学生学号
```

```
        char  name[10];              //存储学生姓名
        int  math, english, ds;      //存储学生的数学、英语和数据结构成绩
} ElemType;
struct SqLinearList
{
        ElemType  data[MAXSIZE];
        int  last;
} SqList;
```

【问题 3-4】顺序存储结构有什么优势？

顺序表的存储如图 3-5 所示。通过观察可以发现，在确定第 1 个元素的位置以后，当查找顺序表中的某一个数据元素时，例如，第 3 个数据元素 a_3，就可以通过公式计算确定 a_3 的位置。

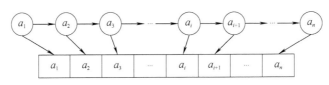

图 3-5 顺序表的存储

计算公式如下：

$$\text{loc}(a_i) = \text{loc}(a_1) + (i-1) \times C$$

其中，C 为每个数据元素占用存储单元的个数。

顺序表可以实现随机存取，对每个数据元素的存入和取出都花费相同的机器时间，不随存储位置的变化而变化。

3.3.2 基于顺序表的选票系统操作的实现

逻辑结构将转化为存储结构，基于逻辑结构的操作将转化为基于存储结构的函数。每一个操作就是完成一个任务，一是需要明确操作的输入，即完成任务需要的前提条件，将转化为函数的形式参数；二是需要明确操作的输出，即完成任务的结果，将转化为函数的返回值。

对于任何一种结构，必有的操作应该是初始化、插入元素、删除元素、查找元素等操作。根据线性表的顺序存储结构的操作，其中，操作 O_1 为确定班长候选人数，可以理解为确定顺序表的元素个数；操作 O_2 为确定第 3 个班长候选人的姓名，可以理解为确定第 3 个元素的信息；操作 O_3 为将班长候选人得票数从大到小排序显示，可以理解为将顺序表按照某数值进行排序；操作 O_4 为确定得票最高的班长候选人编号和票数，可以理解为确定根据票数降序排序后第 1 个元素的信息。那么根据以上可以总结出顺序表的基本操作如下。

(1)初始化表：确定顺序表内容的初始值，即对于顺序表 L，L 中的数组 data 不写入数据，L 的长度 last 值为 0（表明顺表中无数据元素）。

```
void initSqList(SqList *L)
```

```
    {
        L->last=0;
    }
```

(2)确定线性表长度：将顺序表 L 的长度 last 值作为函数的返回值。

```
int lenSqList(SqList *L)
{
    return(L->last);
}
```

(3)判断线性表是否为空：根据顺序表 L 的长度 last 值进行判断，如果 last 值为 0，则 L 为空表(返回值为 1 表示顺序表已空)；否则 L 不为空(返回值为 0 表示顺序表非空)。

```
int emptySqList(SqList *L)
{
  if(L->last==0)
  {
      printf("顺序表已空! ");
      return 1;
  }
  return 0;
}
```

(4)判断线性表是否已满(返回值为 1 表示顺序表已满，返回值为 0 表示顺序表未满)：根据顺序表 L 的长度 last 值进行判断，如果 last 值为 MAXSIZE，则 L 已满(返回值为 1 表示顺序表已满)；否则 L 不满(返回值为 0 表示顺序表未满)。

```
int fullSqList(SqList *L)
{
  if(L->last==MAXSIZE)
  {
      printf("顺序表已满! ");
      return 1;
  }
  return 0;

}
```

(5)取第 i 个元素：首先判断 i 值是否在可取的范围内(i 值不大于顺序表 L 的长度 last)，然后将 L 的数组 data[i-1]作为函数的返回值(数组下标从 0 开始记录，第 i 个元素对应数组的下标是 i-1)。

```
ElemType  getSqElem(SqList *L, int i)
{
    if(i<=L->last)
    {
```

```
        return(L->data[i-1]);          //数组中的序号是从 0 开始
    }
    printf("要查找的元素不存在！\n");
}
```

（6）定位给定值 e ：根据给定的数据元素 e，在顺序表 L 中从头至尾扫描判断是否存在 e，若存在，则将 e 在 L 中的位置（数组下标加 1）返回，否则提示不存在该元素，并返回 0。

```
int locSqElem(SqList *L,ElemType e)
{
    int i=0;
    for(i=0;i<L->last;i++)
    {
        if(L->data[i]==e)
        {
            return (i+1);
        }
    }
    printf("要查找的元素不存在！\n");
    return 0;
}
```

（7）添加元素 e：向顺序表 L 中添加数据元素 e 时，首先判断 L 是否已满，若不满，则在 L 的最后一个元素后加入 e，并将 L 的长度 last 值增加 1。

```
void addSqElem(SqList *L, ElemType e)
{
    if(!fullSqList(L))                  //顺序表不满
    {
        L->data[L->last]=e;
        L->last++;
        printf("插入成功！\n");
        return;
    }
    printf("顺序表已满！\n");
}
```

（8）在第 i 个位置上插入元素 e：向顺序表 L 中指定位置 i 添加数据元素 e 时，首先判断 L 是否已满，如不满，再判断位置 i 是否为有效值（i 不大于 last+1）；若有效，则将 L 的第 i 个位置及后面的元素依次后移，然后在第 i 个位置上插入 e，并将 L 的长度 last 值增加 1。

```
void insertSqElem(SqList *L, ElemType e,int i)
{
```

```
        int j=0;
        if(!fullSqList(L))             //顺序表不满
        {
            if(i<=L->last+1)
            {
                for(j= L->last;j>=i;j--)
                {
                    L->data[j]= L->data[j-1];
                }
                L->data[i-1]=e;
                L->last++;
                printf("插入成功! \n");
                return;
            }
            printf("位置不正确! \n");
            return;
        }
        printf("顺序表已满! \n");
    }
```

(9)删除元素 e：在顺序表 L 中删除数据元素 e 时，首先判断 L 是否为空，若不为空，则在 L 中查找 e 的位置，查到后将 e 删除并将后面的所有元素的位置依次向前移动一个，并将 L 的长度 last 值减少 1。

```
    void delSqElem(SqList *L, ElemType e)
    {
        int i=0,j=0;
        if(!emptySqList(L))            //顺序表不为空
        {
            for(i=0;i<L->last;i++)
            {
                if(L->data[i]==e)
                {
                    for(j=i+1;j<L->last;j++)
                    {
                        L->data[j-1]=L->data[j];
                    }
                    L->last--;
                    printf("元素删除成功! \n");
                    return;
                }
            }
            printf("要删除的元素不存在! \n");
            return;
```

```
        }
        printf("顺序表为空！\n");
    }
```

(10)清空线性表：将顺序表 L 清空，即将 L 的长度 last 值置为 0，表明 L 中无数据元素。

```
void clearSqList(SqList *L)
{
        L->last=0;
}
```

(11)遍历线性表(此处假定 ElemType 为 int 类型)：将顺序表 L 中的元素从头至尾逐一访问并显示。

```
void travelSqList(SqList *L)
{
    int i;
    if(!emptySqList(L))            //顺序表不为空
    {
        printf("\t\t 顺序表中的元素为:\n\t\t");
        for(i=0;i<L->last;i++)
            printf("%d\t",L->data[i]);
        return;
    }
    printf("顺序表为空！\n ");
}
```

(12)降序排序线性表(此处假定 ElemType 为 int 类型)：将顺序表 L 中的元素值从大到小进行排序。

```
void orderSqList(SqList *L)
{
        int i=0,j=0,k=0;
        ElemType temp;
        if(!emptySqList(L))            //顺序表不为空
        {
                for(i=0;i<L->last-1;i++)
                {
                        k=i;
                        for(j=i+1;j<L->last;j++)
                        {
                                if(L->data[j]>L->data [k])
                                {
                                        k=j;
                                }
```

```
                    }
                    if(k!=i)
                    {
                        temp= L->data [i];
                        L->data [i]= L->data [k];
                        L->data [k]=temp;
                    }
                }
                printf("降序排序成功! \n");
                travelSqList (L);
                return;
            }
            printf("顺序表为空! \n");
    }
```

【问题 3-5】 还能想到顺序表的其他操作吗?

在实现向顺序表添加元素的操作中，采用的是在顺序表的尾部添加数据元素，也可以采用在顺序表的头部添加数据元素。此外，还可以实现在指定位置的顺序表上修改数据元素信息、删除顺序表中重复的数据元素等操作。

【问题 3-6】 线性结构可实现的其他系统有哪些?

实现学生成绩查询系统：根据若干学生成绩信息，实现对学生成绩进行姓名、学号、科目等条件的查询操作。

实现教师信息管理系统：根据若干教师信息，实现对教师信息的增、删、改、查等操作。

实现员工信息管理系统：根据若干员工信息，实现对员工信息的增、删、改、查等操作。

实现公司项目审批系统：根据若干项目信息，实现对项目的逐级审批手续的操作。

一般的管理信息系统(Management Information System，MIS)都可以通过线性结构实现。

【问题 3-7】 选票系统可以用链式存储结构实现存储吗?

上面分析了使用顺序表(顺序存储结构)存储选票系统的数据元素，那么同样作为线性表的另一种存储结构——链式存储结构，是否也可以实现呢? 请看下面的内容。

3.4　为选票系统构建链式存储结构

如果在选票系统中增加条件：候选人可以中途弃权，也可以中途新增。这个条件的增加，会引起顺序表中的数据元素频繁移动位置或者交换，此时使用顺序表作为选票系统的存储结构就不够恰当。那么选用链式存储结构是否合适呢? 带着上述问题，我们首先了解一下线性表的链式存储结构。

3.4.1 链式存储结构

前面提到了课前找座位这件事，同学会优先选取一排连在一起的空座，如果没有这样的座位，也会选取其他的空座位就座。这种"哪里有空坐哪里"的情况就是线性表的链式存储结构的一种体现，如图 3-6 所示。

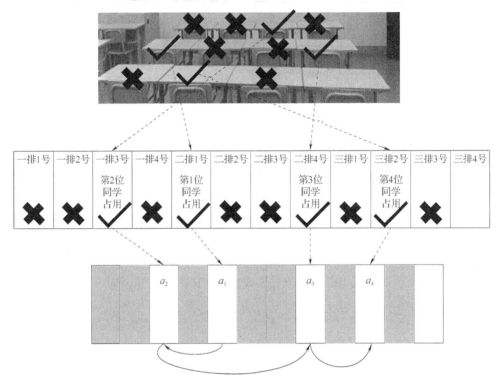

图 3-6　线性表的链式存储

在内存中选取一组任意的存储单元空间作为就座的目标，然后将要存储在这片空间的数据放入，同时为了保证数据元素之间的关系，还需要记录每个点数据元素的下一数据元素的位置。这种用一组任意的存储单元存储线性表中的数据元素的线性表称为线性链表，简称链表。生活中有很多链式结构，如图 3-7 所示。

图 3-7　生活中的链

存储链表中数据元素的一组任意的存储单元可以是连续的，也可以是不连续的，甚至是零散分布在内存中的任意位置上的。为了实现数据元素之间的线性关系，存储单元中除了给放置的数据元素分配空间，还需要为记录下一个元素的位置的数据分配空间，这就使得链表中数据元素的逻辑顺序和物理顺序不一定相同，如图 3-8 所示。

静态链表和动态链表是线性表链式存储结构的两种不同的表示方式。静态链表类似于顺序表，在物理地址上是连续的，而且需要预先分配地址空间。所以静态链表的初始长度一般是固定的，在做插入和删除操作时不需要移动数据元素，仅需修改下一个元素的存储位置。动态链表是用内存申请函数(malloc/new)动态申请内存的，所以在链表的长度上没有限制，如图 3-9 所示。由于每个结点的物理地址不连续，为了正确表示数据元素之间的逻辑关系，在存储每个数据元素的

	元素	下一个元素的存储位置
0	i	4
1	t	5
2	C	10
3	...	...
4	n	8
5	r	9
6	S	1
7	t	-1
8	a	-1
9	u	11
10	h	0
11	c	7

图 3-8　静态链表

同时，还必须存储指示其直接后继(下一个)数据元素的地址(或位置)，称为指针(Pointer)或链(Link)，这两部分组成了链表中的结点结构(Node)。这样的结点组成链表(Linked List)。链表是通过每个结点的指针域将线性表的前后结点按其逻辑次序链接在一起的。

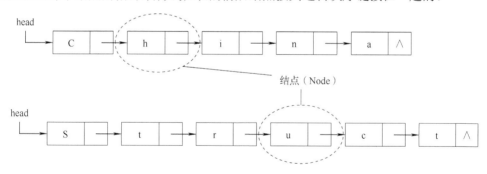

图 3-9　动态链表

通过链表的介绍，可以看出使用线性链表作为存储结构有如下的原因。

(1)存储不连续：一个作业在内存中不一定都是连续存储的，哪里有空间就用哪里。

(2)插入和删除：省去了顺序存储的插入和删除操作时移动大量元素的时间，插入和删除仅需要修改结点的指针域。

(3)动态增长：根据需要动态申请存储单元，需要多少，申请占用多少空间。

(4)提高存储效率：减少内存存储碎片。

【问题 3-8】根据 6 个班长候选人及其得票数信息，画出静态链表和动态链表。

假定 6 位班长候选人信息为{('2019007', '张三',7),('2019005', '李四',20),('2019025', '王二',18),('2019038', '陈五',16),('2019017', '贾七',19),('2019015', '赵六',15)}，则静态链表如图 3-10 所示，动态链表如图 3-11 所示。

0	2019038	陈五	16	3
1	2019007	张三	7	4
2				
3	2019017	贾七	19	6
4	2019005	李四	20	7
5				
6	2019015	赵六	15	−1
7	2019025	王二	18	0
8				
9				

图 3-10　班长候选人静态链表

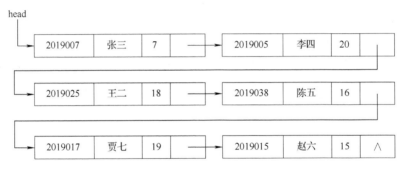

图 3-11　班长候选人动态链表

【训练 3-4】根据 26 个英文小写字母，画出静态链表和动态链表（自定具体数据信息及其顺序）。

26 个英文小写字母为(a,b,c,…,x,y,z)，则静态链表如图 3-12 所示，动态链表如图 3-13 所示。

0	c	37
1	XXX	X
2	a	6
3	XXX	X
4	z	−1
5	XXX	X
6	b	0
7	XXX	X
8	x	10
9	XXX	X
10	y	5

图 3-12　训练 3-4 静态链表

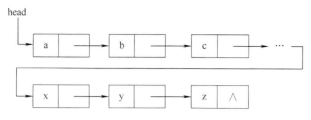

图 3-13　训练 3-4 动态链表

【训练 3-5】根据 3 位学生的生日信息，画出静态链表和动态链表(自定具体数据信息及其顺序)。

假定 3 位学生的生日为(20120830,20111031,20120411)，则静态链表如图 3-14 所示，动态链表如图 3-15 所示。

0	20111031	4
1	XXX	X
2	20120830	0
3	XXX	X
4	20120411	-1
5	XXX	X
6	XXX	X

图 3-14　训练 3-5 静态链表

图 3-15　训练 3-5 动态链表

【训练 3-6】根据 4 位学生的数学、英语、数据结构成绩信息，画出静态链表和动态链表。

假定 4 位学生的生日为{('2012001','王小哥',74,86,68),('2012002','陈大壮',90,77,80),('2012042','赵美丽',80,79,64),('2012043','孙淘淘',78,85,74)}，则静态链表如图 3-16 所示，动态链表如图 3-17 所示。

0	2012042	赵美丽	80	79	64	2
1						
2	2012043	孙淘淘	78	85	74	-1
3	2012001	王小哥	74	86	68	5
4						
5	2012002	陈大壮	90	77	80	0
6						
7						

图 3-16　训练 3-6 静态链表

图 3-17　训练 3-6 动态链表

3.4.2　单链表

图 3-18　结点结构

　　每一个结点只包含一个指针域的链表，称为单链表(Singly Linked List)，如图 3-18 所示。单链表中每一个结点中包含两部分内容，即两个域：数据域 data 和地址域 next。数据域存放当前结点的数据元素值，地址域存放下一个结点的地址，也称为指针域。

　　单链表中第 1 个结点的存储位置称为头指针。为操作方便，在单链表的第 1 个结点之前附设一个头结点(头指针)head 指向第 1 个结点。头结点的数据域一般不存储信息或者只存储表长等附加信息。图 3-19 展示了不带头结点的单链表和带头结点的单链表。有的链表有头结点，有的链表没有头结点，要具体问题具体分析。

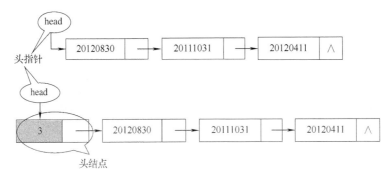

图 3-19　单链表的头结点和头指针

　　C 语言中，常用带指针的结构体类型来描述单链表：

```
/*定义数据元素结点的结构体数据类型*/
struct  node
{
    ElemType  data;              //数据域
    struct node *next;           //指针域
} *lkList;
```

　　【问题 3-9】选票系统的链式存储结构(单链表)如何实现？

```
struct  candiNode
{
        char  no[18];                //存储候选人的序号
        char  name[10];              //存储候选人的姓名
        int   count;                 //存储候选人的票数
        struct candiNode *next;
} *candiNode;
```

【训练 3-7】实现存储 26 个小写英文字母的单链表。

```
struct  ziMuNode
{
        char  ziMu;                  //存储小写字母
        struct ziMuNode  *next;
} *ziMuNode;
```

【训练 3-8】实现存储 3 位学生的生日信息的单链表。

```
struct  stuBirthdayNode
{
        char  year[4];         //存储年
        char  month[2];        //存储月
        char  day[2];          //存储日
        struct stuBirthdayNode  *next;
} *stuBirthdayNode;
```

【训练 3-9】实现存储 2 年级 7 班 43 位学生的数学、英语、数据结构成绩信息的单链表。

```
struct  stuScoreNode
{
        char  Number[7];           //存储学生学号
        char  name[10];            //存储学生姓名
        int   math, english, ds;   //存储学生的数学、英语和数据结构成绩
        struct stuScoreNode  *next;
} *stuScoreNode;
```

没有任何数据元素的链表称为空链表,如图 3-20 所示。那么,如何判断一个单链表是否为空链表呢?那就需要根据当前的单链表是否带有头结点考虑判空的条件。

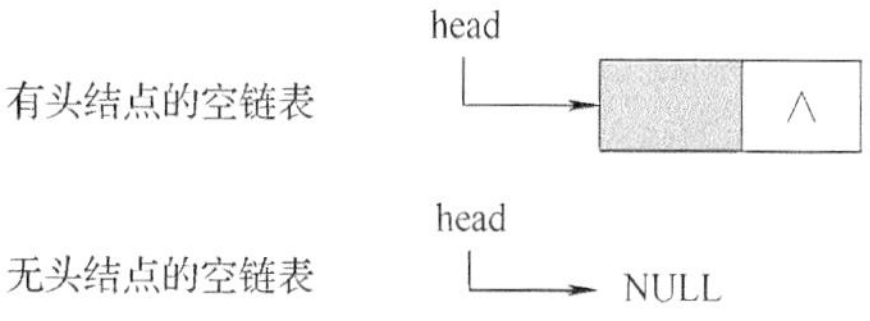

有头结点的单链表判空条件:head->next == NULL;

无头结点的单链表判空条件:head== NULL。

有头结点的空链表

无头结点的空链表

图 3-20 空链表

【问题 3-10】对若干名学生的数据结构成绩进行统计分析,用顺序存储还是链式存储?统计分析都需要做哪些操作?

具体是顺序存储还是链式存储，就需要考虑到统计分析的操作是否需要频繁交换数据元素。如果数据元素的交换很少或者几乎没有，那么选择顺序存储比链式存储更方便些，因为基于顺序存储的数据，查找数据的操作会更便捷迅速；如果操作中数据元素频繁交换，那么选择链式存储比顺序存储更方便些，因为基于链式存储的数据，交换数据的位置可以通过修改链接地址实现。

那么统计分析都有哪些操作呢？主要有排序、计数、求和、求平均值等操作。例如，统计总成绩的最高分、每门课程的及格率、根据名字查找该同学的考试分数、读取指定位序学生的数据结构成绩、依次读取每名学生的数据结构成绩、插入一名新学生的成绩信息、删除一名学生的成绩信息、按照数据结构成绩从高到低排序。

3.4.3 为基于链表的选票系统实现操作

了解了单链表这个存储结构以后，下面就要实现在单链表上操作。除了在本章任务中提到的操作，如果在选票系统中增加候选人可以中途弃权，也可以中途新增这样的条件，那么操作都有哪些，如何实现呢？

对于顺序存储结构中实现的操作，链式存储结构都可以实现。

(1)初始化表：创建头结点。

```
struct node *L;              //此处也可以写成 lklist L
L=( struct node *)malloc(sizeof(struct node *));
L->next=NULL;                //建立头结点
L->data=0;                   //头结点的数据域一般用于存储链表的长度，即结点个数
```

以上代码实现初始化带头结点的单链表。

【问题 3-11】执行初始化单链表的代码以后，带头结点的单链表 L 初始化完毕。那么，如何将数据元素逐一存入单链表中呢？

将数据元素存储到单链表的过程，实际上就是如何将链节链接到链子上的过程。对于一条有头有尾的链子，就需要考虑是从头部还是尾部链上，如图 3-21 所示。

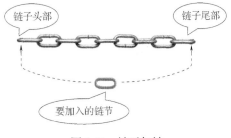

图 3-21 链子加链

将数据元素结点链接到单链表头部的方法称为头插法，如图 3-22 所示，将数据元素结点链接到单链表尾部的方法称为尾插法。在图 3-22 中，要想将新的数据结点 tmp 插入单链表的头部，需要有一个称为"勾链"的操作过程。勾链的含义就是字面上的意思，将新的结点(链节)勾到单链表(链子)上，既要保证链子勾得住，还要保证链子不断开。图中勾链的具体操作步骤为：

① 将 tmp 结点的 next(下一个结点的地址)域存放头结点的 next 值(头结点的下一个结点为单链表的第 1 个数据结点)，即 tmp->next=L->next;

② 将头结点的 next 域存放成 tmp 的地址值，即 L->next=tmp;

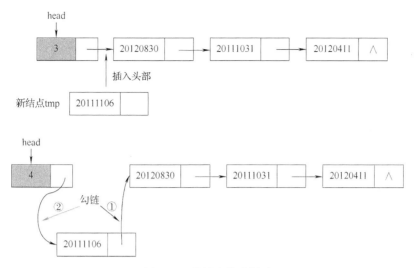

图 3-22　单链表的头插法

注意：在做勾链操作时，步骤①与步骤②的顺序不要更换，否则容易出现断链的现象。如果更换顺序，先让头结点勾住新结点 tmp，那么此时单链表中原来的第 1 个结点已经无法确定位置，此时单链表中原有的数据结点就从链上断掉，也就是俗称的断链。所以在勾链时步骤不可交换顺序。如果通过定义新的指针的方式提前记录单链表中第 1 个结点的地址，那么勾链操作的步骤就可以交换顺序。

(2) 建立单链表(头插法)。

```
void createLkList(struct node *L)       //建立单链表(头插法)
{
    struct node *tmp;
    int i=1,data;
    L->next=NULL;
    printf("\t\t 请输入链表中元素(-1 作为结束符): \n");
    while(1)
    {
        printf("\t\t 请输入链表中第%d 个元素: ",i);
        scanf("%d",&data) ;
        if (data==-1)  break ;
        tmp=( struct node *)malloc(sizeof(struct node *));
        tmp->data=data;
        tmp->next=L->next ;
        L->next=tmp;
        i++;
    }
    L->data=i;
}
```

(3)线性表长度。

```
int lenLkList(struct node *L)
{
    return L->data;
}
```

(4)判断线性表是否为空。要考虑单链表是否带头结点，如果判断带头结点的单链表是否为空，只要头结点的 next 为空值，那么此时单链表就是只有头结点的空链，即 L->next= =NULL。如果判断不带头结点的单链表是否为空，只要链表的第 1 个结点为空值，那么此时单链表就是空链，即 L = =NULL。

(5)判断线性表是否为满(不需要)。单链表可以动态申请空间，理论上来说，不需要考虑表满的情况。

(6)取第 i 个元素。首先判断 i 值是否在有效的范围内(不超过链表 L 的长度 data)，然后找到第 i 个元素的位置，最后返回该位置上元素的值。

```
ElemType  getLkElem (struct node *L, int i)
{
    int j=1;
    struct node *p;
    if(i<=L->data)
    {
        p=L->next;
        for(j=1;j<I;j++)
        {
            p=p->next;
        }
        return(p->data);
    }
    printf("要查找的元素不存在! \n");
    return 0;
}
```

(7)定位给定值 e。在链表 L 中查找值为 e 的结点，从第 1 个结点开始比较，直到找到这个结点并返回该结点在链表上的序号位置，或者到达链表的表尾，则说明没有找到 e，返回数值 0。

```
int locLkElem struct node *L,ElemType e)
{
    struct node *p;
    int i=0;
    p=L->next;
    while(p)
    {
        i++;
```

```
        if(p->data==e)
        {
            return i;
        }
    }
    printf("要查找的元素不存在！\n");
}
```

(8) 在第 i 个位置上插入元素 e。首先在链表 L 中查找第 i-1 个结点，若有该结点，则将新申请的结点插入第 i-1 个结点后，并完成与原来的第 i 个结点的勾链。

```
void insertLkElem (struct node*L, ElemType e,int i)
{
    int j=1;
    struct node *p,*tmp;
    p=L;
    while((j<i)&&p)
    {
        j++;
        p=p->next;
    }
    if(p)
    {
        tmp=( struct node *)malloc(sizeof(struct node*));
        tmp->data=e;
        tmp->next=p->next;
        p->next=tmp;
        L->data++;
    }
    else{
        printf("要查找的元素不存在！\n");
    }
}
```

(9) 删除第 i 个位置的结点。首先在链表 L 中查找第 i-1 个结点，若有该结点，则将第 i-1 个结点的指针域 next 指向第 i+1 个结点，然后释放原来第 i 个结点的内存空间，完成结点的删除操作。

```
void delLkElem (struct node*L, int i)
{
    int j=0;
    struct node*p;
    p=L;
    while((j<i)&&p->next)
    {
```

```
                j++;
                p=p->next;
            }
            if(p->next)
            {
                q=p->next;
                p->next= q->next;
                free(q);
                L->data--;
            }
             else{
                printf("要删除的元素不存在！\n");
            }
        }
```

(10)清空线性表。将链表 L 置空，即将头结点的指针域 next 置空。

```
    void clearLkList (struct node *L)
    {
        L->next=NULL;
    }
```

(11)遍历线性表(此处假定 ElemType 为 int 类型)。

```
    void travelLkList (struct node *L)
    {
        struct node *p;
        p=L->next;
        printf("\t\t 顺序表中的元素为:\n\t\t");
        while(p)
        {
            printf("%d\t",p->data);
            p=p->next;
        }
    }
```

【问题 3-12】对于选票系统的线性表是采用顺序存储结构的顺序表还是链式存储结构的单链表，哪种更适合呢？

如果线性表的总长度基本稳定，数据结点个数固定，很少进行插入和删除操作，而且要求快速查找或者访问表中数据结点，这样的系统更加适合顺序存储结构的顺序表，如资料查询系统、成绩查询系统等。

如果线性表的长度不需要限制，并且在操作过程中有大量的插入和删除数据操作，但是对查询的速度要求不高，这样的系统更适合链式存储结构的单链表，如图书借阅系统、学生选课系统等。

【问题 3-13】单链表是基于链式存储结构的一种线性表，那么还有其他形式的链表吗？

单链表也称为单向链表，是一种只能从链表头部依据地址逐一访问链表中的每一个结点，但是却不可以从链表尾部返回到链表头部的一种顺序表。因此对于链表中的每一个结点，只能通过指针域 next 不断访问后面的结点，直到链表尾。对于前面的结点却无法直接访问，而是要从链表头开始逐一查找。

如果将单链表的首尾链接起来形成一个环，就可以从表尾返回到表头，这种链表称为循环链表。下面我们重点介绍循环链表(Circular Linked List)。

3.4.4　循环链表

在介绍循环链表之前，首先看一个图例。某公司职员的工作任务是线路巡检，巡检路线为北京->天津->济南->徐州->南京->常州->苏州->上海，最后从上海返回北京等待其他任务，如图 3-23 所示。某一天，他在南京出差时接到巡检任务，要返回北京开始巡检工作吗？这显然是不合理的，不仅浪费从南京到北京所用的时间，还要浪费从南京到北京交通上的花费。合理的工作应该是直接从南京开始巡检任务，巡检路线为南京->常州->苏州->上海->北京->天津->济南->徐州,这样不仅完成巡检路线上的巡检任务还节省了时间和金钱。

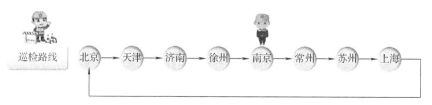

图 3-23　巡检线路图

这个巡检路线就和我们要介绍的循环链表十分相似。循环链表是一种头尾相接的链表。链表中最后一个结点的指针域指向链表的头结点，整个链表的指针域链接成一个环。从循环链表的任意一个结点出发都可以找到链表中的其他结点，使得表处理更加方便灵活。基于单链表的循环链表称为循环单链表，如图 3-24 所示。对应无头结点和有头结点的循环单链表逻辑结构如图 3-25 所示。

图 3-24　循环单链表

图 3-25　无头结点和有头结点的循环单链表

循环单链表的存储定义和单链表基本相同，其他操作和单链表也基本相同，仅仅在初

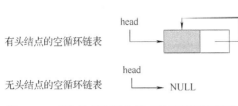

有头结点的空循环链表

无头结点的空循环链表

图 3-26　有头结点和无头结点的空循环单链表

始化链表和对于链表是否为空的判断条件上有些不同。有头结点的循环单链表和无头结点的循环单链表的空表如图 3-26 所示。

有头结点的循环单链表的判空条件：head->next == head。

无头结点的循环单链表的判空条件：head == NULL。

在循环单链表中通过链表中的任意结点都可以直接或者间接访问链表中的其他结点。根据循环单链表的逻辑结构，要想访问链表中的尾结点，那么就需要从头结点开始将链表中的所有结点逐个访问后，才能通过地址域找到尾结点的地址，这个查找的过程十分费时。因此，有人提出了另一种循环单链表的逻辑结构，指定链表的尾结点的地址（尾指针）作为链表的地址，那么通过链表指针可以很容易访问到尾结点（尾指针指向的结点）和头结点或者第 1 个结点（尾指针指向的结点的下一个结点），如图 3-27 所示。那么此时，判断循环单链表为空链表的条件为 rear == rear->next。

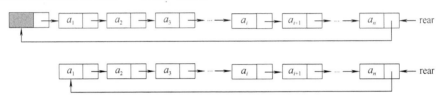

图 3-27　带尾指针的循环单链表

【问题 3-14】对于举例中介绍的巡检任务，如果某一天，巡检员在上海出差时接到巡检任务，要返回北京开始巡检工作吗？

很显然这也是很不合理的。因为上海是巡检线路的最后一站，此时巡检员完全可以从上海站开始，依据原巡检线路反向巡检每一站直至到达北京站，也完全可以将巡检线路上的每一站巡检完毕，如图 3-28 所示。对于这样的链表，不仅有从头到尾的一条链，还有另一条从尾到头的链。这就是下面要介绍的双向链表（Double Linked List）。

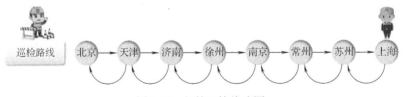

图 3-28　新的巡检线路图

3.4.5　双向链表

双向链表是为了克服单链表的单向性的缺陷而引入的。双向链表也是一种链式存储结构，每个结点有两个指针域，分别指向该结点的直接前驱和直接后继，如图 3-29 所示。对应无头结点的双向链表和有头结点的双向链表的逻辑结构如图 3-30 所示。

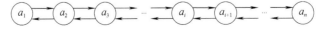

图 3-29　双向链表

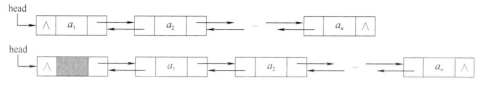

图 3-30　双向链表的逻辑结构

【问题 3-15】 双向链表的存储和操作与单链表相同吗？

很显然，由于双向链表中需要有两个地址域记录前驱和后继结点的地址，因此其存储结构与单链表不相同。双向链表存储结点定义如下：

```
struct  dubnode
{
    ElemType  data;              //数据域
    struct dubnode*prior;        //前驱域
    struct dubnode*rear;
} *dubkList;
```

【训练 3-10】 实现存储 26 个小写英文字母的双向链表。

```
struct  ziMudubNode
{
    char  ziMu;                  //存储小写字母
    struct ziMudubNode*prior;
    struct ziMudubNode*rear;
} *ziMudubNode;
```

【训练 3-11】 实现存储 3 位学生的生日信息的双向链表。

```
struct  stuBirthdaydubNode
{
    char  year[4];               //存储年
    char  month[2];              //存储月
    char  day[2];                //存储日
    struct stuBirthdaydubNode*prior;
    struct stuBirthdaydubNode*rear;
} *stuBirthdaydubNode;
```

【训练 3-12】 实现存储 2 年级 7 班 43 位学生的数学、英语、数据结构成绩信息的双向链表。

```
struct  stuScoredubNode
{
    char  Number[7];             //存储学生学号
    char  name[10];              //存储学生姓名
    int  math, english, ds;      //存储学生的数学、英语和数据结构成绩
    struct stuScoredubNode  *prior;
```

```
        struct stuScoredubNode  *rear;
    } *stuScoredubNode;
```

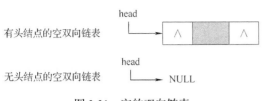

有头结点的空双向链表

无头结点的空双向链表

图 3-31　空的双向链表

由于存储结构的不同，双向链表的操作和单链表的操作也不相同。有头结点的双向链表和无头结点的双向链表的空表如图 3-31 所示。

（1）有头结点的双向链表的判空条件：head->prior == NULL, head->rear == NULL。

（2）无头结点的双向链表的判空条件：head == NULL。

（3）双向链表的插入操作。欲将指针 s 指向的结点，插入指针 p 所指向的结点之后，如图 3-32 所示，具体代码为：

① s-> rear = p -> rear;

② p -> rear -> prior = s;

③ s -> prior = p;

④ p -> rear = s;

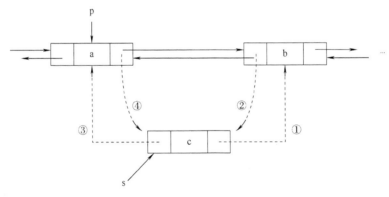

图 3-32　双向链表的插入操作

（4）双向链表的删除操作。欲将指针 p 所指向的结点从链表上删除，如图 3-33 所示，具体代码为：

① p -> prior -> rear = p -> rear;

② p -> rear -> prior = p -> prior;

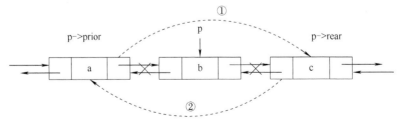

图 3-33　双向链表的删除操作

【问题 3-16】双向链表和单链表在选取时如何判断？

　　首先，在存储结构上，单链表只有一个指向下一个结点的指针，也就是只能通过指针域的 next 找到下一个结点和后面的结点，即单链表只能单向读取。双链表除了有一个指向下一个结点的指针外，还有一个指向前一个结点的指针，可以通过指向前一个结点的指针快速找到前一个结点，即双向链表是可以双向读取的。

　　其次，在存储上，双向链表的每个结点要比单链表的结点多一个指针，而长度为 n 就需要 $n*length$（length 在 32 位系统中是 4 字节，在 64 位系统中是 8 字节）的空间，因此双向链表占用的空间大于单链表所占用的空间。

　　最后，在操作上，如果删除单链表中的某个结点时，一定要找到待删除结点的直接前驱，得到该前驱有两种方法：第 1 种方法是在定位待删除结点的同时保存当前结点的前驱；第 2 种方法是在定位到待删除结点之后，重新从单链表表头开始来定位前驱。如果用双向链表，则不需要定位即可获得前驱结点。对于查找操作也一样，双向链表可以从头结点向后查找操作和尾结点向前查找操作同步进行，而单链表只能从头到尾单向查找，这样双向链表的效率可以提高一倍。

3.4.6　循环双向链表

　　如果将循环链表和双向链表结合在一起，就形成了循环双向链表，无头结点和有头结点的循环双向链表如图 3-34 所示。

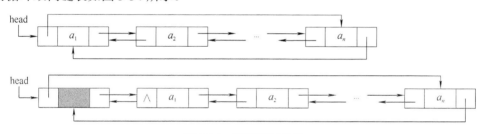

图 3-34　循环双向链表

　　有头结点的双向链表和无头结点的双向链表的空表如图 3-35 所示。

　　(1)有头结点的循环双向链表的判空条件：head->prior＝＝head，head->rear＝＝head。

　　(2)无头结点的循环双向链表的判空条件：head＝＝NULL。

有头结点的空循环双向链表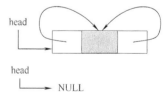

无头结点的空循环双向链表

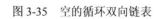

图 3-35　空的循环双向链表

3.5　本　章　小　结

　　本章首先介绍了线性表。线性表的优点如下：

(1)无须为表示逻辑关系而增加额外存储空间；

(2)实现随机存取。

缺点如下：

(1)插入和删除需移动大量元素；

(2)难以确保足够的存储空间；

(3)造成存储空间的碎片化。

线性表有两类存储结构：顺序存储结构和链式存储结构。基于顺序存储结构的线性表称为顺序表，基于链式存储结构的线性表称为链表，链表包括单链表、循环单链表、双向链表和循环双向链表等。

顺序表的特点如下：

(1)空间连续，不会造成内存碎片化，缓存更优化；

(2)支持随机访问，根据下标进行快速定位，随机访问时间复杂度为 $O(1)$；

(3)在中间或前面部分的插入和删除，需要一定数据，时间复杂度为 $O(n)$；

(4)顺序表中的数组大小固定，增容的代价比较大；

(5)更适合频繁访问第 n 个元素的场景，代码简单。

链表的特点如下：

(1)适于插入和删除操作，通过改变指针 next 的指向可以很方便地插入结点和删除结点；

(2)便于动态增加存储空间，大小没有固定，拓展灵活；

(3)提高内存的利用率，可以是同内存中细小的不连续的空间，并且在需要时才申请占用内存空间；

(4)指针浪费存储空间，需要为指针域 next 准备空间存放地址；

(5)不能实现随机存取，必须从头结点开始遍历，查找效率低。

习 题

1. 实现存储教师信息的顺序表和链表，教师信息包括教师编号、教师姓名、系别和联系电话。

2. 说明"勾链"的过程。

3. 线性结构通常采用几种存储结构？分别是什么？

4. 一维数组与线性表的区别。

5. 说明顺序表和链表表示线性表的优点。

6. 设计一种算法，实现把顺序表中奇数排在偶数之前，即表的前面为奇数，后面为偶数。

7. 设计一种算法，实现利用有序的插入方法建立一个有序的顺序表。

8. 在不允许申请新的结点空间的前提下，设计一种算法把单向链表中的元素逆置。

9. 设计算法将单向链表分解成两个链表，其中一个全部为奇数，另一个全部为偶数，不需要额外申请结点空间存储链表中的结点。

10. 设计一种算法，实现在双向链表中插入一个结点。

第4章

栈　结　构

很多人都坐过地铁或者火车，大家对于这类便利的交通工具都不陌生，通过两根铁轨将一辆辆载满乘客的列车运送到想去的地方。但是，有人去过地铁或者火车的维修仓库或者总站仓库吗？也是通过两根铁轨将这些列车运送过去，然后依次停到仓库中，如图 4-1 所示。当然，维修仓库或者总站仓库有很多仓库，例如，1 号仓库、2 号仓库……每个仓库中可以依次停靠很多辆列车，而且每个仓库只有一对供列车出入的铁轨。以其中的 1 号仓库为例，可以将其抽象为如图 4-2 所示的示意图。

图 4-1　列车和仓库

图 4-2　1 号仓库示意图

通过 1 号仓库示意图可以看出，所有列车排成一条线，符合线性结构的特点，但是又与线性结构有所区别，例如，不能将任意的列车出库，也不能将列车停到任意位置，列车的出入口只有一个。我们将这个特殊的线性结构称为栈结构。

提起栈结构，大家马上会想到好多深奥的名词，如汉诺塔、数制转换、递归等。其实在实际生活中，经常会遇到栈结构，如图 4-3 所示。也会遇到很多利用栈结构实现的软件应用，例如，Word 文档中撤销操作和浏览器中的后退操作，如图 4-4 所示。

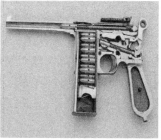

图 4-3　生活中的栈

图 4-4　栈在软件里的应用

在学习本章内容时，首先在之前介绍的线性结构的基础上，对栈结构建立直观认识，并区分线性表和栈；其次通过对具体问题的分析与设计，主要训练栈的逻辑结构的抽象模型建立、逻辑结构到存储结构的映射，提升抽象思维能力；最后学习基于栈存储结构的操作，以培养计算思维、解决具体问题的能力。

本章问题： 设计 1 号仓库的列车调度系统。

问题描述： 现设有若干列车，要求可以根据以下三个问题返回结果。

(1) 入库列车；

(2) 出库列车；

(3) 统计当前车库中列车数。

根据本章问题的主要内容和要求，需要将该问题分解为以下任务来解决。

(1) 为列车调度系统选择合适的数据结构。

(2) 为列车调度系统构建逻辑结构。

(3) 为列车调度系统构建存储结构。

(4) 为列车调度系统实现操作。

4.1　为列车调度系统选择合适的数据结构

通过分析这个系统中数据的特征，可以看出每辆列车对应着一个列车序号，而且列车的数量也是确定的、有限的。由于数据之间是一对一的，因此可以通过线性结构来解决数据之间的关系。可以发现列车调度系统中的每一辆列车(也就是数据元素)之间除了符合线性结构特征，还有一个特点就是只有一个出入口，这就造成了当前仓库内的列车不能任意出入仓库。仓库中的每一辆列车，按照这样的规则出入库：

(1) 最先进入仓库的列车，停靠在仓库的最内侧，也是最后离开仓库的列车。

(2) 每次出库的列车，停靠在仓库的最外侧，也是最后进入仓库的列车。

通过上述规则的描述，可以确定列车调度系统就是现实世界栈的一个抽象的计算机实现，因此，栈结构最适合作为该系统的数据结构。下面我们先认识一下栈结构。

首先通过一摞盘子认识一下栈结构的一些名词，如图 4-5 所示。

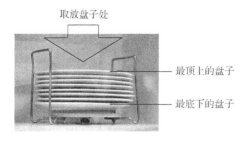

图 4-5　一摞盘子

1. 栈结构的定义

栈中最底下的盘子，也称为栈底(Base)，是一个非常特殊的位置，放在这个位置的盘子，是最先放入栈的，也就是最后从栈中取出来的。

栈中最顶上的盘子，也称为栈顶(Top)，是另一个比较特殊的位置，放在这个位置的盘子，是最后放入栈的，也是最先从栈中取出来的。所有的盘子都是通过栈顶这个位置从栈中取出来或者放入栈中，因此将允许进行插入和删除的一端称为栈顶。

栈(Stack)，也称为操作受限的线性表。只允许在表的一端进行插入和删除。将栈的这个特性称为先进后出(First In Last Out，FILO)，栈也可以记为先进后出的线性表。

栈结构 $=(D,R,O)$。

D：数据集，$D=\{a_i\mid 1\leqslant i\leqslant n,\ n\geqslant 0\}$。

R：关系/结构，$R=\{<a_i,a_{i+1}>\mid a_i,a_{i+1}\in D,1\leqslant i\leqslant n-1\}$，约定 a_1 端为栈底，a_n 端为栈顶。

O：操作，$O=\{\cdots\}$。

2. 栈结构的抽象数据类型

栈结构的抽象数据类型，涵盖了本章问题中设计列车调度系统的主要内容，首先需要确定这个系统中用到的数据集 D，也就是列车的信息集合。其次，确定这个数据集中的数据之间的关系 R，列车与其信息是一一对应的。最后确定这个数据集上的操作 O，即入库列车、出库列车、统计车库中列车数。

4.2　为列车调度系统构建逻辑结构和存储结构

在完成第 1 步确定数据集时，不仅要确定数据内容，还要根据数据之间的关系，确定如何组织数据，也就是确定逻辑结构。然后需要将数据存储起来，用于列车调度系统进行操作和使用，也就是存储结构。下面就分别看一下栈的逻辑结构和存储结构的内容。

1. 栈的逻辑结构

栈是若干个数据元素构成的有序序列，可以用 $(a_1,a_2,\cdots,a_{i-1},a_i,a_{i+1},\cdots,a_n)\ n\geqslant 0$ 这样的形式表示。数据元素的个数 n 为栈中元素个数。当 $n=0$ 时，栈是一个空栈；当 $n>0$ 时，数据元素 a_1 是栈的最底层结点(又称为栈底)，数据元素 a_n 是栈的最顶层结点(又称为栈顶)，如图 4-6 所示。

栈除了具备线性结构的特征，还在此基础上对操作进行了规定，即要求放入栈的操作和取出栈的操作只能在栈顶，如图 4-7 所示。这就是栈被称为操作受限的线性表的原因。

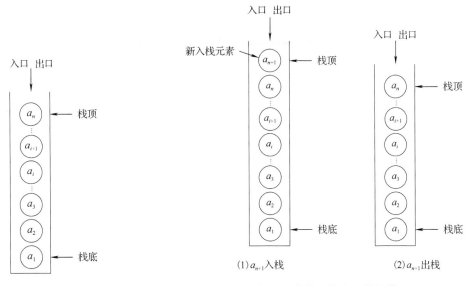

图 4-6　栈的抽象表示　　　　　　　　图 4-7　栈的入栈和出栈操作

2. 栈的存储结构

栈作为线性存储结构的一类特殊结构，和线性结构一样也分成两类存储结构：顺序存储结构和链式存储结构。基于顺序存储结构的栈称为顺序栈（Sequential Stack），基于链式存储结构的栈称为链栈（Linked Stack）。

4.3　为列车调度系统实现顺序存储

列车调度系统中的数据属于线性结构中的栈结构，根据栈结构的逻辑表示，可以将调度系统的数据集和操作表示出来。

列车调度系统的栈结构 $=(D,R,O)$。

D：数据集，$D=\{\,a_i\mid 1\leqslant i\leqslant n,n\geqslant 0\}$，$a_i$ 代表仓库中每一辆列车。

R：关系/结构，$R=\{<a_i,a_{i+1}>\mid a_i,a_{i+1}\in D,1\leqslant i\leqslant n-1\}$，约定 a_1 端为栈底（第 1 辆进栈的列车），a_n 端为栈顶（最后一辆进栈的列车）。

O：操作，$O=\{$入库列车,出库列车,统计车库中列车数$\}$。

下面就为列车调度系统构建顺序存储结构。

4.3.1　顺序栈

和顺序表一样，顺序栈也是采用数组存储。根据其逻辑结构可以得到其顺序存储结构的一维数组，如图 4-8 所示。

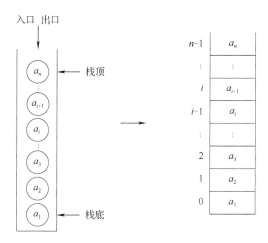

图 4-8 栈的顺序存储结构

定义顺序栈：

```
#define   MAXSIZE   5
struct  stack
{
    ElemType  data[MAXSIZE];
    int top;      //栈顶位置
};
```

对于一个栈结构的数据集，主要的操作就是向栈加入数据元素和从栈中删除数据元素，也可以称为入栈操作和出栈操作。由于栈的特殊限定条件，对于入栈和出栈操作，只能在栈顶处操作数据元素。

(1)约定：空栈时 top = -1(图 4-9)。

(2)入栈 2 个元素(图 4-10)：top = 1。

(3)入栈 5 个元素(图 4-11)：栈满，top = 4。

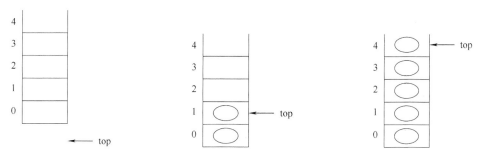

图 4-9 空栈的内容   图 4-10 入栈 2 个元素的内容   图 4-11 入栈 5 个元素的内容

【问题 4-1】有 1 号、2 号、3 号、4 号共计四辆列车停靠在 1 号车库，列车依次按照 1、2、3、4 的顺序进入仓库，请问列车从仓库出来的顺序都有哪些可能呢？

四辆列车是按照 1、2、3、4 序号的顺序进入的，那么根据栈独特的先进后出特点，在出栈的时候，应该是按照 4、3、2、1 序号的顺序离开车库。但是有这样一个问题，这四辆车可能没有同时进入车库，有可能 1 号车进入车库，但是又离开了，然后 2 号车才进入车库，所以在离开车库的序号中 1 号应该排在最前面。这种不确定的可能性有很多，具体分析如下。

(1)1 号车进入车库，此时判断 1 号车是否出库，若出库，则出库序列为 1；若不出库，则不需要记录。

(2)2 号车入库，此时判断 2 号车是否出库，若出库，则出库序列为 12 或者 2(需要根据 1 号车是否已经出库判断)；若不出库，则出库序列为 1 或者空(需要根据 1 号车是否已经出库判断)，因为如果之前 1 号车没有出库，此时 1 号车在 2 号车里面一个位置，只有在 2 号车出库以后，1 号车才有可能出库。在 2 号车出库以后，需要判断车库内是否有车需要出库，如果有车需要出库，那么一定就是 1 号车，则出库序列为 21。

(3)3 号车入库，此时判断 3 号车是否出库，若出库，则出库序列为 123、213、13、23 或者 3(需要根据 1、2 号车是否已经出库判断)；若不出库，则出库序列为 1、12、2、21 或者空，因为如果之前 1 号车没出库或者 2 号车没有出库或者 1、2 号车都没出库，此时 1、2 号车在 3 号车里面一个位置，只有在 3 号车出库以后，1、2 号车才有可能出库。在 3 号车出库以后，要判断车库里是否有车出库，如果车库内没有车，说明在 3 号车入库之前，1、2 号车都已经出库，则出库序列为 123 或者 213；如果车库里只有一辆车并且需要出库，则只可能是 1 号车或者是 2 号车，则此时的出库序列为 132 或者 231；如果车库内有两辆车，一定是 1、2 号车(1 号车在 2 号车的里面，需要 2 号车离开车库，1 号车才可以离开)，若只离开一辆车，那一定是 2 号车，则出库序列为 32；若两辆车都离开，则出库序列为 321。

(4)4 号车入库，此时判断 4 号车是否出库，若出库，则出库序列为 1234、2134、1324、2314、3214、124、214、134、234、324、14、24、34 或者 4(需要根据 1、2、3 号车是否已经出库判断)；若不出库，则出库序列为 1、12、13、2、21、23、3、32 或者空。在 4 号车出库以后，要判断车库里是否有车出库。如果车库内没有车，说明在 4 号车入库之前，1、2、3 号车都已经出库，则出库序列为 123、132、213、231 或者 321；如果车库里只有一辆车，则只可能是 1 号车、2 号车或者 3 号车，此时出库序列为 2341、3241、1342、1243 或者 2143；如果车库里只有两辆车，则可能是 1 号和 2 号车、1 号和 3 号车或者 2 号和 3 号车，此时出库序列为 3421、2431 或者 1432；如果车库里有 3 辆车，一定是 1、2、3 号车，出库序列为 4321。

因此得到出库的序号序列为 1234、1243、1324、1342、1432、2134、2143、2314、2341、2431、3214、3241、3421、4321，共计 14 个。

还有一种比较快捷的方法获取可能序列，就是先将所有 4 个数字的序列枚举出来，如表 4-1 所示，然后根据栈的先进后出的特性，去掉那些不符合原则的序列，如 1423，这个序列说明 1 先入库再出库，接着 2、3、4 相应入库后，4 立即出库，这样才能保证 4 排在第 2 位。然后是 2、3 陆续出库，那么问题来了，刚刚在 4 入库之前，2 已经先于 3 入库，此时 4 出库后再出库的一定是先 3 再 2 才符合实际，因此序列中 2 不能排在 3 的前面。用这样的排除法同样也会得到这 14 个序列。

表 4-1 由 4 个数字组成的序列表

1 的位置固定	2 的位置固定	3 的位置固定	4 的位置固定
1234	2134	3124	4123
1243	2143	3142	4132
1324	2314	3214	4213
1342	2341	3241	4231
1423	2413	3412	4312
1432	2431	3421	4321

4.3.2 为基于顺序栈的列车调度系统实现操作

依照系统的要求，首先需要对栈进行初始化，然后执行进栈操作和出栈操作，统计车库中列车数(栈长)。在执行进站操作时，需要判断栈是否满；而在执行出栈操作时，需要判断栈是否空。

(1)初始化栈：栈 s 没有元素，因此栈顶指针 top 值为-1。

```
void initStack(struct stack s)
{
    s.top=-1;
}
```

(2)栈长：栈 s 中元素个数，即 top 值加 1(top 值为数组下标值)。

```
int lenStack(struct stack s)
{
    return (s.top+1);
}
```

(3)取栈顶元素：若栈 s 中有元素，则返回栈顶指针指向的元素，否则栈 s 为空栈，返回-1。

```
ElemType  getTop(struct stack s)
{
    if (s.top==-1)  return -1; /*栈空*/
    else return (s.data[s.top] );
}
```

(4)入栈：首先判断栈 s 是否已满，若不满，则在将元素 x 加入栈 s 中时，依据栈的先进后出原则，x 只能放在栈顶，因此栈顶指针 top 值增加 1。

```
int push(struct stack s, ElemType x)
{
    if (s.top== MAXSIZE -1)   return -1; /*栈满*/
    else
```

```
{       s.top++;
        s->data[s.top]=x;
        return 1;
    }
}
```

(5)出栈：首先判断栈 s 是否为空，若不为空，依据栈的先进后出原则，只能对栈顶元素执行出栈操作，因此栈顶指针 top 减少 1。

```
int pop( struct stack s ,ElemType *e)
{
    if (s.top==-1)    return-1; /*栈空*/
    else
    {    *x=s->data[s.top];
         s.top--;
         return 1;
    }
}
```

(6)清空栈：将栈中所有元素清除，将栈恢复到初始状态，即栈顶指针 top 的值置为-1。

```
void clearStack(struct stack s)
{
    s.top=-1;
}
```

4.3.3　为列车调度系统实现多个仓库的共享

1 号仓库的列车调度系统设计出来后，又需要考虑另一个实际问题，列车维修仓库有多个，而这些仓库共有一个调度系统。因此，之前设计的列车调度系统相应地需要进行调整，以两个仓库为例，需要将存储数据的栈分别存储两个仓库的列车信息，用于调度系统使用。下面介绍多栈共享存储空间的情况。

根据之前介绍的顺序存储的栈，可以知道使用一个数组存储一个栈。如果是两个仓库对应的栈，就需要两个数组进行存储。这种情况下有时会出现一个栈上溢，而另一个栈剩余很多空间的情况。为了合理地使用这些数组空间，可以采用将多个栈存储在同一数组中的方法，即顺序共享栈(Shared Stack)，如图 4-12 所示。

顺序共享栈要求只有两个类型相同的顺序栈才可以共享一个数组，并做出以下的规定：

(1)栈 1 为空：top1 = -1。

(2)栈 2 为空：top2 = MAXSIZE。

(3)栈满：top1 +1 = top2。

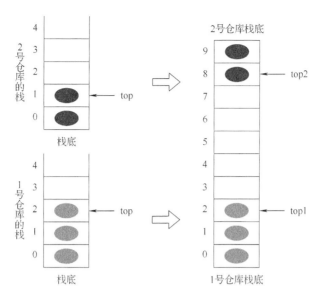

图 4-12　顺序共享栈

定义顺序共享栈：

```
#define    MAXSIZE    10
struct    shareStack
{
    ElemType    data[MAXSIZE];
    int top1;
    int top2;
} sqShareStack;
```

顺序共享栈的操作如下。

(1)初始化栈：栈 s 中没有元素，共享这个栈的两个栈顶指针分别指示顺序栈的两端界限外，这两个栈顶指针 top1 的值为-1，top2 的值为 MAXSIZE。

```
void initStack(sqSharestack s)
{
    s.top1=-1;
    s.top2=MAXSIZE;
}
```

(2)栈长：栈 s 中元素的个数，等于共享这个栈空间的两个栈的数据元素个数的总和。第 1 个栈的元素个数为 top1+1，第 2 个栈的元素个数为 MAXSIZE-top2。

```
int lenStack(struct stack s)
{
    return (s.top1+1+MAXSIZE-s.top2);
}
```

(3)取栈顶元素：在栈 s 中选取栈顶元素，首先需要确定选取的是哪一个栈，如果选取的是 1 号栈,那么栈顶元素是由栈顶指针 top1 指向;如果选取的是 2 号栈,那么栈顶元素是由栈顶指针 top2 指向。

```
ElemType  getTop(struct stack s,int number)
{
    if(number==1)  /*选取 1 栈的栈顶元素*/
    {
        if (s.top1==-1)  return -1; /*1 栈空*/
        else return (s.data[s.top1] );
    }
    if(number==2)  /*选取 2 栈的栈顶元素*/
    {
        if (s.top2==MAXSIZE)  return -1; /*2 栈空*/
        else return (s.data[s.top2] );
    }
    return -1; /*选择错误*/
}
```

(4) 入栈:在栈 s 中进行入栈操作时,即向栈中放入元素,需要遵循先进后出的原则,将进栈的元素放在栈顶。首先确定需要操作的是哪一个栈,如果是向 1 号栈入栈,那么需要移动栈顶指针 top1,将其数值增 1,并将新的元素放入新栈顶的位置;如果是向 2 号栈入栈,那么需要移动栈顶指针 top2,将其数值减 1,并将新的元素放入新栈顶的位置。需要注意的是,栈进行入栈操作之前,一定要先判断栈是否已经满了,如果已满,则 1 号栈和 2 号栈都不能进行入栈操作。

```
int push(struct stack s, ElemType x,int number)
{
    if (s.top1+1==s.top2)    return -1; /*栈满*/
    else
    {
        if(number==1)  /* 元素进 1 栈*/
        {
            s.top1++;
            s->data[s.top1]=x;
            return 1;
        }
        if(number==2)  /* 元素进 2 栈*/
        {
            s.top2--;
            s->data[s.top2]=x;
            return 1;
        }
    }
    return -1;
}
```

(5)出栈：在栈 s 中进行出栈操作时，即从栈中取出元素，需要遵循先进后出的原则，选取栈顶元素出栈。首先确定需要操作的是哪一个栈，如果是 1 号栈的元素出栈，那么需要移动栈顶指针 top1，将其数值减 1；如果是 2 号栈的元素入栈，那么需要移动栈顶指针 top2，将其数值加 1。需要注意的是，在出栈操作之前，一定要先判断当前准备出栈的栈是否为空。

```c
int pop( struct stack s ,ElemType *e,int number)
{
    if(number==1)  /* 1 栈元素出栈*/
    {
        if (s.top1==-1)  return -1; /*1 栈空*/
        else
        {
            *x = s->data[s.top1];
            s.top1--;
            return 1;
        }
    }
    if(number==2)  /* 2 栈元素出栈*/
    {
        if (s.top2==MAXSIZE)  return -1; /*2 栈空*/
        else
        {
            *x=s->data[s.top2];
            s.top2++;
            return 1;
        }
    }
    return -1; /*选择错误*/
}
```

(6)清空栈：将两个栈中所有元素清除，恢复到初始状态，即栈 1 的顶指针 top1 的值置为-1，栈 2 的顶指针 top2 的值置为 MAXSIZE。

```c
void clearStack(struct stack s)
{
    s.top1=-1;
    s.top2=MAXSIZE;
}
```

4.4 为列车调度系统实现链式存储

通过为列车调度设计顺序存储结构，可以发现顺序栈是固定内存空间，容量不变的。

所以对于顺序存储结构有一部分问题，要考虑存储空间的大小是否满足当前系统的数据集。对于链式存储结构而言，可以将很多零碎的空间利用起来，容量可变，节省空间，因此可以考虑为列车调度系统构建链式存储结构。

4.4.1 链栈

    栈的链式存储结构称为链栈。和链表结构一样，链栈也是由链上的每个结点组成的，如图 4-13 所示。由于单链表有头指针，而栈顶指针也是必须有的，因此将头指针和栈顶指针合二为一，把栈顶放在单链表的头部。另外，由于已经有了栈顶指针指向链表的头部，所以单链表中头结点也就失去了意义，通常对于链栈来说，是不需要头结点的。表头 top 指向头结点，表尾 bottom 指向终端结点，那么当链栈为空链表时，表头为空，即 top = NULL。由于链栈的结点空间是随时申请随时使用的，所以链栈不存在栈满的情况。由于栈的后进先出特点，所有操作都在栈顶端，因此栈底 bottom，可以不用记录。

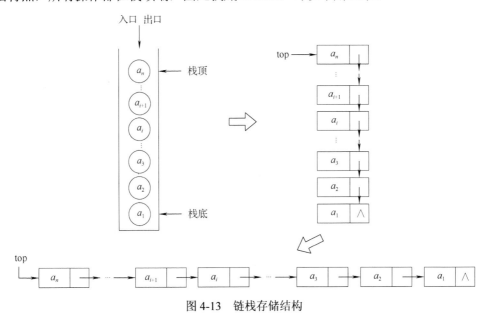

图 4-13　链栈存储结构

    链栈由两部分内容构成：一部分是链中的每一个结点，另一部分是链栈的栈顶指针。定义链栈结点结构：

```
struct  stackNode
{
    ElemType  data;
    struct stackNode  *next;
};
```

定义链栈结构：

```
struct  linkStack
{
    struct stackNode  *top;  //栈顶指针
```

```
    int   count;           //栈内元素个数
};
```

4.4.2　为基于链栈的列车调度系统实现操作

依照系统的要求，首先需要对链栈进行初始化，然后执行进栈操作和出栈操作，统计车库中列车个数(栈内元素的个数)。在执行进站操作时，需要判断栈是否满；而在执行出栈操作时，需要判断栈是否空。

和顺序栈相似，链栈一样可以实现列车调度系统的要求，具体操作如下。

(1)初始化栈：栈 s 没有元素，因此栈顶指针 top 为空，栈中元素个数 count 为 0。

```
void initLkStack (struct linkStack *s)
{
     s->count=0;
     s->top=NULL;
}
```

(2)栈长：栈 s 的长度，即栈中元素的个数 count 的值。

```
int lenStack(struct linkStack *s)
{
     return s->count;
}
```

(3)取栈顶元素：栈 s 中有元素，则返回栈顶指针指向的元素值，否则栈 s 为空栈，返回-1。

```
ElemType  getTop(struct linkStack *s)
{
     if (s->top==NULL)  return -1; /*栈空*/
     else return (s->top->data);
}
```

(4)入栈：首先判断栈 s 是否已满，若不满，则在将元素 x 加入栈 s 中时，依据栈的先进后出原则，只能放在栈顶，此时需要改变栈顶指针 top 的位置，将其指向新的栈顶。同时栈中元素个数 count 值增加 1。

```
int push(struct linkStack *s, ElemType x)
{
     struct stackNode*p=stackNode(*)malloc(sizeof(stackNode));
     p->data=x;
     p->next=s->top;      /*将新结点*p 放入栈顶*/
     s->top=p;
     s->count++;
}
```

(5)出栈：首先判断栈 s 是否为空，若不为空，依据栈的先进后出原则，只能对栈顶元素执行出栈操作，改变栈顶指针 top 的位置，指向当前栈顶元素的下一个。同时将栈中元素个数 count 减少 1。

```
int pop(struct linkStack *s ,ElemType *e)
{
    if (s->top==NULL)    return -1; /*栈空*/
    else
        {   struct stackNode *p= s->top;
            *e = s->top->data;
            s->top=p->next;           /*将栈顶指向的结点从链上摘下*/
            s->count--;
            free(p);
            return 1;
        }
}
```

(6)清空栈：将栈中所有元素清除，将栈恢复到初始状态，即栈顶指针 top 为空，栈中元素个数 count 置为 0。

```
void clearStack(struct linkStack *s)
{
    s->count=0;
    s->top=NULL;
}
```

4.5 栈 的 应 用

由于栈结构具有的先进后出的特性，栈成为程序设计中常用的工具。例如，数制转化、括号匹配校验、逆序输出、数学表达式求值、迷宫求解、实现汉诺塔、子程序的调用、处理递归调用、二叉树的遍历、图形的深度优先(Depth-first)搜索法。以下是几个栈应用的具体举例。

1. 逆序输出

将从键盘输入的字符序列逆序输出，例如，在键盘上输入"tset a si sihT"，经过逆序后，输出"This is a test"。其操作过程非常简单，就是将输入的字符逐一进栈，然后逐一出栈。根据栈的先进后出特性，最先进入栈中的"t"字母最后从栈中出栈，而最后进入栈中的"T"字母第 1 个从栈中出栈，这样就实现了逆序的功能。

2. 数制转化

十进制数 n 转化为 d 进制数 N，利用 div(整除)和 mod(取余)，算法基于下列原理：

n=(n div d)*d+n mod d

例如，$(1348)_{10}=(2504)_8$，$(2007)_{10}=(3727)_8$，$(3467)_{10}=(6613)_8$，以 2007 为例，通过图 4-14 可以看出如何获得 2007 的八进制数。

n	n div d	n mod d
2007	250	7
250	31	2
31	3	7
3	0	3

图 4-14　数制转换过程

数制转换的步骤及代码如图 4-15 所示。

```
#include<stdio.h>

struct sqStack
{
    int data[10];
    int top;
}
void conversion(struct sqStack s,int n,int d)
{
    //1.置空栈
    s.top = -1;

    //2.逐步转换
    while(n != 0)
    {
        s.top++;
        s.data[top] = n % d;
        n = n / d;
    }
    //3.依次输出
    while(s.top!= -1)
    {
        printf("%d",s.data[top]);
        top --;
    }
}
```

描述数制转换的步骤如下：

1. 初始化
   1.1 准备一个空的顺序栈 s
   1.2 获得初始十进制转换数据 n
2. 逐步转换
   2.1 循环结束条件 n==0
   2.2 将 n mod d 压栈
   2.3 n = n div d
3. 依次弹出栈顶元素
   3.1 循环结束条件 栈为空
   3.2 pop(s)

图 4-15　数制转换步骤

3. 数学表达式求值

在数学中经常会出现类似这样的算式：$9+(5-1)\times 6+100\div 5$，那么如何利用计算机实现这样的算式的计算呢？这就需要将算式进行转换，表示成其他有利于计算机识别和计算的形式。这样的转换一般有两种表示法。

(1)中缀表示法：所有符号都在其运算数的中间出现。

$$9+(5-1)\times 6+100\div 5$$

(2)前缀表示法(波兰式)：所有符号都在其运算数的前面出现，不出现括号。

$$++9\times-5\quad 1\quad 6\quad \div\quad 100\quad 5$$

对于这两种不同的表示法，可以有以下几种表达式计算规则。

(1)直接利用中缀表达式求值，其规则为：

① 初始化两个栈，一个运算数栈 s1、一个运算符栈 s2；

② 从左向右扫描，遇到运算数，入栈 s1；

③ 遇到运算符，优先级≤栈顶运算符优先级，从 s1 中弹出两个数据进行；

④ 运算，将结果压入 s1 中，继续与栈顶运算符比较优先级；

⑤ 如遇到运算符，优先级>栈顶运算符优先级，入栈 s2；

⑥ 遇到左括号，入栈 s2，遇到右括号，直接出栈并计算，直到遇到左括号。

(2)将中缀表达式转换为后缀表达式，再进行求值，规则如下：

① 从左到右遍历中缀表达式，若是数字就输出，若是符号判断与栈顶符号的优先级，是右括号或优先级低于栈顶符号，则栈顶元素依次出栈并输出，并将当前符号进栈，一直到最终输出后缀表达式。

② 从左到右遍历逆波兰式，遇到数字就进栈，遇到运算符就将处于栈顶的两个数弹出，进行运算，运算结果进栈，直到得到最终结果。

4. 递归原理

若在一个函数、过程或者数据结构定义的内部，直接(或间接)出现定义本身的应用，则称它们是递归的，或者是递归定义的。最常见的是递归函数，通过递归的方式定义的函数，一个递归函数的运行过程类似于多个函数的嵌套调用。

调用函数和被调用函数(若在函数 A 中调用了函数 B，则称函数 A 为调用函数，称函数 B 为被调用函数)之间的链接及信息交换需通过栈来进行。图 4-16 所示的主函数 main 中调用了函数 f，而在函数 f 中又调用了函数 g。而递归函数中调用函数和被调用函数是同一个函数，图 4-17 所示的主函数 main 中调用了函数 f，而在函数 f 中又调用了自己的函数 f。

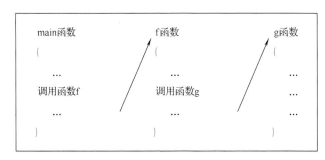

图 4-16　调用函数和被调用函数

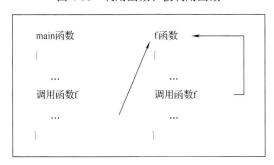

图 4-17　递归函数

例如, 求 n!的递归函数如下:

```
int f(int n)
{
    if (n>1)  return n*f(n-1);
    else  return 1;
}
```

栈是如何实现这个递归调用的过程的? 以求 4! 为例, 具体过程如图 4-18 所示。首先调用 f(4)函数实现要求, 在 f(4)函数中又调用了 f(3), 此时 f(4)的其余操作还没执行完, 因此将这些未执行的操作保存到栈中, 当 f(3)函数执行完毕后, 再将这些操作从栈中取出执行。在执行 f(3)函数时, 在 f(3)函数中又调用了 f(2), 此时 f(3)的其余操作还没执行完, 因此将这些操作保存到栈中, 当前栈中有之前存放的 f(4)函数的未执行的操作, 现将 f(3)未执行的操作放入栈顶。当 f(2)函数执行完毕后, 再将 f(3)的这些未执行的操作从栈中取出执行, 然后将 f(4)的未执行的操作从栈中取出执行。以此类推, 执行 f(2)函数、执行 f(1)函数。f(1)函数执行完毕后, 栈中会存放 f(4)函数的未执行的操作(放在栈的底部)、f(3)函数的未执行的操作(放在栈底上一层)和 f(2)函数的未执行的操作(放在栈的顶部), 然后根据栈的先进后出原则, 会将位于栈顶的 f(2)函数的未执行的操作先从栈中取出来并执行, 待 f(2)函数的所有操作执行结束后, 再将新栈顶 f(3)函数的未执行的操作从栈中取出来并执行, 待 f(3)函数的所有操作执行结束后, 最后将新栈顶 f(4)函数的未执行的操作从栈中取出来并执行, 至此函数通过递归调用实现了求 4! 的要求。

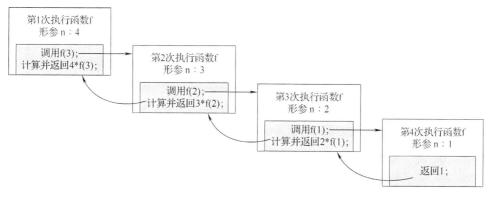

图 4-18 调用 f(4)过程

4.6 本 章 小 结

栈是应用非常广泛的数据结构, 来自线性表数据结构。其特点在于操作受到了约束限制: 栈按"先进后出"的规则进行操作, 因此也将栈称为受限线性表。

栈的顺序存储表示称为顺序栈, 用一组地址连续的存储单元依次存放数据元素, 通过使用 top 指针指向栈顶。为了更好地合理利用存储空间, 又提出了共享栈, 将数组空间分配多个栈存储, 解决了空间浪费的问题。其优点如下:

(1)元素格式变化在可控制范围内;

(2)便于定位。

栈的链式存储表示称为链栈。链栈在链表的基础上增加了先进后出的限制,因此相对于顺序栈,在进栈时不需要考虑栈满问题。其优点如下:

(1)适用于元素个数变化不可控的情况;

(2)提高了存储空间的利用率。

习　　题

1. 简述栈中元素的进出原则。

2. 当栈中有 n 个元素,进栈运算时发生上溢,说明该栈的最大容量是多少?

3. 链栈与顺序栈相比,其优势是什么?

4. 栈的基本运算(操作)有哪些?

5. 在实现进栈操作和出栈操作算法时,首先应该分别做出什么判断?

6. 设有一个顺序栈 S,元素 s_1,s_2,s_3,s_4,s_5 依次进栈,如果 5 个元素出栈的顺序是 s_2,s_3,s_4,s_5,s_1,那么栈的容量至少应该是多少?

7. 4 个元素按 A、B、C、D 顺序进入栈 S,执行两次出栈操作后,栈顶元素是什么?

8. 设计一种算法,判别一个算术表达式中的圆括号配对是否正确。

9. 若栈采用顺序存储方式存储,现两栈共享空间 V[m],top1 代表第 1 个栈的栈顶,栈 1 的底为 V[0],top2 代表第 2 个栈的栈顶,栈 2 的底为 V[m-1],请问栈满的条件是什么?

10. 设有编号为 A、B、C、D 的四辆列车。顺序进入一个栈型的展台,试写出这四辆列车开出车站的所有可能的顺序。

第 5 章

队 列 结 构

近年来，计算机技术在人们的日常生活中起着举足轻重的作用。例如，在医院管理中会出现很多智能机器，通过程序提前设定操作流程，用来满足人们在医院就诊过程中的各种需求。在医院中最常见的一种机器就是就诊叫号机，一方面通过就诊叫号系统避免了人工排队就诊，按就诊叫号机呼叫的号有序就诊，节省人力；另一方面该系统又可以体现先挂号先就诊的公平原则。例如，医院排队叫号系统如图 5-1 所示。

图 5-1　医院排队叫号系统

这种排队的队列也是线性结构的一种。生活中还有很多这种队列的例子，如购票的队列、超市结账的队列、医院就诊的队列、取款的队列，还有一些使用机器进行就诊叫号的队列、银行交易叫号的队列、在 12306 火车票订票系统上购票的队列，如图 5-2 所示，以及网络共享打印机的打印队列，如图 5-3 所示。

在学习本章内容时，首先在之前介绍的线性结构的基础上，对队列结构建立直观认识，并区分队列与线性表和栈；其次通过对具体问题的分析与设计，主要训练队列的逻辑结构的抽象模型建立、逻辑结构到存储结构的映射，提升抽象思维能力；最后学习基于队列存储结构的操作，以达到培养计算思维，解决具体问题的能力。

图 5-2　生活中的队列

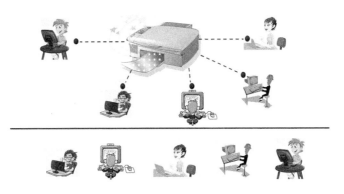

图 5-3　网络共享打印机

本章问题：设计一个医院的就诊叫号系统。

问题描述：现设有若干就诊人的挂号信息，要求可以根据以下 4 个问题返回结果。

(1) 显示当前待就诊人信息。

(2) 当前待就诊人数。

(3) 就诊人去诊治。

(4) 新增就诊人。

根据本章问题的主要内容和要求，需要将该问题分解为以下任务来解决。

(1) 为就诊叫号系统选择合适的数据结构。

(2) 为就诊叫号系统构建逻辑结构。

(3) 为就诊叫号系统构建存储结构。

(4) 为就诊叫号系统实现操作。

5.1　为就诊叫号系统选择合适的数据结构

通过分析这个系统中数据的特征，可以看出每一位就诊人对应着一个就诊序号，而且就诊人的人数也是确定的、有限的。由于数据之间是一对一的，因此可以通过线性结构来解决数据之间的关系。那么数据之间还有更深一层的关系吗？通过常识可以发现，这个就诊叫号系统中的每一个就诊人(也就是数据元素)之间除了符合线性结构特征，还有一个操作特点是有序就诊。就诊队列中的每一个就诊人，按照这样的规则进行就诊：

(1)每次选中的就诊人是队列中的第 1 个就诊人(队首)。

(2)当第 1 个就诊人去诊治时，原来就诊队列中的第 2 个就诊人现在变成就诊队列的第 1 个就诊人等待就诊叫号。

(3)对于新加入就诊队列的就诊人，排在队列的最后(队尾)。

通过上述规则的描述，可以确定就诊叫号系统就是现实世界队列的一个抽象计算机实现的，因此队列结构最适合作为该系统的数据结构。

队列在生活中无处不见，排队购物，排队上车……排队已然成为文明社会的标志现象。下面以排队上车为例，如图 5-4 所示，介绍一下队列及其相关的名词。

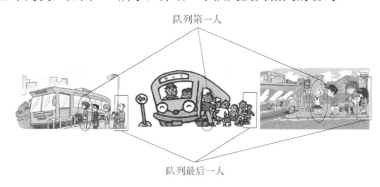

图 5-4 排队上车

1. 队列结构的定义

队列的第 1 人，也称为队首(Front)、队头，是一个非常特殊的位置，排在这个位置的人，可以最先上车，也就是最先从队列中离开。因此将允许进行删除的一端定义为队首。

队列的最后一人，也称为队尾(Rear)、队末，是另一个比较特殊的位置，排在这个位置的人，是最后上车的人，也是最新加入队列中的。因此将允许进行插入的一端称为队尾。

队列(Queue)，也称为操作受限的线性表。只允许在表的一端进行插入，而在另一端进行删除。将队列的这个特性称为先进先出(First In First Out，FIFO)，队列也可以记为先进先出的线性表。

2. 队列结构的抽象数据类型

队列结构 $=(D,R,O)$。

D：数据集，$D=\{\,a_i\,|\,1\leqslant i\leqslant n,n\geqslant0\}$。

R：关系/结构，$R=\{<a_i,a_{i+1}>|\,a_i,a_{i+1}\in D,1\leqslant i\leqslant n-1\}$，约定 a_1 端为队首，a_n 端为队尾。

O：操作，$O=\{\cdots\}$。

队列结构的抽象数据类型，涵盖了本章问题中如何设计就诊叫号系统的主要内容，首先需要确定这个系统中用到的数据集 D，也就是就诊人的信息集合。其次，确定这个数据集中的数据之间的关系 R，就诊人与其信息是一一对应的。最后确定这个数据集上的操作 O，即显示当前待就诊人信息、统计当前待就诊人数、就诊人去诊治、增加新的就诊人。

5.2 　为就诊叫号系统构建逻辑结构和存储结构

在完成第 1 步确定数据集时，不仅要确定数据内容，还要根据数据之间的关系，确定如何组织数据，也就是确定逻辑结构。然后需要将数据存储起来，用于就诊叫号系统进行操作和使用，也就是存储结构。下面就分别介绍队列的逻辑结构和存储结构的内容。

1. 队列的逻辑结构

队列是若干个数据元素构成的有序序列，可以用 $(a_1,a_2,\cdots,a_{i-1},a_i,a_{i+1},\cdots,a_n)$ $(n\geqslant0)$，这样的形式表示。数据元素的个数 n 为队列的长度。当 $n=0$ 时，队列是一个空队列；当 $n>0$ 时，数据元素 a_1 是队列的第 1 个结点(又称为队首)，数据元素 a_n 是队列的最后一个结点(又称为队尾)，如图 5-5 所示。

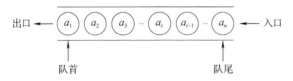

图 5-5 　队列的抽象表示

队列除了具备线性结构的特征，还在此基础上对操作进行了规定，即要求进入队列的操作只能在队尾加入，而离开队列的操作只能在队首出去，如图 5-6 所示。这就是队列被称为操作受限的线性表的原因。

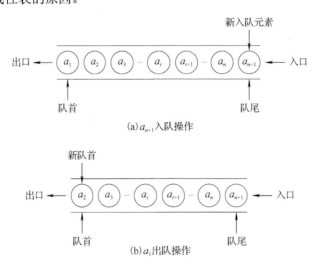

图 5-6 　队列的入队和出队操作

2. 队列的存储结构

队列作为线性存储结构的一类特殊结构，和线性结构一样也分成两类存储结构：顺序存储结构和链式存储结构。基于顺序存储结构的队列称为顺序队列(Sequential Queue)，基于链式存储结构的队列称为链队列(Linked Queue)。

5.3　为就诊叫号系统实现顺序存储

就诊叫号系统中的数据属于线性结构中的队列结构，根据队列结构的逻辑表示，可以将叫号系统的数据集和操作表示出来。

叫号系统的队列结构 = (D,R,O)。

D：数据集，$D = \{ a_i \mid 1 \leqslant i \leqslant n, n \geqslant 0 \}$，$a_i$ 代表每一位就诊人。

R：关系/结构，$R = \{ <a_i, a_{i+1}> \mid a_i, a_{i+1} \in D, 1 \leqslant i \leqslant n-1 \}$，约定 a_1 端为队首(第 1 位就诊人)，a_n 端为队尾(最后一位就诊人)。

O：操作，$O = \{$显示当前待就诊人信息, 统计当前待就诊人数, 就诊人去诊治, 增加新的就诊人$\}$。

下面就为就诊叫号系统构建顺序存储结构。

5.3.1　顺序队列

和顺序表一样，顺序队列也是采用数组存储。根据其逻辑结构可以得到其顺序存储结构的一维数组如图 5-7 所示。

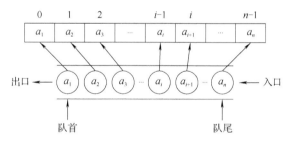

图 5-7　队列的顺序存储结构

定义顺序队列：

```
#define  MAXSIZE  5
struct  queue
{
    ElemType  data[MAXSIZE];
    int  front;      //队首位置
    int  rear;       //队尾位置
};
```

队首元素：队列中第 1 个元素。队尾元素：队列中最后一个元素。

对于就诊叫号系统，其就诊人的顺序队列实现如下。

就诊人的信息类型：

```
typedef struct  ElemType
{
      ElemType  data[MAXSIZE];
      int   front;       //队首位置
      int   rear;        //队尾位置
} ElemType;
```

20 个就诊人顺序队列：

```
#define   MAXSIZE   20
struct  queue
{
      ElemType  data[MAXSIZE];
      int   front;       //队首位置
      int   rear;        //队尾位置
};
```

对于一个队列结构的数据集，主要的操作就是向队列加入数据元素和从队列中删除数据元素，也可以称为入队（Enqueue）操作和出队（Dequeue）操作。由于队列的特殊限定条件，对于入队操作，只能在队尾处加入数据元素；对于出队操作，只能在队首处删除数据元素。就诊叫号系统的工作过程如图 5-8 所示。

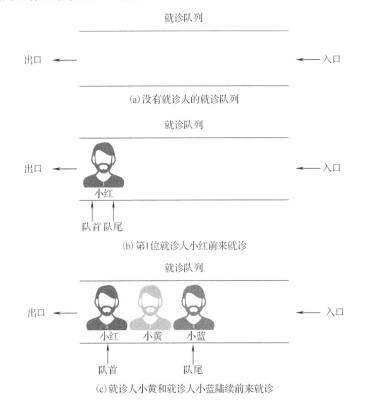

(a)没有就诊人的就诊队列

(b)第1位就诊人小红前来就诊

(c)就诊人小黄和就诊人小蓝陆续前来就诊

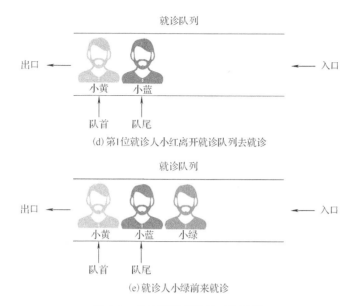

(d)第1位就诊人小红离开就诊队列去就诊

(e)就诊人小绿前来就诊

图 5-8　就诊叫号系统的工作过程

根据现实情况的队列，对于出入队操作有以下两种方案。

第 1 种方案：每出队一个数据，后面数据向前移动，补充到前一个空余的空位。

第 2 种方案：入队操作直到队尾到了最后一个位置，再向前移动数据，补充前面的空余空间，将空余空间留在队尾后。

通过实际比较可以发现，第 2 种方案比第 1 种方案减少了数据移动的数量，这样就会相对提高效率。但是无论哪种方案，都会不可避免地移动一定量的数据元素，增加了额外的系统负担，所以在实际操作的时候，尽量不采用。

(1)约定(图 5-9)：空队列时 front = rear = 0。

(2)入队 1 个数据元素(图 5-10)：front = 0，rear = 1。

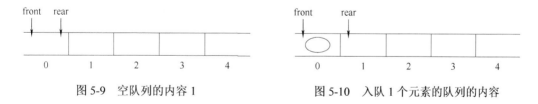

图 5-9　空队列的内容 1　　　　　　　　图 5-10　入队 1 个元素的队列的内容

(3)入队 4 个数据元素(图 5-11)：front = 0，rear = 4。

结论：判断一个队列是否为空的条件就是 rear == front。入队一个元素时 rear++，且队尾指针一直保持在队尾元素的下一个位置。

(4)队列满(图 5-12)：即 5 个存储空间，只能存储 4 个元素。rear = 4 代表队列已满。

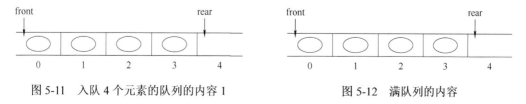

图 5-11　入队 4 个元素的队列的内容 1　　　　图 5-12　满队列的内容

(5)出队 1 个数据元素(图 5-13)：front = 1，rear = 4。

(6)再出队 3 个数据元素(图 5-14)：front = 4，rear = 4。

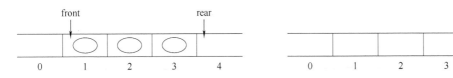

图 5-13   出队 1 个元素的队列的内容 1   图 5-14   出队 3 个元素的队列的内容 1

结论： 队列满时少用一个存储空间。m 个存储空间，仅用 m-1 个，即判断队列是否满的条件为 rear == m-1。出队一个元素时 front++。

对于最后一种情况，front = 4 和 rear = 4，此时 front 与 rear 的值相等，可以判断队列是空的，那么此时可以向队列加入元素吗？可以再进行入队操作吗？显然是不可以的，因为此时 rear = 4 表示队列是满的，那么队列这种既空又满的情况，称为假溢出。因数组越界而导致程序错误，实际上还有可用存储空间。

在设计就诊叫号系统时，也会出现这种假溢出的问题，那么解决假溢出，就成为设计就诊叫号系统的数据结构的一个大问题。假溢出的主要问题就是明明有空余的可用空间，但是由于出队操作引起了队首位置变化，并且队尾已经到达队列的最终位置，从而导致队首前面的空余空间不可用，队尾后面却无空间可用。如果此时将队列空间首尾相连，组成一个环形，那么队尾可以继续使用队首前面的空余空间，这样就有效地利用了空间，不会产生假溢出的现象。下面介绍这种首尾相连呈一个环的队列。

5.3.2 循环队列

将顺序队列变成一个逻辑上环状的存储空间的数据结构称为循环队列(Circular Queue)。为了更加形象地介绍循环队列，可以把之前介绍的顺序队列的逻辑结构改变形状，变成一个逻辑上的环状结构，如图 5-15 所示。

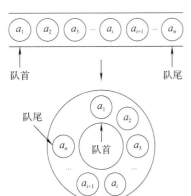

图 5-15   循环队列逻辑结构

实际上，循环队列的存储结构并没有出现环状的数组，那么如何实现逻辑上的环呢？这就需要通过设置队尾和队首数值的变化条件，实现存储结构上的环状结构。循环队列的重要条件如下：

出队操作时队首 front 值的变化：front =(front+1)% MAXSIZE。

入队操作时队首 rear 值的变化：rear =(rear+1)% MAXSIZE。

空循环队列的判断条件：front = rear。

满循环队列的判断条件：front =(rear+1)% MAXSIZE。

(1)空队列(图 5-16)：front = 0，rear = 0。

(2)入队 4 个数据元素(图 5-17)：front = 0，rear = 4。

图 5-16　空队列的内容 2

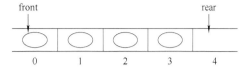

图 5-17　入队 4 个元素的队列的内容 2

(3)出队 1 个数据元素(图 5-18)：front = 1，rear = 4。

(4)出队 3 个数据元素(图 5-19)：front = 4，rear = 4。

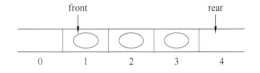

图 5-18　出队 1 个元素的队列的内容 2

图 5-19　出队 3 个元素的队列的内容 2

结论： 此时 front = rear = 4，循环队列为空，可以继续向队列中添加数据元素。

(5)入队 3 个数据元素(图 5-20)：front = 4，rear = 2。

入队 3 个数据元素，只需要改变 rear 的数值，利用之前确定的条件 rear =(rear+1)% MAXSIZE，MAXSIZE 值为 5，可以计算：

$$Rear =(rear+3)\% 5 =(4+3)\% 5= 2$$

(6)出队 2 个数据元素(图 5-21)：front =1，rear = 2。

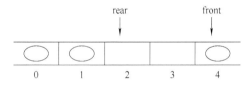

图 5-20　入队 3 个元素的队列的内容

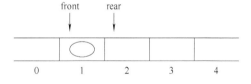

图 5-21　出队 2 个元素的队列的内容

出队 2 个数据元素，只需要改变 front 的数值，利用之前确定的条件 front =(front+1)% MAXSIZE，MAXSIZE 值为 5，可以计算：

$$front=(front+2)\% 5=(4+2)\% 5= 1$$

(7)入队 3 个数据元素(图 5-22)：front =1，rear = 0。

入队 4 个数据元素，rear 计算后值为 0，此时 rear 与 front 的值相差 1，即 front = (rear+1)% MAXSIZE，可以判断此时的循环队列是满的。

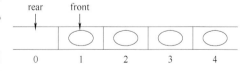

图 5-22　入队 3 个元素的队列的内容

依照就诊叫号系统的要求，首先需要对队列进行初始化，然后找到当前待就诊人序号(队首元素)，统计当前待就诊人数(队列长)、就诊人去诊治(出队)、增加新的就诊人(入队)。

初始化队列：设置队列的队首和队尾最初的位置都为0。

```
void initQueue(struct queue q)
{
```

```
        q.front =0; /*队首赋初值*/
        q.rear = 0; /*队尾赋初值*/
    }
```

取队头元素：队头即队首元素，也就是当前队首指向的那个元素结点。

```
    ElemType getFrontElem(struct queue q)
    {
        rerurn q.data[front];
    }
```

队列长：在确定队列长度的时候，需要用队尾的值减去队首的值，由于是循环队列，因此队尾的值可能会比队首的值小，因此需要利用 MAXSIZE 的值。

```
    int lenQueue(struct queue q)
    {
        return ((q.rear- q.front+ MAXSIZR) % MAXSIZE);
    }
```

入队：在实现入队操作，即在队尾位置加入元素，需要注意在加入元素的同时改变队尾的位置，将其指向新的队尾元素。

```
    int enQueue(struct queue q, ElemType e)
    {
        if (q.front==(q.rear+1)% MAXSIZE)          /*判断队满*/
            return -1;
        q.data[q.rear]=e;                          /*元素 e 入队*/
        q.rear=(q.rear+1)% MAXSIZE;                /*移动队尾指针*/
        return 1;
    }
```

出队：在实现出队操作，即在队首位置删除元素，需要注意在删除元素的同时改变队首的位置，将其指向新的队首元素。

```
    void deQueue(struct queue q, ElemType *e )
    {
        if (front==(rear+1)% MAXSIZE)              /*判断队空*/
           return;
        *e=q.data[q.front];                        /*取队首元素*/
        q.front=(q.front+1)% MAXSIZE;              /*移动队首指针*/
    }
```

5.4　为就诊叫号系统实现链式存储

通过为就诊叫号系统设计顺序存储结构，可以发现对于顺序存储结构有一部分问题，数据元素的出入队操作逻辑上比较复杂,需要考虑队首和队尾数值的变化。此外还要考虑存储空间的大小是否满足当前系统的数据集。为了减少这些问题,可以考虑为就诊叫号系统构建链式存储结构。

5.4.1　链队列

队列的链式存储结构称为链队列。和链表结构相似,链队列也是由链上的每个结点组成的,如图 5-23 所示。表头 front 指向头结点,表尾 rear 指向终端结点,当链队列为空链表时,表头和表尾都为空,即 front = rear = NULL。由于链队列的结点空间是随时申请随时使用的,所以链队列不存在队列满的情况。

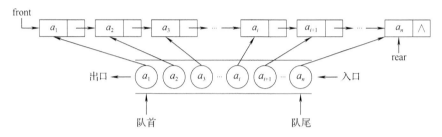

图 5-23　链队列存储结构

定义链队列结点结构:

```
struct  queueNode
{
    ElemType  data;
    struct queueNode *next;
}
```

定义链队列结构:

```
struct  linkQueue
{
    struct queueNode *front;
    struct queueNode *rear;
}
```

5.4.2　链队列的操作

和顺序队列相似,链队列一样可以实现叫号系统的要求,具体操作如下。
(1)初始化队列:在队列的最初,队列中没有元素,因此队首和队尾都没有。

```
void initLkQueue( (linkQueue *Q)
{
    Q->front=NULL;
    Q->rear=NULL;
}
```

（2）取队头元素：选取队头元素，即选队首指针指向的元素结点。

```
ElemType getLkFront (linkQueue *Q)
{
        rerurn Q->front->data;
}
```

（3）队列长：队列的长度，即为队列中的元素结点个数，可以从队首结点开始计数，直至队尾停止，此时的计数器即为队列中结点的个数。

```
int lenLkQueue (linkQueue *Q )
{
        int len=0;
        linkQueue *p;
        p=Q->front;
        while(p)
        {
            len++;
            p=p->next;
        }
        return len;
}
```

（4）入队：根据队列的先进先出特点，入队操作即在队尾后添加一个元素结点，将其链接在队尾后并将队尾指针指向该结点。

```
int enQueueLk(linkQueue *Q, ElemType e)
{
        queueNode  *p;
        p=(queueNode *)malloc(sizeof(queueNode));
        p->data=e;
        p->next=NULL;
        Q->rear->next=p;
        Q->rear=p;   /*新结点插入到队尾*/
}
```

（5）出队：同样根据队列的先进先出特点，出队操作即将队首指向的结点从队列中删除，同时将原队列中的队首结点后面的结点置为新队首。

```
int deQueueLk(linkQueue *Q, ElemType x)
{
        queueNode *p;
        if(Q->front==NULL)  return ERROR;
        p=Q->front;
        x=p->data;
        Q->front=p->next;
```

```
        if(Q->front==NULL)  Q->rear=NULL;
        free(p);
    }
```

5.5　队列的应用

队列在日常生活中，有着非常重要的作用。队列在计算机系统中的应用也非常广泛。CPU 资源的竞争就是一个典型的例子，进程切换、线程切换就是为了提高 CPU 的有效利用率。例如，有三个任务并且每个任务中间都有 I/O 请求，这样三个进程(或线程)排成一个队列，按照队列的操作原则处理任务。在计算机程序设计中，如果遇到符合线性结构的要求，但是却对操作有先进先出限制的情况，就可以用队列结构来处理。例如：

(1)实现超市结账功能的系统。

(2)实现银行存取款操作业务处理的系统。

(3)实现在线购票系统。

(4)实现处理多机共享打印的系统。

(5)实现网上客服系统。

(6)实现典型的舞伴问题。

(7)实现数学表达式求值问题。

5.6　本　章　小　结

队列是只允许在表的一端插入，而在另一端删除元素的线性表，也称为受限线性表。在队列中，允许插入的一端为队尾，允许删除的一端称为队首。队列的特点是先进先出。

队列的顺序存储表示称为顺序队列，用一组地址连续的存储单元依次存放从队首到队尾的数据元素。通过使用 front 指针指向队首，使用 rear 指针指向队尾的下一个位置确定队列中的数据集。为了解决假溢出问题，又提出了循环队列，将队首和队尾相连，有效利用存储空间。循环队列中 front 和 rear 的规则如下。

(1)队列初始值：front = rear = 0。

(2)队空判断条件：front = = rear。

(3)队满判断条件：front = =(rear+1) % MAXSIZE。

(4)出队：front =(front+1) % MAXSIZE。

(5)入队：rear =(rear+1) % MAXSIZE。

队列的链式存储表示称为链队列。链队列是在链表的基础上增加了操作的限制，因此相对于顺序队列，在进队时不需要考虑队满问题。

习 题

1. 比较栈和队列，指出其共同点和不同点。

2. 队列有几种存储结构，分别是什么？

3. 队列的基本操作有哪些？

4. 设栈 S 和队列 Q 的初始状态为空，元素 e1、e2、e3、e4、e5 和 e6 依次通过栈 S，一个元素出栈后即进队列 Q，若 6 个元素出队的序列是 e2、e4、e3、e6、e5、e1，则栈 S 的容量至少应该是多少？请写出原因。

5. 引入顺序循环队列的目的是什么？

6. 若用一个大小为 6 的数组来实现循环队列，且当前 rear 和 front 的值分别为 0 和 3，当从队列中删除一个元素再加入两个元素后，rear 和 front 的值分别是多少？

7. 最大容量为 n 的循环队列，队尾指针是 rear，队首是 front，则队空和队满的判断条件是什么？

8. 在使用计算机时，队列结构有哪些应用？

9. 对于顺序存储的队列，进行入队和出队操作的算法时间复杂度分别是多少？要求循环队列不损失一个空间，全部都能得到利用，设置一个标志 tag，以 tag 为 0 或 1 来区分头尾指针相同时的队列状态的空与满，请编写与此相应的入队与出队算法。

第6章

树 结 构

在前面章节所学的线性表、栈和队列结构，其本质都是一对一的线性结构，适用于解决实际应用生活中数据元素之间的关系为一对一的问题。然而，在实际问题域中，数据元素之间还存在一对多的较为复杂的关系。例如，日常生活中的家庭成员关系，一位母亲产下四胞胎。再如，大学校园的职能处室，你会发现学生处部门会划分为学生卡务中心、团委、贫困生扶助中心等子职能科室。这些问题领域中的数据元素间具有明显的层级关系，上层的数据元素与其下层的每一个数据元素之间都存在辖管关系。反之，下层的数据元素与其上层的唯一数据元素之间存在隶属关系。为了更加形象生动地表示，通常引用自然界中的树来描述数据元素的层次关系，这就是本章要学习的树结构。

本章首先从树的基本概念入手，对树建立直观认识；其次通过对具体问题的分析与设计，主要训练树的逻辑结构的抽象模型建立、逻辑结构到存储结构的映射，提升抽象思维能力；最后学习基于树的存储结构上的操作，以达到培养计算思维，解决具体问题的能力。

本章问题： 利用树结构以及基于树结构上的操作完成"爱心帮扶"调研项目。

问题描述： 为了更好地了解和掌握管辖区域内畜牧养殖产业发展的情况，为区域经济发展保驾护航，某县城热心公益组织在县城所辖乡镇内进行畜牧养殖户的"爱心帮扶"调研项目。"爱心帮扶"公益组织组建了若干畜牧养殖技术专家团队，奔赴县城内各个乡镇进行畜牧养殖调研和技术帮扶。要完成"爱心帮扶"调研项目，需要完成如下任务。

(1) "爱心帮扶"调研项目的理论知识支撑；

(2) "爱心帮扶"调研项目中单元逻辑表示；

(3) "爱心帮扶"调研项目中单元存储结构；

(4) "爱心帮扶"调研项目中单元遍历方法。

仔细分析"爱心帮扶"调研项目可知，任务中的"单元"是县城、乡镇和自然村的统称。根据客观实际，县城到农村肯定有道路可达，但自然村和自然村之间未必有道路连通。同时，考虑到下乡调查工作的难度，专家团队的调研路径通常是"县城-乡镇-自然村-县城"的访问次序，也存在"乡镇-自然村-乡镇-自然村"的访问次序，也存在"乡镇-自然村-自然村"的访问次序。

根据应用实际可知，调研路径无法像线性结构中那样确保自然村与自然村之间一对一的调研顺序，调研过程中呈现出县城、乡镇、自然村这样的层级分明的"一对多"的特征。如此一来，"爱心帮扶"调研路径的实现就需要用一种新的数据结构来解决，这就是本章要介绍的树结构。

6.1 "爱心帮扶"调研项目的理论知识支撑

在"爱心帮扶"调研项目的问题中，构建树结构是要解决的第 1 个问题。在本节中，学习树结构的定义及其适用场合。只有认识树结构、理解树结构，才能为"爱心帮扶"调研项目构建树结构，并基于该树结构解决本章中"爱心帮扶"调研项目中单元逻辑表示、单元存储结构和单元遍历的问题。

图 6-1　自然界中的树

在"爱心帮扶"调研项目中，研究对象主要涉及某县城管辖的部分乡镇级-部分自然村。在应用树结构实施"爱心帮扶"调研项目之前，我们先来直观认识一下自然界中无处不在的树，示例如图 6-1 所示。

6.1.1　树的定义

生活中经常会看到树的应用，如家族谱、全国行政区域划分、单位职能部门划分等。此外，在计算机专业学习过程中接触了解到的操作系统的文件管理、Linux 操作系统的目录管理、计算机网络中的域名管理、数据库中的索引管理以及编译系统中的语法树等，这些都是基于树结构的实际应用。

树以其直观易懂的方式表达了问题域中数据元素之间一对多的复杂关系。那么，到底什么是树结构，计算机科学又是如何来定义树结构的呢？

【问题 6-1】观察图 6-2 所示的张华的家族谱和图 6-3 所示的学校的管理部门，给树一个直观形象的语言描述。

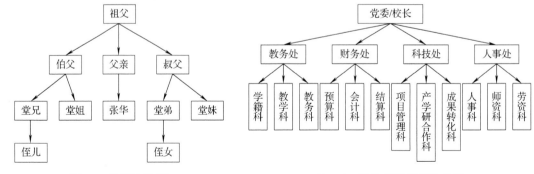

图 6-2　张华家族谱　　　　　　　　　图 6-3　学校管理部门的关系

通过观察家族谱和学校职能部门划分，不难发现，树结构是由两部分组成的：一部分是树中的结点，另一部分是树中结点和结点之间的联系边。直观地说，树结构是由点和边两个部分构成的。

计算机科学对树结构进行形式化定义如下：

树(Tree)是由 $n(n{\geqslant}0)$ 个元素组成的有限集合 T 以及在该集合 T 上定义的一种关系构成的。

其中，集合 T 中的 n 个元素称为树的结点，这 n 个结点组成一个具有层级关系的集合，所定义的关系称为父子关系。父子关系在树的结点之间建立了一个层次结构。之所以把这种层次结构称为"树"，是因为它看起来像一棵倒挂的树，也就是说它是根朝上、叶朝下的。在这种层次结构中，有一个结点具有特殊的地位，这个结点称为该树的根结点，或简称树根。

当有限集合 T 中的结点数量 $n = 0$ 时，称 T 为空树。当 $n \geqslant 1$ 时，称 T 为非空树。在任意一棵非空树 T 中，树是包含 n 个结点的有穷集合 K，且在 K 上定义一个满足以下条件的二元关系 $R = \{r\}$：

(1) 一个结点 $k_0 \in K$，在关系 r 上无前驱，该结点有且仅有一个，称为根结点(Root)。

(2) 除根结点 k_0 之外，K 中的每个结点对于关系 r 来说都有且仅有一个前驱。

(3) $\forall k_i \in K$，都存在一个结点序列 $(k_0, k_1, \cdots, k_i)$，即路径。

(4) $\forall k_i \in K$，都存在一个有序对：$<k_{i-1}, k_i> \in R$（$1 \leqslant i \leqslant n$）。

图 6-4 给出了数据结构中一棵典型树的层次结构。

除根结点外，其余结点可分为 $m(m \geqslant 0)$ 个互不相交的有限集合 $T_1, T_2, \cdots, T_m$，其中每个集合本身又是一棵树，并且称为根结点的子树(Subtree)。从这里可以看出，树的定义是递归的，其具有如下特征：

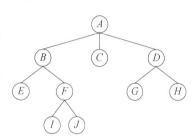

图 6-4　树的层次结构

(1) 没有父亲结点的结点称为根结点。也就是说，树的根结点没有前驱结点。

(2) 除根结点外，所有非根结点有且只有一个前驱(父亲)结点。

(3) 除根结点外，与其相连的每个非根结点可以分为多个不相交的树。

(4) 树中每个结点有零个或有限多个孩子结点。

(5) 树里面没有环路(Cycle)。

在学习树的定义时，需要强调以下几点：

(1) 鉴于通常的叫法，以下将"树结构"简称"树"，但是要记得树是一种数据结构且是一种重要的非线性结构，类似于自然界中的树。

(2) 树中的点均称为结点，来自英文 Node。

(3) 树 T 中的结点数量 $n=0$，表明集合为空，称为空树。切记，空树中没有结点。若 $n = 1$，表明单个结点是一棵树且树根就是该结点本身。需要强调的是：当 $n > 0$ 时，树根有且仅有一个，这与现实生活中树有很多根须是有着本质区别的。在"数据结构"课程中，树只能有一个根结点。

(4) 除根结点外，树中的某个结点最多只和上一层的一个结点有直接关系。结点的上层结点称为父亲结点、双亲结点或父结点。

(5) 在 n 个结点的树中有 $n-1$ 条边，而树中每个结点与其下一层的零个或多个结点有直接关系。结点的下层结点称为孩子结点或子结点。

在计算机科学中，树是一种抽象数据类型或是实现这种抽象数据类型的数据结构，用来模拟具有树状结构性质的数据集合。

由树的定义可知，树适合表示具有层次结构的数据。

6.1.2 树的基本术语

由图 6-4 可以看出，计算机科学中树的形状就像一棵现实中的树，只不过是倒挂过来的。以图 6-2 所示的张华家族谱为例，读者可能会提出一系列问题，从祖父、伯父、堂兄到侄儿，他们之间是否有层级关系？他们有没有统一的术语称呼？图中显示张华下面没有结点，那么张华和堂兄之间有什么区别？这正是接下来要介绍的内容：树的基本术语。

(1)结点(Node)：包含一个数据元素及若干指向其子树的分支。

(2)根结点(Root Node)：位于树中最顶部的结点。

(3)双亲(Parent)结点：孩子结点的上层结点，称为这些结点的双亲结点。设 $T_1, T_2, \cdots, T_k$ 是树，它们的根结点分别为 $n_1, n_2, \cdots, n_k$，用一个新结点 n 作为 $n_1, n_2, \cdots, n_k$ 的父亲，则可得到一棵新树，结点 n 就是新树的根。例如，B 结点是 A 结点的孩子，则 A 结点就是 B 结点的双亲。如图 6-4 所示，结点 A 为根结点，是结点 B、结点 C 和结点 D 的双亲结点。

(4)兄弟结点(Sibling Node)：同一双亲的孩子结点。作为结点 n 的孩子结点，称 $n_1, n_2, \cdots, n_k$ 为一组兄弟结点。如图 6-4 所示，结点 E 和结点 F 为兄弟结点。

(5)祖先结点(Ancestor Node)：如果在树中存在一条从结点 K 到结点 M 的路径，则称结点 K 是结点 M 的祖先，也称结点 M 是结点 K 的子孙或后裔。在图 6-4 中，结点 F 的祖先有 A、B 和 F 自己，而它的子孙包括它自己和 I、J。注意，任一结点既是它自己的祖先也是它自己的子孙结点(Descendant Node)。

(6)真祖先：树中一个结点的非自身祖先称为该结点的真祖先。在一棵树中，树根是唯一没有真祖先的结点。

(7)真子孙：以某结点 A 为根的子树中任一结点都称为该结点的子孙。树中一个结点的非自身子孙称为该结点的真子孙。在一棵树中，叶结点是没有真子孙的结点。

(8)孩子结点(Child Node)：结点子树的根称为该结点的孩子结点，称 $n_1, n_2, \cdots, n_k$ 为父亲结点 n 的孩子。孩子结点也称为子结点，与父结点相比，子结点处于远离根结点的方向。

(9)子树：树中某一非根结点及其所有真子孙组成的一棵树。通常情况下，子树与孩子结点是等价对待的。需要强调的是：一个结点的子树数量 $m(m>0)$ 没有限制，且所有子树之间一定是互不相交的。

(10)结点的度(Degree)：一个结点拥有的孩子结点的数量称为该结点的度。如图 6-4 所示，结点 A 的度为3。

(11)树的度：一棵树的度是指该树中结点的最大度数。

(12)堂兄结点：结点的双亲结点不同且处于同一层次，这些结点称为堂兄结点。

(13)叶子结点(Leaf Node)：树中度为零的结点就是叶子结点，也称为终端结点、叶结点。如图 6-4 所示，结点 I、J 为叶结点。

(14)分支结点：树中度不为零的结点称为分支结点，也称为或非终端结点。如图 6-4 所示，结点 B 为分支结点。

6.1.3 树的关键术语

(1)路径(Path)：如果树中存在一个结点序列 $K_1, K_2, \cdots, K_j$，使得结点 K_i 是结点 K_{i+1} 的父结点 $(1 \le i \le j)$，则称该结点序列是树中从结点 K_i 到结点 K_j 的一条路径或道路。就本质而言，路径是结点以及与结点相连的边的一个序列。图 6-5 给出了一条结点 A 至结点 I 的路径。

(2)路径长度：从结点 K_1 到结点 K_j 的一条路径 $K_1, K_2, \cdots, K_j$ 的长度为 $j-1$，它是该路径所经过的边(连接两个结点的连线)的数目。特殊而言，树中任一结点有一条至其自身的长度为 0 的路径。以图 6-5 所示路径为例，结点 A 到结点 I 有一条路径 $ABFI$，路径长度为 3。

(3)结点高度：树中一个结点的高度是指从该结点到作为它的子孙的各个叶结点的路径长度的最大值。例如，图 6-5 所示树中的结点 B、C 和 D 的高度分别为 2、0 和 1。很显然，路径长度是结点到子孙的路径上连线的数目。图 6-6 给出了结点 B 的高度示例。

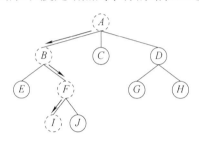

图 6-5　路径示例

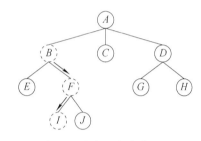

图 6-6　结点 B 的高度示例

(4)树的高度(Height)：指根结点的高度。例如，图 6-7 所示树的高度与结点 A 的高度相同，高度为 3。

(5)结点的深度(Depth)：从树根到任一结点 n 有唯一的路径，我们称这条路径的长度的值为结点 n 的深度。图 6-7 给出了结点 I 的深度的示例。

就结点的层次和深度之间的关系而言：从根结点开始算起，根为第 1 层，即根结点的深度为 0，其余结点的深度为其父亲结点的深度加 1，深度相同的结点属于同一层。如图 6-7 所示，结点 A 处于第 1 层，结点的深度为 0；结点 B、C 和 D 处于第 2 层，其深度为 1；以此类推，结点 E、F、G、H 的深度为 2；结点 I 和 J 的深度为 3。反之，树的第 3 层有结点 E、F、G 和 H，树的第 1 层只有一个根结点 A。

需要注意的是：

① 有的教程定义结点的深度为根结点到该结点路径上的结点个数，若是包含自身结点，则该定义中的深度的值则比此处的值大 1。

② 在如图 6-6 所示的结点高度应用示例中，结点与结点之间的辅助指示方向为指向叶子结点。

③ 在如图 6-7 所示的结点深度应用示例中，结点与结点之间的辅助指示方向为指向根结点。

(6)结点的层次(Level)：从树根到任一结点 n 有唯一的路径，称这条路径的长度+1 的值为结点 n 的层次。图 6-8 给出了结点的层次的示例。

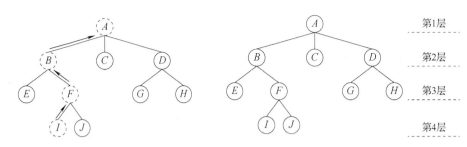

图 6-7　结点 I 的深度示例　　　　　　　　图 6-8　结点的层次示例

(7)祖先子孙关系：在树中，某些结点之间确定了父子关系，可以将这种关系延拓为祖先子孙关系。注意，兄弟结点之间没有祖先子孙关系。

(8)有序树：若在树的每一组兄弟结点之间定义一个从左到右的次序，可以得到一棵有序树；否则，称为无序树。

(9)左儿子、右兄弟：设结点 n 的所有儿子按其从左到右的次序排列为 $n_1, n_2, \cdots, n_k$ ，则称 n_1 是 n 的最左儿子，也可简称为左儿子。在众多兄弟中，称 n_i 是 n_{i-1} 的右邻兄弟，或简称右兄弟 $(i = 2, 3, \cdots, k)$ 。

(10)森林(Forest)：M 棵互不相交的树的集合。如图 6-4 所示，若删去树的树根 A ，留下的子树就构成了森林。当删去的是一棵有序树的树根时，留下的子树也是有序的，这些树组成一个树表。在这种情况下，称这些树组成的森林为有序森林或果园。

在上述基本术语的学习过程中，需要注意以下事项。

(1)结点不仅包含数据元素，而且包含指向子树的分支。

(2)孩子是结点的子树的根。

(3)不要混淆兄弟和堂兄弟，兄弟是同一个双亲结点的孩子。

(4)根结点的高度就是树的高度。

(5)有序树是指树中结点的子树从左到右是有次序的，不能交换。但是，如果结点只有一个子树，则该子树就是无序的。

(6)无序树是指树中任一结点的子树是可以任意交换的。

(7)叶子结点的高度为 0。

(8)若一棵树仅包含一个结点，则这棵树的高度为 0。

(9)根结点的深度为 0。

(10)高度与深度的方向正好相反；其实，若把计算机科学技术中的树倒挂成自然界中的树，则结点的深度就是向着树根的方向，结点的高度就显然是从根部向上的方向，这一切就更好理解了。

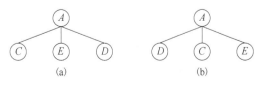

图 6-9　有序树示例

【问题 6-2】仔细观察图 6-9(a)和图 6-9(b)所示的两棵树，观察这两棵树的异同点，并阐述理由。

若不考虑孩子结点的有序性，则图 6-9(a)和图 6-9(b)算是同一棵树。但是，若考虑孩子结点的有序性，则图 6-9(a)和图 6-9(b)存在本质的差别。虽然都是有序树，但是在两棵树中，结点 *A* 的三个孩子结点的左右次序是不同的，这就是两棵树之间的显著差别。

在有序树的基础上，可以将兄弟结点之间的左右次序关系加以延拓。如图 6-9 所示，如果 *C* 和 *E* 是兄弟且 *C* 位于 *E* 的左边，则必有结点 *C* 的任一子孙都在结点 *E* 的任一子孙的左边的约束。

若无特殊说明，本章节只关心有序树，因为无序树总可能转化为有序树加以研究。经过上述的学习，我们需要识记树的定义及树的专业术语，建立对树的基本认识，熟悉计算机科学与技术中树世界的语言，然后着手研究"爱心帮扶"调研项目的第 2 个任务。

6.2 "爱心帮扶"调研项目中单元逻辑表示

本节我们着手设计并构建"爱心帮扶"调研项目的县城、乡镇和自然村的逻辑关系表示形式。由前面的分析可知，任何一个村到所属乡镇，乡镇到所属县城都存在相应的被辖管关系，所以"爱心帮扶"调研路径是典型的树结构。

那么，如何用树结构表达"爱心帮扶"调研项目中"县城-乡镇-自然村"的辖管关系呢？这就是"爱心帮扶"调研的第 2 个任务，用树来表示"县城-乡镇-自然村"的辖管关系，即树的逻辑表示形式。

6.2.1 树的逻辑表示

为了科学、形象地表示一棵树，通常采用的方法有如下五种。这五种表示方法分别是形式表示法、树形表示法、文氏表示法、凹入表示法和括号表示法。

1. 形式表示法

形式表示法是由树中元素的集合及元素间关系构成的。下面通过实际例子来介绍形式表示法，如结点集合 $K=\{A,B,C,D,E,F,G,H,I,J\}$，$K$ 上的关系 $R=\{<A,B>, <A,C>,<B,D>,<B,E>,<C,F>,<C,G>,<C,H>,<D,I>,<D,J>,<G,K>,<G,L>\}$。

从形式表示法来看，结点集合非常明确，结点之间的关系数量容易确定且书写简单，缺点是不够直观。下面将采用树形表示法来形象地表示该例子。

2. 树形表示法

按照树的定义，树中元素集合以及元素之间的关系的树形表示如图 6-10 所示。

与形式表示法相比，树形表示法具有自顶向下、层次清晰、非常直观的特点，特别是相邻元素之间的关系。那么，从整体上可否一目了然呢？这就需要学习下面的文氏表示法。

3. 文氏表示法

按照文氏表示法，图 6-10 例子的文氏表示法如图 6-11 所示。

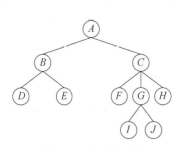

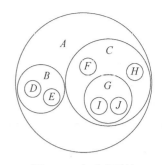

图 6-10　树形表示法　　　　　　　　　　　图 6-11　文氏表示法

与树形表示法相比，文氏表示法具有辖管范围由大到小，辖管职责分明、边界清晰、元素辖管关系一目了然的特点。虽然文氏图在数学等科研领域应用广泛，但是在计算机学科领域中应用更多的还是凹入表示法。

4. 凹入表示法

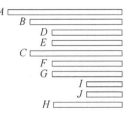

图 6-12　凹入表示法

按照凹入表示法，图 6-11 例子的凹入表示如图 6-12 所示。

与文氏表示法相比，凹入表示法采用线段伸缩的形式，具有层级明确的特点。凹入表示法常见于计算机网络中的域名管理，文章的目录结构等应用。

虽然上述四种逻辑表示方法都各具特色，但是所有的应用最终离不开计算机技术的解读和执行。下面学习适合于计算机语言的括号表示法。

5. 括号表示法

括号表示法的基本结构是：树(子树 1,子树 2,子树 3,…,子树 m)。根据括号表示法的基本结构，图 6-12 例子的括号表示法如下：

$$(A(B(D)(E))(C(F)(G(I)(J))(H)))$$

结合实例可知，括号表示法采用字符串形式，虽然不够形象直观，但是非常适合于计算机编程处理，常见于字符串中括号匹配等应用。

6.2.2　逻辑表示的执行步骤

用树来表达集合 T 中数据元素间的关系，就是对问题域中的研究对象及其对象之间的关系抽象为树中的结点及结点间关系的过程。根据软件工程的思想，在解决问题之前，首先要弄清楚问题是什么，并将问题准确地定义出来。

在本书的第 2 章中给出了数据结构解题的七个步骤，其中前三个步骤就是用于准确表达数据元素间关系，实现问题定义的。

第 1 步，确定数据集。

确定数据集就是要确定问题域中的研究对象的集合。在"爱心帮扶"调研项目中，项目组对县城所辖管的新兴甲镇（兴甲一村、兴甲二村、兴甲三村）、新兴乙镇（兴乙一村、兴乙二村、兴乙三村）、新兴丙镇（兴丙一村、兴丙二村、兴丙三村）和新兴丁乡（兴丁一村、兴丁二村）展开调研。所以，研究对象是一个县城、三镇一乡、十一个自然村构成的数据集以及"县城-乡镇-自然村"的辖管关系，也就是树的结点。

第2步，确定数据元素的公共属性。

确定数据元素的公共属性就是深入研究每一个研究对象(数据元素)，确定研究对象的共有特征或公共属性，这是对所有研究对象的抽象。

在此特别强调，确定研究对象的公共属性一定要和具体的问题相关。例如，在"爱心帮扶"调研项目中，编号属性唯一标识每一个数据元素，地址属性是项目调研的地理位置，第一负责人属性是为了项目调研的沟通和协调，联系人属性是为了经济普查调研工作的后续开展可以方便联系，户的数量用于经济普查项目中统计家庭生活水平的不同占比等。

第3步，构建逻辑表示。

构建逻辑结构就是根据问题的具体情况，构建数据元素与数据元素之间的关系。在"爱心帮扶"调研项目中，数据集为县城、乡镇和自然村共 16 个数据元素。根据实际的上级、下级的辖管关系，调研组在描述项目涉及的不同类型数据元素的连通关系时发现，县城与乡镇、乡镇与自然村之间不是一一对应的线性关系，而是一对多的树形关系。无论县城、乡镇，还是自然村，都是树的结点。为方便起见，用 1~16 的编号表示数据集 T 中的数据元素，数据元素之间所表示的辖管连通关系可以用树中的边来表示。

通过上述讲解可知，在分析具体问题并进行树的逻辑结构的构建中，必须掌握如下三个关键步骤：

(1)明确数据元素，确定数据集。

(2)确定数据元素的公共属性，运用 Visio 等专业工具绘制数据元素的属性图。

(3)构建逻辑结构，明确数据元素之间的关系。在本章节中，需要明晰数据元素的层级关系。

将现实生活中的一个实际问题中数据元素间的关系抽象为一棵树，即构建了树的逻辑结构之后，就可以根据具体的问题，确定基于逻辑结构的各种操作了。

6.2.3 调查项目的逻辑表示

下面按照逻辑表示的执行步骤进行"爱心帮扶"调研项目的逻辑表示。

第1步，确定数据集。

本步骤的输出数据集为"县城-乡镇-自然村"信息集合，即树中的结点。经分析可知，数据集 T 由 16 个单元构成，表示如下：

数据集 T = {某县城,新兴甲镇,新兴乙镇,新兴丙镇,新兴丁乡,兴甲一村,兴甲二村,兴甲三村,兴乙一村,兴乙二村,兴乙三村,兴丙一村,兴丙二村,兴丙三村,兴丁一村,兴丁二村}

第2步，确定数据元素的公共属性。

在"爱心帮扶"调研项目中，提取出县城、乡镇和自然村的公共属性，包含编号、名称、地址、户的数量、第一责任人、项目联系人、联系人电话。目前，确定数据元素有这 7 个属性即可。本步骤中数据元素的公共属性如图 6-13 所示。

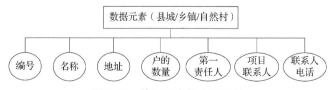

图 6-13 数据元素的公共属性

在这些属性中，编号属性是主键属性，可以唯一地标识一个数据元素。当然，读者还可以对"爱心帮扶"调研项目进行更深入的研究，还可以再添加其他的属性。

第 3 步，构建逻辑表示。

本步骤的输出为县城与乡镇、乡镇与自然村之间调研层级的隶属关系所形成的树，如图 6-14 所示。为了表述方便，这里用字符代替相应的单元。

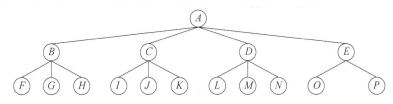

图 6-14   项目调研机构隶属的逻辑关系

至此，我们完成了"爱心帮扶"调研项目中单元间逻辑关系的构建，弄清楚了"爱心帮扶"调研项目中结点之间的层次关系。

在确定了"爱心帮扶"调研项目中结点的逻辑关系后，下面将关注"如何做"，就是如何将业务领域的问题需求转化为技术领域的方案设计，这就好比信息系统设计与开发中的"系统设计"阶段，需要按照需求规格说明书的要求从计算机技术的角度去设计以满足问题的需求，实现需求到设计的映射。

显然，接下来我们着手解决第 3 个任务，就是要把已经构建好的逻辑结构转化为计算机内的存储结构。

6.3   "爱心帮扶"调研项目中单元存储结构

具体任务驱动知识应用，任务解构为若干子任务，则对应着系列操作。事实上，每一个操作就是完成一个任务。完成任务的三大要素是：输入、加工和输出。其中，输入是指完成任务需要的前提条件，其存在形式为函数的形式参数；加工是指对形式参数进行单一或系列的加工操作；输出是加工的输出，即任务的完成结果，其存在形式为函数的返回结果。

结合上述分析可知，将逻辑结构转化为存储结构，也就是将基于逻辑结构的操作转化为基于存储结构的函数。

6.3.1   树的存储结构

树的存储结构就是树的逻辑结构在计算机内存中的具体映射，主要解决两个问题：一是要确定从逻辑结构到存储结构映射的方法；二是要将映射到内存的存储结构用计算机语言定义出来。

很显然，我们的任务是将图 6-14 所示的"爱心帮扶"调研项目中数据元素间的层级关系(逻辑结构)映射到计算机内存中(存储结构)。如图 6-14 所示，"爱心帮扶"调研项目中县城-乡镇和自然村间的调研层级清晰明了，是一棵由 16 个顶点和 15 条边构成的有序树。

根据前述所学基本知识可知，树是由结点集合和结点之间的关系集合的二元组构成的。如果存储了树中所有的结点和所有结点的关系，那么就完成了逻辑结构在计算机内存中的表示，实现了逻辑结构到存储结构的映射。

经上述分析可知，确定从逻辑结构到存储结构的映射需要考虑两个方面：

(1) 需要确定树中结点的"逻辑-存储"映射方法，即结点的存储方法；

(2) 确定树中结点的映射方法，即边的存储方法。

说到存储结构，就会想到前面章节讲过的顺序存储和链式存储两种结构。其中，顺序存储结构是用一段地址连续的存储单元依次存储线性表的数据元素，这对于线性表来说是很自然的，对于树这样一对多的结构呢？提及树，我们知道树中某个结点的孩子可以有零个、一个或者多个。这就意味着，无论按何种顺序将树中所有结点存储到数组中，结点的存储位置都无法直接反映逻辑关系。

想象一下，数据元素一个挨一个地存储，如何区分谁是谁的双亲，谁是谁的孩子呢？分析可知，简单顺序存储结构无法满足树的存储要求。对于树这种可能会有很多孩子的特殊数据结构，只用顺序存储结构或者链式存储结构很难实现。

不过，充分利用顺序存储和链式存储结构的特点，完全可以实现对树的存储结构的表示。在本节，将会介绍三种存储表示法：双亲表示法、孩子表示法和孩子兄弟表示法。为了表示简单，后续文中的数据域采用结点编号来替代。

6.3.2　双亲表示法

抛开人类起源的科学探究，从生活常识出发，我们大家有一个共识：那就是一个人可能没有孩子，但是每个人都一定会有父母。结合前面所学，可得出树这种结构的基本特征：除了根结点外，其余每个结点，不一定有孩子，但是一定有且仅有一个双亲。

树的顺序存储结构中最为简单且直观的是双亲存储结构，采用一维数组就可以实现。图 6-15 给出了树的两种简单直观的顺序存储结构示意，其中图 6-15(a) 中结点用数值标识，其值与数组下标存在简单的逻辑映射转换关系。图 6-15(b) 中结点用字符标识。

为了将图 6-14 所示树的逻辑结构转化为计算机内存中的存储结构，假定以一组连续空间存储树的所有结点，同时在每个结点中附设一个指示器指示其双亲结点在存储空间中的位置。也就是说，每个结点除了知道自己是谁以外，还知道它的双亲在哪里。

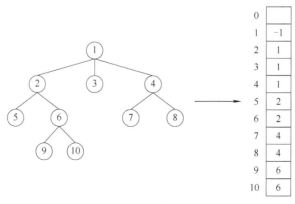

(a)

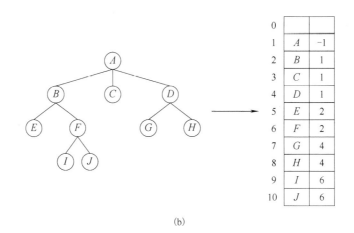

(b)

图 6-15   树的顺序存储结构示意图

数据域	双亲指针域

图 6-16   结点结构

图 6-16 给出了分析得出的结点结构形式。其中，数据域用于存储结点(数据元素)的数据信息，双亲指针域用于存储该结点双亲在数组中的下标。由于根结点没有双亲，约定根结点的双亲指针域设置为-1。

经过结点结构表示和存储结构分析，"爱心帮扶"调研项目中数据元素间的层级关系采用双亲表示法得出的存储结构示意如图 6-17 所示。

如图 6-17 所示的存储结构，通过双亲指针很容易找到当前结点的双亲结点，查找双亲结点的时间复杂度为 $O(1)$。当双亲指针域的值为-1 时，表示当前结点为树的根。在解决了双亲结点的寻找问题后，读者自然会问及如何快速寻找结点的孩子结点？因为没有设置孩子指针域，因此寻找孩子结点需要遍历整个存储结构。改进这种方法的前提条件是需要增加一个结点最左边孩子结点的指针域。

通常，最左边的孩子也称为结点的长子。所以，通过设置长子域，就可以很容易得到结点的最左边的孩子。对于没有孩子的结点，这个长子域就设置为-1。图 6-18 给出了基于结点改动的树的双亲-孩子表示存储结构示意。

如图 6-18 所示，将父亲域和最左孩子域相结合，便解决了寻找结点的孩子结点的问题，至于孩子结点数量的多少，则无关紧要。

当然，若想提高兄弟结点的查找效率，还可以增加一个右兄弟域来体现兄弟关系。如果结点存在右兄弟，则记录下右兄弟的下标。如果右兄弟不存在，则赋值为-1。鉴于该表示方法与图 6-18 类似，在此不再赘述。

在上述分析过程中，我们发现若结点的孩子超过 2 个，势必存在关注结点的双亲、孩子以及兄弟等查找、更新等需求。结合对遍历时间的高要求，树的存储结构在数据域的基础上可扩展增加双亲域、长子域以及右兄弟域。由此可见，存储结构的设计是一个非常灵活的过程。

一个存储结构设计得是否合理，取决于基于该存储结构的运算是否适合、是否方便、时间复杂度如何等。注意，存储结构的可扩展性灵活，并不代表结构组成部分越多越好，一切都需要视具体问题和相应需求来决定。

下标	数据	双亲
0	A	-1
1	B	0
2	C	0
3	D	0
4	E	0
5	F	1
6	G	1
7	H	1
8	I	2
9	J	2
10	K	2
11	L	3
12	M	3
13	N	3
14	O	4
15	P	4

图 6-17　树的双亲表示

下标	数据	双亲	最左孩子
0	A	-1	1
1	B	0	5
2	C	0	8
3	D	0	11
4	E	0	14
5	F	1	-1
6	G	1	-1
7	H	1	-1
8	I	2	-1
9	J	2	-1
10	K	2	-1
11	L	3	-1
12	M	3	-1
13	N	3	-1
14	O	4	-1
15	P	4	-1

图 6-18　树的双亲-孩子表示

在获悉树的双亲表示和树的双亲-孩子表示分析结果的基础上,鉴于有序树的结点次序明确且父亲表示法包含了结点的数据域、双亲指针域和最左孩子域,很容易想到采用数组进行存储。

从分析结果可知,每一个结点结构相同且均为复合结构,不仅包含了结点的数据信息,而且包含了结点之间的关系(边)信息,故本节采用 C 语言中的"结构体"类型来描述结点。当然,也可以使用面向对象语言中的"类"进行描述。

实现图 6-17 所示树的存储结构,需要两步操作:

(1)定义结构体数据类型;

(2)定义结构体数组。

在图 6-14 所示的"爱心帮扶"调研项目的逻辑表示中,采用 A~P 的字符表示 16 个"县城-乡镇-自然村"信息。存储树的结点信息就是存储 16 个结点结构,因此需要定义结点的结构体数据类型、相应的结构体数组。

第 1 步,定义结点的结构体。

以图 6-13 为例,结点结构包含编号、名称、地址、户的数量、第一责任人、项目联系人、联系人电话、父亲指针域、最左孩子指针域共 9 个成员。树的结点的结构体数据类型定义如下:

```
/*定义结点的结构体数据类型*/
```

```
struct project_unit
{
    char unit_no[2];                        //调查单元的编号
    char unit_name[30];                     //调查单元的名称
    char unit_addr[50];                     //调查单元的地址
    int  unit_amount;                       //调查单元的户的数量
    char unit_ principal[20];              //调查单元的第一责任人
    char unit_contacter[20];               //调查单元的项目联系人
    char unit_phone[12];                   //调查单元的联系人电话
    int pt_parent;                          //调查单元的上级单元的存储下标
    int pt_leftchild;                       //调查单元的最左辖管单元的存储下标
};
```

在结构体数据类型中，需要结合项目调研单元的数量、名称等来确定相应数组的长度。此外，必须养成良好的"见名知义"的变量定义素养，便于后期项目组成员间交流、测试及项目后期的维护等。

第2步，定义结点的存储结构。

存储 16 个项目调查单元的信息，结点结构体的数据类型为 struct project_unit，存储 16 个结点信息需要用 struct project_unit 数据类型的结构体数组，定义如下：

```
/*定义存储项目调查单元信息的结构体数组*/
struct project_unit units[16];  //存储 16 个结点的信息
```

此处提醒，struct project_unit 为调查单元信息的数据类型，不要漏写 struct。读者也可以使用 C 语言的 typedef 定义数据类型。

第3步，定义整棵树的结构。

在确定结点存储结构的基础上，可以进一步定义整棵树的存储结构。这需要进一步知晓树的入口点-树根以及树中结点的数量。同时，在定义过程中需要考虑定义的通用性和易用性，定义如下：

```
/* 树的双亲表示法*/
#define MAX_TREE_SIZE 16
typedef struct {                            //树结构
    struct project_unit units[MAX_TREE_SIZE]; //结点数组
    int pos_root;                           //根的位置
    int amount_Node;                        //结点数
}PTree;
```

在学习了树的顺序存储结构后，我们来学习树的链式存储结构。

在树的链式存储结构中，最常用的两种结构是孩子表示法和孩子兄弟表示法。

6.3.3　孩子表示法

在树的基本术语学习基础上可知，树中每个结点的度就是结点的孩子数量的表征。由于树的形态千差万别，每个结点的子树数量也各不相同，我们完全可以换一种视角，采用多重链表的方式来解决结点子树数量差异过大的情形。

从字面意义看,多重链表就是指每个结点包含多个指针域,用于指向其每一棵子树的根结点。孩子表示法就是每个结点由一个数据域和若干个指针域组成,让指针域的数量等于孩子个数,以使得每个指针可以指向一个孩子。鉴于两者本质相同,孩子表示法也称为多重链表表示法。在孩子表示法中,结点有两种设计方案:

第 1 种是每个结点的指针域数量相同,且该值均设置为树的度,结构示意如图 6-19 所示。

第 2 种是每个结点指针域的数量等于结点自身的度,且专门设置一个位置来记录该结点指针域的数量。

| 数据域 | pt_child1 | pt_child2 | pt_child3 | … | pt_child$n$ |

图 6-19　指针域数量统一的孩子结点结构意图

其中,数据域用于存储结点本身的信息,孩子指针域 pt_child1~pt_child$n$ 用来指向该结点的孩子结点。

采用图 6-19 所示的结点设计方案,"爱心帮扶"调研项目树中结点采用孩子表示法,存储结构如图 6-20 所示。

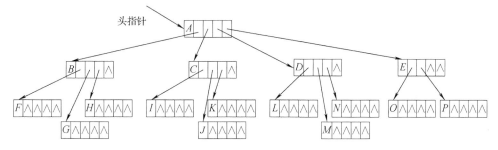

图 6-20　调研项目树中结点的孩子表示法

由图 6-20 可知:树中所有结点的结点度差别不大时,开辟的存储空间能得以充分利用。同时也发现一个问题:由于子树为空,所有叶结点的指针域均为空。

由此可见,统一长度的结点设置方法会浪费大量的存储空间。除了叶子结点,内部结点的度也存在差别较大的客观实际问题,这时候我们自然会想到采用按需分配的方式来避免存储空间不必要的浪费。于是,就有了图 6-21 所示的指针域数量个性化的按需分配结点设计方案。

| 数据域 | degree_self | pt_child1 | pt_child2 | … | pt_child_self |

图 6-21　指针域数量个性化的结点结构

其中,数据域用于存储结点本身的信息,degree_self 域是专门开辟的域,用于存放该结点的度。此外,孩子指针域 pt_child1~pt_child_self 用来指向该结点的孩子结点。

采用图 6-21 所示的结点设计方案,"爱心帮扶"调研项目树中的结点采用孩子表示法,存储结构示意图如图 6-22 所示。

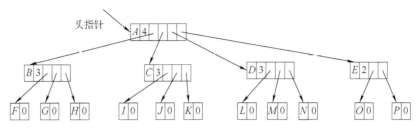

图6-22　调研项目孩子表示法-存储结构示意图

对比图6-20和图6-22可知，按需分配的个性化方案克服了浪费空间的缺点，对空间利用率很高。但是，由于各个结点的链表结构是不相同的，加上要维护结点的度的数值，在运算上就会带来时间上的损耗。

综合考虑时间损耗最小化和存储空间优化，能否有更好的方法可以减少空指针的浪费，又能使得结点的结构相同呢？仔细观察并结合所学，要遍历整棵树，可以把每个结点放到一个顺序存储结构的数组中，这是合理且行得通的。但是，每个结点的孩子有多少是不确定的，这就可以利用单链表体现结点和孩子间的关系。这就是下面即将讲到的孩子表示法存储结构。

孩子表示法存储结构的具体办法是：把每个结点的孩子结点排列起来，以单链表作存储结构，则每一个内部结点有一个相应的孩子链表。如果是叶子结点，则其单链表为空。至于结点自身以及指向孩子结点链表的头指针，则可组成一个线性表，采用顺序存储结构将其存放进一个一维数组中，如图6-23所示。

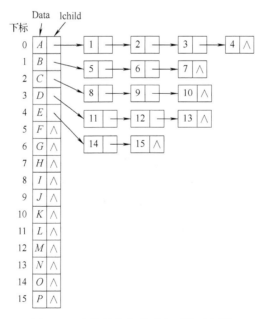

图6-23　存储结构之孩子表示法示意图

观察图6-23可知，一共存在两种结构：

第1类是表头数组中的表头结点，形式如图6-24所示。

第2类是链表中的孩子结点，形式如图6-25所示。

Data	lchild

图 6-24　表头结点结构

child	next

图 6-25　孩子结点结构

在图 6-24 中，Data 是数据域，用来存储结点的数据信息，lchild 是头指针域，存储该结点的孩子链表的头指针。在图 6-25 中，child 是数据域，用来存储某个结点在表头数组中的下标，next 是指针域，用来存储指向某结点的下一个孩子结点的指针。

在了解两类结点结构的基础上，通过分析观察可以发现：孩子表示法的最大优点是可以高效地寻找某个结点的孩子，或某个结点的兄弟。从全局视角来看，遍历整棵树也很方便，只需要对头结点的数组做循环操作即可。但是，有了双亲表示法的学习基础，大家自然会提出一个显而易见的问题，那就是如何快速定位某个结点的双亲呢？这就需要遍历整棵树才能实现结点双亲的定位。在借鉴双亲表示法的学习成果上，将双亲表示法和孩子表示法综合，扬长避短，从而提高孩子结点、兄弟结点和双亲结点的查询效率。通过分析，给出图 6-23 的改进版，示意图如图 6-26 所示。

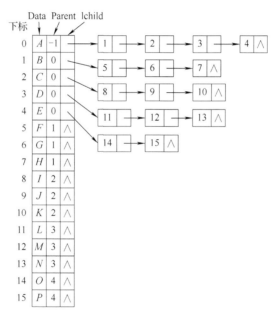

图 6-26　存储结构之双亲-孩子表示法示意图

通常，把这种方法称为双亲-孩子表示法，是孩子表示法的改进。

"爱心帮扶"调研项目的逻辑结构中，结点为 16 个"县城-乡镇-自然村"信息，分别用字符 A～P 替代。存储树的结点信息就是存储 16 个结点结构，因此需要定义结构的结构体数据类型及相应的结构体数组。

第 1 步，定义孩子结点。

以图 6-13 为例，孩子结点结构包含编号、名称、地址、户的数量、第一责任人、项目联系人、联系人电话、指向下一个孩子结点的指针域共 8 个成员。孩子结点的结构体数据类型定义如下：

```
/*定义孩子结点的结构体数据类型*/
typedef struct project_unit
{
    char unit_no[2];                      //调查单元的编号
    char unit_name[30];                   //调查单元的名称
    char unit_addr[50];                   //调查单元的地址
    int  unit_amount;                     //调查单元的户的数量
    char unit_principal[20];              //调查单元的第一责任人
    char unit_contacter[20];              //调查单元的项目联系人
    char unit_phone[12];                  //调查单元的联系人电话
    struct project_unit *next;            //调查单元的下一个辖管单位指针
}*Adj_Child_Ptr;
```

第 2 步，定义表头结点。

以图 6-26 为例，结点结构包含编号、名称、地址、户的数量、第一责任人、项目联系人、联系人电话、父亲指针域、最左孩子指针域共 9 个成员。表头结点的结构体数据类型定义如下：

```
/*定义表头结点的结构体数据类型*/
typedef struct project_unit
{
    char unit_no[2];                      //调查单元的编号
    char unit_name[30];                   //调查单元的名称
    char unit_addr[50];                   //调查单元的地址
    int  unit_amount;                     //调查单元的户的数量
    char unit_principal[20];              //调查单元的第一责任人
    char unit_contacter[20];              //调查单元的项目联系人
    char unit_phone[12];                  //调查单元的联系人电话
    int pt_parent;                        //调查单元的上级单位的位置下标
    Adj_Child_Ptr pt_firstchild;          //调查单元的最左辖管单位指针
}ThNode;
```

第 3 步，定义整棵树的结构。

在确定结点存储结构的基础上，可以进一步定义整棵树的存储结构。这需要进一步知晓树的入口点-树根以及树中结点的数量。同时，在定义过程中需要考虑定义的通用性和易用性，定义如下：

```
/* 树的孩子表示法*/
#define MAX_TREE_SIZE 16
typedef struct {                          //树结构
    ThNode units[MAX_TREE_SIZE];          //结点数组
    int pos_root;                         //根的位置
    int amount_Node;                      //结点数
}PTree;
```

从双亲结点角度出发，我们学习了双亲表示法。从孩子结点角度出发，我们学习了孩子表示法。分析可知，两者是从上下层级角度考虑结点的存储方式。换个角度，是否可以从平级角度的兄弟结点出发研究树的存储结构？下面将讲解的孩子兄弟表示法。

6.3.4 孩子兄弟表示法

以图 6-14 为例，仅仅考虑横向的同级别县城，或同级别乡镇，或同级别自然村，显然是片面的。所以，对于树这样的层级结构来说，只研究结点的兄弟是不行的。观察任意一棵有序树，若结点的第 1 个孩子存在，则该孩子结点是唯一的，自左向右会发现，如果该结点的右兄弟存在，则其右兄弟结点也是唯一的。

孩子兄弟存储结构是每个结点包含两个指针域，其中一个指针指向结点的最左孩子，另一个指针指向该结点的兄弟。通过设置两个指针，分别指向该结点的第 1 个孩子和此结点的右兄弟。为了便于表示，孩子兄弟结点结构的设计如图 6-27 所示。其中，

Data	first_child	right_adj_sib

图 6-27 孩子兄弟结点结构

Data 是数据域，first_child 为指针域，存储该结点的第 1 个孩子结点的存储地址，right_adj_sib 是指针域，存储该结点的相邻右兄弟结点的存储地址。

对于图 6-14 所示的"爱心帮扶"调研项目，采用图 6-27 所示的结点结构，可以得出如图 6-28 所示的孩子兄弟存储结构示意图。

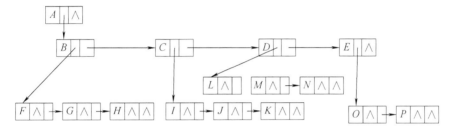

图 6-28 孩子兄弟存储结构示意图

从图 6-28 可以看出，孩子兄弟表示法在查找结点的孩子结点方面非常方便，只需要通过 first_child 找到此结点的最左孩子（长子结点），然后通过长子结点的 right_adj_sib 找到它的第 2 个兄弟，如此往复就可以找到符合指定条件的孩子。那么该方法有不足吗？观察后会发现，寻找结点的双亲需要遍历所有结点。结合之前的分析和做法，只要再增加一个 parent 指针域就可以解决快速查找双亲的问题。

"爱心帮扶"调研项目的逻辑结构中，结点为 16 个"县城-乡镇-自然村"信息，分别用字符 $A \sim P$ 替代。存储树的结点信息就是存储 16 个结点结构，因此需要定义结构的结构体数据类型和相应的结构体数组。

第 1 步，定义孩子兄弟结点。

以图 6-13 为例，孩子结点结构包含编号、名称、地址、户的数量、第一责任人、项目联系人、联系人电话、指向第 1 个孩子结点的指针域、指向相邻右孩子结点的指针域共 9 个成员。孩子结点的结构体数据类型定义如下：

```
/*定义孩子结点的结构体数据类型*/
typedef struct project_unit
{
    char unit_no[2];                        //调查单元的编号
```

```
        char unit_name[30];                      //调查单元的名称
        char unit_addr[50];                      //调查单元的地址
        int  unit_amount;                        //调查单元的户的数量
        char unit_ principal[20];                //调查单元的第一责任人
        char unit_contacter[20];                 //调查单元的项目联系人
        char unit_phone[12];                     //调查单元的联系人电话
        struct project_unit *pt_leftchild;       //调查单元的最左辖管单位指针
        struct project_unit *pt_rightsib;        //调查单元的相邻同级单位指针
    }CsNode, *Adj_Child_Ptr;
```

第 2 步，定义整棵树的结构。

在确定结点存储结构的基础上，可以进一步定义整棵树的存储结构。这需要进一步知晓树的入口点-树根以及树中结点的数量。同时，在定义过程中，需要考虑定义的通用性和易用性，定义如下：

```
/* 树的孩子兄弟表示法*/
#define MAX_TREE_SIZE 16
typedef struct {                                 //树结构
    CsNode units[MAX_TREE_SIZE];                 //结点数组
    int pos_root;                                //根的位置
    int amount_Node;                             //结点数
}PTree;
```

与前面的双亲表示法、孩子表示法相比，我们会发现图 6-28 中每个结点的指针域均为两个，特征尤为明显。一棵树中每个结点的孩子结点最多有两个，这就是我们在第 7 章将讲述的二叉树。

6.4 "爱心帮扶"调研项目中单元遍历方法

6.4.1 遍历的定义

遍历(Traversal)是对树的一种最基本的运算，是指沿着某条搜索路线，依次对树中每个结点做一次且仅做一次访问。树结构中元素之间的关系一目了然，路径也非常直观，为什么还需要研究树、森林的遍历？这是因为，形象直观的表征仅限于简单的应用实例，随着树结构中结点数量的增多，我们就会眼花缭乱，应接不暇。也就是说，对于大规模应用场景，我们需要利用计算机编程技术来解决难题。

在线性结构中，元素之间存在简单的一对一的线性结构，进行元素查找的算法呈现简单、清晰的特点。但是，树中的结点呈现后继结点有零个、一个或多个的情形，致使元素查找的策略比较复杂。鉴于计算机只会处理线性序列的客观事实，我们研究遍历就是把树中的结点变成某种意义的线性序列，这给程序的实现带来了好处。众所周知，要想基于数据结构进行插入、删除、定位及更新等操作，其前提是能够掌握对数据结构的搜索。

在不依赖具体存储结构的情况下，在树、森林中进行系统搜索的主要策略。

6.4.2　树的遍历

　　树的遍历也称为树的周游，是按照某种方式系统地访问树中所有结点的过程，每个结点均被访问过一次且只被访问一次。也就是说，采用不同的方法，会得到一个不同的结点线性访问序列。

　　树的遍历方法有两种：一种是深度优先遍历（Depth-First Search，DFS），另一种是广度优先遍历（Breadth-First Search，BFS）。其中，深度优先遍历主要有先根遍历和后根遍历两种。

1. 先根遍历

　　先根遍历也称为先序遍历，是先访问根结点，再依次访问根结点的每棵子树。在访问子树时，仍然遵循先根结点再子树的原则。

　　图 6-29 给出了树的先根遍历应用示例，显示了先根遍历一棵树的过程。

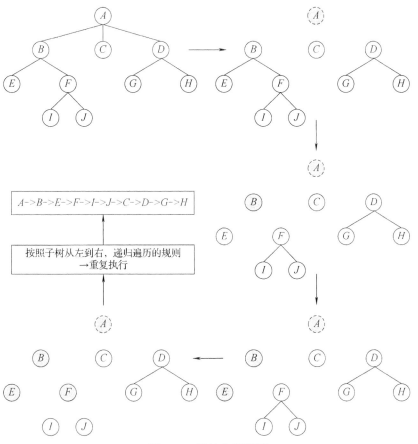

图 6-29　树的先根遍历

2. 后根遍历

　　后根遍历也称为后序遍历，是先依次访问根结点的每棵子树，再访问根结点。在访问子树时，仍然遵循先子树再根的访问规则。

图 6-30 给出了树的后根遍历应用示例，显示了后根遍历一棵树的过程。

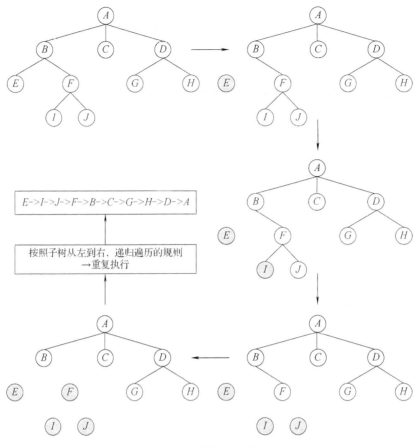

图 6-30   树的后根遍历

6.4.3   森林的遍历

森林的遍历方式也有两种：一种是先序遍历，另一种是后序遍历。

1. 先序遍历

先序遍历的过程：首先访问森林中第 1 棵树的根结点，然后先序遍历第 1 棵树中根结点的子树，最后先序遍历森林中除第 1 棵树以外的其他树。

图 6-31 给出了森林的先序遍历应用示例，显示了先序遍历森林的过程。

2. 后序遍历

后序遍历的过程：首先后序遍历第 1 棵树中根结点的子树，然后访问第 1 棵树的根结点，最后后序遍历森林中除去第 1 棵树以外的森林。

图 6-32 给出了森林的后续遍历应用示例，显示了后序遍历森林的过程。

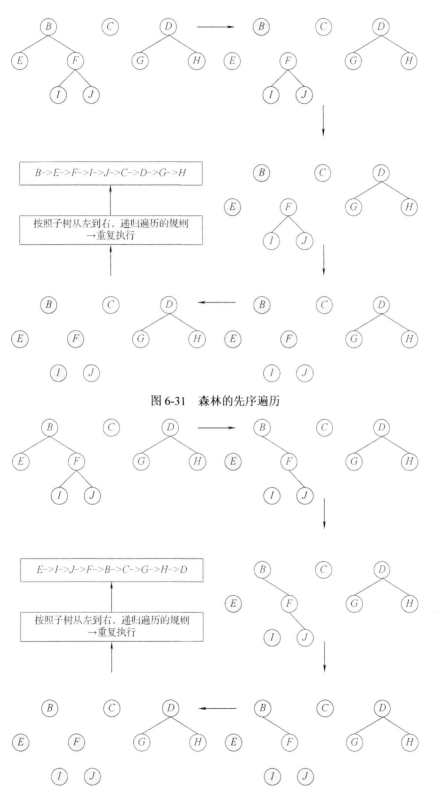

图 6-31 森林的先序遍历

图 6-32 森林的后序遍历

6.5　本　章　小　结

本章主要讲解了树的概念及其递归定义、树的逻辑表示及在计算机中的存储表示。树是一种常见的树型结构，常用的存储表示有三种：双亲表示法、孩子表示法和孩子兄弟表示法。遍历是树上的重要操作，主要有深度优先遍历和广度优先遍历两种方式。在深度优先遍历中，主要分为先根遍历和后根遍历。

习　　题

1. 一棵度为 2 的有序树与一棵二叉树有何区别？

2. 任意绘制一棵结点个数不少于 12 个、树的度不小于 3、层次不小于 4 的树，并指出该树中的根结点、分支结点和叶子结点。

3. 在第 2 题绘制的树的基础上，绘制相应的先根遍历次序。

4. 在第 2 题绘制的树的基础上，绘制相应的后根遍历次序。

5. 在第 2 题绘制的树的基础上，用图示的方法给出先根遍历的父亲表示。

6. 在第 2 题绘制的树的基础上，用图示的方法给出先根遍历的孩子表示。

7. 在第 2 题绘制的树的基础上，用图示方法给出先根遍历的孩子兄弟表示。

8. 已知一棵深度为 h 的满 k 叉树，回答如下问题：

(1) 各层结点数量为多少？

(2) 在双亲结点存在的情况下，编号为 i 的结点的双亲为多少？

(3) 结点 i 存有右兄弟的条件是什么？

9. 编写程序求解采用父亲表示法下一棵树中指定结点的右兄弟。

10. 编写程序求解采用父亲表示法下一棵树中最左结点的位置。

11. 编写先根遍历方式遍历树的非递归算法。

12. 编写后根遍历方式遍历树的非递归算法。

第 7 章

二叉树结构

正如前面章节介绍的线性表一样，一个没有限制的线性表应用范围非常广泛。但是，通过对线性表增设一些限制，就可以延伸出非常有用的数据结构，如栈、队列、优先队列等。与此同理，没有施加约束限制的树会因为太灵活而难以控制。若对普通树增设一些人为限制，如每个结点只允许有两个子结点。这就是本章要介绍的内容：二叉树结构及其应用。

生活中，大家经常会遇到这样的场景：同学互相猜测对方的学科成绩，玩游戏时会猜纸牌的大小，看到朋友的网购商品会猜一猜价格等。在猜测过程中，通常伴随着猜测规定次数的限制，被猜测方会给出"猜大了"或是"猜小了"的提示。其实，这些猜数字游戏的本质就属于二叉树结构的内容。

本章从二叉树定义入手来对二叉树建立直观认识；然后带领大家认识二叉树的基本形态及其性质，熟悉并掌握二叉树的存储结构；接下来学习二叉树的遍历及应用、线索二叉树及应用，以及赫夫曼树及其应用，从而培养基于二叉树存储结构的计算思维和解决问题的能力。

本章问题：利用二叉树结构以及基于树结构的操作完成"爱心帮扶"调研项目。

问题描述：为了稳定持续地展开"爱心帮扶"项目，组织方会不定期进行畜牧养殖情况的电话回访。为了提升工作效率，"爱心帮扶"项目需要完成如下任务。

(1)"爱心帮扶"调研项目的二叉树理论知识支撑；

(2)"爱心帮扶"调研项目的逻辑结构的相互转换；

(3)"爱心帮扶"调研项目的二叉树遍历方法；

(4)"爱心帮扶"调研项目的二叉树存储结构；

(5)"爱心帮扶"调研项目的二叉树遍历方法优化；

(6)"爱心帮扶"调研项目中通信联络效率最优化。

7.1 "爱心帮扶"调研项目的二叉树理论知识支撑

首先来认识二叉树结构，理解二叉树结构才能构建"爱心帮扶"调研项目的二叉树逻辑结构。

7.1.1 二叉树的定义

二叉树(Binary Tree)是指树中结点的度不大于 2 的有序树，它是一种最简单且最重要的树。即每个结点最多只能有两个分支的有序树，其中左边的分支称为左子树(Left

Subtree)，右边的分支称为右子树(Right Subtree)。

二叉树的递归定义为：二叉树是由 $n(n \geq 0)$ 个结点组成的有限集合 T 以及在该集合 T 上定义的一种关系构成的。要么二叉树是一棵空树，要么是一棵由一个根结点和两个互不相交的、分别称作根的左子树和右子树的分支组成的非空树；左子树和右子树又同样都是二叉树。

在任何一棵非空二叉树中，有且仅有一个根结点。此外，二叉树中结点的度最大为2，特征强调如下：

(1)二叉树结点的度最大为2，其值只能为0、1、2。

(2)二叉树的度最大为2，表明结点最多有两个孩子。但是，普通树的度则没有限制。

(3)二叉树为有序树且两个子树有左右之分，次序不可颠倒；即使只有一棵子树，也需要明确标识为左子树还是右子树。在有序树中，当结点只有一个孩子时，就无须区分它是左还是右。也就是说，二叉树每个结点位置或者说次序都是固定的，可以是空，但是不可以说它没有位置。而树的结点位置是相对于其他结点来说的，没有其他结点时，它就无所谓左右了。故严格意义上来讲，二叉树不是树的特殊情况，二叉树和树是不同的，这是两者最主要的差别。

(4)二叉树可以是空集合，树根可以有空的左子树或空的右子树。

(5)设定二叉树中每个结点均有相应的数值，若非空左子树上所有结点的值均小于根结点的值，且非空右子树上所有结点的值均大于根结点的值，则该二叉树就会被称作特殊的二叉树：二叉搜索树(Binary Search Tree)。当然，结点左子树和右子树也必然是一棵二叉搜索树。至于二叉搜索树，将会在后续"查找"章节中讲解。

特别需要强调的是：二叉树结点的子树要区分左子树和右子树，即使只有一棵子树也要进行区分，说明它是左子树，还是右子树。

根据树的上下层级关系可知，二叉树结构适用场景具有如下特征：任一结点数据与其后续数据之间至多存在1对2的关系。结点和结点之间的连线称为边，表示结点之间的关联关系。

7.1.2   二叉树的特殊形态

虽然二叉树和树的概念存在本质差别，但是有关树的基本术语对二叉树都适用。与树的定义相同，二叉树也可递归定义。

二叉树的每个结点最多有两个孩子且结点有左子树和右子树之分，故二叉树有五种基本逻辑形态，具体罗列如下。

(1)空二叉树，如图7-1(a)所示。

(2)只有一个根结点的二叉树，如图7-1(b)所示。

(3)只有左子树，如图7-1(c)所示。

(4)只有右子树，如图7-1(d)所示。

(5)完全二叉树，如图7-1(e)所示。

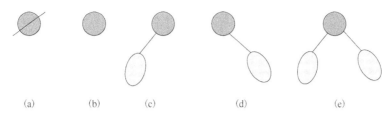

图 7-1   二叉树的基本形态

若给出三个结点，是否可以画出二叉树的所有形态？按照二叉树的定义，可以描绘出三个结点构成的二叉树的基本形态如图 7-2 所示。

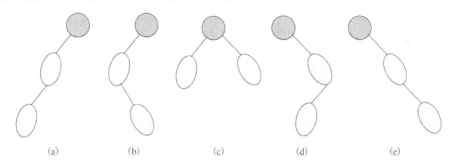

图 7-2   三个结点构成二叉树的基本形态

7.1.3   二叉树的基本形态

1. 左/右斜二叉树

若一棵二叉树的高度与结点数量相同，且每个结点都有左/右孩子结点，则这棵二叉树称为左/右斜二叉树。若一棵二叉树有三个结点，分别是结点 *A*、*B* 和 *C*，则左斜树和右斜树的示意如图 7-2(a) 和图 7-2(e) 所示。

需要强调的是，左/右斜二叉树的特征如下：

(1) 每层只有一个结点。

(2) 结点个数和二叉树的高度相同。

(3) 非叶子结点的度为 1。

2. 完美/满二叉树 (Perfect Binary Tree)

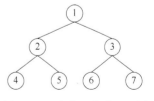

图 7-3   深度为 2 的满二叉树

若一棵二叉树只有度为 0 的结点和度为 2 的结点，并且度为 0 的结点在同一层上，则这棵二叉树为满二叉树。若一棵二叉树的深度为 2 且该二叉树是满二叉树，则其逻辑形态如图 7-3 所示。

满二叉树的性质或特点如下：

(1) 若满二叉树的深度为 *K*，则该二叉树的结点数量为 $2^{K+1}-1$。

(2) 除叶子结点外，其他结点都有非空左子树和非空右子树。

(3) 所有叶子结点的高度和级别都是相等的，且在最深一层。

(4) 在满二叉树中，只有度为 0 和 2 的结点。

3. 完全二叉树(Complete Binary Tree)

以深度为 K 的 n 个结点的满二叉树为参照，若一棵深度为 K 且结点数量为 $m(m<n)$ 的二叉树中所有结点的编号从 $1\sim m$ 是连续编排且与参照满二叉树中的 $1\sim m$ 一一对应，则该二叉树被称为完全二叉树。

给定一棵二叉树的深度 $K=2$，若结点数量 $m=7$，则其符合满二叉树定义，逻辑形态如图 7-4(a)所示，若结点数量 $m=6$ 且结点编号连续，则其符合完全二叉树的定义，逻辑形态如图 7-4(b)所示。由于结点编号不连续，所以图 7-4(c)不是完全二叉树。

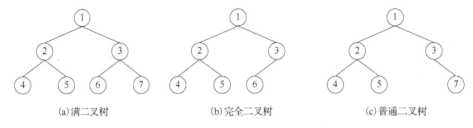

(a)满二叉树   (b)完全二叉树   (c)普通二叉树

图 7-4   深度为 2 的完全二叉树

完全二叉树的性质或特点如下：

(1)每一个结点的编号都与满二叉树一一对应。

(2)叶子结点只可能出现在层次最大的两层上，且最下层结点一定在左部连续，即从左往右排序。

(3)某个结点的左分支下子孙的最大层序与右分支下子孙的最大层序相等或相差一个层级。

(4)若某一个结点的度为 1，则该结点的孩子一定是左孩子。

(5)在结点数量相等的所有二叉树形态中，完全二叉树的高度最低。

(6)完全二叉树不一定是满二叉树，但是满二叉树一定是完全二叉树。

4. 完满二叉树(Full Binary Tree)

若一棵二叉树的每个结点都有两个孩子结点，则该二叉树就是一棵完满二叉树。如图 7-5 所示，就是一棵完满二叉树的应用示例。

7.1.4   二叉树的性质

性质 1：若二叉树的深度为 K 且 $K\geq 1$，则该二叉树至多有 $2^{K+1}-1$ 个结点。

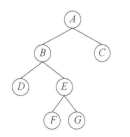

大家知道，结点数量相等情况下，完全二叉树的深度最低，从而可知深度为 K 的二叉树至多有 $2^{K+1}-1$ 个结点。

性质 2：二叉树的第 i 层上的结点数目最多为 $2^{i-1}(i\geq 1)$ 个。

已知：第 1 层最多有一个结点，第 2 层最多有 2 个结点，第 3 层最多有 4 个结点，归纳可得性质 2。

性质 3：若二叉树的结点数量为 n，则该二叉树的高度至少为 $\lfloor \log_2 n \rfloor$。

图 7-5   完满二叉树示例

性质 4：任意一棵二叉树中，若有 n 个叶子结点，有 n_2 个度为 2 的结点，则必有 $n_0 = n_2 + 1$。

证明：设定一棵二叉树的总结点个数为 n，结合二叉树中所有结点的度均不大于 2 的客观事实，设 n_0 表示度为 0 的结点个数，n_1 表示度为 1 的结点个数，n_2 表示度为 2 的结点个数。根据结点恒等，可知：

$$n = n_0 + n_1 + n_2 \tag{7-1}$$

此外，设定一棵二叉树的总结点个数为 n，则该二叉树中结点的总入度为 $n-1$，结点的总出度可计算如下：$n_0 \times 0 + n_1 \times 1 + n_2 \times 2$。由出入度守恒可知：

$$n - 1 = n_0 \times 0 + n_1 \times 1 + n_2 \times 2 = 2n_2 + n_1 \tag{7-2}$$

联系方程(7-1)和方程(7-2)求解可得性质 4。也就是说：非空二叉树上叶子结点数量等于双分支结点数+1。

试问：如果一个完全二叉树的结点总数量为 768 个，请求出该二叉树中叶子结点的个数。

解析：根据性质 4 可知，$n_0 = n_2 + 1$。结合完全二叉树的定义可知，度为 1 的结点数量为 0 或 1，即 $n_1 = 0$ 或 $n_1 = 1$。从总结点数量为 768 可以推出：$768 = n_0 + n_1 + n_2 = 2 \times n_2 + 1 + n_1$，于是可知 $n_1 = 1$。这样，就可以得出度为 2 的结点个数是 $n_2 = 383$，从而推出叶子结点的个数为 $n_1 = 384$。

性质 5：若一个二叉树的结点数目为 n，则可以构成 $h(n)$ 种不同形态的二叉树，该形态数量 $h(n)$ 的值如下：

$$h(n) = C_{2n}^{n} / (n+1) \tag{7-3}$$

性质 6：若对一棵有 n 个结点的完全二叉树进行顺序编号($1 \leqslant i \leqslant n$)，那么，对于编号为 $i(i \geqslant 1)$ 的任一结点：

(1)若 $i=1$，则该结点 i 是二叉树的根，它无双亲结点。

(2)若 $i>1$，则该结点的双亲结点的编号为 $\lfloor i/2 \rfloor$。

(3)若 $2i \leqslant n$，则有编号为 $2i$ 的左孩子结点，否则没有左孩子结点。即若 $2i>n$，则结点 i 无左孩子结点，结点 i 为叶子结点；否则其左孩子结点是 $2i$。

(4)若 $2i+1 \leqslant n$，则有编号为 $2i+1$ 的右孩子结点，否则没有右孩子结点。即若 $2i+1>n$，则结点 i 无右孩子结点，否则其右孩子结点是 $2i+1$。

7.2 "爱心帮扶"调研项目的逻辑结构的相互转换

1. 森林的定义

森林也称为树林，是由零个或多个不相交的树所组成的集合。

前面所讲述的关于树的概念及基本术语对于森林都适用，不再赘述。这里的森林与自然界中的森林存在本质差异，需要说明的是：

(1)森林可以是空集或只包括一棵树。

(2)删除一棵树的根结点及连接至其子结点的边，便得到一个森林。

通过上述讲解和孩子兄弟表示法的学习，我们会发现：森林、树和二叉树之间可以相互转换。即任何森林都可以唯一地转换为一棵二叉树，反之，任何二叉树都可以唯一地对应到一个森林。

下面我们就来介绍三者之间的区别。

2. 树和二叉树的差别

在进行相互转换之前，有必要梳理树和二叉树中结点的链式存储结构的差异。在树的孩子兄弟链式存储结构中，结点的一个指针指向自己的第 1 个孩子结点，另一个指针指向自己的兄弟结点；在二叉树的链式存储结构中，结点的第一个指针指向左孩子结点，第 2 个指针指向右孩子结点。对于二叉树而言，第 1 个指针也就是左指针，第 2 个指针也就是右指针。

下面我们来学习树、森林和二叉树两两之间相互转换的方法。通过学习树、森林与二叉树的相互转换，从而将第 6 章中所构建的"爱心帮扶"调研项目的树转换为相应的二叉树。

3. 树转换为二叉树

已知树的孩子兄弟链式存储结构中，结点的一个指针指向自己的第 1 个孩子结点，另一个指针指向自己的兄弟结点。思考之后可知，一棵树转换为二叉树后最明显的特征是：不存在右子树。

将树转换为对应二叉树的具体操作步骤如下。

(1)将树中的兄弟结点之间增加一条连线。

(2)针对每个非终端结点：执行保留其与其左孩子结点的连线，同时删除与其相连的其他所有连线。

(3)以根结点为轴心，将整棵树顺时针旋转一定角度，使其旋转成层次分明的二叉树。

图 7-6 给出了树向二叉树的转换应用示例。通过示例的转换过程可知：树转换为相应的二叉树，其根结点的右子树总是空的。

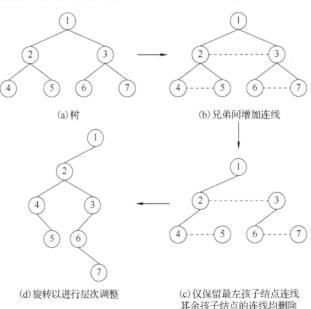

图 7-6　树转换为二叉树

4. 二叉树转换为树

通过树转换为相应的二叉树的过程可知，二叉树转换为树是其逆过程。因此，将二叉树转换为对应树的具体操作步骤如下。

(1) 添加(虚)连线：针对当前结点有双亲且是其双亲结点 P 左孩子结点的情况，将当前结点的右孩子结点，右孩子结点的右孩子结点……都与结点 P 之间添加一条(虚)连线。

(2) 删除(实)连线：针对任一双亲结点，将其到右孩子结点的连线删除。

(3) 在完成(1)和(2)后，调整所得到的树，使其结构和层次分明。

图 7-7 给出了二叉树向树的转换应用示例，显示了二叉树向树的转换过程。

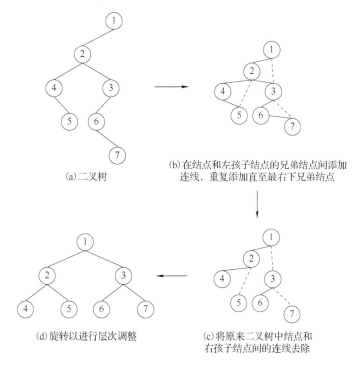

(a) 二叉树

(b) 在结点和左孩子结点的兄弟结点间添加连线，重复添加直至最右下兄弟结点

(d) 旋转以进行层次调整

(c) 将原来二叉树中结点和右孩子结点间的连线去除

图 7-7　二叉树转换为树

5. 森林转换为二叉树

在学习树转换二叉树的基础上，只要将森林转换为一棵树就可以实现将森林转换为一棵二叉树。因此，将森林转换为对应二叉树的具体操作步骤如下。

(1) 按照转换规则，将每一棵树转换为相应的二叉树。

(2) 按照树的次序，将第 1 棵树的根作为最终二叉树的根。

(3) 第 1 棵树根的左子树作为最终二叉树的左子树。

(4) 第 2 棵树作为最终二叉树的右子树 T_{r2}，第 3 棵树作为最终二叉树的右子树 T_{r2} 的右子树 T_{r3}……以此类推。

图 7-8 给出了森林向二叉树转换的应用示例，显示了森林向二叉树转换的过程。

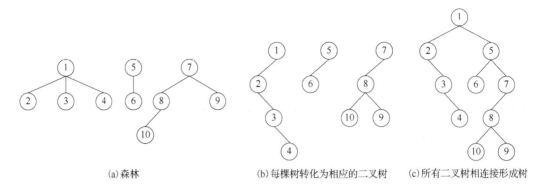

(a)森林　　　　　　　　　(b)每棵树转化为相应的二叉树　　　　　(c)所有二叉树相连接形成树

图 7-8　森林转换为二叉树

6. 二叉树转换为森林

通过森林转换为相应的二叉树的过程可知，二叉树转换为森林是其逆过程。因此，将非空二叉树转换为对应森林的具体操作步骤如下。

(1)提取第 1 棵树：将二叉树的根及其左孩子结点提取为第 1 棵二叉树，其余部分称为剩余的右子树。

(2)递归提取其他树：对剩余的右子树，将其树根及其左孩子结点提取为第 2 棵二叉树。

(3)递归操作：采用与(2)一致的方法，操作剩余的二叉树，从而获取第 3 棵二叉树、第 4 棵二叉树……直至剩余右子树为空。

(4)按照转换规则，将获取的所有二叉树转换为相应的树。

可以参照图 7-8 执行相应的逆操作，就可以将二叉树转换为森林。

7.3　"爱心帮扶"调研项目的二叉树遍历方法

要对所构建的二叉树进行遍历，需要学习二叉树的遍历方法，才能对"爱心帮扶"调研项目的二叉树进行相应的操作。

7.3.1　遍历的定义

遍历是对树的一种最基本的运算，是指沿着某条搜索路线，依次对树中每个结点均做一次且仅做一次访问。为什么研究二叉树的遍历？这是因为在线性结构中，元素之间存在简单的一对一的线性结构，进行元素查找的算法呈现简单、清晰的特点。但是，二叉树中的结点呈现后继结点有零个、一个或两个的情形，致使元素查找的策略比较复杂。鉴于计算机只会处理线性序列的客观事实，我们研究遍历就是把树中的结点变成某种意义的线性序列，这会给程序的实现带来好处。

众所周知，要想基于数据结构进行插入、删除、定位及更新等操作，其前提是能够掌握对数据结构的搜索。下面就来学习在不依赖具体存储结构的情况下，在二叉树中进行系统搜索的主要策略。

7.3.2　二叉树的遍历

二叉树的遍历也称为二叉树的周游，就是按一定的规则和顺序走遍二叉树的所有结点，使每一个结点都被访问一次且只被访问一次。由于二叉树是非线性结构，因此二叉树的遍历实质上是将二叉树的各个结点转换成一个线性序列来表示。对访问结点所做的增加、删除及更新等操作依赖于具体的应用问题。遍历是二叉树上最重要的运算之一，是二叉树上进行其他运算的基础。

结合二叉树的定义和学习可知，一棵二叉树由根结点、根结点的左子树和根结点的右子树三部分构成。因此，只要一次遍历这三部分，就可以实现整棵二叉树的遍历。需要提醒大家的是，二叉树是一种递归定义的结构，所以要根据实际情况对左子树和右子树做相应的递归处理。与树的遍历一样，以树的层次关系的纵向深度和横向宽度为出发点，二叉树的遍历也分为两类：一类是深度优先遍历，另一类是广度优先遍历。

为了区分二叉树的组成部分，我们采用符号 D、L 和 R 分别表示一棵非空的二叉树的根结点、左子树和右子树。因此，在任一给定结点上，可以按某种次序执行三个操作：访问结点本身(D)；遍历该结点的左子树(L)；遍历该结点的右子树(R)。按照组合方法可知，二叉树的深度优先遍历可以有 DLR、DRL、LDR、RDL、LRD、RLD 共六种方式。若限定左孩子结点的遍历次序高于右孩子结点的遍历次序，则二叉树的深度优先遍历可以有 DLR、LDR 和 LRD 共三种方式。其中，DLR 就是先根次序，也称为先序遍历或前序遍历；LDR 是中根次序，也称为中序遍历或对称序遍历；LRD 是后根次序，也称为后序遍历。

下面我们来讲解这三种遍历方式。

1. 先根遍历

二叉树的先根遍历也称为先根次序、前序遍历(Pre-order Traversal)，其基本思想是：首先访问根结点，然后遍历左子树，最后遍历右子树。从二叉树的递归定义可知，在遍历左、右子树时需要视情况执行递归遍历，仍然先访问根结点，然后遍历左子树，最后遍历右子树。因此，先根次序的执行步骤如下：

若二叉树为空

　　停止遍历-结束返回；

否则：

　　访问根结点。

　　递归遍历左子树。

　　递归遍历右子树。

需要注意的是：在执行递归遍历左子树、右子树时仍采用先根遍历方式。

图 7-9 给出了先根遍历一棵二叉树的应用示例，介绍了先根遍历过程。

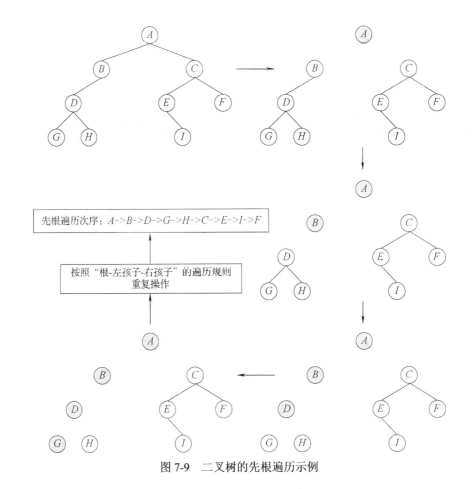

图 7-9　二叉树的先根遍历示例

在理解树的结点定义和掌握二叉树先根遍历的基础上，就可以通过定义函数来递归实现二叉树的先根遍历，函数具体定义如下：

```
void preOrder( BTNode *p)
{
    if ( p !=NULL )
    {
        Visit(p);    //Visit()为访问函数，包含对结点的各种访问操作
        preOrder(p->lchild);  //遍历左子树
        preOrder(p->rchild);  //遍历右子树
    }
}
```

请同学思考并给出图 7-10 所示二叉树的先序遍历次序结果。

2. 中根遍历

二叉树的中根遍历(In-order Traversal)也称为中根次序、对称序遍历，其基本思想是：首先遍历左子树，然后访

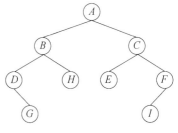

图 7-10　二叉树的先根遍历

问根结点，最后遍历右子树。从二叉树的递归定义可知，在遍历左、右子树时需要视情况执行递归遍历，仍然先遍历左子树，然后访问根结点，最后遍历右子树。因此，中根次序的执行步骤如下：

　　若二叉树为空

　　　　　　停止遍历-结束返回；

　　否则：

　　　　　　递归遍历左子树。

　　　　　　访问根结点。

　　　　　　递归遍历右子树。

　　需要注意的是：在执行递归遍历左子树、右子树时，仍采用中根遍历方式。

　　图 7-11 给出了中根遍历一棵二叉树的应用示例，介绍了中根遍历过程。

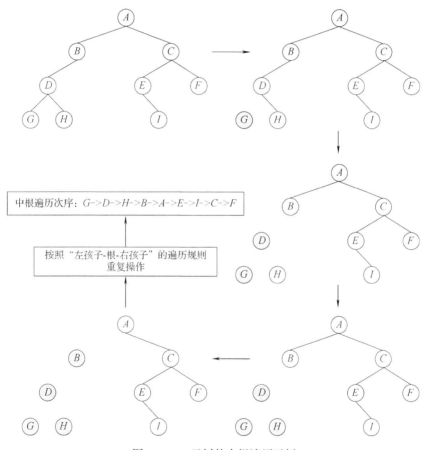

图 7-11　二叉树的中根遍历示例

　　在理解树的结点定义和掌握二叉树中根遍历的基础上，就可以通过定义函数来递归实现二叉树的中根遍历，函数具体定义如下：

```
void inOrder( BTNode *p)
```

```
{
    if ( p !=NULL )
    {
        inOrder(p->lchild);        //遍历左子树
        Visit(p);                  //访问根结点
        inOrder(p->rchild);        //遍历右子树
    }
}
```

请同学思考并给出图 7-12 所示二叉树的中根遍历次序结果。

3. 后根遍历

二叉树的后根遍历(Post-order Traversal)也称为后根次序，其基本思想是：首先遍历左子树，然后访问右子树，最后遍历根结点。从二叉树的递归定义可知，在遍历左、右子树时需要视情况执行递归遍历，仍然先遍历右子树，然后访问根结点，最后遍历左子树。因此，后根次序的执行步骤如下：

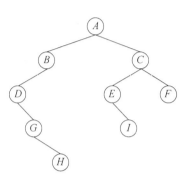

图 7-12　二叉树的中根遍历

若二叉树为空
　　　　停止遍历-结束返回；
否则：
　　　　递归遍历左子树。
　　　　递归遍历右子树。
　　　　访问根结点。

需要注意的是：在递归遍历左子树、右子树时，仍采用后根遍历方式。

图 7-13 给出了后根遍历一棵二叉树的应用示例，介绍了后根遍历过程。

在理解树的结点定义和掌握二叉树后根遍历的基础上，就可以通过定义函数来递归实现二叉树的后根遍历，函数具体定义如下：

```
void preOrder( BTNode *p)
{
    if ( p!=NULL )
    {
        preOrder(p->lchild);           //遍历左子树
        preOrder(p->rchild);           //遍历右子树
        Visit(p);                      //访问根结点
    }
}
```

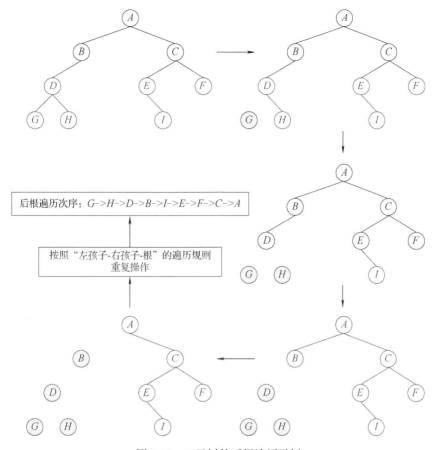

图 7-13　二叉树的后根遍历示例

请大家思考并给出图 7-14 所示二叉树的后根遍历结果。

需要注意的是：遍历左、右子树时仍然采用后序遍历方法。在学习深度优先遍历之后，通过大量测试可知：对于任意一棵给定的二叉树，都可以唯一确定它的先根序列、中根序列和后根序列。反之，当给出一棵二叉树的任意一个遍历序列时，我们却无法确定该二叉树的逻辑形态。那么，如果已知两种遍历序列，可否唯一确定一棵二叉树呢？这三种遍历之间有无关联呢？为此，请大家思考如下问题：

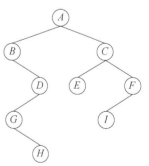

图 7-14　二叉树的后根遍历

(1) 若已知一棵二叉树的先根序列 (A->B->C) 和后根序列 (C->B->A)，是否可以唯一确定这棵二叉树？并尝试举例子证明。

(2) 若已知一棵二叉树的中根序列 (A->B->C->D->E->F) 和后根序列 (D->B->C->A->F->G->E)，是否可以唯一确定这棵二叉树？

(3) 若已知一棵二叉树的中根序列 (C->B->A->E->D->F) 和先根序列 (A->B->C->D->E->F)，是否可以唯一确定这棵二叉树？

结合上述实际例子，可以推导出一些有实用价值的结论。

结论 1：已知前序和中序，可得出后序。

结论 2：已知后序和中序，可得出前序。

结论 3：已知前序和后序，得出的树不唯一。

一棵二叉树的先序、中序和后序分别如下所示，请完善空格处并画出相应的二叉树。

先序：_B_F_ICEH_G；

中序：D_KFIA_EJC_；

后序：_K_FBHJ_G_A。

学习完二叉树的深度优先遍历后，我们来了解并学习第 2 类方法：广度优先遍历。

7.3.3　二叉树的广度优先遍历

广度优先遍历也称为按层遍历、层次遍历，其基本思想：按照树的层级划分，自上而

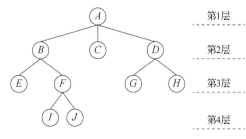

图 7-15　广度优先遍历示例

下，依次从左到右逐层访问二叉树的各个结点，然后遍历输出。究其本质可知：广度优先遍历就是一个 FIFO 算法，也就是一个基本的先进先出队列，具体如图 7-15 所示。

如图 7-15 所示，从第 1 层到第 4 层做如下处理，从左到右逐个访问二叉树同层次中存在的结点，广度优先得到的结点序列为

$A{-}>B{-}>C{-}>D{-}>E{-}>F{-}>G{-}>H{-}>I{-}>J$

经过学习可知：广度优先遍历的结点序列具有如下特征。

(1) 层数较低的结点排序在前，层数较高的结点排序在后；

(2) 同一层次中，结点的左右次序保持不变。

7.3.4　二叉树的应用实例

对于二叉树的不同应用实例，不同的遍历方式得到不同的结点线性序列，通常具有不同的实际意义。从小学到大学，我们都学习过数学表达式，如图 7-16 所示的二叉树是算法表达式 4*(7-2)+5 的一种语法结构图。

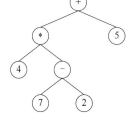

图 7-16　语法结构图

观察图 7-16 中的结点可知，图中每个叶子结点对应一个操作数，每个分支结点对应一个运算符，每棵子树对应一个子表达式。

若按照层次遍历的方式给每个结点进行编码，分别为 n_1、n_2、n_3、n_4、n_5、n_6、n_7。例如，结点 n_5 的左孩子结点对应一个操作数 7，结点 n_5 的右孩子结点是一个操作数 2，则以结点 n_5 为根的子树所表示的子表达式为 7-2。

大家讨论一下，我们在三种遍历方法中，哪种方法更容易找出原始表达式？

(1) 采取先序遍历，结点遍历顺序的结果为+*4-725；

(2) 采用中序遍历，结点遍历顺序的结果为 4*7-2+5；

(3) 采用后序遍历，结点遍历顺序的结果为 472-*5+。

在二叉树的表达式运用中，相应的遍历顺序也称为表达式的前缀表示、中缀表示和后缀表示。观察中序遍历结果 4*7-2+5，我们会发现：计算的次序和运算符的优先级可能发生冲突，所以需要将每个子树的中序用括号括起来。在本示例中，中序遍历顺序的结果应

调整为 4*(7-2)+5。

通过上述三种遍历，发现中序遍历能够轻松地找出原始表达式。但是，在编写计算机程序处理这个表达式的过程中，发现存在很大困难。这是因为，表达式中存在括号、运算符优先级等。相反，前序和后序表达式中没有括号，而且在计算中只需单向扫描，不需要考虑运算符的优先级。

对于后序表达式，采用从后往前执行的策略，弹出栈的与运算符相邻的两个运算数进行运算，如此往复便可以计算得出整个表达式的值。例如，依次弹出 5、2、7，直到遇到"-"，进行 7-2=5 的运算，然后弹出的数值序列是 5、5、4，直到遇到"*"，进行 4*5=20 的运算，然后弹出的数值序列更新为 5、20，直到遇到"+"，执行 20+5=25 的运算。此时，栈中元素为空，整个表达式运算结束，结果为 25。

对于先序表达式，采用从前往后执行的相反策略，弹出栈的与运算符相邻的两个运算数进行运算，如此往复便可以计算得出整个表达式的值。例如，依次弹出 4、7、2，直到遇到"-"，进行 7-2=5 的运算，数值序列更新为 4、5，直到遇到"*"，进行 4*5=20 的运算，然后弹出的数值序列更新为 20、5，直到遇到"+"，执行 20+5=25 的运算。此时，栈中元素为空，整个表达式运算结束，结果为 25。

此外，采用广度优先遍历对图 7-16 所示的二叉树进行遍历，得到的遍历顺序结果为 +*54-72，并没有什么实际的意义。

通过本节的学习可知：通过二叉树的先序、中序和后序遍历，将数据间一对多的非线性关系转变为线性关系，从而方便处理。在实际转变过程中，具有如下特征：

(1)树有根结点，所以一般的遍历起点为根结点。

(2)树结构是一对多的层次关系，尤其二叉树是由根结点、左子树和右子树三部分构成的，鲜明的结构特征利于遍历的操作。

(3)树中没有回路。

7.3.5 递归与非递归的转换

从 7.3.3 节可知，树的深度优先遍历采用了递归(Recursion)算法。有句话说得好，一切递归皆可用栈来实现，关键是理解好递归以及栈的基本原理。

下面将以最为典型的中序遍历为例，介绍如何将递归算法转换为非递归算法。

在第 6 章问题分析中，被联络的 1~15 个乡镇自然村采用字符来表示结点元素的内容，结点可表示如下：

```
typedef char TElemType;
typedef struct BiTNode
{
    TElemType data;
    struct BiTNode *lchild ,*rchild;       //左右孩子指针
}BiTNode,*BiTree;
```

在结点结构确定的基础上，适当优化后中序遍历的递归伪代码实现如下：

```
void InOrderTraverse(Tree T, void (*Visit)(ElemType e))
```

```
    {
        if(T)
        {
            InOrderTraverse(T->lchild,Visit);
            Visit(T->data);
            InOrderTraverse(T->rchild,Visit);
        }
    }
```

采用非递归算法实现中根遍历二叉树的基本思路是:

(1)若二叉树不为空,则沿着其左子树前进。

(2)在前进过程中,将所经过的二叉树逐个压入栈中。

(3)当左子树为空时,弹出栈顶元素,并访问该二叉树的根。

(4)如果该二叉树的根有右子树,再进入当前二叉树的右子树,从头执行上述过程;如果它没有右子树,则弹出栈顶元素,从前面继续执行。

(5)直到当前二叉树为空并且栈也为空时,遍历结束。

在理解递归以及栈的基本原理的基础上,中序遍历的非递归算法如下:

```
void InOrderTraverse2(Tree T, void (*Visit)(ElemType e))
{
    stack<Node*> S;
    Tree p;
    p=T;
    S.push(p);
    while (p->lchild!=NULL)
    {
        p=p->lchild;
        S.push(p);
    }
    while (!S.empty())
    {
        p=S.top();
        Visit(p->data);
        S.pop();
        if (p->rchild!=NULL)
        {
            p=p->rchild;
            S.push(p);
            while (p->lchild!=NULL)
            {
                p=p->lchild;
                S.push(p);
            }
        }
```

```
        }
    }
```

采用同样的方法，广度优先遍历的非递归算法如下：

```
void LevelOrderTraverse(Tree T, void (*Visit)(ElemType e))
{
    queue<Tree> Q;
    if (T)
    {
        Q.push(T);
        while (!Q.empty())
        {
            Tree tmp=Q.front();
            Q.pop();
            Visit(tmp->data);
            if (tmp->lchild)
                Q.push(tmp->lchild);
            if(tmp->rchild)
                Q.push(tmp->rchild);
        }
    }
}
```

7.4　"爱心帮扶"调研项目的二叉树存储结构

我们来回忆一下：树型结构的存储方式有哪几种？那就是双亲表示法、孩子表示法和孩子兄弟表示法。接下来请大家联想一下二叉树该如何存储？

谈及存储结构，大家自然会想到顺序存储和链式存储两种结构。与一般线性表的实现方法类似，二叉树也可以采用这两种方式来实现二叉树的存储。就顺序存储结构而言，自然是将二叉树的结点按照顺序依次存储在一组地址连续的存储单元中。按照二叉树的定义，二叉树的左孩子结点和右孩子结点即使为空，也需要占据相应的存储空间，这样才能够根据存储信息还原相应的二叉树。于是可以将二叉树分为完全二叉树和一般二叉树进行顺序存储。

要对所构建的二叉树进行操作，需要将二叉树的逻辑表示映射为相应的存储表示，并采用计算机语言来编写，才能对"爱心帮扶"调研项目二叉树进行真正的操作。下面来学习完全二叉树和一般二叉树的顺序存储。

7.4.1　完全二叉树的顺序存储

在之前学习的基础上可知：完全二叉树的顺序存储方法就是采用一组地址连续的存储单元自上而下、自左至右地依次存储结点元素，即将编号为 i 的结点元素存储在一维数组中下标为 $i-1$ 的分量中。由于二叉树是非线性结构，所以结点之间的逻辑关系难以从存储的先后关系来确定。

图 7-17 给出了一棵完全二叉树的顺序存储应用示例,显示了一棵完全二叉树的逻辑形态和其实际的顺序存储。需要注意的是,数组的起始下标为 0。

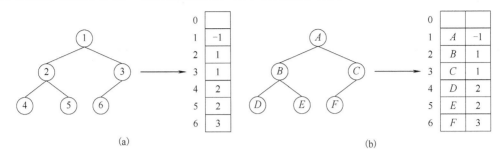

图 7-17 完全二叉树的顺序存储

结合二叉树的性质可知,完全二叉树按照从上到下、从左到右的次序进行结点顺序编号,只要通过数组元素的下标关系,就可以确定二叉树中结点之间的逻辑关系。经分析可知,完全二叉树顺序存储结构具有如下的特点:

(1)在 n 个结点的满二叉树/完全二叉树中,若结点的逻辑编号为 i 且 $i \leqslant n/2$,则该结点的左孩子结点存储编号为 $2i-1$,右孩子结点存储编号为 $2i$。

(2)在 n 个结点的满二叉树/完全二叉树中,若结点的逻辑编号为 i 且 $i > n/2$,则 i 结点为叶子结点。

不过,结合完全二叉树顺序存储的学习可知,这种存储结构比较适合存储完全二叉树,其用于存储一般的二叉树会浪费大量的存储空间。

7.4.2 一般二叉树的顺序存储

以完全二叉树的顺序编码规则为参照,首先对一般二叉树进行扩充,增加一些并不存在的空结点,使其每个结点与完全二叉树上的结点一一相对照,存储在一维数组的相应分量中。通常,人为增加的空结点可用一个特殊值表示。

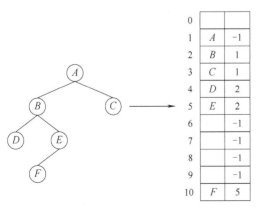

图 7-18 一般二叉树的顺序存储

图 7-18 给出了一般二叉树的顺序存储应用示例,显示了一棵普通二叉树的逻辑形态及对其扩充后的完全二叉树逻辑形态和其实际的顺序存储。需要注意的是,数组的起始下标为 0。

在学习二叉树特殊形态的基础上可知,在最坏的情况下,以左/右斜树这样的非完全二叉树为例,一个深度为 K 且有 $K+1$ 个结点的单支树需要长度为 $2^{K+1}-1$ 的一维数组,造成很大的空间浪费。

通过上述学习,可以用下述方式定义采用顺序存储结构表示的二叉树:

```
#define MAX_TREE_SIZE 100
struct SeqBinTree
```

```
{
    int MAX_TREE_SIZE;          //完全二叉树中允许结点的最大个数
    int actual_Num;             //扩充为完全二叉树后，结点的实际个数
    DataType *nodelist;         //存放结点的数组
};
typedef struct SeqBinTree *PseqBinTree;
```

其中，nodelist 数组中的每个元素表示二叉树中的一个结点。任选其中一个结点 nodelist[i]，以自身为根所辖管的子二叉树的根是自己本身，它的左子树的根是 nodelist[$2i+1$]，它的右子树的根是 nodelist[$2(i+1)$]，它的父亲结点是 nodelist[$(i-1)/2$]。MAX_TREE_SIZE 可以作为数组空间的大小参数，供二叉树创建函数使用。

通过上述学习可知：这种顺序存储结构对完全二叉树比较合适，既可以节省存储空间，又可以利用数组元素的下标来确定结点在二叉树中的位置以及确定结点之间的关系。对于一般二叉树，如果将其扩充为完全二叉树所需要增加的空结点数量还不算多，则可以采用顺序存储结构，否则就不宜用顺序存储结构表示。

经过学习可知：顺序存储结构有一定的局限性，不便于存储任意形状的二叉树。为了避免一般二叉树所造成的空间浪费，应该采用链式存储结构进行一般二叉树的存储。下面将着重介绍二叉树的链接表示。

7.4.3　二叉树的链式存储表示

二叉树的链式存储表示用一个链表来存储一个二叉树，用链表中的结点来表示二叉树中的一个结点，用链来指示结点元素的逻辑关系。由于二叉树是非线性结构，且每个结点最多有两个后继，所以最常用的链接表示法是左-右指针表示法，也称为 llink-rlink 表示法。在该表示方法中，每个结点由三个域组成：数据域、左指针域和右指针域。其中，数据域存放结点本身的数据，左指针用来给出该结点左孩子结点所在的链结点的存储地址，右指针用来给出该结点右孩子结点所在的链结点的存储地址。若结点的某个子树为空，则相应的指针为空指针。

在左-右指针表示法中，结点结构表示为图 7-19。其中，data 域存放结点本身的数据信息；lchild 与 rchild 分别存放指向左孩子结点和右孩子结点的指针，当左孩子结点或右孩子结点不存在时，相应指针域值为空。

图 7-19　结点结构

利用这样的结点结构所表示的二叉树的链式存储结构被称为二叉链表（Brnary Linked List），如图 7-20 所示。

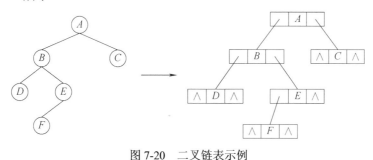

图 7-20　二叉链表示例

仔细分析图 7-20 可知，二叉链表具有如下特点：

(1)在 n 个结点的二叉链表中，有 $n+1$ 个空指针域。

(2)n 个结点有 $2n$ 个指针域。其中，发挥作用的仅仅有 $n-1$ 个指针域，因为没有指针指向二叉树的头结点。

每个结点的结构可用语言说明：

```
struct BiTNode;                        //二叉树中的结点
typedef struct BiTNode *PbiTNode;      //指向结点的指针类型
struct BiTNode
{
   DataType info;                      //数据域
   PbiTNode llink;                     //指向左孩子结点
   PbiTNode rlink;                     //指向右孩子结点
};
```

为了运算和参数传递方便，还可以将二叉树直接定义为指向结点的指针类型：

```
typedef struct BiTNode *BinTree;
```

通过观察会发现，二叉树类型 **BinTree** 和指向结点的指针类型 **PbiTNode** 本质相同，只是视角不同而已，区分两者的目的是提高算法的可读性和可理解性。另外，在解决实际问题中，二叉树作为参数进行传递时，可能需要传递二叉树根结点指针的地址。为了说明方便，可以引入二叉树类型的指针类型：

```
typedef BinTree *PBinTree;
```

经过上述内容的讲解，二叉树抽象数据类型的基本运算的实现就变得非常简单。例如，p->llink 可以返回某结点 p 的左孩子结点的地址，p->rlink 可以返回某结点 p 的右孩子结点的地址。

其实，上述二叉树的二叉链表存储表示定义等价为：

```
typedef struct BiTNode
{
   TElemType data;
   struct BiTNode *lchild ,*rchild;  //左右孩子指针
}BiTNode,*BiTree;
```

请大家思考并画出如图 7-21 所示二叉树的链式存储的二叉链表。

通过上述学习，发现结点可以方便地访问自身的左孩子结点和右孩子结点。但是，实现求父亲结点的操作就比较困难。这是因为，从根结点出发，使用我们学习过的遍历算法中的 visit()访问函数来检查当前结点是否所求结点的父亲结点，在最坏情况下，遍历所消耗的时间代价与遍历整棵二叉树的代价相同。那么，大家自然而然地会问一个问题：如果需要查找某些结点的双亲结

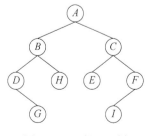

图 7-21   一般二叉树

点，二叉树的结点结构该如何变化呢？这就是即将讲解的三叉链表表示法。

为了便于寻找结点的父亲结点且提高操作效率，通过给二叉树中的结点增加一个指向父亲结点的指针域，利用该结构得到的二叉树链式存储结构称为三叉链表表示法。链表的头指针指向二叉树的根结点。

在增加双亲结点的指针域后，具体的结点结构如图 7-22 所示。

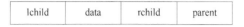

| lchild | data | rchild | parent |

图 7-22　包含双亲结点的指针域的结点结构

图 7-23 显示了二叉树的三叉链表表示。

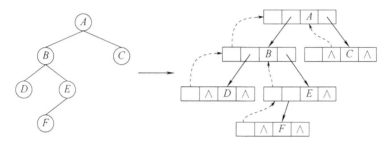

图 7-23　三叉链表示例

如图 7-23 所示，采用三叉链表表示，不仅便于查找孩子结点，还便于查找父亲结点，但是与左-右指针二叉链表表示相比，它增加了空间开销。

通过对比分析顺序存储和链式存储的优缺点，可得出如下结论：

(1)顺序结构适合满二叉树或完全二叉树。

(2)顺序结构适合结点数量少的简单二叉树。

(3)链式结构适合所有形态的二叉树。

(4)二叉链表有很多空指针域，浪费较多的内存空间。

(5)在二叉链表中，遍历结点的双亲结点浪费时间较多。

在上述的分析结论中，我们会想：二叉链表中的空指针域是否可以存储结点的前驱和后继结点，帮助我们快速找到结点的前驱和后继呢？将会在 7.5 节深入讲解。

7.5　"爱心帮扶"调研项目的二叉树遍历方法优化

要对所构建的二叉树进行操作，需要保存二叉树遍历过程中结点的线性序列，才能提升"爱心帮扶"调研项目中基于二叉树结构的操作效率。要想提高调研项目的操作效率，需要学习线索二叉树及其应用。

二叉树虽然是非线性结构，但是按照某种遍历方式对二叉树进行遍历，可以把二叉树中所有结点集排列为一个线性序列。在该序列中，除第 1 个结点外，每个结点有且仅有一个直接前驱结点；除最后一个结点外，每个结点有且仅有一个直接后继结点。

图 7-24 显示先根遍历方式下二叉树结点的线性序列。

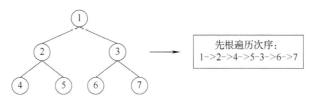

图 7-24 二叉树的先根遍历序列

在具体问题的解决过程中，如果算法会多次涉及对二叉树的遍历，一般的二叉树就需要使用栈结构做重复性的操作。那么，如果希望很快找到某一结点的前驱或后继，但不希望每次都要对二叉树遍历一遍，这就需要把每个结点的前驱和后继信息记录下来。但是，二叉树中每个结点在这个序列中的直接前驱结点和直接后继结点是什么，二叉树的链式存储结构中并没有反映出来，只有在对二叉树遍历的动态过程中才能得到这些信息。那么，该如何解决这个问题呢？

为了容易找到前驱和后继，通常有以下两种方法。

第 1 种方法：改变结点结构。

该方法最为直接，在结点原有结构上添加两个指针域：前驱指针域（pre）和后继指针域（suc），分别指向该结点在某种遍历次序下的前驱和后继。第 1 种方法的优点是寻找效率高，缺点是增加了存储开销，降低了存储密度。其中，存储密度是指数据本身所占的存储空间和整个结点结构所占存储量的比值。

图 7-25 显示增加中序遍历前驱指针域和后继指针域的链式存储表示。

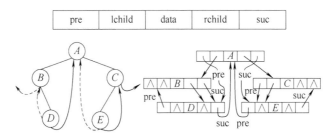

图 7-25 基于中序遍历的线索二叉树及链式存储

第 2 种方法：利用结点结构中的空指针域。

通过学习，我们知道每一棵二叉树上都有很多结点含有未使用的指向 NULL 的指针域。除了度为 2 的结点，度为 1 的结点有一个空的指针域，叶子结点的两个指针域都为 NULL。对于 n 个结点的二叉树，在二叉链存储结构中有 $n+1$ 个空链域。很显然，为了保留结点在某种遍历序列中直接前驱和直接后继的位置信息，可以利用二叉树的二叉链表存储结构中的空指针域来指示。相比较第 1 种方法，该方法很显然能够大幅增大存储密度。

7.5.1 线索二叉树的定义

前面讲解到，遍历二叉树是很多操作的基础，会在问题解决过程中经常使用。一般情况下，遍历二叉树都需要 $O(n)$ 的时间代价。若对于一棵静态二叉树，重复多次的遍历必然会造成时间的重复浪费。因此，充分利用二叉树的空指针域来存储第 1 次遍历过程中的重要信息，以使得在重复遍历过程中充分利用这些信息，势必能达到节省大量时间资源的效果。

基于这个出发点，下面介绍二叉树的一种新的表示形式：线索二叉树。在这里，线索是指结点中指向直接前驱结点和指向直接后继结点的指针。那么，在二叉树的结点上的空指针域加上线索的二叉树左-右指针表示法称为线索二叉树(Threaded Binary Tree)。就本质而言，线索二叉树仅仅是左-右指针表示法的修改版，就是使用结点的空指针域来存储结点之间前驱和后继关系的一种特殊的二叉树。自然而然地，把二叉树左-右指针表示法改造为线索二叉树的过程，就称为线索化。

7.5.2　线索二叉树中的结点结构

在具体实际问题的解决过程中，如果算法会多次涉及对二叉树的遍历，普通的二叉树就需要使用栈结构做重复性的操作。但是，线索二叉树不需要如此。这是因为，在遍历二叉树的过程中，尽可能充分利用二叉树中空闲的内存空间(指针域)记录结点的前驱和后继元素的位置，提高了遍历的效率。这样，在算法后期需要遍历二叉树时，就可以利用保存的结点信息来提高遍历效率，这也就是　"线索二叉树"的价值所在。

虽然线索二叉树中的线索能记录结点的前驱信息和后继信息，但原本二叉链表中就有指向左孩子结点和右孩子结点的指针域，那么如何区别线索和原有指针呢？为了避免指针域所指向结点的意义混淆，需要改变结点本身的结构：增加两个标志域以区别线索指针和孩子指针，具体做法是在结点结构中设置两个标志 ltag 和 rtag。

图 7-26 给出了二叉树的二叉链表中结点结构的重新定义。

图 7-26　结点结构的更新

当 ltag 和 rtag 为 0 时，lchild 和 rchild 分别是指向左孩子结点和右孩子结点的指针。当 ltag 和 rtag 为 1 时，lchild 和 rchild 分别是指向结点直接前驱结点的线索(pre)和指向结点的直接后继结点的线索(suc)。由于标志只占用一个二进制位，每个结点所需要的存储空间节省很多。

每个结点的结构可用语言描述如下：

```
#define TElemType int          //宏定义，结点中数据域的类型
typedef enum PointerTag{
    Link,
    Thread
}PointerTag;                    //枚举，Link 为 0，Thread 为 1
typedef struct BiThrNode{
    TElemType data;             //数据域
    struct BiThrNode *lchild;   //左孩子结点的指针域
    struct BiThrNode *rchild;   //右孩子结点的指针域
    PointerTag Ltag, Rtag;      //标志域，枚举类型
}BiThrNode,*BiThrTree;
```

如上所述，使用图 7-26 所示结点结构所构成的二叉链表，被称为线索链表。线索链表与二叉链表的区别是：在二叉链表的基础上增加线索。这样，基于线索链表所构建的二叉树就称为线索二叉树。

下面详解线索二叉树的分类、构建和实现。

7.5.3　线索二叉树的分类

利用二叉树中二叉链表结点的空链域存放在先序、中序、后序或层次遍历次序中该结点的前驱结点和后继结点的指针，使当前二叉树变为线索二叉树的过程，称为对二叉树进行线索化。也就是说，将二叉树转化为线索二叉树，实质上是在遍历二叉树的过程中，将二叉链表中的空指针改为指向直接前驱或者直接后继的线索。简而言之，线索化的过程是在遍历二叉树结点的过程中修改空指针的过程。

根据遍历方式的不同，线索二叉树可分为前序线索二叉树、中序线索二叉树和后序线索二叉树三种。通过线索链表，我们可以解决无法直接找到该结点在某种遍历序列中的前驱和后继结点的问题。

为了学习更加直观，图 7-27 给出了中序遍历下线索二叉树的链式存储结构。

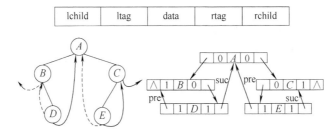

图 7-27　基于中序遍历的线索二叉树及链式存储

在图 7-27 中，实线表示原来的左-右指针，虚线表示新增加的线索，原来为空的左指针域被线索所替代且该线索指向结点的中序遍历的直接前驱结点，原来为空的右指针域被线索所替代且该线索指向结点的中序遍历的直接后继结点。

在构建过程中，已知 ptr 指向二叉链表的当前结点，线索的建立原则如下：

(1) 若 ptr->lchild 为空，则存放指向中序遍历序列中该结点的直接前驱结点，且这个结点称为 ptr 的中序前驱结点。

(2) 若 ptr->rchild 为空，则存放指向中序遍历序列中该结点的直接后继结点，且这个结点称为 ptr 的中序后继结点。

通过讲解可知，采用中序遍历方式对一个已存在的二叉树进行线索化的算法中，需要两个指针。其中，第 1 个是遍历结点的遍历指针 biTree，第 2 个是指针 pre 且使 pre 在遍历过程中总是指向遍历指针 biTree 的中序遍历方式下的前驱结点。这里的前驱结点，就是指在中序遍历过程中刚刚访问过的结点。

通过讲解可知，采用某种遍历方式进行二叉树的线索化时，只要一遇到空指针域，就立即填入前驱或后继线索。下面给出了采用中序遍历方式对二叉树进行线索化的语言描述：

```
void InThreading(BiThrTree biTree, BiThrTree &pre)
{
  if (biTree)                              //如果当前结点存在
  {
    InThreading(biTree ->lchild, pre);
```

```
    //递归当前结点的左子树，第 1 个操作结点为最左下结点
    //最左下结点不一定是叶子结点
    if (!biTree->lchild)                    //如果当前结点没有左孩子结点
    {
        biTree->Ltag=Thread;               //左标志位设为 1
        biTree->lchild=pre;                //左指针域更换为 pre 线索
    }
    //如果 preNode 没有右孩子结点，右标志位设为 1，右指针域指向当前结点
    if (!biTree->rchild && !pre)           //如果当前结点没有右孩子结点
    {
        pre->Rtag=Thread;                  //右标志位设为 1
        pre->rchild=biTree;                //右指针域更换为 pre 线索
    }
    pre=biTree;
    //线索化完左子树后，pre 更新且指向 biTree
    //biTree 要离开当前访问的结点且指向新结点
    //在 biTree 指向新结点时，pre 显然是此时 biTree 的直接前驱
    biTree=biTree->rchild;
    InThreading(biTree, pre);              //递归右子树进行线索化
    }
}
```

在语言描述中可以看出，采用中序遍历方式对二叉树进行线索化的过程中，中序遍历的整个操作是处于 InThreading(biTree ->lchild, pre) 和 InThreading(biTree, pre) 两个递归函数中间的运行程序，和之前介绍的中序遍历二叉树的输出函数的位置是相同的。那么，请思考怎样可以快速模仿中序线索二叉树的构建和实现，来完成前序线索二叉树、后序线索二叉树的构建和实现呢？

显然，通过观察可以发现，只要将中间的"整个操作"移动到两个递归函数之前，就变成了前序对二叉树进行线索化的过程。同样，只要将中间的"整个操作"移动到两个递归函数之后，就变成了后序对二叉树进行线索化的过程。

下面将给出采用中序遍历方式对二叉树进行线索化的非递归代码实现：

```
void InOrderThraverse_Thr(BiThrTree biTree)
{
    while(biTree)
    {
        while(biTree->Ltag==Link)
        {
            biTree = biTree->lchild;
        }//一直找直至最后一个左孩子结点，即中序序列中排第一
        printf("%c ", biTree->data);        //操作结点数据
        //当结点右标志位为 1 时，直接找到其后继结点
        while(biTree ->Rtag==Thread && biTree ->rchild !=NULL){
```

```
            biTree=biTree->rchild;
            printf("%c ", biTree->data);
        }
        //否则按照中序遍历的规律，找其右子树中最左下的结点
        //继续循环遍历
        biTree=biTree->rchild;
    }
}
```

通过线索二叉树的构建和实现可知：线索二叉树就是给二叉树的结点建立了一个双向链表，采用不同的遍历方式可以得到不同的结点访问序列。由于有了结点的直接前驱和直接后继信息，线索二叉树的遍历和指定次序下查找结点的前驱与后继算法都变得简单。

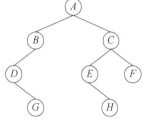

图 7-28　二叉树示例

由于线索的增设，线索二叉树的遍历不需要设栈，避免了频繁地进栈、出栈，因此在时间和空间上都较遍历二叉树有较多优势。因此，若需要经常查找结点在所遍历线性序列中的前驱和后继，则采用线索链表作为存储结构。

请大家思考并画出图 7-28 所示二叉树的前序、中序和后序线索二叉树。

7.5.4　线索二叉树的应用示例

对于二叉树的不同应用实例，不同的遍历方式会得到不同的结点线性序列，通常具有不同的实际意义。二叉树除了可以用于查找之外，在编译器设计领域也有很重要的应用。其中，典型应用之一为处理表达式。二叉树可用来表达一个算术表达式，称为表达式树。随着结点结构的变化，我们研究一下线索二叉树的遍历在表达式树中的应用。

图 7-29 给出了算法表达式 $a+b*(c-d)-e/f$ 的一种语法结构图。观察可知，在一棵表达式树中，非叶子结点保存操作符，叶子结点保存操作数，每棵子树对应一个子表达式。很显然，可以通过递归计算左右表达式树的值，最后将结果作用于根处的操作符来获得整个表达式的值。

如图 7-29 所示，结点 b 通过线索域可知其直接后继为结点 "*"。对于结点 "*" 而言，其度为 2，两个指针分别指向其左孩子结点和右孩子结点，没有空指针域可用于指向其后继结点，从而导致整个遍历链表断裂。那么，我们该怎么办呢？在遍历过程中，遇到这种问题的解决办法就是：归纳总结先序、中序、后序遍历方式的规律，以找到下一个结点。

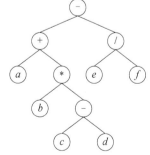

图 7-29　语法结构树示例

以图 7-29 进行先序遍历为例，当前结点 "+" 因为有右孩子结点，没有右线索可用于指向其后继结点。根据先序遍历的先后次序结果可知：若结点 "+" 存有左孩子结点，则其直接后继结点就是其左孩子结点 a；若左孩子结点 a 不存在，则当前结点 "+" 的后继结点就是右孩子结点的根结点 "*"。

　　以图 7-29 进行中序遍历为例，当前结点"*"的直接后继是遍历其右子树时访问的第 1 个结点，也就是右子树中位于最左下的结点 c。反之，结点"*"的前驱是遍历其左子树时最后访问的结点 b。

　　以图 7-29 进行后序遍历为例，若当前结点是"−"，由于结点"−"是根结点，则结点"−"的后继结点为空；若当前结点 d 是双亲结点"−"的右孩子结点，则结点 d 的后继结点是双亲结点"−"；若当前结点 c 是双亲结点"−"的左孩子结点且结点"−"无右孩子结点，则结点 c 的后继结点是双亲结点"−"；若结点 a 是双亲结点"+"的左孩子结点，且双亲结点"+"有右子树，则结点 a 的后继结点为双亲结点"+"的右子树在后序遍历序列中列出的第 1 个结点 b。

　　通过学习可知：使用后序遍历方式建立的线索二叉树，在真正使用过程中遇到链表的断点时，需要访问双亲结点。所以在初步建立二叉树时，宜采用三叉链表做存储结构。

　　下面我们对不同遍历方式的线索二叉树的实现做如下总结。

　　(1) 中序线索二叉树：考虑查找 biTree 的前驱和查找 biTree 的后继两部分。

　　① 当查找 biTree 的左线索时，若无左线索，则结点的前驱是遍历左子树时访问的最后一个结点。

　　② 当查找 biTree 的右线索时，若无右线索，则结点的后继是遍历右子树时访问的第 1 个结点。

　　(2) 先序线索二叉树：考虑查找 biTree 的前驱和查找 biTree 的后继两部分。

　　① 当查找 biTree 的左线索时，若无左线索，则结点的前驱是结点的双亲结点，或是先序遍历其双亲结点左子树时最后访问的结点。

　　② 当查找 biTree 的右线索时，若无右线索，则结点的后继必为结点的左子树(若存在)或右子树的根结点。

　　(3) 后序线索二叉树：考虑查找 biTree 的前驱和查找 biTree 的后继两部分。

　　① 当查找 biTree 的左线索时，若无左线索且无右线索，则结点的前驱是右子树的根结点；若无左线索但是有右线索，则结点的前驱是左子树的根结点。

　　② 当查找 biTree 的右线索时，查找情况需分为四类情况加以讨论：

　　a. 若 biTree 指向二叉树的根结点，则后继为空；

　　b. 若 biTree 指向右子树的根结点，则后继为双亲结点；

　　c. 若 biTree 指向左子树的根结点且无右兄弟，则后继为双亲结点；

　　d. 若 biTree 指向左子树的根结点且有右兄弟，则后继为后序遍历双亲结点右子树时访问的第 1 个结点。

　　由上述分析总结可知，在先序线索二叉树上找前驱和在后序线索二叉树上找后继都比较复杂。就查找效率而言，遍历线索二叉树的时间复杂度为 $O(n)$，与递归或非递归遍历二叉链表一样。就空间存储的复杂性而言，遍历线索二叉树的空间复杂度为 $O(1)$，递归或非递归遍历二叉链表的空间复杂度为 $O(n)$。这是因为，遍历线索二叉树不需要设栈。

7.6　"爱心帮扶"调研项目中通信联络效率最优化

　　经过"爱心帮扶"项目调研，项目决定由县委对下属"三镇一乡(新兴甲镇、新兴乙镇、新兴丙镇、新兴丁乡）"和11个自然村保持直接通信，分阶段实时动态获悉相应单位的经济发展动态。由于单位级别不同、自然村规模不同、经济发展水平存在差异，每个单位的关注度和通信联络频率也会有差异。

为了进一步提高"爱心帮扶"的落实效果，县委为"三镇一乡"和11个自然村赋予了不同的回访权值。按照新兴甲镇、新兴乙镇、新兴丙镇、新兴丁乡、兴甲一村、兴甲二村、兴甲三村、兴乙一村、兴乙二村、兴乙三村、兴丙一村，兴丙二村、兴丙三村、兴丁一村、兴丁二村的顺序，其回访权值分别为 0.15、0.17、0.19、0.23、0.01、0.02、0.16、0.04、0.12、0.06、0.05、0.07、0.10、0.11、0.08。

请问：如何设计通信编码以使得该项目的通信联络效率最高，并且该方法具有普适性和可推广性？下面将进行分析。

7.6.1　赫夫曼树的定义

大卫·赫夫曼（David Huffman）是美国知名数学家，麻省理工（MIT）博士。David Huffman 于1952年发表了赫夫曼编码。

赫夫曼编码（Huffman Coding）是一种编码方式，是一种用于无损数据压缩的熵编码（权编码）算法。Huffman 也译为霍夫曼、哈夫曼。在计算机数据处理中，赫夫曼编码使用变长编码表对源符号（如文件中的一个字母）进行编码。

设计最优化的通信编码以提高通信效率问题的本质就是设计赫夫曼编码。在讲解赫夫曼编码之前，大家需要了解并巩固之前学过的几个关键术语。

(1)路径：树中一个结点到另一个结点的分支构成两个结点之间的路径。

(2)路径长度：路径上分支的数目。

(3)树的路径长度（Weighted Path Lenth）：从树根到每一个结点的路径长度之和。

(4)结点的权（Weight）：赋予结点的有意义的数据，如频率、百分比等。

(5)结点的带权路径长度：结点的权×树根到该结点的路径长度。

(6)树的带权路径长度（WPL）：树中所有叶子结点的带权路径长度之和。

(7)赫夫曼树：带权路径长度最小的二叉树。

通过上述关键术语的回顾，"爱心帮扶"调研项目中通信联络效率最优化的求解目标就明确地转化为求解二叉树的带权路径长度最小化的问题，即设计赫夫曼编码。

7.6.2　等长二进制编码

在"爱心帮扶"调研项目中，某县城进行"爱心帮扶"调研项目的后期跟踪，需要联络的单位为15个"结点"。在计算机基础学习中，一个字节可以表示的数据范围是0~127。因为15<127，所以可以采用最小单位"字节"来表示每一个"结点"。采用这样的等长二进制编码方式，经计算可知8×15=120，因此通信联络的编码总长度为120位二进制。

此时，大家会禁不住问：是不是可以不采用8位，可以采用4位？因为4位二进制可以表示的数据范围是0~15。这样，每个"结点"采用4位二进制，则经计算可知4×15＝60，因此通信联络的编码总长度为60位二进制。

那么，是不是还有更好的解决方法呢？这就是接下来，讲解的另一种解决方法：可变长度编码——赫夫曼树。

7.6.3　赫夫曼树的基本思想

可变长度编码表是通过一种评估来源符号出现概率的方法得到的，出现概率高的字母使用较短的编码，反之出现概率低的则使用较长的编码，这便使得编码之后字符串的平均长度期望值降低，从而达到无损压缩数据的目的。例如，在英文撰写的长篇文章中，e 的出现概率最高而 z 的出现概率最低，当利用赫夫曼编码对一篇英文进行压缩时，e 极有可能用 1bit 来表示，而 z 则可能需要 25（不是 26）bit。

如前述分析可知，用普通的等长二进制编码方法时，每个英文字母均占用一个字节，即 8bit。二者相比，e 使用了一般编码的 1/8 的长度，z 则使用了一般编码 3 倍多的长度。倘若能对于英文中各个字母的出现概率进行较为准确的估算，就可以大幅度提高无损压缩的比例。因此，赫夫曼编码奠定了压缩和解压缩基础。

赫夫曼树，也称为哈夫曼树、霍夫曼树，又称为最优二叉树、最优树，是一种带权路径长度最短的二叉树。树的带权路径长度，就是树中所有的叶结点的权值乘上其到根结点的路径长度。赫夫曼树的基本思想是：在变字长编码中，严格按照对应符号出现的概率大小进行编码，出现概率高的字符使用较短的编码，出现概率低的字符使用较长的编码，使得编码后平均编码字长最短。

在了解赫夫曼编码思想后，结合"爱心帮扶"调研项目中通信联络效率最优化问题进行赫夫曼树构建的讲解。

7.6.4　赫夫曼树的构建步骤

根据软件工程的思想，在解决问题之前，首先要弄清楚问题是什么，并将问题准确地定义出来。在本书的第 2 章中给出了数据结构解题的七个步骤，其中前三个步骤就是用于准确表达数据元素间关系，实现问题定义的。

下面将结合"爱心帮扶"调研项目中通信联络效率最优化问题来讲解赫夫曼树的基本构建步骤。

第 1 步，确定数据集，就是要确定问题域中研究对象的集合。

在"爱心帮扶"调研项目中，被调查单位新兴甲镇、新兴乙镇、新兴丙镇、新兴丁乡、兴甲一村、兴甲二村、兴甲三村、兴乙一村、兴乙二村、兴乙三村、兴丙一村、兴丙二村、兴丙三村、兴丁一村、兴丁二村的回访权值对应为 0.15、0.17、0.19、0.23、0.01、0.02、0.16、0.04、0.12、0.06、0.05、0.07、0.10、0.11、0.08。

第 2 步，在赫夫曼树构建过程中，问题中的联络概率称为"结点"的权值。

在构建之初，一个"结点"视作一棵独立二叉树。那么，15 棵二叉树的集合 $\{T_1,T_2,\cdots,T_n\}$，也就是 15 个"结点"权值的集合 $\{W_1,W_2,\cdots,W_n\}$。其中，每一棵二叉树均只包含一个带权为 W_i 的根结点，其左子树和右子树均为空。

第 3 步，将树集合中的结点按照权值从小到大依次排序，形成一个队列。

在队列中，挑选两个根结点权值最小的树，作为左子树和右子树来构建一棵新的二叉树。若无特殊说明，遵循左子树权值小于右子树权值的排列次序，且新构建二叉树根结点的权值等于其左右孩子根结点权值之和。

第 4 步，将第 3 步中排在前两位的树从队列中删除。

将新构建的二叉树按照权值从小到大的排序依据插入原有队列中。

第 5 步，重复第 3 步和第 4 步，直到队列中仅剩下一棵树为止。

现在，利用讲解的构建步骤来为"爱心帮扶"调研项目中通信联络效率最优化问题构建赫夫曼树。

第 1 步，采用符号 B~P 替代联络单位及其对应权值{B:新兴甲镇-0.15, C:新兴乙镇-0.17, D:新兴丙镇-0.19, E:新兴丁乡-0.23, F:兴甲一村-0.01, G:兴甲二村-0.02, H:兴甲三村-0.16, I:兴乙一村-0.04, J:兴乙二村-0.12, K:兴乙三村-0.06, L:兴丙一村-0.05, M:兴丙二村-0.07, N:兴丙三村-0.10, O:兴丁一村-0.11, P:兴丁二村-0.08}，以方便图示和讲解效果。经过排序后，队列为{ F:兴甲一村-0.01, G:兴甲二村-0.02, I:兴乙一村-0.04, L:兴丙一村-0.05, K:兴乙三村-0.06, M:兴丙二村-0.07, P:兴丁二村-0.08, N:兴丙三村-0.10, O:兴丁一村-0.11, J:兴乙二村-0.12, B:新兴甲镇-0.15, H:兴甲三村-0.16, C:新兴乙镇-0.17, D:新兴丙镇-0.19, E:新兴丁乡-0.23}。

第 2 步，森林为{0.01,0.02,0.04,0.05,0.06,0.07,0.08,0.10,0.11,0.12,0.15,0.16,0.17,0.19,0.23}。

第 3 步，取出前两项构造成新的二叉树，如图 7-30 所示。

第 4 步，森林更新为{0.03,0.04,0.05,0.06,0.07,0.08,0.10,0.11,0.12,0.15,0.16,0.17,0.19,0.23}。

循环执行：

第 3 步，取出前两项构造成新的二叉树，如图 7-31 所示。

图 7-30　构建二叉树一　　　　　　　　图 7-31　构建二叉树二

第 4 步，森林更新为{0.05,0.06, 0.07,0.07,0.08,0.10,0.11,0.12,0.15,0.16,0.17,0.19,0.23}。

注意：新插入的二叉树的树根权值为 0.07，插入原则是只有大于当前结点的权值，才会插在其后。否则，置于其前。

循环执行：

第 3 步，取出前两项构造成新的二叉树，如图 7-32 所示。

第 4 步，森林更新为{0.07,0.07,0.08,0.10,0.11,0.11, 0.12,0.15,0.16,0.17,0.19,0.23}。

循环执行：

第 3 步，取出前两项构造成新的二叉树，如图 7-33 所示。

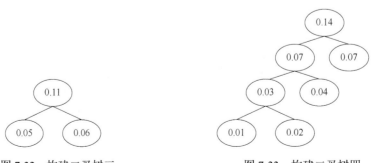

图 7-32　构建二叉树三　　　　　　　　图 7-33　构建二叉树四

第 4 步，森林更新为{0.08,0.10,0.11,0.11, 0.12,0.14,0.15,0.16, 0.17,0.19,0.23}。

循环执行：

第 3 步，取出前两项构造成新的二叉树，如图 7-34 所示。

第 4 步，森林更新为{0.11,0.11,0.12, 0.14,0.15,0.16, 0.17,0.18,0.19,0.23}。

循环执行：

第 3 步，取出前两项构造成新的二叉树，如图 7-35 所示。

图 7-34　构建二叉树五　　　　　　图 7-35　构建二叉树六

第 4 步，森林更新为{0.12,0.14,0.15,0.16,0.17,0.18,0.19,0.22,0.23}。

循环执行：

第 3 步，取出前两项构造成新的二叉树，如图 7-36 所示。

第 4 步，森林更新为{0.15,0.16,0.17,0.18,0.19,0.22,0.23,0.26}。

循环执行：

第 3 步，取出前两项构造成新的二叉树，如图 7-37 所示。

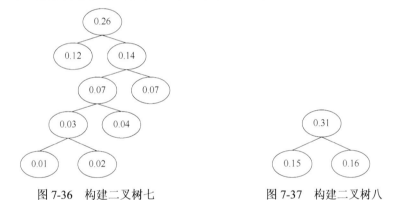

图 7-36　构建二叉树七　　　　　　图 7-37　构建二叉树八

第 4 步，森林更新为{0.17,0.18,0.19,0.22,0.23,0.26,0.31}。

循环执行：

第 3 步，取出前两项构造成新的二叉树，如图 7-38 所示。

第 4 步，森林更新为{0.19,0.22,0.23,0.26,0.31,0.35}。

循环执行：

第 3 步，取出前两项构造成新的二叉树，如图 7-39 所示。

图 7-38　构建二叉树九　　　　　　图 7-39　构建二叉树十

第4步，森林更新为{0.23, 0.26, 0.31, 0.35, 0.41}。

循环执行：

第3步，取出前两项构造成新的二叉树，如图 7-40 所示。

第4步，森林更新为{0.31, 0.35, 0.41, 0.49}。

循环执行：

第3步，取出前两项构造成新的二叉树，如图 7-41 所示。

第4步，森林更新为{0.41, 0.49, 0.66}。

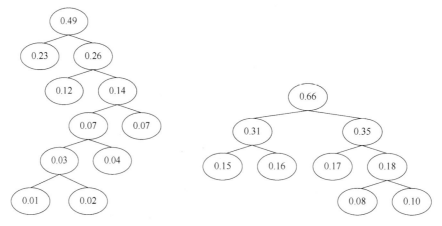

图 7-40　构建二叉树十一　　　　　　　　图 7-41　构建二叉树十二

循环执行：

第3步，取出前两项构造赫夫曼树，如图 7-42 所示。

第4步，森林更新为{0.66, 0.90}。

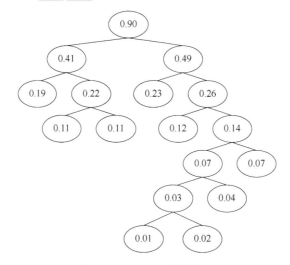

图 7-42　构建赫夫曼树一

循环执行：

第 3 步，取出前两项构造成新的赫夫曼树，如图 7-43 所示。

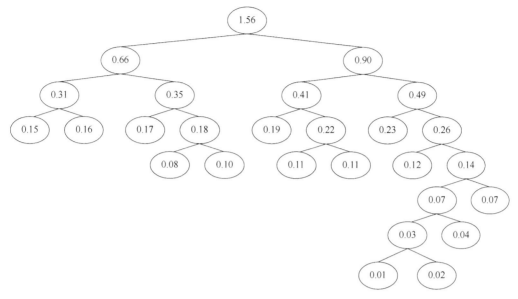

图 7-43　构建赫夫曼树二

第 4 步，森林更新为{1.56}。

第 5 步，经检查，队列中仅剩下一棵树，因此赫夫曼树构造结束。图 7-43 所示的树状图就是"爱心帮扶"调研项目中通信联络效率最优化问题所构建的赫夫曼树。

7.6.5　赫夫曼编码

结合"爱心帮扶"调研项目中通信联络效率最优化问题中联络单元及 7.6.4 节中构建的赫夫曼树可知，县委负责的"三镇一乡"及相应的 11 个自然村，共计 15 个联络单元，正好是赫夫曼树中的终端结点-叶子结点。

结合"爱心帮扶"调研项目中通信联络效率最优化问题可知，实现赫夫曼编码的方式是创建一个指定权值最优的二叉树。为了简化问题分析的难度，将问题中的 15 个联络单元替换为相应的字符 B～P。

赫夫曼编码的本质就是对赫夫曼树中的字符 B～P 进行编码，具体的编码原则是：从赫夫曼树的根结点到该字符所在终端结点的路径上的分支序列进行编码。若无特殊说明，默认遵循左分支编码为"0"，右分支编码为"1"的原则。

按照赫夫曼编码原则，图 7-43 所示的赫夫曼树编码示意如图 7-44 所示。

如图 7-44 所示，"爱心帮扶"调研项目中通信联络效率最优化问题中 15 个联络单元的赫夫曼编码如表 7-1 所示。

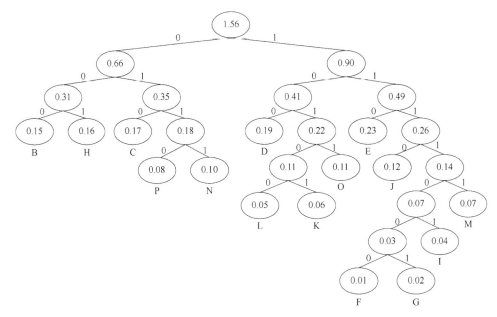

图 7-44　构建赫夫曼树

表 7-1　联络单元的赫夫曼编码

符号	联络单元	赫夫曼编码	符号	联络单元	赫夫曼编码
B	新兴甲镇	000	J	兴乙二村	1110
C	新兴乙镇	010	K	兴乙三村	1010 1
D	新兴丙镇	100	L	兴丙一村	1010 0
E	新兴丁乡	110	M	兴丙二村	1111 1
F	兴甲一村	1111 000	N	兴丙三村	0111
G	兴甲二村	1111 001	O	兴庚一村	1011
H	兴甲三村	001	P	兴庚二村	0110
I	兴乙一村	1111 01			

在获悉"爱心帮扶"调研项目中通信联络效率最优化问题中每个联络单元的赫夫曼编码后，可计算出：

WPL=(0.15+0.16+0.17+0.19+0.23)×3+(0.08+0.10+0.11+0.12)×4 +(0.05+0.06+0.07)×5
　　　+0.04×6+(0.01+0.02)×7 = 5.69

与此同时，采用长度为 4 的等长编码方式所获得的 WPL 权和为

WPL=1.56×4=6.24

相比可知，5.69＜6.24，证明赫夫曼编码最优，能够实现最优的压缩效果。

将赫夫曼树归纳总结如下。

(1)赫夫曼树的构建：需要遵循通过某种规则(权值)来构造。

(2)赫夫曼树的结点分类：在构造的赫夫曼二叉树中，只有叶子结点才是有效的数据结点，其他的非叶子结点是为了构造出赫夫曼树而引入的辅助结点。

(3)赫夫曼编码的实现：赫夫曼编码是通过赫夫曼树的构建进行编码的。一般情况下，编码由字符"0"与"1"的序列表示。

(4)赫夫曼编码规则：首先根据问题来构建赫夫曼树，然后从根结点遍历到每一个叶

子结点，记录所经历路径上的编码序列，就得到了叶子结点的赫夫曼编码。默认情况下，规定指向左子树的联系边标识为"0"，指向右子树的联系边标识为"1"。

【拓展思考】

大家知道，在没有压缩的情况下，计算机里每个字符在文本文件中由 1 字节(如 ASCII 码)或 2 字节(如 Unicode)表示。在这些字符表示方案中，每个字符需要相同的位数。随着生产、科学计算中大量数据的产生，许多压缩数据的方法都通过减少最常用字符的表示位数来达到数据压缩的目的。例如，英文中 E 是最常用的字母，可以只用两位 01 来表示，2 位有四种组合：00、01、10、11。那么我们可以用这四种组合来表示四种常用的字符吗？

若有一定的计算机常识，我们知道答案是"不可以"的。这是因为，在编码序列中是没有空格或其他特殊字符存在的，全都是由 0 和 1 构成的序列。例如，字母 E 用 01 来表示，字母 X 用 01011000 表示，那么在解码的时候就弄不清楚 01 是表示 E 还是表示 X 的起始部分，会使得解码结果不唯一，从而无法获悉真正的译文。所以，编码必须遵守一个规定：每个编码都不能是其他编码的前缀。

如果给出如表 7-2 所示的编码规则和相应的译文"SUSIE SAYS IT IS EASY"，请解密该译文所对应的原文及相应的赫夫曼树。

表 7-2　赫夫曼编码规则

符号	赫夫曼编码	符号	赫夫曼编码	符号	赫夫曼编码
A	010	S	10	Y	1110
E	1111	T	0110	空格	00
I	110	U	01111	换行符	01110

已知"每个编码都不能是其他编码的前缀"这个基本原则，所以从表 7-2 中可以看出，采用 10 表示 S，用 00 表示空格后，就不能用 01 和 11 表示某个字符了。这是因为，01 和 11 是其他字符编码的前缀。

接下来分析三位的组合，已知三位组合分别有 000、001、010、011、100、101、110 和 111。编码规则中字符 A 是 010，字符 I 是 110，为什么没有其他三位的组合呢？这是因为，已知不能采用包含 10 和 00 为前缀的编码组合，所以需要舍弃 000、001、100 和 101 四种组合形式。

观察未出现的 011 和 111，发现 011 用于 U 和换行符的开始，111 用于 E 和 Y 的开始。所以，编码表中就只有 2 个三位的组合。同理，也可以分析出为什么只有 3 个四位编码可用。

所以对于译文"SUSIE SAYS IT IS EASY"相应的赫夫曼编码为

10011111011011100100101110100011001100011010001111010101110

请大家思考并绘制出该译文对应的赫夫曼树。

7.7　本　章　小　结

本章主要讲解了二叉树的概念及其递归定义，明确了二叉树是一种应用广泛且非常重要的树结构，强调了二叉树中每个结点的度最大为 2 且两棵子树有严格规定的左右之分。

在二叉树的基本形态中，主要介绍了斜二叉树、完全二叉树和满二叉树，并介绍了 5 个重要性质。作为树结构上的重要操作，本章重点介绍了二叉树的先根遍历、中根遍历、后根遍历以及层次遍历 4 种遍历方式，并介绍了树、森林和二叉树的相互转换。正因为它们之间的转换实现较容易，所以对树的所有操作都可以转化为相对应的二叉树的相关操作来实现。

此外，本章介绍了线索二叉树和赫夫曼树。通过线索二叉树的构建和应用，提升频繁访问和操作树的效率，缩短了时间。利用赫夫曼树构造赫夫曼编码，为数据的压缩问题提供了解决方案。

习　　题

1. 编写程序判断两棵二叉树是否相等。

2. 给定结点 A、B 和 C，请画出所有的二叉树。

3. 编写程序创建一棵以孩子兄弟链表存储结构所表示的二叉树，并输出这棵二叉树的先根遍历序列。

4. 请分别采用递归和非递归算法实现约瑟夫环问题。

5. 请分别使用循环和递归算法来实现斐波那契数列问题。

6. 请分别使用循环和递归来实现 $n!$ 的计算。

7. 在某餐厅里，一共有 15 个人的大家庭正在聚餐，餐饮管理者对顾客的年龄非常好奇，向在场的顾客询问年龄。顾客为了考验餐饮管理者的智慧，给出了如下提示：

第 15 个顾客说："我比第 14 个人大 2 岁"；

第 14 个顾客说："我比第 13 个人大 2 岁"；

第 13 个顾客说："我比第 12 个人大 2 岁"；

……

第 1 个顾客说："我自己是 13 岁"。

请分别使用循环和递归算法来实现年龄猜测问题。

8. 编写算法计算二叉树的深度。

9. 编写程序实现二叉树结点的统计。

10. 编写程序实现二叉树叶子结点的统计。

11. 针对二叉树中指定结点，编写程序输出从 Root 到其本身的路径。

12. 画出结点不少于 8 个的二叉树，并给出相应的中根遍历线索二叉树。

13. 已知某二叉树的中根遍历次序是 $D->B->G->E->A->H->F->I->J->C$，先根遍历次序是 $A->B->D->E->G->C->F->H->I->J$，请画出相应的二叉树并给出该二叉树的后根遍历次序。

14. 编写构造赫夫曼树的测试程序，并基于构造的赫夫曼树输出相应的赫夫曼编码。

第 8 章

图 结 构

在线性结构中，数据元素之间的关系是线性的、串联的，除了两个数据元素外，其余每个数据元素有且仅有一个直接前驱，也有且仅有一个直接后继。栈和队列都是操作受限的线性结构。线性结构适合于解决数据元素间是一对一关系的问题。在树型结构中，数据元素之间的关系具有层次性，每一个数据元素与其下一层的每一个数据元素之间都可能存在关系，但是却只能与其上一层的唯一一个数据元素有关系，数据结构间的逻辑关系图与自然界中的树类似，只是一棵树根在上的倒长着的树。树型结构适合于解决数据元素间是一对多关系的问题。然而，在具体问题域中，还有比数据元素间一对一关系、一对多关系更为复杂的关系。例如，我国城市之间道路连通关系，北京到上海有道路连通，北京到广州有道路连通，上海到广州也有道路连通。再如，人与人之间的同学关系，你和张三是同学，你和李四是同学，张三和李四也可能是同学。这些问题域中的数据元素间既不是一对一的线性关系，也不是一对多的树型关系，而是一种更为复杂的多对多的关系，即一个数据集中的任何一个数据元素都有可能与其余的数据元素间有关系，也就是说，数据元素间的关系是任意的，这就是本章要学习的图结构。本章首先从图的基本概念入手，对图建立直观认识；其次通过对具体问题的分析与设计，训练图型逻辑结构的抽象模型建立、逻辑结构到存储结构的映射，培养数据抽象能力；最后学习基于图的存储结构上的操作及其实现，培养计算思维及解决具体问题的能力。

本章问题：利用图结构以及基于图结构上的操作完成"村村通"项目。

问题描述：2005 年，国务院审议通过《农村公路建设规划》，规划从 2005~2020 年分阶段实现具备条件的乡(镇)和建制村通沥青(水泥)路，基本形成较高服务水平的农村公路网络，使农民群众出行更便捷、更安全、更舒适，适应全面建设小康社会的总体要求。"村村通"项目就是在各个符合条件的村子间修建公路，实现任何两个村子间都有公路相通。2020 年，经科学考察勘测，已经确定某市的 9 个建制村之间可能修建公路的情况。"村村通"项目需完成以下 7 个任务。

(1)为"村村通"项目村子间的道路连通关系构建逻辑结构图；

(2)为"村村通"项目的逻辑结构图设计存储结构；

(3)确定 9 个村子间修建哪几条公路，既要实现村村互通，又要修路最节省经费；

(4)科学、有序地安排好公路施工的各项工程活动；

(5)保证公路施工按期完成，关注影响工期的关键工程活动；

(6)通过修建的公路，到每个村子收集并运送农民的土特产，帮助农民解决实际问题，提高农民收入水平；

(7)为游客提供村子间优质特色的导航服务，促进当地旅游业的发展。

　　仔细分析"村村通"项目要完成的任务，村子与村子间修建公路而产生的道路连通关系，既不像线性结构那样具有一对一的顺序性，也不像树型结构那样具有一对多的层次性，而是任何一个村子都可能与其余的村子间有可修建的公路，村子间可修建公路的连通关系呈现了"多对多"的特征。因此村子之间形成的多对多的道路连通关系就需要用图型结构来解决。那么，为"村村通"项目构建图结构是要完成的第 1 个任务。

8.1　为"村村通"项目村子间的道路连通关系构建逻辑结构图

　　在"村村通"项目中，主要的研究对象是 9 个村子以及它们之间可能修建公路的连通关系。将经过科学勘测的可能修建公路的村子连接起来就是一个图结构，其中村子为图的顶点，村子间的公路为图中的边。在应用图结构实施"村村通"项目之前，我们首先来认识图结构、理解图结构，才能为"村村通"项目构建图结构，并且基于该图结构完成项目要求的任务。

8.1.1　图的定义

　　生活中经常会看到图，如北京市地铁线路图、全国政区图、景区游览图等。计算机相关专业学习过程中也会经常用到图，如程序流程图、用例图、类图等。图以其直观易懂的方式表达了问题域中数据元素之间多对多的复杂关系。1736 年，经典的哥尼斯堡七桥问题引发了图论。东普鲁士的普雷格尔河将哥尼斯堡城分割为 4 个部分，7 座桥连接城市的 4 个部分，哥尼斯堡七桥问题如图 8-1 所示。当地的人们一直热衷于这样的问题，是否可以从城市的某一部分出发一次且仅一次走遍 7 座桥，最后回到起点？著名的瑞士数学家莱昂哈德·欧拉(Leonhard Euler)用图结构破解了这个问题，并发表了关于哥尼斯堡七桥问题的文章。这篇文章被公认为是图论历史上的第 1 篇论文，欧拉也因此被誉为图论之父。欧拉把城市的 4 个部分看作图 8-2 中的顶点 A、B、C 和 D，连接 4 个部分的桥看作图中的边，哥尼斯堡七桥图结构如图 8-2 所示。那么哥尼斯堡七桥问题就可以抽象成为在图 8-2 中能否从图中的某一点出发，经过图中每条边一次且仅一次，这让我们想起"一笔画"游戏。欧拉基于该图提出了欧拉路、欧拉回路和欧拉图。

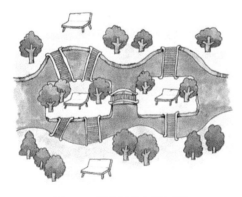

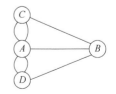

图 8-1　哥尼斯堡七桥问题　　　　　　　　图 8-2　哥尼斯堡七桥的图结构

(1) 如果通奇数桥的部分多于两个，按规则过桥无解；

(2) 如果只有两个部分通奇数桥，可以从这两个部分之一出发，按规则过桥，到另一个部分终止；

(3) 如果没有一个部分是通奇数桥的，则无论从哪个部分出发，都能按规则过桥，这样的图也称为欧拉图。

现在我们知道，根据图中与顶点相连的边数的奇偶性就可以回答是否可以一笔画完，而不再像小时候一样一遍一遍地尝试着去画了。

此外，还有很多有趣而经典的图问题，如环游世界问题、中国象棋马踏棋盘问题、地图着色问题等，都是通过将极其复杂的问题抽象成为图结构而豁然开解。这里，也建议感兴趣的读者去拓展相关阅读，了解图论相关知识及经典的图问题，加深对图的了解和认识。

那么，到底什么是图结构，计算机科学又如何来专业地定义图结构呢？

【问题 8-1】观察图 8-3 所示的图例一和图 8-4 所示的图例二或者环顾四周所能看到的图，或回想一下你所看见过的图，给图下一个定义。

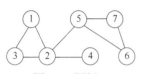
图 8-3　图例一

图 8-4　图例二

从图 8-3 和图 8-4 中不难发现，图结构是由两部分组成的：一部分是图中的点，即用圆圈表示部分；另一部分是图中的边，即两个圆圈之间的连线。所以可以直观地说，图结构是由点和边两个部分构成的。计算机科学对图结构做形式化定义如下：

图 (Graph) 结构是由顶点 (Vertex) 的有限非空集合和连接这些顶点的边 (Edge) 的集合构成的二元组，一般表示为

$$G = <V, E>$$

其中，G 表示一个图；V 表示图 G 中的非空顶点集合；E 表示图 G 中的边集合。

此定义需要强调几点：

(1) 鉴于通常的叫法，本书以下将"图结构"简称"图"，但是要记得图是一种数据结构。

(2) 图的点一般称为顶点，来自英文 Vertex。在第 8 章中称树的点为结点，来自英文 Node。

(3) 图 G 中的顶点集合 V 是有限非空集合，即图中至少要有一个顶点，不存在没有任何顶点的图。

(4) 图 G 中的边集合 E 是有限、可空集合，即图中可以没有边也可以有多条边。一般将仅有顶点没有边的图称为孤立图，图中的顶点称为孤立顶点。

(5) 由图的定义可知，构建一个图就是确定其顶点和边，需要确定顶点表示什么，边表示什么，认识到这一点对构建图非常重要。

8.1.2　图的种类

读者可能会问，我所见过的图看起来并不那么简单、单一，有的图中边有方向、有的

图中边没有方向、有的图边多、有的图边少、有的图中边上还有数字，这些图都一样吗？这是接下来要探讨的问题。

【问题 8-2】仔细观察图 8-5 所示的图例三和图 8-6 所示的图例四，给图进行简单的分类。

图 8-5　图例三　　　　　　　　　图 8-6　图例四

首先从宏观上观察这两幅图，很容易发现图 8-5 中的边均无方向，即边上没有箭头标识。而图 8-6 中的边均有方向，即边上有箭头标识，边的方向为箭头所指。

在计算机科学中，把图中无方向的边称为"无向边"（Undirected Edge），有方向的边称为"有向边"（Directed Edge），有向边也被称为"弧"（Arc）。再来观察图 8-5 和图 8-6 中的边，无论有向边还是无向边，每条边都是由两个顶点和一条连线组成的，两个顶点确定了，边也就确定了，所以可以用两个顶点 v_i 和 v_j 来表示一条边 e。

图 $G = <V, E>$ 中，$v_i, v_j \in V$，$e \in E$，顶点 v_i 和 v_j 是边 e 的两个顶点，则

无序序偶（v_i, v_j）表示 e 为一条无向边；有序序偶$< v_i, v_j>$ 表示 e 为一条有向边。

无向边 e 用其两个顶点 v_i 和 v_j 的无序序偶（v_i, v_j）表示，称顶点 v_i 和 v_j 互为邻接点，边 e 依附于顶点 v_i 和 v_j。图 8-5 中的无向边可以表示为（v_2, v_4）、（v_1, v_5）等，v_2 和 v_4 互为邻接点，v_1 和 v_5 互为邻接点。有向边用其两个顶点 v_i 和 v_j 的有序序偶$<v_i, v_j>$表示，其中 v_i 是起点，v_j 是终点，称顶点 v_i 的邻接点是 v_j，但 v_j 不是 v_i 的邻接点，边 e 依附于顶点 v_i 和 v_j，顶点 v_i 是边 e 的起点，顶点 v_j 是边 e 的终点。图 8-6 中的有向边可以表示为$<v_2, v_1>$、$<v_4, v_3>$等，v_2 的邻接点为 v_1，而 v_1 不是 v_2 的邻接点，v_4 的邻接点为 v_3，反之则不是。

这里需要再重点提示一下。

(1)无向边用小括号"（ ）"表示，有向边用尖括号"< >"表示；

(2)因无向边没有方向，故（v_2, v_4）和（v_4, v_2）表示同一条无向边，而$<v_2, v_4>$和$<v_4, v_2>$却表示方向不同的两条有向边。

弄清楚图的边之后，就可以解答问题 8-2 关于图的分类问题。

1. 基于边有无方向的视角对图进行分类

无向图（Undirected Graph）：所有的边均为无向边的图。

有向图（Directed Graph）：所有的边均为有向边的图。

混合图（Mixed Graph）：既含无向边又含有向边的图。

根据以上定义，图 8-5 为无向图，而图 8-6 为有向图。由于已经知道如何表示边或者弧，那么现在可以根据图的形式化定义来表示图了。

图 8-5 所示的图例三可以表示为

$G = <V, E>$

$V = \{ v_1, v_2, v_3, v_4, v_5 \}$

$E = \{ (v_1,v_2), (v_2,v_3), (v_3,v_4), (v_4,v_5), (v_5,v_1), (v_1,v_3), (v_1,v_4), (v_2,v_4), (v_3,v_5) \}$

图 8-6 所示的图例四可以表示为

$G = <V, E>$

$V = \{ v_1, v_2, v_3, v_4 \}$

$E = \{<v_2,v_1>, <v_3,v_1>, <v_4,v_3> \}$

除了用直观的图示来表示图，图的形式化定义为图的第 2 种表示方式。由于混合图不属于数据结构讨论范围，故这里不再用示例说明。

2. 基于边数多少的视角对图进行分类

稀疏图(Sparse Graph)：边或者弧相对很少的图。

稠密图(Dense Graph)：边或者弧相对很多的图。

基于以上定义可以根据边数或者弧数的多少区分出稀疏图和稠密图。但是图中边数或者弧数多与少只是一个相对的概念，并没有严格的数量规定。例如，100 个顶点的无向图中有 20 条边可以看成稀疏图，而 5 个顶点的无向图中有 10 条边，可以算是稠密图。图 8-5 所示的图例三的边数相对较多，算是稠密图，而图 8-6 所示的图例四的弧数相对较少，算是稀疏图。

如果在图 8-5 中增加边数，如图 8-7 所示，在图 8-6 中增加弧数，如图 8-8 所示，再进一步观察这两个图的特点。

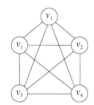

图 8-7　图 8-5 中增加边数 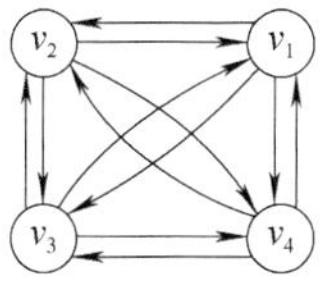　　图 8-8　图 8-6 中增加弧数

图 8-7 中任意两个顶点之间都有一条无向边。因为无向边不分方向，可以依据数学组合公式得出 n 个顶点的无向图中边数为 $1/2 \times n \times (n-1)$。图 8-8 中任意两个顶点之间都有两条弧，且方向相反。因弧有方向，可以依据数学排列公式得出 n 个顶点的有向图中总弧数为 $n \times (n-1)$。这是两种特殊的图，称为完全图或完备图。

无向完全图(Undirected Complete Graph)：任意两个顶点间都有一条无向边的图。

n 个顶点的无向完全图的总边数 $e = 1/2 \times n \times (n-1)$。

有向完全图(Directed Complete Graph)：任意两个顶点间都有两条方向相反的弧的图。

n 个顶点的有向完全图的总弧数 $e = n \times (n-1)$。

根据完全图的定义，图 8-7 为无向完全图或无向完备图，有 5 个顶点，其边数应为 $1/2 \times 5 \times 4 = 10$ 条。图 8-8 为有向完全图或有向完备图，有 4 个顶点，其弧数应为 $4 \times 3 = 12$ 条。

图的定义中规定"图可以没有边但是至少要有一个顶点"，完全图具有最多的边数，孤立图中没有边仅有顶点，由此可以计算出任意的无向图或有向图中的边数或者弧数的变化范围。

图 $G = <V,E>$ 具有 n 个顶点和 e 条边或者弧，那么 n 和 e 的关系为

$$
\begin{cases}
0 \leqslant e \leqslant \dfrac{1}{2} \times n \times (n-1), & \text{图} G \text{为无向图} \\
0 \leqslant e \leqslant \times n \times (n-1), & \text{图} G \text{为有向图}
\end{cases}
$$

有了上述公式，可以很容易地根据顶点数计算得到边数的范围，以及根据边数计算得到顶点数的范围。

3. 基于特殊边的视角对图进行分类

我们来看看两个具有特殊边或弧的图，有特殊边的图如图 8-9 所示，有特殊弧的图如图 8-10 所示，从另一个视角对图进行分类。

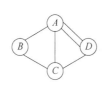
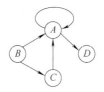

图 8-9　有特殊边的图　　　　图 8-10　有特殊弧的图

图 8-9 中，顶点 A 和顶点 D 之间有两条无向边，称这两条边为平行边。一个图中的两个顶点间的平行边可能不止两条，也可以是多条。平行边也可以出现在有向图中，即有向图中两个顶点间有两条或两条以上的同方向的弧，这些同方向的弧均为平行边。再来看图 8-10，有一条弧的起点和终点均为顶点 A，称该弧为自回边。自回边也可以出现在无向图中，即无向图中起点和终点都相同的边。

简单图(Simple Graph)：既不包含平行边也不包含自回边的图。

多重图(Multiple Graph)：包含平行边或者自回边的图。

图 8-9 因含有平行边，称为多重图，图 8-10 因含有自回边，也称为多重图，而在这之前我们所观察和讨论的所有图均为简单图。

针对简单图和多重图，需要强调以下几点：

(1)含有平行边或者自回边的图称为多重图。

(2)多重图既可以是有向图也可以是无向图。

(3)本书仅讨论学习简单图，多重图的相关内容不属于本书范围，所以后面学习的所有图均为简单图。

显然，图 8-9、图 8-10 不是本书讨论的图类型。我们接着讨论有特殊边或弧的图。

在企业的很多项目实施图中、在城市间铁路或公路交通图中、在交通导航图中，我们经常会发现图中的边或弧上有数字标识，边上有数字标识的图如图 8-11 所示，弧上有数字标识的图如图 8-12 所示。

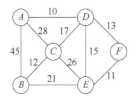
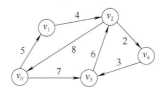

图 8-11　边上有数字标识的图　　　　图 8-12　弧上有数字标识的图

通常情况下，把图中标注在边或者弧上的数字称为权，一般表示边或者弧所依附的一个顶点到另一个顶点间的距离、成本、时间等，是根据实际问题而设置的有具体意义的数据，这样的图被称为网。

权（Weight）：图中标注在边或者弧上的有具体意义的数值。

网（Network）：边或者弧上带权的图。

网既可以是有向图也可以是无向图。图 8-11 的边上均有权，图 8-12 的所有弧上都有权，两个图均为网。网是一种非常重要的图结构，在解决"村村通"项目的多个任务中，如村村互通且节省成本、确保工期、导航等任务都是基于网来完成的。

下面训练关于图的分类。

【训练 8-1】从不同视角对图 8-13 中 (a)、(b)、(c)、(d) 所示图例五进行分类，并标明图的具体类型。

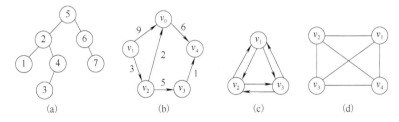

图 8-13　图例五

根据以上对图的分类可知：

(1) 图 8-13 (a) 和 (d) 因边均无向，为无向图，图 8-13 (b) 和 (c) 因边均有向，为有向图。

(2) 图 8-13 (c) 因任意两个顶点间都有方向相反的两条弧，为有向完全图，弧数为 $3 \times 2 = 6$；图 8-13 (d) 因任意两个顶点间都有一条边，为无向完全图，边数为 $1/2 \times 4 \times 3 = 6$。

(3) 图 8-13 (b) 因其边上都有权为网。

读者可能注意到，图 8-13 (a) 既是树型结构，也是图型结构。在前面学过的线性结构、树型结构都是符合图型结构定义的，只不过是图型结构中多对多的关系简化成了一对一或一对多的相对简单的关系。

尽管图是我们生活中、学习中最常见的一种数据结构。但是在计算机科学中，图有其自己的语言称谓或专业术语，这是在专业地使用图结构解决实际问题前必须需要了解和熟悉的内容。

8.1.3　图的术语

下面我们来了解并逐步熟悉关于图的特定语言称谓或专业术语，专业人要使用专业语言，对专业语言的掌握和使用是专业素养的重要体现。

【问题 8-3】计算机科学中，图都有哪些自己的语言称谓或者专业术语？

以图 8-14 所示图例六和图 8-15 所示图例七为例来学习图的专业术语。根据问题 8-2 可知，图 8-14 为无向图，图 8-15 为有向图，由问题 8-1 可知，图中的边或弧表示其依附的两个顶点之间的关系。如果想知道图中任何一个顶点与其余顶点存在多少关系(注意：简单图中，任何一个顶点与其自身没有关系)，其实就是数一下依附于该顶点的边或者弧的个数就可以了。如图 8-14 中，顶点 2 和其余 4 个顶点 1、3、4、5 有关系，因为依附于顶点 2 的边有 4 条，即 (1,2)、(3,2)、(4,2) 和 (5,2)。同样，图 8-15 中，顶点 3 和其余 2 个顶点 5、6 有关系，因为依附于顶点 3 的弧有 2 条，即 <3,5> 和 <6,3>。与无向图不同的是，在有向图中，由于弧是有方向的，所以依附于某个顶点 v 的弧存在方向差异。有的弧是起始于顶点 v，有的弧是终止于顶点 v，起始于顶点 v 的弧和终止于顶点 v 的弧表示两个不同的关系。

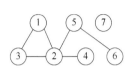

图 8-14 图例六

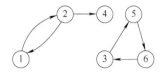

图 8-15 图例七

研究依附于顶点的边数或弧数，会涉及图中一个非常重要的概念"度"。

顶点 v 的度 (Degree)：在图中，依附于顶点 v 的边或者弧的条数，记为 $TD(v)$。

顶点 v 的入度 (Indegree)：有向图中，终止于顶点 v 的弧的条数，记为 $ID(v)$。

顶点 v 的出度 (Outdegree)：有向图中，起始于顶点 v 的弧的条数，记为 $OD(v)$。

图中顶点的"度"是非常有用的概念，很多关于图的问题都要借助顶点的"度"来解决，需要读者很好地理解。

(1) 有向图因其弧是有方向的，所以顶点的度有出度和入度之分。无向图的边无方向，故其顶点仅有度，而没有出度和入度之分。

(2) 有向图中，顶点 v 的度等于顶点 v 的入度 $ID(v)$ 与顶点 v 的出度 $OD(v)$ 之和，即 $TD(v) = ID(v) + OD(v)$。

根据上面对顶点的度的定义可知，图 8-14 中，$TD(2) = 4$，$TD(5) = 2$，$TD(7) = 0$。因为顶点 7 没有任何边依附于它，顶点 7 也被称为孤立顶点。图中孤立顶点的度均为 0。图 8-15 中，$TD(2) = 3$，其中 $ID(2) = 1$，$OD(2) = 2$。

除了从图中可以直观地计算出各个顶点的度之外，我们再来深入地研究一下顶点的度。在无向图中，任何一条无向边 (v_i, v_j) 的存在，都会给顶点 v_i 的度增加 1，也会给顶点 v_j 的度增加 1。也就是说，在无向图中，每一条边会增加 2 度。因此，可以得出结论，在无向图中，所有顶点的度数之和是其边数的 2 倍。在有向图中，任何一条弧 $<v_i, v_j>$ 的存在，都会给顶点 v_i 的出度增加 1，给顶点 v_j 的入度增加 1。同样地，在有向图中，每一条弧也会增加 2 度，但其中一个是入度，另一个是出度。因此，可以得出结论，在有向图中，所有顶点的度数之和也是其边数的 2 倍，但是所有顶点的出度之和与入度之和相等，都等于该有向图中弧的条数。这就是图论中著名的握手定理。

在 n 个顶点，e 条边的图 G 中存在这样的等式关系：

$$\begin{cases} e = \dfrac{1}{2}\sum_{i=1}^{n} TD(v_i), & \text{图 } G \text{ 可为无向图，也可为有向图} \\ e = \sum_{i=1}^{n} ID(v_i) = \sum_{i=1}^{n} OD(v_i), & \text{图 } G \text{ 为有向图} \end{cases}$$

握手定理可以解决很多实际问题，比如碳氢化合物中为什么 H 的个数始终为偶数问题、是否存在奇数个面和奇数条棱的多面体等问题。数据结构一般不需要探讨更深度的图论问题。计算机相关专业关于图论的更深内容会在专门的图论课程或者"离散数学"课程中探讨，感兴趣的读者可以查看相关文献或学习相关课程，了解并掌握握手定理的内涵及其应用，此处不再细谈。

回到图 8-14，从顶点 1 到达顶点 5 有两条路径，可以经过 2 条边(1,2)、(2,5)，也可以经过 3 条边(1,3)、(3,2)、(2,5)。不管走哪条路，顶点 1 到顶点 5 间有路径相通，既可以从顶点 1 到达顶点 5，也可以从顶点 5 到达顶点 1，因此可以说顶点 1 到顶点 5 是相互可达的或连通的。图 8-15 中，顶点 1 只能经过 2 条弧<1,2>、<2,4>到达顶点 4，顶点 1 到顶点 4 间有路径相通，因此也可以说顶点 1 到顶点 4 是可达的或连通的。反之，顶点 4 到顶点 1 之间没有路径相通，则顶点 4 到顶点 1 就不可达或不连通。

在图的世界，有关两个顶点间可达或连通有很多专业术语。

两个顶点间路径(Path)：从一个顶点到达另一个顶点经过的边或者弧的序列，更常用与边或者弧相关联的顶点序列表示。

两个顶点间路径长度(Path Length)：两个顶点间路径上的边或者弧的条数。

两个顶点间简单路径(Simple Path)：顶点不重复的路径。

两个顶点间回路(Cycle)：第 1 个顶点和最后一个顶点相同的路径。

两个顶点间简单回路(Simple Cycle)：第 1 个顶点和最后一个顶点相同，其余顶点都不重复的回路。

上面的文字不难理解，可以简单训练一下，以便加深对这些术语的理解。

【训练 8-2】在图 8-14 和 8-15 中分别表示一条路径、路径长度、简单路径、回路、简单回路。

图 8-14 中，顶点 3 到顶点 6 间的路径可表示为顶点序列(3,2,5,6)，该路径的长度为 3。路径上的所有顶点不重复，所以为简单路径。路径(1,3,2,1)和路径(1,3,2,5,2,1)均为回路，但是仅路径(1,3,2,1)为简单回路。

图 8-15 中，顶点 3 到其自身的路径可表示为顶点序列为(3,5,6,3)，该路径的长度为 3。路径上顶点 3 重复出现，所以不是简单路径。路径上第一个顶点 3 和最后一个顶点 3 相同，所以该路径为回路，且因路径上的中间顶点 5 和顶点 6 不重复，所以该路径也为简单回路。

接下来，再仔细观察图 8-14，发现一个特殊的顶点 7，与图中其余 6 个顶点都不可达，即没有路径相通。在有向图 8-15 中，顶点 1 与顶点 3、顶点 5、顶点 6 均不可达，这涉及图的连通性问题，下面学习一些有关图的连通性方面的专业术语。

连通图(Connected Graph)：无向图中，所有顶点都可达或连通的图，否则为非连通图。

连通分量(Connected Component)：无向图中的极大连通子图。

强连通图(Strongly Connected Graph)：有向图中，所有顶点都互相可达的图，否则为非强连通图。

强连通分量(Strongly Connected Component)：有向图中的极大强连通子图。

上述术语中，前两个是关于无向图的连通性。无向图用"连通图"和"连通分量"来表示其连通性；后两个是关于有向图的连通性。有向图用"强连通图"和"强连通分量"来表示其连通性，这一叫法需要引起读者注意。

根据图的连通性，在问题 8-2 的基础上，可以增加对图的分类。无向图又可分为连通图和非连通图；有向图又可分为强连通图和非强连通图。

在图 8-14 中，因为顶点 7 与其余顶点均不可达，所以是非连通图。一个图的子图就是该图的任何一部分。需要注意，子图也遵循图的定义，即顶点集不能为空，所以从原图上分割出来的任何部分，如果至少包含一个顶点，都是原图的一个子图，由此可知一个图的子图有很多个。图 8-14 中，每个顶点都分别是一个子图，顶点 1、2、3 及连接它们的三条边构成的图也是一个子图。连通分量是图的一个极大连通子图，需要同时满足以下 3 个条件：

(1) 图的一个子图；

(2) 是一个连通图；

(3) 包含能连通的极大顶点数及所有依附于这些顶点的边。

根据极大连通子图需要满足的条件可知，图 8-14 的极大连通子图有 2 个，如图 8-16(a)、(b)所示。

图 8-15 中，由于顶点 2 到顶点 5 之间不可达，就可以确定该图为非强连通图。有向图的子图和强连通分量与无向图的子图及连通分量的构成和满足条件相同，此处不再赘述。图 8-15 的强连通分量有 3 个，如图 8-17(a)、(b)和(c)所示。

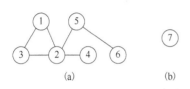

图 8-16　图 8-14 的极大连通子图

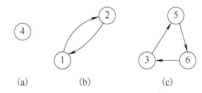

图 8-17　图 8-15 的强连通分量

【训练 8-3】验证图 8-18(a)和(b)所示图例八是否符合握手定理，并分别写出其极大连通图或强连通分量。

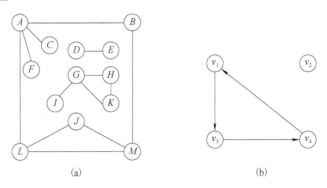

图 8-18　图例八

很明显，图 8-18(a)和(b)均为非连通图，因为两个图中都存在顶点间不可达的情况，如图 8-18(a)中的顶点 A 与顶点 D 不可达，图 8-18(b)中顶点 v_1 与顶点 v_2 不可达。在图 8-18(a)中，所有顶点的总度数 $\sum_{A}^{M}\mathrm{TD}(v) = 4+2+1+1+1+1+3+2+1+2+2+3+3=26$，总边数为 13，边数为所有顶点总度数的 1/2，符合握手定理。图 8-18(b)中，所有顶点的入度和

$\sum\limits_{i=1}^{4}\mathrm{ID}(v_i) = 1+0+1+1=3$，总出度和 $\sum\limits_{i=1}^{4}\mathrm{OD}(v_i) = 1+0+1+1=3$，所有顶点的入度和与出度和相等，并且均与图中的边数 3 相同，符合握手定理。

图 8-19 所示为图 8-18 图例的极大连通子图和强连通分量。图 8-18(a)中，有 3 个极大连通子图，如图 8-19(a)、(b)和(c)所示。图 8-18(b)中，有 2 个强连通分量，如图 8-19(d)和(e)所示。

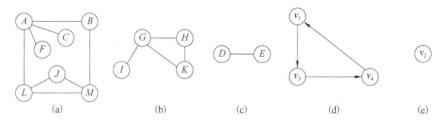

图 8-19　图 8-18 图例的极大连通子图和强连通分量

至此，通过观察图和以往生活对图的一些经验，再加上给定的定理，我们学习了图的定义、图的分类及图的专业术语，建立了对图的基本认识，知晓了图世界的语言，那么就可以着手研究如何为"村村通"项目 9 个村子间的道路连通关系构建逻辑结构图了。

构建图的逻辑结构，就是将实际问题抽象成一个图型结构。前面的分析中已经说明，"村村通"项目 9 个村子间的道路连通关系是一个典型的图结构，因为任何两个村子之间都有可能修建公路。问题是如何确定图结构中的顶点集、顶点数据以及顶点之间的关系（边），只有确定了这些信息，才能构建出该问题的逻辑结构图。

8.1.4　构建逻辑结构的步骤

【问题 8-4】"村村通"项目中 9 个村子间可修建公路的连通关系如何用图结构表示？

用图来表示数据元素间的关系，就是将实际问题中的数据元素及数据元素之间的关系抽象成图中的顶点及顶点之间关系。所以，在构建逻辑结构图之前，首先要弄清楚实际问题中的数据集、数据集中的数据元素以及数据元素间的关系。在第 1 章中给出了数据结构解题的七个步骤，其中前三个步骤就是用于确定数据集、数据元素及数据元素之间关系的。

第 1 步，确定数据集——确定图中的顶点集。就是要确定实际问题中研究对象的集合。在"村村通"项目中，主要研究 9 个村子中任意两个村子间是否可以修建公路的连通关系，所以研究对象是 9 个村子的数据，即数据集。每个村子的数据为图的顶点。因此，本步骤的输出为 9 个村子数据组成的数据集，即图中的 9 个顶点。

数据集或顶点集 = {村子 1 数据,村子 2 数据,村子 3 数据,村子 4 数据,村子 5 数据,村子 6 数据,村子 7 数据,村子 8 数据,村子 9 数据}

第 2 步，确定数据元素——确定顶点数据。根据具体问题，深入研究数据集中的每一个数据元素，抽取所有数据元素的共有特征或公共属性。在"村村通"项目中，因为要完成 9 个村子修建公路的任务，所以抽取出 9 个村子数据的公共属性分别为村子编号、村子名称、村子地址、村主任、项目联系人、联系人电话。

在此特别强调，数据元素的公共属性一定要根据具体要解决的问题来确定，这一点非常重要。例如，村子编号属性是为了唯一标识每一个村子，村子地址属性是为了以后修路需要，村主任属性是为了实施修路过程中与村子的沟通和协调，项目联系人属性是为了修建公路时出现相关问题可以方便联系等。请读者考虑，是否可以增加一个公共属性"村子人口数"呢？目前来看，没有必要，因为在"村村通"项目要解决的问题中，人口数不是一个必要信息。但是，如果"村村通"项目后续还要关注村村通公路后人均收入是否提高的问题，那村子人口数就是必须抽取出的一个公共属性了。当然，读者还可以对"村村通"项目进行更深入的研究，完成更多的任务，也许还可以再添加其他属性。目前来看，村子数据元素只要这 6 个属性即可。在这些属性中，村子编号属性是主键属性，可以唯一地标识每一个村子。鉴于以上，本步骤的输出为村子数据元素属性图，如图 8-20 所示，也就是顶点数据的属性图。

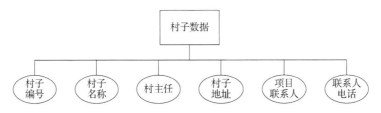

图 8-20　村子数据元素的属性图

第 3 步，构建逻辑结构——确定边或者弧。就是根据实际问题，构建数据元素之间的关系。在"村村通"项目中，9 个村子的数据之间因为可以修建公路而产生连通关系。在描述修建公路的连通关系时，因为任意两个村子之间都有修建公路的可能性，9 个村子的数据显然不是一一对应的线性关系，也不是一对多的树型关系，而是多对多的图型关系。其中，9 个村子的数据为图的顶点，村子与村子间可修建公路的连通关系为图中的边。由于两个村子之间的公路是互通的，所以 9 个村子间可修建公路的连通关系为无向图。假设根据科学的地质勘测，已经确定 9 个村子中所有可能修建公路的情况。鉴于以上，本步骤的输出为 9 个村子的可修建公路的连通关系图，也就是逻辑结构图。为方便说明，9 个村子的数据分别用 1～9 的村子编号来表示，9 个村子可修建公路的连通关系图如图 8-21 所示。至此，"村村通"项目的村子数据元素间的逻辑结构图构建完毕。

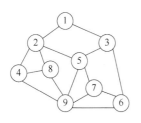

图 8-21　9 个村子可修建公路的连通关系图

掌握了构建图的逻辑结构的三个步骤，将具体问题抽象成为图结构就变得非常容易了。下面我们一起来训练一下。

【训练 8-4】和谐社会的一个重要方面是人与人之间的互助。同学之间在生活、学习上互帮互助同样有利于和谐班级的建设。一个班级中 6 名学生之间的帮助关系如何构建图结构？

第 1 步，确定数据集——确定顶点集。本问题中主要研究的数据集合为 6 名学生，这是图的 6 个顶点。本步骤输出的数据集或顶点集 = {学生 A,学生 B,学生 C,学生 D,学生 E,学生 F}。

第 2 步，确定数据元素——确定顶点数据。根据问题，目前仅需要构建学生间的帮助关系，学生数据元素的公共属性包括学号、姓名即可，其中，学号属性为主键。本步骤的输出为学生数据元素的属性图，如图 8-22 所示。

　　第 3 步，构建逻辑结构——确定边或者弧。在 6 名学生中，任意两个学生都可能互相帮助过，所以学生间的帮助关系是多对多的关系。由于学生 A 帮助过学生 B，学生 B 不一定帮助过学生 A，所以学生间的帮助关系应该用有向图来表达。为方便起见，6 个学生分别用 A~F 表示，6 个学生间的帮助关系图如图 8-23 所示。

图 8-22　学生数据元素的属性图

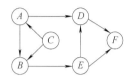

图 8-23　6 个学生间的帮助关系图

　　通过三个步骤，确定实际问题中的数据集、数据元素的公共属性、数据元素间的关系，分别映射为图中的顶点集、顶点数据和边，完成图的逻辑结构的构建。下面强调一下构建逻辑结构图过程中的几个关键问题，以达到事半功倍的效果。

　　综合以上，总结一下在针对具体图问题构建逻辑结构的关键所在。

　　无论面对什么样的实际问题，如果确定使用图结构来解决，其逻辑结构可能是有向图，也可能是无向图，但是归根到底都是一张图，这就是问题的实质。根据图的定义，图是由顶点和边构成的，所以在为实际问题构建逻辑结构图的时候，准确地把握四个关键点即可。

　　(1)确定实际问题是一个图的问题，即识别出数据元素之间是否为多对多的图型关系。

　　(2)确定图中顶点集合，即数据元素的集合。

　　(3)确定图中边的集合，即数据元素之间关系的集合。

　　(4)确定数据元素的公共属性，一定要依据具体问题来确定。

　　将一个实际问题中的数据元素间的关系抽象为一张图，即构建了图的逻辑结构。之后就可以基于该逻辑结构，根据具体问题的要求，确定解决这些问题的各种操作了。

8.1.5　确定操作

　　未来，逻辑结构将转化为存储结构，基于逻辑结构的操作将转化为基于存储结构的程序模块。每一个操作完成一个任务，每一个操作利用 C 语言中一个或多个函数来实现。确定每一个操作，一是需要确定操作的输入，即完成任务需要的前提条件，未来将转化为函数的形式参数；二是需要确定操作的输出，即完成任务的结果，未来将转化为函数的返回值类型。

　　在确定"村村通"项目的操作之前，先做一些关于 C 语言函数的简单训练。

　　【训练 8-5】"村村通"项目中，要完成的 2 个操作或者任务：①查找某个村子的地址；②计算任意两个村子间的距离。

　　根据图 8-21 所示的 9 个村子间可修建公路的逻辑结构图，至少需要基于图 8-21 实施 2 个操作。

　　(1)操作描述：根据给定的村子编号，基于"村村通"项目的逻辑结构图搜索，找到与给定村子编号相同的村子，输出其村子地址。

操作名：查找村子地址。

输入：逻辑结构图，给定村子编号。

输出：村子的地址信息。

(2)操作描述：根据给定的两个村子的编号，基于"村村通"项目的逻辑结构图找到两个村子，计算从一个村子到另一个村子的距离。

操作名：计算村子间的距离。

输入：逻辑结构图，给定村子 A 的编号，给定村子 B 的编号。

输出：村子 A 到村子 B 的距离。

上面的训练似乎很简单，但是方法和步骤是非常重要的，读者在初学数据结构时一定要培养规范意识。

下面确定"村村通"项目中的几个操作。

【问题 8-5】"村村通"项目中，需要完成以下 5 个任务：①确定 9 个村子间修建哪几条公路，既要实现村村互通，又要修路最节省经费；②科学、有序地安排好公路施工的各项工程活动；③保证公路施工按期完成，关注影响工期的关键工程活动；④通过修建的公路，到每个村子收集并运送农民的土特产；⑤为游客提供村子间优质特色导航服务。将这 5 个任务转换成 5 个操作并分别描述。

第①个任务转换的操作及描述如下。

操作描述：修建 8 条公路既可实现 9 个村子互通，又要在 15 条可修建公路中选择出 8 条来修建，达到总修建经费最少的目的。

操作名：最少花费实现村村通。

输入："村村通"项目逻辑结构图(图中边权代表修路花费)。

输出：8 条公路交通图，最小花费额。

第②个任务转换的操作及描述如下。

操作描述：依据修建 8 条公路的所有工程活动间施工先后的限制条件，给工程施工活动安排施工先后顺序。

操作名：工程活动排序。

输入："村村通"项目各项活动实施先后关系图。

输出：工程活动的实施次序。

第③个任务转换的操作及描述如下。

操作描述：保证修建公路的各项工程活动按照预定的工期交付，找到影响工期的关键活动，保证关键活动的工期，可保证整个工程的工期。

操作名：求关键活动。

输入："村村通"项目各项活动实施先后关系图(图中边权代表活动持续时间)。

输出：所有关键活动。

第④个任务转换的操作及描述如下。

操作描述：通过修建的 8 条公路，到每个村子一次且一次收购农民的土特产。

操作名：遍历每个村子。

输入：操作②输出的 8 条公路交通图。

输出：遍历村子的次序。

第⑤个任务转换的操作及描述如下。

操作描述：村子间的导航服务，提供从一个村子到其余各个村子间距离最短的导航或者任意两个村子间距离最短的导航。

操作名：求最短路径(Shortest Path)。

输入："村村通"项目中村子间所有公路交通图(图中的边权代表距离)。

输出：最短路径长度、最短路径。

注意，在企业的实际项目中，以上确定数据集→确定数据元素→构建逻辑结构→确定操作四个步骤是基于具体业务领域知识完成的。所以，项目中的数据集、数据元素、逻辑结构及操作，一定要通过与客户不断地沟通、反复地核对，最终生成具有法律效力的需求文本，这就是软件工程上所说的"需求分析"。需求分析确定项目中的任务"是什么"，其准确与否直接关系到项目的成败，故上面四个步骤一定要充分重视，要有业务领域专家参与其中。通常情况下，需求分析过程需要借助 UML 中各种图示来表达需求和精准需求，建议感兴趣的读者阅读软件工程及 UML 相关书籍。

本节的所有问题和训练都是培养读者以"数据为中心"来解决实际问题。通过四个步骤构建问题域中数据间的逻辑结构图及基于图的操作。强调以"数据"为中心、强调重视需求、强调解决问题方法的重要性、强调抽象思维与计算思维养成的重要性，请读者有意为之。

至此，完成了"村村通"项目中村子数据间逻辑结构图的构建，确定了基于图的操作，弄清楚了"村村通"项目中要完成的任务是什么，下面就可以转向"如何做"，就是如何将基于业务领域确定的任务需求转化为技术领域的方案设计。在软件工程中"如何做"对应的阶段是"系统设计"。由于"村村通"项目的各项任务最终是需要计算机去完成的，这就需要将已经构建的逻辑结构图及基于图的操作转化为从计算机系统的角度去设计实现方案，实现从软件需求到软件设计的映射。根据前面学过的数据结构的解题步骤，系统设计包括定义数据类型、定义存储结构、定义函数三个步骤，即分别实现数据元素到数据类型的映射、逻辑结构到存储结构的映射、操作到函数的映射。这就是我们接下来要完成的任务。

8.2 为"村村通"项目的逻辑结构图设计存储结构

图的存储结构是图的逻辑结构在计算机内存中的具体存储映射。将逻辑结构转换为存储结构实现映射应解决两个问题：一是要确定从逻辑结构映射到内存的存储结构采用的方法；二是要将映射到内存的存储结构用计算机语言表示出来。

【问题 8-6】将"村村通"项目中村子间可修建公路的连通关系图(逻辑结构)保存到计算机内存中(存储结构)。

首先来研究图 8-21 所示的由"村村通"项目中 9 个村子间可修建公路的连通关系构建而成的逻辑结构图，这是一个由 9 个顶点和 15 条边构成的无向图。前面多次强调过，图是由顶点集合和边集合的二元组构成的。如果解决了图中所有顶点和所有边的存储问题，就完成了逻辑结构在计算机内存中的存储，实现了逻辑结构到存储结构的映射。如此看来，确定从逻辑结构到存储结构的映射采用的方法应分为两步：第 1 步是确定图中顶点的映射方法，即存储图中顶点的方法；第 2 步是确定图中边的映射方法，即存储图中边的方法。

8.2.1 邻接矩阵存储法

图中的顶点间没有严格的顺序，所以很容易想到用一维数组来存储图中的点集合。而存储图中的边却没有那么容易，因为不仅要存储边，还要存储边所依附的两个顶点。由于图中任何两个顶点间都可能有边相连，由此我们自然会想到可以用二维矩阵来存储图中的边，矩阵的行和列均代表图中的各个顶点。前面讲过，无向图中无向边(v_i, v_j)的两个顶点v_i和v_j互为邻接点。有向图中弧$<v_i, v_j>$的顶点v_j是v_i的邻接点，而顶点v_i并不是v_j的邻接点。总之，图中两个邻接点可以用来表示边或者弧，所以通常把存储图中边或弧的矩阵称为邻接矩阵(Adjacent Matrix)。

1. 存储图的顶点

图的顶点是一个集合，集合中的元素无序且具有相同的数据类型，所以图的顶点采用一维数组来存储比较合适。图中的顶点数据一般都是一个复合结构，就是数据结构解题步骤第 2 步确定的数据元素的公共属性。用多个属性维度来描述数据元素，在定义其数据类型时，一般面向过程语言会选择使用"结构体"类型，面向对象语言可以选择使用"类"。本书采用 C 语言为描述工具，所以顶点数据用结构体存储，顶点数据集合用结构体数组存储。存储图的顶点数据需要两步：第 1 步定义顶点数据的数据类型，即定义结构体数据元素的数据类型；第 2 步定义顶点的存储结构，即定义结构体数组。

【问题 8-7】"村村通"项目的逻辑结构中，顶点为 9 个村子数据，分别用数字 1～9 替代。存储图的顶点数据就是存储 9 个村子数据，因此需要定义村子数据的数据类型、定义存储村子数据的结构体数组。

第 1 步，定义顶点的数据类型。

根据问题 8-4 第 2 步的分析结果，如图 8-20 所示的村子数据元素属性图，将村子数据元素的属性转换为结构体的成员。村子数据结构体包含村子编号、村子名称、村子地址、村主任、项目联系人、联系人电话 6 个成员。村子数据结构体数据类型定义如下：

```
/*定义村子数据的结构体数据类型*/
struct villageInfo
{
    char village_no[2];            //村子编号
    char village_name[30];         //村子名称
    char village_addr[50];         //村子地址
    char village_head[20];         //村主任
    char village_contacter[20];    //项目联系人
    char contacter_phone[11];      //联系人电话
};
```

说明：因为 C 语言中没有字符串类型，所以存储字符串需要使用字符数组。字符数组的长度要根据实际问题中要存储的最大字符数而定。要充分考虑实际问题中最大字符串长度，例如，少数民族的村子名称或者人名的字符数都相对较长，所以在定义字符数组长度时需要格外注意。此外，结构体类型名和其成员名应该遵循"见名知义"的原则，便于后期项目组成员间交流、测试及项目后期的维护等。

第 2 步，定义顶点的存储结构。

存储 9 个村子数据，村子数据结构体的数据类型为 struct villageInfo，存储 9 个村子数据需要用 struct villageInfo 数据类型的结构体数组，定义如下：

```
/*定义存储村子数据的结构体数组*/
struct villageInfo  villages[9]; //存储 9 个村子数据的结构体数组
```

此处提醒，struct villageInfo 为村子数据的数据类型，不要写成 villageInfo。读者也可以使用 C 语言的 typedef 直接定义数据类型。

再练习一下图中顶点的存储方法。

【训练 8-6】存储训练 8-4 中逻辑结构图的顶点。

根据训练 8-4 中第 2 步结果输出的学生数据属性图，将学生数据属性转化为学生结构体成员。学生结构体包含学号、学生姓名两个成员。学生结构体数据类型定义如下：

第 1 步，定义顶点数据类型。

```
/*定义学生结构体数据类型*/
struct  studentInfo
{
    char s_no[15];                  //学号
    char s_name[20];                //学生姓名
}
```

第 2 步，定义顶点的存储结构。

共有 6 个学生数据，要定义存储 6 个学生数据的结构体数组。

```
/*定义存储学生数据的结构体数组*/
struct  studentInfo  students[6];      //存储 6 个学生数据的结构体数组
```

学会了图中顶点的存储结构，接下来研究图中边的存储结构。

2. 存储图的边

存储图中的边要比存储顶点复杂一些，因为边是用其依附的两个顶点序偶来表示的。所以存储一条边，其实需要存储这条边依附的两个顶点。因为图中任何两个顶点之间都可能有边相连，所以为了能够表示出"任意"两个顶点间的关系，采用矩阵是个不错的选择。

1) 构建图的邻接矩阵

矩阵是由行和列组成的。用邻接矩阵来存储图的边，矩阵的每一行依次代表图的一个顶点，矩阵的每一列也按与行相同的次序代表图的一个顶点，所以邻接矩阵为一个方阵。在 n 个顶点的图 G 中，其邻接矩阵定义如下。

图 $G = <V,E>$ 具有 n 个顶点，则其边的邻接矩阵 (Adjacency Matrix) A 是一个 $n \times n$ 的方阵，定义为

$$A[i][j] = \begin{cases} 1, & (v_i, v_j) \in E \text{或} <v_i, v_j> \in E \\ 0, & \text{反之} \end{cases}$$

上述邻接矩阵的定义既适合于无向图又适合于有向图。如果顶点 v_i 和 v_j 之间有边 (v_i, v_j) 或 $<v_i, v_j>$，则在邻接矩阵的第 i 行、第 j 列交叉处置 1，即 $A[i][j] = 1$。如果顶点 v_i 和 v_j 之间没有边，则在邻接矩阵的第 i 行、第 j 列交叉处置 0，即 $A[i][j] = 0$。

下面我们来看看"村村通"项目逻辑结构图中的 15 条边如何用邻接矩阵来表示。因为图 8-21 中有 9 个顶点，所以"村村通"项目逻辑结构图的邻接矩阵是 9×9 的方阵，如图 8-24 所示。由于图中的边代表对应村间的公路连通关系，故邻接矩阵命名为"roadInfoMatrix"。邻接矩阵上侧和左侧的数字 1～9 依次代表了图中的 9 个顶点编号。第 2 个村子到第 4 个村子有可修建的公路，或者说逻辑结构图中顶点 2 和顶点 4 之间有边相连，则将邻接矩阵的第 2 行、第 4 列元素 roadInfoMatrix[2][4] 的值置为 1。第 4 个村子到第 6 个村子间不可修建公路，或者说逻辑结构图中顶点 4 和顶点 6 间没有边相连，则将邻接矩阵的第 4 行、第 6 列元素 roadInfoMatrix[4][6] 的值置为 0。

$$roadInfoMatrix = \begin{matrix} & 1\;2\;3\;4\;5\;6\;7\;8\;9 \\ \begin{matrix}1\\2\\3\\4\\5\\6\\7\\8\\9\end{matrix} & \begin{bmatrix} 0\;1\;1\;0\;0\;0\;0\;0\;0 \\ 1\;0\;0\;1\;1\;0\;0\;1\;0 \\ 1\;0\;0\;0\;1\;1\;0\;0\;0 \\ 0\;1\;0\;0\;0\;0\;0\;0\;1 \\ 0\;1\;1\;0\;0\;0\;1\;0\;1 \\ 0\;0\;1\;0\;0\;0\;1\;0\;1 \\ 0\;0\;0\;0\;1\;1\;0\;0\;1 \\ 0\;1\;0\;0\;0\;0\;0\;0\;1 \\ 0\;0\;0\;1\;1\;1\;1\;1\;0 \end{bmatrix} \end{matrix}$$

图 8-24　"村村通"项目逻辑结构图的邻接矩阵

从图 8-24 中很容易看出图中的边、边所依附的顶点等信息，邻接矩阵中值为 1 所在的行和列对应的顶点间有边。除此之外，还可以从邻接矩阵中获得很多有用信息。

（1）邻接矩阵的主对角线的值均为 0，因为数据结构仅研究简单图，简单图中不含自回边，所以 roadInfoMatrix[i][i] = 0。

（2）邻接矩阵是关于主对角线的对称矩阵。因为在无向图中如果顶点 v_i 到顶点 v_j 之间有边，即 roadInfoMatrix[i][j] = 1，那么顶点 v_j 到 v_i 之间一定有边，即 roadInfoMatrix[j][i] = 1。如 roadInfoMatrix[5][7] = 1，roadInfoMatrix[7][5] = 1。

（3）第 i 个顶点的度为邻接矩阵的第 i 行或第 i 列的所有数值相加之和。比如第 9 个顶点的度为邻接矩阵中第 9 行或第 9 列所有数值相加之和，即 0+0+0+1+1+1+1+1+0 = 5。

（4）第 i 个顶点的所有邻接点为邻接矩阵的第 i 行或第 i 列的值为 1 所在的列对应的顶点或所在的行对应的顶点的集合。例如，顶点 1 的邻接点为顶点 2 和顶点 3。

【训练 8-7】用邻接矩阵存储训练 8-4 中逻辑结构图中的弧。

与"村村通"项目的逻辑结构图不同，训练 8-4 中的逻辑结构图为有向图。那就需要注意，无向边 (v_i, v_j) 的两个顶点 v_i 和 v_j 互为邻接点，所以如果其邻接矩阵 d 的 $A[i][j] = 1$，则 $A[j][i] = 1$。但在有向图中，弧 $<v_i, v_j>$ 只说明顶点 v_j 是 v_i 的邻接点，但是顶点 v_i 不一定是 v_j 的邻接点。也就是说，如果有向图的邻接矩阵 $A[i][j] = 1$，则 $A[j][i] = 1$ 不一定成立，这要看在弧 $<v_j, v_i>$ 在图中是否也存在。

依据邻接矩阵定义及有向图中弧的特征，为训练 8-4 的逻辑结构图构建邻接矩阵。由于弧代表学生间的帮助关系，故邻接矩阵命名为 helpInfoMatrix。图中有 6 个顶点，所以

$$helpInfoMatrix = \begin{bmatrix} 0\;1\;0\;1\;0\;0 \\ 0\;0\;0\;0\;1\;0 \\ 1\;1\;0\;0\;0\;0 \\ 0\;0\;0\;0\;0\;1 \\ 0\;0\;0\;1\;0\;1 \\ 0\;0\;0\;0\;0\;0 \end{bmatrix}$$

图 8-25　学生帮助关系的邻接矩阵

学生帮助关系的邻接矩阵为 6×6 的方阵，如图 8-25 所示。

该邻接矩阵的行和列分别代表从 A~F 六名学生。学生 A 帮助了学生 D，故邻接矩阵中学生 A 所在的第 1 行和学生 D 所在的第 4 列交叉处置 1，即 helpInfoMatrix[1][4] = 1。而学生 D 没有帮助学生 A，故邻接矩阵中学生 D 所在的第 4 行和学生 A 所在的第 1 列交叉处置为 0，即 helpInfoMatrix[4][1] = 0。此外，有向图的邻接矩阵与无向图的邻接矩阵相比还有其他不同的特征。

(1) 由于数据结构仅研究简单图，故有向图的邻接矩阵的主对角线的值均为 0。

(2) 有向图的邻接矩阵不一定关于主对角线对称，如 helpInfoMatrix[5][4] = 1，而 helpInfoMatrix[4][5] = 0。

(3) 第 i 个顶点的出度为邻接矩阵中第 i 行所有数值之和；第 i 个顶点的入度为邻接矩阵中第 i 列所有数值之和；第 i 个顶点的度为邻接矩阵中第 i 行所有数值与第 i 列所有数值之和。例如，顶点 E 为邻接矩阵中的第 5 个顶点，顶点 E 的出度 $OD(E) = 0+0+0+1+0+1 = 2$，入度 $ID(E) = 0+1+0+0+0+0 = 1$，顶点 E 的度 $TD(E) = OD(E) + ID(E) = 2 + 1 = 3$。

(4) 第 i 个顶点的邻接点为邻接矩阵第 i 行中值为 1 所在的列对应的顶点集合。例如，顶点 C，即第 3 个顶点的邻接点为第 3 行中第 1 列和第 2 列的两个 1 对应的顶点 A 和顶点 B。

以上是关于无向图和有向图的邻接矩阵的构建方法，相信读者已经掌握。现在，请再思考一个问题，邻接矩阵适合于存储任何种类的图吗？大家记得有一种图称为"网"，这是一种特殊的图，因为其边上有权值。网中的边不仅表示两个顶点之间的关系，而且还标识了顶点间关系的"值"的度量，即"边权"。前面学习的有向图和无向图均没有边权，所以使用"1"或者"0"来表示顶点间有无边。如果边上还有"边权"，那么网的邻接矩阵如何构建呢？

可能大多数读者想到了，如果图中两个顶点间有边权，说明两个顶点间一定有边。那么，在邻接矩阵中，可以用"边权"替代"1"，用无穷大"∞"替代两个不同顶点间无边的"0"。因为数据结构仅讨论简单图，所以网的邻接矩阵的主对角线也全是"0"。网的邻接矩阵的定义修改如下。

图 $G = <V,E>$ 是具有 n 个顶点的网，则其边的邻接矩阵 A 是一个 $n×n$ 的方阵，定义为

$$A[i][j] = \begin{cases} 边权, & 若(v_i,v_j) \in E 或 <v_i,v_j> \in E \\ 0, & 若 i = j \\ \infty, & 若(v_i,v_j) \notin E 或 <v_i,v_j> \notin E \end{cases}$$

【训练 8-8】图 8-26 所示的网构建邻接矩阵。

根据上述网的邻接矩阵的定义，图 8-26 有 5 个顶点，其邻接矩阵为 5×5 的方阵。矩阵的每一行依次代表顶点 A~E，每一列也依次代表顶点 A~E，图 8-26 网的邻接矩阵如图 8-27 所示。

图 8-26 是一个基于无向图的网，除了用"边权"替代"1"，用"∞"替代"0"之外，其邻接矩阵也是关于主对角线对称的、主对角线的值均为 0，这些特点与无向图的邻接矩阵相同。基于有向图的网的邻接矩阵，读者可以根据有向图和网的邻接矩阵的定义自行完成构建。

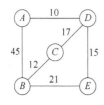

图 8-26　网

$$\text{nctworkEdgeMatrix}=\begin{bmatrix} 0 & 45 & \infty & 10 & \infty \\ 45 & 0 & 12 & \infty & 21 \\ \infty & 12 & 0 & 17 & \infty \\ 10 & \infty & 17 & 0 & 15 \\ \infty & 21 & \infty & 15 & 0 \end{bmatrix}$$

图 8-27　图 8-26 网的邻接矩阵

至此，读者应该具有为图构建邻接矩阵的能力了。下面来总结一下图的邻接矩阵的构建步骤。

第 1 步，依据逻辑结构图中的顶点，构建一个 $n \times n$ 的邻接矩阵，行和列依次用对应的顶点表示。

第 2 步，依据逻辑结构图中的边或弧，根据顶点 i 和顶点 j 之间是否有边或者弧为邻接矩阵第 i 行、第 j 列对应元素 $A[i][j]$ 的值置 1 或 0 或者边权即可。

掌握了图的邻接矩阵的构建方法，下一步就要研究邻接矩阵在计算机中的存储问题了。

2) 定义邻接矩阵的存储结构

存储图中的边就是存储表示边的邻接矩阵。邻接矩阵是由行、列组成的二维结构，存储邻接矩阵自然会想到用 C 语言中的二维数组。

【问题 8-8】为"村村通"项目图的邻接矩阵定义存储结构。

存储邻接矩阵，也就是定义了该邻接矩阵所表示的图的存储结构。因为"村村通"项目的邻接矩阵为 9×9 的矩阵，且矩阵中的值非"1"即"0"，所以定义一个 int 类型的 9 行 9 列的二维数组即可，定义如下：

```
/*定义存储"村村通"项目中图的邻接矩阵*/
int roadInfoMatrix[9][9];
```

注意，二维数组名最好要和邻接矩阵名保持一致。

依此方法，可以定义存储学生间帮助关系的邻接矩阵如下：

```
int helpInfoMatrix[6][6];
```

定义保存图 8-26 网的邻接矩阵的存储结构如下：

```
int networkEdgeMatrix[5][5];
```

此处应该引起读者思考，网中的边权绝大多数都为数值，一般表示距离、花费、时间等，所以存储边的二维数组的数据类型并不一定都是 int 类型，也可能是 float 或 double 类型。其次，当网中边权为无穷大"∞"时，如何来定义无穷大的数据类型呢？一般来说，"∞"表示计算机中边权的数据类型允许的最大值。例如，如果边权为 int 类型占 2 字节，则"∞"代表 $2^{16} = 65535$。本章所有图的邻接矩阵中边权为无穷大"∞"表示为 65535。

至此，我们用一维结构体数组存储了图中的顶点数据，用二维数组存储了图中的边或弧的数据，接下来就是如何整合顶点和边的存储结构，定义图的存储结构了。

3. 定义图的存储结构

回到问题 8-6 中，要实现"村村通"项目中图的逻辑结构到存储结构的映射，用一维结构体数组存储 9 个村子数据的顶点，用二维数组存储村子之间可修建公路而产生的 15 个连通关系的边，下面定义"村村通"项目图的存储结构。为了完整地表述定义过程，对前面的步骤进行整理，定义"村村通"项目图的存储结构的完整步骤如下。

第 1 步，定义村子数据元素的数据类型——定义顶点的数据类型。

```
/*定义村子数据元素的数据类型*/
struct villageInfo
{
    char village_no[2];              //村子编号
    char village_name[30];           //村子名称
    char village_addr[50];           //村子地址
    char village_head[20];           //村主任
    char village_contacter[20];      //项目联系人
    char contacter_phone[11];        //联系人电话
};
```

第 2 步，定义村子数据的存储结构——定义顶点的存储结构。

```
/*定义存储村子数据的结构体数组*/
struct villageInfo  villages[9];     //存储 9 个村子数据
```

第 3 步，构建"村村通"项目图的邻接矩阵——构建边的邻接矩阵。
如图 8-24 所示，此处不再重复。

第 4 步，定义"村村通"项目图的邻接矩阵的存储结构——定义边的存储结构。

```
/*定义"村村通"项目图中边的存储结构*/
int roadInfoMatrix[9][9];
```

第 5 步，定义"村村通"项目中图的存储结构——定义图的存储结构。

```
/*定义"村村通"中图的存储结构*/
struct cuncunConnectedMatrix
{
    struct villageInfo  villages[9];     //存储顶点数据
    int roadInfoMatrix[9][9];            //存储边数据
    int num_villages, num_roads;         //存储图的顶点数和边数
}
```

在图的存储结构中，除了保存顶点数据和边数据外，常规还需要存储图中的顶点数和边数，以便于后面基于该存储结构对顶点和边进行操作时使用。

至此，经过 5 个步骤完成了"村村通"中的任务 2。请读者深入思考，目前你对用邻接矩阵作为图的存储结构是否还满意，还有可优化之处吗？

我们一起来分析，现在的"村村通"项目是 9 个村子修建公路连通问题，如果决定再

增加 5 个村子，或者初始就是解决几十个、上百个村子间的公路连通问题，那么这个存储结构中的数组长度"9"要不断变化，这对后期的程序维护是非常不利的。C 语言中的宏定义#dcfine，可以通过定义符号常量来解决这个问题。"村村通"项目中图的存储结构可以做如下的优化处理。

```
#define MAX_VILLAGES  100                        //定义符号常量 MAX_VILLAGES
struct cuncunConnectedMatrix
{
    struct villageInfo  villages[MAX_VILLAGES];              //存储顶点数据
      int roadInfoMatrix[MAX_VILLAGES][MAX_VILLAGES];    //存储边数据
      int num_villages, num_roads;            //存储图中的顶点数和边数
}
```

利用#define 宏定义，用符号常量 MAX_VILLAGES 来代替问题中的村子数，从而针对不同项目中的不同村子数，仅需要修改#define 宏定义中符号常量 MAX_VILLAGES 代替的具体数据即可。

我们把解决的问题更一般化一些。如果图中的顶点不是村子数据，图中的边也不是村子间可修建公路的连通关系，而是任何一个可以用图来描述数据元素间关系的一个问题或项目，这个存储结构的构建思路和步骤同样是成立的，可稍做修改如下：

```
#define MAX_VERTEXES  100
/*定义顶点的数据类型*/
struct vertexType
{
    数据类型 1  顶点属性名 1;                     //顶点的属性 1
    数据类型 2  顶点属性名 2;                     //顶点的属性 2
    ...
    数据类型 n  顶点属性名 n;                     //顶点的属性 n
};
/*定义图的存储结构*/
struct  graphName
{
    vertexType vertexes[MAX_VERTEXES ];   //存储顶点数据
    int edgesMatrix[MAX_VERTEXES ][ MAX_VERTEXES ]; //存储边数据
    int num_vertexes, num_edges;             //存储图中的顶点数和边数
}
```

在程序设计中，一般规范的写法是宏定义放在一个文件的开头位置，所以将#define 宏定义语句放置在顶端的数据类型定义之前。

【训练 8-9】定义学生间帮助关系中图的存储结构。

```
#define MAX_STUD  6
/*定义顶点的数据类型*/
struct  studentInfo
```

```
{
    char s_no[15];                                    //学生学号
    char s_name[20];                                  //学生姓名
}
/*定义图的存储结构*/
struct studentHelp
{
    struct studentInfo students[MAX_STUD];           //存储顶点数据
    int helpInfoMatrix[MAX_STUD][MAX_STUD];           //存储边数据
    int num_stud, num_help;                           //存储图中的顶点数和边数
}
```

4. 实现图的存储结构

【问题 8-9】以邻接矩阵作为存储结构实现"村村通"项目图的存储。

先来进行简单分析，以邻接矩阵作为存储结构来存储图，要依次输入图中的顶点数、边数、顶点数据、边数据。顶点数据需要保存在一维结构体数组 villages[MAX_VILLAGES] 中，而边数据保存在邻接矩阵中，即二维数组 roadInfoMatrix [MAX_VILLAGES][MAX_VILLAGES]中。以邻接矩阵作为"村村通"项目图的存储结构，也可以理解为在计算机中利用邻接矩阵来创建图，可以用一个函数来实现。

（1）函数名，cuncun_createGraphByMatrix；

（2）函数的参数，参数为要创建的图，数据类型为 struct cuncunConnectedMatrix；

（3）函数的返回值类型，返回存储或创建后的图，数据类型为 struct cuncunConnected Matrix。

（4）函数体，实现存储或者创建图的过程算法。

```
/*邻接矩阵实现存储"村村通"的图结构*/
#include <stdio.h>
#define MAX_VILLAGES  100
struct villageInfo
{
    char village_no[2];                              //村子编号
    char village_name[30];                           //村子名称
    char village_addr[50];                           //村子地址
    char village_head[20];                           //村主任
    char village_contacter[20];                      //项目联系人
    char contacter_phone[11];                        //联系人电话
};
struct cuncunConnectedMatrix
{
    struct villageInfo villages[MAX_VILLAGES];       //存储顶点数据
    int roadInfoMatrix[MAX_VILLAGES][MAX_VILLAGES];  //存储边数据
    int num_villages, num_roads;                     //存储图中的顶点数和边数
```

```
};
/*邻接矩阵实现存储"村村通"的图结构*/
void  cuncun_createGraphByMatrix(struct cuncunConnectedMatrix g)
{
    int i,j;

    scanf("%d",g.num_villages);                    //输入顶点数
    scanf("%d",g.num_roads);                        //输入边数

    for(i=0;i<g.num_villages; i++)                  //输入顶点数据
    {
        scanf("%s",g.villages[i].village_no);
        scanf("%s",g.villages[i].village_name);
        scanf("%s",g.villages[i].village_addr);
        scanf("%s",g.villages[i].village_head);
        scanf("%s",g.villages[i].village_contacter);
        scanf("%s",g.villages[i].contacter_phone);
    }
    for(i=0; i<g.num_villages; i++)
    {
        for(j=0; j<g.num_villages; j++)
        {
            scanf("%d",g.roadInfoMatrix[i][j]);    //输入边数据
        }
    }
}
```

　　以上，我们学习了用邻接矩阵来存储图的方法和步骤。邻接矩阵比较简单、直观，易于理解和学习。但是，邻接矩阵是否适合作为所有图的存储结构呢？这是一个值得深入研究的问题，我们一起用邻接矩阵法为如图 8-28 所示的基于有向图的网来定义存储结构。

　　由于图 8-28 中有 5 个顶点，所以其邻接矩阵为 5×5 的方阵，如图 8-29 所示。存储该邻接矩阵的二维数组定义为

```
int arcsMatrix[5][5];
```

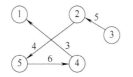

$$arcsMatrix=\begin{bmatrix} 0 & \infty & \infty & \infty & \infty \\ \infty & 0 & \infty & \infty & 4 \\ \infty & 5 & 0 & \infty & \infty \\ 3 & \infty & \infty & 0 & \infty \\ \infty & \infty & \infty & 6 & 0 \end{bmatrix}$$

图 8-28　基于有向图的网一　　　　　图 8-29　图 8-28 所示网的邻接矩阵

　　该二维数组共存储 5×5 = 25 个整数。以 int 类型数据占 4 字节来计算，该二维数组共占 4×25 = 100 字节空间。但是在 100 字节空间中，只有保存 4 条弧的边权信息 3、4、5、6

是有用的，即 4×4 = 16 字节空间，其余的 100-16 = 84 字节空间均被浪费。由此看来，用邻接矩阵存储稀疏图会严重浪费存储空间，所以其并不适合作为稀疏图的存储结构，我们还要寻找新的存储结构。

在数据结构的学习过程中，需要通过不断地追问和思考来磨炼思维以获得发展，这才是我们学习知识之后真正的成长。

8.2.2 邻接表存储法

仔细分析邻接矩阵法，觉得有些"野蛮"，这样说是有原因的。因为无论图中两个顶点间是否有边相连，邻接矩阵中都要用"1"或者"0"表示，"1"代表有边，"0"代表无边。但是，其实我们仅仅关心两个顶点之间有边或边权的情况，所以存储两个顶点之间无边的信息是徒劳而又浪费存储空间的。读者还记得树的存储结构吗？当树中的结点有多个孩子结点时，为了节省存储空间，采用"父亲拉孩子、孩子手拉手"的链式存储方法，有效地节省了存储空间。可以试着将这种思想应用到的图中边的存储上。因为在图中，依附于某个顶点的边，可以通过存储该顶点的邻接点来替代，这和树型结构中存储某个结点的孩子结点是一样的道理。鉴于此，对图中的每一个顶点，只要将该顶点的所有邻接点都存储下来，就存储了依附于该顶点的所有边。每存储一个邻接点，其实就相当于存储一条边。

与邻接矩阵方法相同，图中的顶点仍然用一维结构体数组来存储。而依附于某个顶点的边或者弧用其邻接点来表示，并用单链表来存储，因此以这种方式存储图的方法称为邻接表法(Adjacent List)。

1. 构建邻接表

【问题 8-10】为"村村通"项目的逻辑结构图构建邻接表。

"村村通"项目中的逻辑结构图共有 9 个顶点，即 9 个村子数据。通过前面的分析，顶点数据依次存储在一个结构体数组中，并且针对每一个顶点，建立一个单链表，单链表的结点用于存储该顶点的所有邻接点在结构体数组中的下标，但实质是为了存储依附于该顶点的所有的边或者弧。每一个单链表的结点表示一条边，让"边或者弧手拉手"，依此原则构建"村村通"项目中图的邻接表如图 8-30 所示。

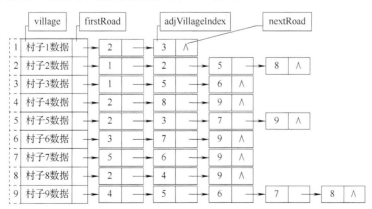

图 8-30 "村村通"项目中图的邻接表

从图 8-30 可知，"村村通"项目中图的存储结构是一个结构体数组。对应 9 个村子数据，结构体数组有 9 个数组元素。每个数组元素由 village 和 firstRoad 两个域组成，"村村通"项目中图的数据元素构成如图 8-31 所示。village 域存储图中顶点数据，即村子数据。firstRoad 域为指针域，指向依附于 village 域中存储的顶点的第 1 条边。如结构体数组的第 7 个元素，village 域存储了图中第 7 个顶点数据，即村子 7 数据，firstRoad 域指向了依附于第 7 个顶点的第 1 条边(7,5)。

这里需要说明，依附于某个顶点的边并没有严格的顺序，第 1 条边由读者自行确定。

我们接着讨论单链表的结点结构。单链表的每个结点对应存储了图中的一条边。结点的结构由 adjVillageIndex 和 nextRoad 两个域组成，"村村通"项目中图的单链表结点结构如图 8-32 所示。adjVillageIndex 域存储了 village 域中存储的顶点的邻接点在结构体数组中的下标。nextRoad 域是一个指针域，指向了依附于 village 域中存储的顶点的下一条边。

village	firstRoad
村子i数据	指向第一个条边的指针

adjVillageIndex	nextRoad
下标	指向下一条边的指针

图 8-31　"村村通"项目中图的数据元素构成　　图 8-32　"村村通"项目中图的单链表结点结构

读者应该已经清楚，单链表中的一个结点对应着图中的一条边。例如，结构体数组的第 9 个数组元素对应图中的第 9 个顶点，依附于第 9 个顶点的边有 5 条，其邻接点分别为顶点 4、5、6、7、8，这些顶点在结构体数组中的下标也分别为 4、5、6、7、8，所以单链表用存储 5 个邻接点在结构体数组中的下标来分别表示这 5 条边。此外，每一个结点还要存储下一条边的存储位置，如此才能实现依附于某个顶点的"边或弧手拉手"，而不至于丢失。另外，单链表的最后一个结点的 nextRoad 域设为"空指针"，用符号"∧"表示，说明后面没有结点了。

与邻接矩阵一样，从邻接表中也可以总结出图的一些特征。

(1)无向图的邻接表中，所有单链表的结点数为边数的 2 倍。

(2)无向图的邻接表中，每个顶点的度为该顶点拉着的单链表的结点数。

请读者自行思考，在邻接表中找到每个顶点的邻接点的方法，是否还能得出其他的结论？

提醒读者注意，由于本书重点关注对数据结构的构建及基于该数据结构上的操作的方法设计，对具体实现仅提供 C 语言代码，因此为了方便说明，存储图中顶点数据的结构体数组下标都是从"1"开始的。但是，几乎所有的编程语言数组元素的下标都是从"0"开始的，所以在具体编程实现时，还要注意对下标做具体的处理。

【训练 8-10】为 6 个学生间帮助关系的逻辑结构图构建邻接表。

首先图中有 6 个顶点，分别代表 6 名学生的数据。有 8 条边，分别代表 6 名学生间的帮助关系，构建的邻接表如图 8-33 所示。

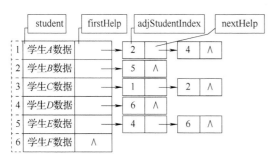

图 8-33　6 名学生间帮助关系中图的邻接表

从图 8-33 中可知，存储该邻接表需要一个包含 6 个数据元素的结构体数组，其结构体数组元素的结构由 student 域和 firstHelp 域组成，如图 8-34 所示。student 域存储图的顶点数据，即学生数据，包括学号和学生姓名；firstHelp 域为指针域，指向依附于 student 域中存储的顶点的第 1 条边。

例如，第 5 个结构体数组元素学生 E 帮助过学生 D 和学生 F，结构体数组元素 student 域存储第 5 个顶点数据，即学生 E 的学号和姓名；firstHelp 域指向依附于第 5 个顶点的第 1 条弧<E,D>。当然，firstHelp 域也可以指向依附于第 5 个顶点的另一条弧<E,F>。但是考虑到后面的实现，一般选择其所有邻接点在结构体数组中下标最小的那个。

再来进一步分析 firstHelp 指针域的数据类型。因为其指向单链表的结点，单链表的结点结构由 adjStudentIndex 域和 nextHelp 域组成，如图 8-35 所示。其中 adjStudentIndex 域存储 student 域中存储的顶点的邻接点在结构体数组中的下标；nextHelp 域是一个指针域，指向依附于 student 域中存储的顶点的下一条边。firstHelp 和 nextHelp 两个指针域都指向相同结构的单链表结点，两者具有相同的数据类型。

student	firstHelp
学生 *i* 的信息	指向第一个条边的指针

图 8-34 学生结构体数组元素的结构

adjStudentIndex	nextHelp
下标	指向下一条边的指针

图 8-35 6 名学生间帮助关系中图的单链表结点结构

例如，第 3 个结构体数组元素为学生 C。学生 C 帮助过学生 A 和学生 B，所以第 3 个结构体数组元素的 firstHelp 域指向的单链表有两个结点，分别表示了图中的两条弧<C,A>和<C,B>。第 1 个结点的 adjStudentIndex 域为学生 A 在结构体数组中的下标，即 1。第 2 个结点的 adjStudentIndex 域为学生 B 在结构体数组中的下标，即 2。

细心的读者会发现，这是一个有向图的邻接表，其构建的方法和无向图是相同的，只需要注意有向图的边是有方向的即可。从有向图的邻接表中，也可以总结出图的一些特征。

(1) 有向图中，所有单链表的结点数与图中的边数相同。

(2) 有向图中，任何一个顶点的出度为该顶点拉着的单链表的结点数。

如果读者现在达到能够看见图就能为其构建邻接表的程度，下面就要思考如何将已经构建的邻接表存储在计算机的存储器中。这就要定义邻接表的存储结构，实现逻辑结构到存储结构的映射。

2. 定义邻接表的存储结构

【问题 8-11】 为"村村通"项目中图的邻接表定义存储结构。

我们来分析图 8-30 所示的邻接表。从技术角度看，存储这个邻接表需要一个包含 9 个数组元素的结构体数组。要定义这个结构体数组，首要问题是弄清楚结构体数组元素的数据类型。图 8-31 中，每个结构体数组元素是由 village 域和 firstRoad 域组成的。village 域中存储了村子数据，包含村子编号、村子名、村子地址、村主任、项目联系人、联系人电话 6 个属性信息，其数据类型在前面已经定义过，为 struct villageInfo 类型。firstRoad 域是指针类型，指向了单链表的第 1 个结点，所以 firstRoad 域的数据类型取决于

adjVillageIndex 域和 nextRoad 域构成的结点类型。adjVillageIndex 域存储邻接点在结构体
数组中的下标,所以是 int 类型。nextRoad 域指向单链表的下一个结点,所以和 firstRoad
域是相同的指针类型。

由以上分析,为"村村通"项目中以邻接表定义图的存储结构需要以下三个步骤。

第 1 步,定义单链表结点的数据类型。

单链表的结点是由 adjVillageIndex 域和 nextRoad 域构成的,它是结构体数据类型,具
体定义如下:

```
/*定义单链表结点的数据类型*/
struct roadNode
{
    int adjVillageIndex;              //邻接点在结构体数组中的下标
    struct roadNode *nextRoad;       //指向下一个结点(边)
}
```

第 2 步,定义结构体数组元素的数据类型。

结构体数组元素是由 village 域和 firstRoad 域组成的。它也是结构体数据类型,具体
定义如下:

```
/*定义结构体数组元素的数据类型*/
struct villageRoadInfo
{
    struct villageInfo  village;      //村子数据(顶点数据)
    struct roadNode *firstroad;       //指向第 1 个结点(第 1 条边)
}
```

第 3 步,定义"村村通"中图的邻接表的存储结构。

根据在邻接矩阵中已经学过的,在图的存储结构中,一般要包含图中的顶点数和边数
的信息,所以,邻接表的存储结构定义如下:

```
/*定义图的邻接表的存储结构*/
#define MAX_VILLAGES 9
struct cuncunConnectedAdjList
{
    struct villageRoadInfo  villageAdjList[MAX_VILLAGES];
                                    //存储邻接表的结构体数组
    int num_villages, num_roads;    //村子数和公路数,即图中顶点数和边数
}
```

在此定义中,用#define 宏定义符号常量 MAX_VILLAGES 来替代数字"9",以备当
村子数量发生变化时,便于软件系统后期的推广和维护。

通过以上三个步骤,就可以实现用邻接表作为"村村通"项目中图的存储结构。下面
再练习一下用邻接表作为图的存储结构的定义方法。

【训练 8-11】为训练 8-10 的邻接表定义存储结构。

简单分析一下，以邻接表为存储结构来存储该图，需要一个包含 6 个数组元素的结构体数组。结构体数组元素结构由 student 域和 firstHelp 域组成。student 域前面已经定义过了，为 struct studentInfo 结构体类型；单链表结点结构由 adjStudentIndex 域和 nextHelp 域组成，其中 adjStudentIndex 域为 int 类型，firstHelp 域和 nextHelp 域均指向单链表的结点，为指向相同数据类型的指针类型。

第 1 步，定义单链表结点数据类型。

单链表结点由 adjStudentIndex 域和 nextHelp 域构成，adjStudentIndex 域是 int 类型。nextHelp 域为指向单链表结点的指针类型，单链表的结点数据类型定义如下：

```
/*定义单链表结点数据类型*/
struct helpNode
{
    int adjStudentIndex;        //邻接点在结构体数组中的下标
    struct helpNode *nexthelp;  //指向单链表下一个结点
}
```

第 2 步，定义结构体数组元素的数据类型。

结构体数组元素由 student 域和 nextHelp 域构成。student 域是 struct studentInfo 结构体数据类型。nextHelp 域是指向单链表结点的指针类型。结构体数组元素的数据类型定义如下：

```
/*定义结构体数组元素的数据类型*/
struct studentHelpAdList
{
    struct studentInfo  student;    //学生数据
    struct helpNode *nextHelp;      //指向单链表第 1 个结点
}
```

第 3 步，定义学生帮助关系中图的邻接表的存储结构。

```
/*定义图的邻接表的存储结构*/
#define MAX_STUD  6
struct harmonyAdjList
{
    struct studentHelpAdList studentsHelp[MAX_STUD];
                                        //存储邻接表的结构体数组
    int num_students, num_help;         //图中顶点数和边数
}
```

相信通过上面两个例子的学习，读者已经掌握了利用邻接表来实现存储图的方法。下面我们完整地总结一下，以便传递给读者的是方法，而不是具体的例子。

用邻接表法实现图的存储结构步骤如下：

第 1 步，依据逻辑结构图构建邻接表，邻接表是由所有顶点组成的结构体数组，每个顶点除了保存自身的信息外，还拉着一个由依附于该顶点的所有边为结点所构成单链表；

第2步，根据邻接表，依次确定单链表结点的结构和结构体数据元素的结构；

第3步，定义顶点数据的数据类型，一般为结构体数据类型，如 struct villageInfo、struct studentInfo，可以抽象为 struct vertexInfo 数据类型；

第4步，依据第2步单链表结点的结构，定义单链表的结点数据类型；

第5步，依据第2步结构体数组元素的结构，定义结构体数组元素的数据类型；

第6步，依据第5步定义的结构体数组元素的数据类型，定义存储邻接表的结构体数组。此外，一般还要定义变量保存图中的顶点数和边数。

通过"村村通"项目和学生帮助关系两个例子的学习，读者应该总结一下用图结构解决问题的思路和方法。从设计层面应该按照"自上而下"的原则。在上面的两例中，针对邻接矩阵，先确定是结构体数组，再确定结构体数组元素的结构组成，最后确定结构体数组元素每个域的结构及数据类型，依次形成一个树型的关系。而在实现层面，应该按照"自底向上"的原则，先定义树的叶子结点的数据类型，然后逐层向上定义各个结点的数据类型，直到获得根结点的数据类型。"自上而下"设计、"自下而上"实现是一种非常重要的思维方法，读者需要重视。

此外，"活学活用""举一反三"也是重要的学习方法，因为在实际的问题域中，具有相同解决方法的问题的外在表现可能千差万别。

3. 灵活构建邻接表

前面，我们学习并掌握了用邻接表作为有向图和无向图的存储结构的方法与步骤。如果我们遇到的图更复杂一些，如边或弧上有权值的网，再如需要保存有向图或无向图中每个顶点的度等信息，这些图又如何用邻接表来存储呢？

【问题 8-12】用邻接表来实现如图 8-36 所示的基于有向图的网的存储结构，并要求存储图中每个顶点的入度。

简单分析一下，这是一个网，当然也是一个有向图，而且问题中要求每一个顶点都要存储其入度信息。因此要灵活应用上面总结的 6 个步骤。

第1步，构建邻接表，图中有 5 个顶点，所以邻接表是一个包含 5 个数组元素的结构体数组。与上面两例不同的是，每个结构体数组元素除了包含顶点信息 vertex 域外，还需要包含顶点的入度信息 inDegree 域；另外，由于图中的弧上有权，所以每个顶点拉着的单链表的结点结构除了包含邻接点在结构体数组中的下标 adjVer 域外，还需要包含边权信息 weight 域，因此构建图 8-36 网的邻接表如图 8-37 所示。

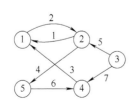

图 8-36　基于有向图的网二

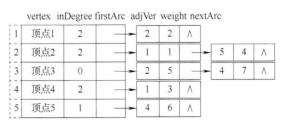

图 8-37　图 8-36 的邻接表

第2步，确定结构体数组元素的结构和单链表结点的结构。

依据图 8-37 构建的邻接表，其结构体数组元素的结构如图 8-38 所示。与前两个例子相比，结构体数组元素组成增加了一个 inDegree 域，用来存储对应顶点的入度数。由此可知，如果其他具体问题中还需要增加与顶点相关的信息，只要在结构体数组元素的组成中增加相应的域即可。

vertex	inDegree	firstArc
第i个顶点信息	顶点的度数	指向第一条弧

图 8-38 邻接表结构体数组元素的结构

单链表结点的结构如图 8-39 所示。与前两个例子相比，单链表结点组成增加了一个 weight 域，用来存储对应弧的权值信息。同样，可以随着存储与弧相关信息的变化，单链表结点结构随之增减域即可。

adjVer	weight	nextArc
邻接点下标	权值信息	指向下一条弧

图 8-39 单链表结点的结构

第 3 步，定义顶点数据的数据类型。

由于此问题仅为一个网，没有实际的代表意义，假设顶点数据仅包括顶点编号和顶点名称，则顶点数据的数据类型定义如下：

```
struct vertexInfo
{
    int vertex_no;              //顶点的编号，用整数表示
    char vertex_name;           //顶点的名字，用单个字符表示
}
```

第 4 步，定义单链表结点的数据类型。

依据第 2 步中图 8-39 所示的单链表的结点结构图，定义结点的数据类型如下：

```
struct arcInfoNode
{
    int adjVer;                 //邻接点在结构体数组中的下标
    int weight;                 //对应弧的权值，用整数表示
    struct arcInfoNode * nextarc;  //指向下一条弧(结点)的指针
}
```

第 5 步，定义结构体数组元素的数据类型。

依据第 2 步中图 8-38 的结构体数组元素的结构图，定义结构体数组元素的数据类型如下：

```
struct vertexArcAdjList
{
    struct vertexInfo  vertex;      //顶点数据
    int inDegree;                   //顶点的入度数
    struct arcInfoNode * firstarc;  //指向第一条弧的指针
```

　　　　}

第6步，定义邻接表的存储结构。

```
#define MAX_VERTEXES  5
struct adjList
{
    struct vertexArcAdjList vertexes[MAX_VERTEXES];
                                    //存储邻接表的结构体数组
    int num_vertexes, num_edges;    //图中顶点数和边数
}
```

总结一下，在使用邻接表作为图的存储结构时，要根据具体的问题灵活地定义单链表的结点结构和结构体数据元素的结构，适当地增加域或减少域的个数。此外，在本书的第3章链表中，我们已经学习过单链表、双向链表和循环链表。根据解决实际问题需要，也可以把邻接表中的单链表定义为双向链表或循环链表。此处不再赘述，感兴趣的读者可以自行思考完成。

　　　　相信读者对用邻接表作为图的存储结构的方法已经非常清楚了，那么请思考一下，邻接表就是图的最佳存储结构吗？还有没有其他更好的方法呢？答案是肯定的，不仅因为每一种方法都有可改进之处，更重要的是没有哪一种方法是万能的、是适合所有类型问题的，采取哪种方法要依据具体问题而定，最适合的才是最好的。下面分析一个具体的有向图及其邻接表，如图8-40所示，找一找用邻接表作为图的存储结构的缺点及其改进的方法。

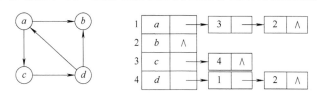

图8-40　一个具体的有向图及其邻接表

　　　　图8-40所示的有向图及其邻接表中，可以很容易知道每个顶点的出度，就是邻接表中该顶点拉着的单链表的结点个数，例如，顶点 a 的出度为2，因为顶点 a 拉着的单链表有2个结点；顶点 c 的出度为1，顶点 c 拉着的单链表仅有一个结点。但是如果想知道每个顶点的入度，需要遍历整个邻接表。可能有的读者会说，能不能修改一下邻接表，让每一个顶点拉着的单链表的结点表示终止于该顶点的弧。这样可将图 8-40 的邻接表修改为如图8-41所示。对图8-40的邻接表来说，一般称图8-41为其逆邻接表。在逆邻接表中，

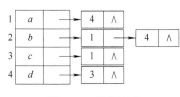

图8-41　逆邻接表

很容易得到每个顶点的入度，但是得到顶点的出度就比较困难。有向图的邻接表可以很容易得到每个顶点的出度，其逆邻接表可以很容易得到顶点的入度。如果既要得到每个顶点的入度也要得到每个顶点的出度，需要调整一下我们的思维，将邻接表和逆邻接表整合在一起，这就是接下来要学习十字链表法的缘由。

8.2.3　十字链表法

首先需要明确,十字链表法(Orthogonal List)是整合有向图的邻接表和逆邻接表而提出来的一种图的存储方法,适合于既关心顶点的入度又关心顶点的出度的有向图的存储结构问题。

先来研究一下如何将有向图的邻接表和逆邻接表进行整合。由于十字链表法既要关心顶点的出度又要关心顶点的入度,所以每个顶点既要拉着由所有出度弧结点链成的单链表(简称"出度单链表"),也要拉着由所有入度弧结点链成的单链表(简称"入度单链表"),因此存储顶点数据的结构体数组元素需要增加为 3 个域,即除了包含顶点数据的 vertex 域和指向出度单链表的指针 firstOutArc 域外,还要增加指向入度单链表的指针 firstInArc 域,十字链表的结构体数组元素的结构如图 8-42 所示。其中指向入度单链表的指针域 firstInArc 拉着该顶点所有表示入度弧的结点构成的单链表,指向出度单链表的指针域 firstOutArc 拉着该顶点所有表示出度弧的结点构成的单链表。

vertex	firstInArc	firstOutArc
顶点信息	指向入度单链表	指向出度单链表

图 8-42　十字链表的结构体数组元素的结构

再来分析一下入度单链表或者出度单链表的结点结构。在十字链表中,由于不仅要关注顶点的入度,也要关注顶点的出度,也就是说,既要关注依附于某顶点的入度弧,也要关注其出度弧。那么,入度单链表或出度单链表的结点结构应既包含入度信息,也包含出度信息,十字链表的点链表的结构如图 8-43 所示。

tailVexIndex	headVexIndex	nextHeadArc	nextTailArc
起点的下标	终点的下标	指向终点相同的下一条弧	指向起点相同的下一条弧

图 8-43　十字链表的单链表的结点结构

入度单链表或者出度单链表的每一个结点代表一条弧,其中 tailVexIndex 域为该弧的起点在存储顶点数据的结构体数组中的下标,headVexIndex 域为该弧的终点在存储顶点数据的结构体数组中的下标,nextHeadArc 域指向与该弧终点相同的下一条弧的结点的指针,nextTailArc 域指向与该弧起点相同的下一条弧的结点的指针。

如果该有向图是一个网,还可以增加用来存储"权值"的域。根据具体问题需要,适当地增减单链表的结点结构中的域即可。

经过整合结构体数组元素的结构和单链表结点的结构,为图 8-40 构建十字链表存储结构,如图 8-44 所示。

此处需要注意,图 8-44 中,为了使构图更清晰,将存储顶点数据的结构体数组元素 a、b、c、d 分隔开表示,实际上,顶点数据的存储结构仍然是结构体数组,与邻接表中是相同的。在存储顶点 a 的结构体数组元素中,其 firstOutArc 域拉着所有以顶点 a 为起点的出度弧的结点构成的单链表,因此获得顶点 a 的出度弧或者出度,只要沿着 firstOutArc 域的指针方向,依次遍历该单链表即可,即出度弧<1,2>和<1,3>。而 firstInArc 域拉着所有以顶点 a 为终点的入度弧的结点构成的单链表,因此获得顶点 a 的入度弧或者入度,只要沿着

firstInArc 域的指针方向，依次遍历该单链表即可，即入度弧<4,1>。

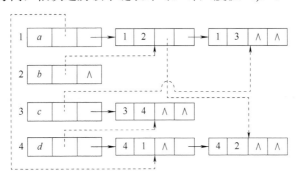

图 8-44   图 8-40 的十字链表存储结构

再来看存储顶点 *b* 的结构体数组元素，顶点 *b* 的出度为 0，所以其 firstOutArc 域为空。顶点 *b* 的入度为 2，所以其 firstInArc 域指向第 1 个入度弧<1,2>。入度弧<1,2>结点的 nextHeadArc 域指向顶点 *b* 的第 2 个入度弧<4,2>。由于顶点 *b* 再没有其他入度弧，所以入度弧<4,2>的 nextHeadArc 域为空。

细心的读者可能会发现，图 8-44 中，用实线表示的弧与邻接表中的意义相同，表示对应顶点的出度弧。用虚线表示的弧与逆邻接表中的意义相同，表示对应顶点的入度弧。如果发现这一点，那么为图构建十字链表就会变得非常容易了。

按照不断优化的思路，请读者自行思考，有向图的十字链表法、无向图的邻接表法是否还可以进一步改进和优化。

以上，我们学习了用邻接矩阵、邻接表和十字链表作为图的存储结构。提醒读者，尽管在学习过程中，是在分析了邻接矩阵法的缺点后提出了邻接表法，又在分析了邻接表法的缺点后提出了十字链表法，但是，在解决实际问题的时候，要依据用户的需求、实际问题的需要、时间复杂度和空间复杂度等多方面的因素来选择图的具体存储方法，时刻牢记要具体问题具体分析，最适合的才是最好的。

现在，读者应该掌握如下 5 个问题：

(1)图的构成及基本术语；

(2)能够判定具体问题中数据间的关系是否为图结构；

(3)能够掌握根据具体问题构建图的逻辑结构的方法；

(4)能够根据具体问题选择使用邻接矩阵、邻接表或者十字链表作为图的存储结构；

(5)能够依据图的存储结构，利用某种计算机语言或者伪语言来定义存储结构，实现从逻辑结构到存储结构的映射。

根据数据结构 DS=<*D,R,O*>三元组的定义，以上 5 个问题解决了 *D*(数据集合)和 *R*(数据间的关系，即逻辑结构和存储结构)的问题。还有 *O* 的问题没有解决，即基于存储结构 *R* 的各种操作，实际就是如何基于图的存储结构进行各种操作以解决实际问题。

本章的主要任务就是"村村通"项目，将图存储在计算机的存储器中后，就可以依次完成项目中的后面多个任务了。

8.3 用最少花费为"村村通"项目修建公路

在"村村通"项目中，经过精确的勘察和科学的测算，确定了 9 个村子间可能修建的
每一条公路需要的花费，以万元为单位，作为图中边的边
权，如图 8-45 所示。例如，如果在村子 5 与村子 7 之间修
建公路需要 19 万元，在村子 8 与村子 9 之间修建公路需要
21 万元。实际上，9 个村子间的 15 条公路不需要全部修建，
实现"村村通"只要 9 个村子间能有公路互相连通即可。
也就是说，在 15 条可修建的公路中，挑选出 8 条公路修建
就能够实现 9 个村子互相连通。那么问题是，选择修建哪
8 条公路最节省经费或者说花费最少呢？

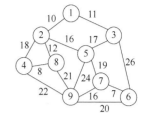

图 8-45　9 个村子间可能修建
公路需要的花费

从 15 条可修建公路中挑选出 8 条进行修建，实现连通
9 个村子，并实现修建公路的花费总额最少，其实相当于从图 8-45 中选择出 8 条边，既能
够连通 9 个顶点又能够使 8 条边的权值之和最小。在图论中，同时满足这两个条件的一个
子图称为该图的一棵最小生成树。完成修路花费最少任务需要使用图的最小生成树来解决。

8.3.1 最小生成树的定义

【问题 8-13】何为图的最小生成树？

在图的专业术语中，读者已经学过关于图的子图的概念。图中的任何一部分，一个顶
点、几个顶点、顶点和边等构成的图都是该图的一个子图。在所有的子图中有一种特殊的
子图称为图的一棵生成树。

$G = <V,E>$ 为有 n 个顶点的图，同时满足以下两个条件的子图称为图 G 的一棵生成树
（Spanning Tree）。

(1) 包含图 G 中的所有 n 个顶点；

(2) 包含 $n-1$ 条边正好使 n 个顶点连通。

依据图的生成树定义，我们来为图 8-45 构建两棵生成树，一棵生成树如图 8-46 所示，
另一棵生成树如图 8-47 所示。

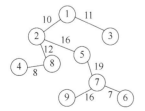

图 8-46　图 8-45 的一棵生成树

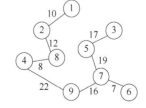

图 8-47　图 8-45 的另一棵生成树

可以看出，两棵生成树中均满足了包含图中的全部 9 个顶点，以及正好连通 9 个顶点
的 8 条边。"正好"的意思是如果多一条边，一定会构成回路；如果少一条边，一定会有

孤立顶点而不是连通图。读者可能会有疑问，在图中为什么将其命名为"树"。请仔细观察，图 8-46 和图 8-47 中，9 个顶点间已经不存在多对多的关系，而是一对多的树型结构关系，所以称为生成树。

在图 8-45 中还可以找到更多的生成树。由于从包含 n 个顶点的图中选择 $n-1$ 条边来连通 n 个顶点有很多种选法，所以图的生成树是不唯一的，一个图可以有多棵生成树。那么"村村通"项目中在 15 条可修建公路中选择 8 条修建公路也有很多种选择方案。

再来计算生成树的边权之和。经计算，修建图 8-46 选择的 8 条路，所需要的总花费为边权之和 11+10+16+12+8+19+16+7 = 99（万元）。修建图 8-47 选择的 8 条路，所需要的总花费为边权之和 10+12+8+22+16+7+19+17 = 111（万元）。显然，按照第 1 种选择方案来修建公路的总花费比第 2 种选择方案更少一些。如果能够在众多的生成树中找到一棵边权之和最小的生成树，就可以达到"村村通"项目中要求的修建公路最省经费的目的。在图的众多生成树中，边权之和最小的生成树称为最小生成树。

网 $G = <V,E>$ 中，边权之和最小的生成树称为网 G 的一棵最小生成树，也称最小代价树（Minimum Cost Spanning Tree）。

由于最小生成树的研究对象是有边权的图，即网，所以在上面的定义中，直接使用了网。

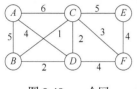

图 8-48　一个网

【训练 8-12】在图 8-48 所示的一个网中找到至少三棵生成树，并计算每一棵生成树的代价和。

这是一个包含 6 个顶点 10 条边的网。根据生成树定义的两个条件，包含 6 个顶点及连通 6 个顶点的 5 条边，可以得到如图 8-49（a）、（b）和（c）所示的 3 棵生成树。图 8-49（a）的边权和为 5+2+2+4+4 = 17，图 8-49（b）的边权和为 4+1+2+3+4 = 14，图 8-49（c）的代价和为 6+4+2+3+4 = 19。

在这三棵生成树中，图 8-49（b）的边权和 14 最小。但是图 8-49（b）是不是所有生成树中代价和最小的呢？如何为图构建最小生成树？这是接下来要解决的重要问题。

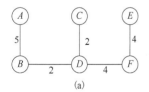

(a)

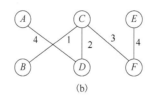

(b)

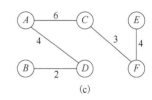

(c)

图 8-49　图 8-48 网的生成树

8.3.2　最小生成树的构建

按照什么样的方法和策略在 9 个村子的 15 条可修建公路中选择出花费最少的 8 条公路是当前需要解决的首要问题。其实，早在 1956 年，美国计算机科学家克鲁斯卡尔（Kruskal）就提出了一种构建最小生成树的算法，并将其命名为克鲁斯卡尔（Kruskal）算法。1957 年，美国计算机科学家罗伯特·普里姆（Robert C. Prim）又提出了另一种构建最小生成树的算法，也用其名字命名为普里姆（Prim）算法。目前，这两种算法是构建最小生成树最常用的算法。尽管两种算法都可以构建最小生成树，但是其思维的视角却有很大的不同，因此构建最小生成树的方法和步骤也不相同。

最小生成树首先是一棵生成树,生成树需要满足两个条件:一是包含网中的全部 n 个顶点;二是包含连接 n 个顶点的 $n-1$ 条边。所以,构建最小生成树有两条解决思路:一条思路是基于网中的顶点,即从网中的某个顶点开始,按照一定的规则依次选择顶点加入该生成树,直到全部顶点加入为止,称这种方法为"加点法"。另一条思路是基于图中的边,即从图中的边权最小的边开始,按照一定的规则依次选择边加入,直到 $n-1$ 条边选择加入完成为止,称这种方法为"加边法"。

1. 用普里姆算法构建最小生成树

【问题 8-14】用普里姆算法为"村村通"项目的网构建最小生成树。

普里姆算法的基本思想是"加点法",即从网中选择任意一个顶点构成最小生成树的当前顶点集,之后每次都在剩余顶点集中选择一个顶点,该顶点与当前顶点集中所有顶点构成的边的边权最小,如此重复直到所有的顶点都加入最小生成树的当前顶点集为止。先用简单一点的图去尝试理解普里姆算法的基本思想和算法过程,并总结归纳出利用普里姆算法构建最小生成树的步骤。请读者在下面例子的学习中始终带着"找规律、列步骤"的目的去思考。

【训练 8-13】利用普里姆算法为如图 8-50 所示的一个网 $G=<V,E>$ 构建最小生成树。

初始准备,需要设定要生成的最小生成树为 $T=< U, \text{TE}>$,其中,U 为最小生成树的当前顶点集,初始值为空,即 $U=\varnothing$,$V-U=\{A,B,C,D,E,F\}$;TE 为最小生成树的当前边集,初始值为空,$\text{TE}=\varnothing$。

第 1 步,假设选定从顶点 A 开始,即 $U=\{A\}$,$V-U=\{B,C,D,E,F\}$,$\text{TE}=\varnothing$,加入顶点 A 后,当前的最小生成树如图 8-51 所示。

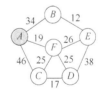

图 8-50 网 G 图 8-51 加入顶点 A 后当前的最小生成树

第 2 步,分别列出 $U=\{A\}$ 中各个顶点与 $V-U=\{B,C,D,E,F\}$ 中各个顶点间的边权,记为 cost 集。$\text{cost}=\{(A,B)34,(A,C)46,(A,D)\infty,(A,E)\infty,(A,F)19\}$。如果两个顶点间没有边,则两点间的边权记为无穷大,用"∞"表示。从 cost 集中选择一条边权最小的边 $(A,F)19$ 并入当前的最小生成树中,$\text{TE}=\{(A,F)\}$,并将顶点 F 加入当前 U 中,$U=\{A,F\}$,将顶点 F 从 $V-U$ 中删掉,$V-U=\{B,C,D,E\}$,加入顶点 F 后,当前的最小生成树如图 8-52 所示。

第 3 步,分别列出 $U=\{A,F\}$ 中各个顶点与 $V-U=\{B,C,D,E\}$ 中各个顶点间的边权,$\text{cost}=\{(A,B)34,(A,C)46,(A,D)\infty,(A,E)\infty,(F,B)\infty,(F,C)25,(F,D)25,(F,E)26\}$。从 cost 集中选择一条边权最小的边 $(F,C)25$ 并入当前的最小生成树中 $\text{TE}=\{(A,F),(F,C)\}$,并将顶点 C 加入当前 U 中,$U=\{A,F,C\}$,将顶点 C 从 $V-U$ 中删掉,$V-U=\{B,D,E\}$,加入顶点 C 后当前的最小生成树如图 8-53 所示。

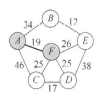

图 8-52　加入顶点 F 后当前的最小生成树

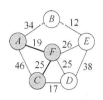

图 8-53　加入顶点 C 后当前的最小生成树

第 4 步，分别列出 $U = \{A,F,C\}$ 中各个顶点与 $V - U = \{B,D,E\}$ 中各个顶点间的边权，cost $= \{$ $(A,B)\,34, (A,D)\,\infty, (A,E)\,\infty, (F,B)\,\infty, (F,D)\,25, (F,E)\,26, (C,B)\,\infty, (C,D)\,17, (C,E)\,\infty$ $\}$。从 cost 集中选择一条边权最小的边 $(C,D)\,17$ 并入当前的最小生成树中，TE $=\{(A,F), (F,C), (C, D)\}$，并将顶点 D 加入当前 U 中，$U = \{A,F,C,D\}$，将顶点 D 从 $V - U$ 中删掉，$V - U = \{B,E\}$，加入顶点 D 后当前的最小生成树如图 8-54 所示。

第 5 步，分别列出 $U = \{A,F,C,D\}$ 中各个顶点与 $V - U = \{B,E\}$ 中各个顶点间的边权，cost $= \{(A,B)\,34, (A,E)\,\infty, (F,B)\,\infty, (F,E)\,26, (C,B)\,\infty, (C,E)\,\infty, (D,B)\,\infty, (D,E)\,38\}$。从 cost 集中选择一条边权最小的边 $(F, E)\,26$ 并入当前的最小生成树中 TE $=\{(A,F), (F,C), (C,D), (F,E)\}$，并将顶点 E 加入当前 U 中，$U = \{A,F,C,D,E\}$，将顶点 E 从 $V - U$ 中删掉，$V - U = \{B\}$，加入顶点 E 后当前的最小生成树如图 8-55 所示。

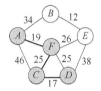

图 8-54　加入顶点 D 后当前的最小生成树

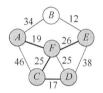

图 8-55　加入顶点 E 后当前的最小生成树

第 6 步，分别列出 $U = \{A,F,C,D,E\}$ 中各个顶点与 $V - U = \{B\}$ 中各个顶点间的边权，cost $= \{(A,B)\,34, (F,B)\,\infty, (C,B)\,\infty, (D,B)\,\infty, (E,B)\,12\}$。从 cost 集中选择一条边权最小的边 $(E,B)\,12$ 并入当前的最小生成树中 TE $=\{(A,F), (F,C), (C,D), (F,E), (E,B)\}$，并将顶点 B 加入当前 U 中，$U = \{A,F,C,D,E,B\}$，将顶点 B 从 $V - U$ 中删掉，$V - U = \varnothing$，加入顶点 B 后当前的最小生成树如图 8-56 所示。

当 $U = V$ 或者 $V - U = \varnothing$ 时，最小生成树 $T = <U, \text{TE}>$ 构建完成，如图 8-57 所示，普里姆算法结束。最小生成树的代价和为 $12 + 26 + 19 + 25 + 17 = 99$。

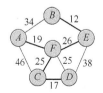

图 8-56　加入顶点 B 后当前的最小生成树

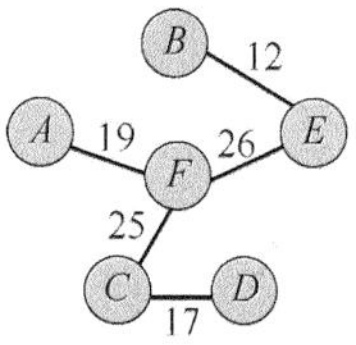

图 8-57　构建完成的最小生成树

读者可能注意到，在第 3 步中，cost $= \{(A,B)\,34, (A,C)\,46, (A,D)\,\infty, (A,E)\,\infty, (F,B)\,\infty, (F,C)\,25, (F,D)\,25, (F,E)\,26\}$ 中，边 (F,C) 和边 (F,D) 的权值均为 25，我们选择了边 (F,C)，而没有选择边 (F,D)。实际上，也可以选择边 (F,D)，而不选择边 (F,C)，那么最终构建的

另一棵最小生成树如图 8-58 所示，最小生成树的边权和仍为 12 + 26 + 19 + 25 + 17 = 99。由此可知，一个网的最小生成树是不唯一的，但是其最小生成树的边权和是唯一的。

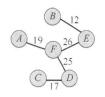

图 8-58　构建完成的
另一棵最小生成树

相信读者已经从训练 8-13 中总结出用普里姆算法求解最小生成树的基本思想和一般步骤。细心的读者可能已经发现，除了做初始化操作、第 1 步确定一个起始顶点外，剩余的 5 个步骤的动作是完全相同的，即列出 U 中各个顶点与 V − U 中各个顶点构成的所有边的边权，选择一条边权最小的边加入当前的最小生成树中，同时将该边依附的顶点加入 U 中，并将其从 V − U 中删除，如此重复，直到 U = V 或者 V − U 为空时停止，最小生成树构建完毕。学过程序设计的读者比较熟悉，这 5 个步骤是非常典型的循环结构。下面我们一起来归纳一下普里姆算法的基本步骤。

假设构建图 $G = <V, E>$ 的最小生成树 $T = <U, TE>$，其中 U 为最小生成树的当前顶点集，初始 $U = \varnothing$；TE 为最小生成树的当前边集，初始 $TE = \varnothing$。

(1) 选择一个起始顶点 v_0，初始化 $U = \{v_0\}$，$(v_0 \in V)$，$TE = \varnothing$，边权集 $cost = \varnothing$。

(2) 列出 U 中各个顶点与 V − U 中各个顶点构成所有边的边权（以 (v,w) weight 形式表示，其中 $v \in V − U$，$w \in V − U$。如果顶点 v 和顶点 w 间有边，则 weight 为边权；如果顶点 v 和顶点 w 间没有边，则 weight 为 ∞），存入边权集 cost 中。

(3) 在边权集 cost 中选择一条边权最小的边 (v,w)，其中 $v \in U$，$w \in V − U$，更新集合 $TE = TE \cup \{(v, w)\}$，$U = U \cup \{w\}$，$V − U = V − U − \{w\}$。

(4) 重复第 (2) 步和第 (3) 步，直到 $U = V$ 或者 $V − U = \varnothing$ 为止，则 $T = <U,TE>$ 为图 G 的一棵最小生成树。

在此建议读者，要善于在一个具体问题的解题过程中找规律、列步骤，归纳出计算机的解题方法，一方面是为后面用计算机语言编程解题做设计准备，更重要的方面是要时刻培养并训练自己的计算和思维能力。

根据普里姆算法的 4 个步骤就可以为"村村通"项目的网构建最小生成树，从而达到 9 个村子修建 8 条公路连通且修建公路所用的花费最少的目的。鉴于在训练 8-13 中已经给出了构建最小生成树的详细过程，此处简化语言叙述过程，通过表格的形式描述整个构建过程，如表 8-1 所示。

表 8-1　用普里姆算法为"村村通"项目的网构建最小生成树的过程

步骤	图示	顶点及边集合
第 1 步 选择顶点 1	（图示：带权无向图，顶点 1~9，边权 10、11、16、17、18、12、19、26、8、21、24、16、22、20 等）	$U = \{1\}$ $V − U = \{2,3,4,5,6,7,8,9\}$ $TE = \varnothing$ $cost = \{(1,2)10, (1,3)11, \cdots\}$

步骤	图示	顶点及边集合
第2步 选择顶点2	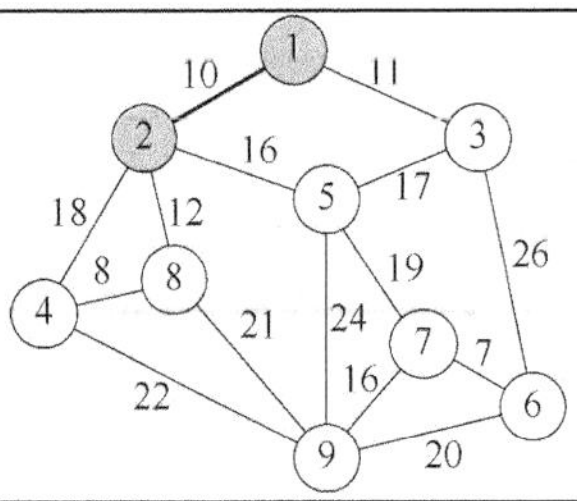	U = { 1,2 } $V-U$ = { 3,4,5,6,7,8,9 } TE = { (1,2) } cost ={(1,3) 11, (2,4) 18, (2,5) 16, (2,8) 12, …}
第3步 选择顶点3	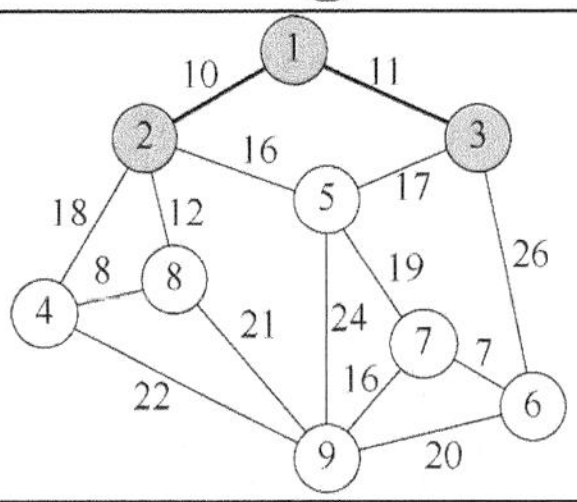	U = { 1,2,3 } $V-U$ = { 4,5,6,7,8,9 } TE = { (1,2),(1,3) } cost ={ (2,4) 18, (2,5) 16, (2,8) 12, (3,5) 17, (3,6) 26,…}
第4步 选择顶点8	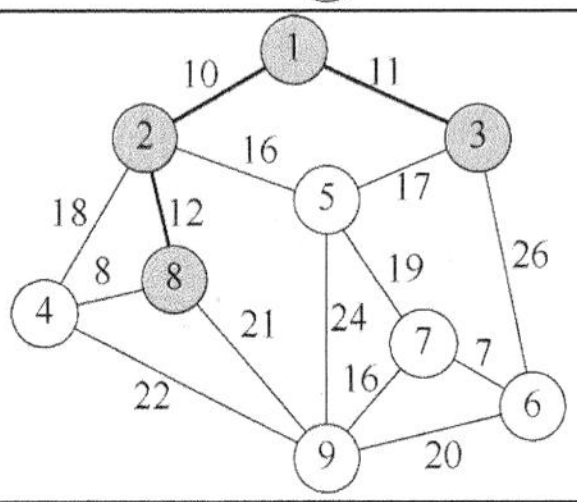	U = { 1,2,3,8 } $V-U$ = { 4,5,6,7,9 } TE = { (1,2),(1,3),(2,8) } cost ={ (2,4) 18, (2,5) 16, (3,5) 17, (3,6) 26, (8,4) 8, (8,9) 21,…}
第5步 选择顶点4	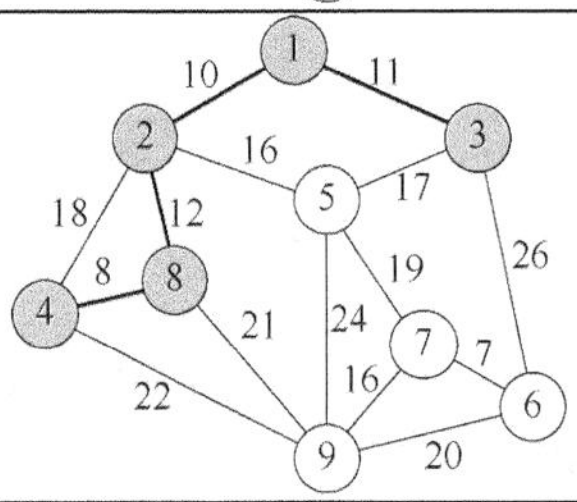	U = { 1,2,3,8,4 } $V-U$ = { 5,6,7,9 } TE={ (1,2),(1,3),(2,8),(8,4) } cost ={ (2,4) 18, (2,5) 16,(3,5) 17, (3,6) 26, (4,9) 22, (8,9) 21, …}
第6步 选择顶点5	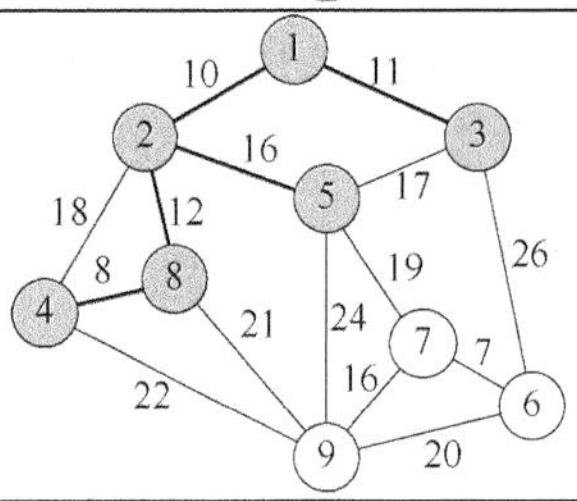	U = { 1,2,3,8,4,5 } $V-U$ = {6,7,9} TE={ (1,2),(1,3),(2,8),(8,4),(2,5) } cost ={ (2,4) 18, (3,5) 17, (3,6) 26, (4,9) 22, (5,9) 24, (5,7) 19, (8,9) 21, …}
第7步 选择顶点7	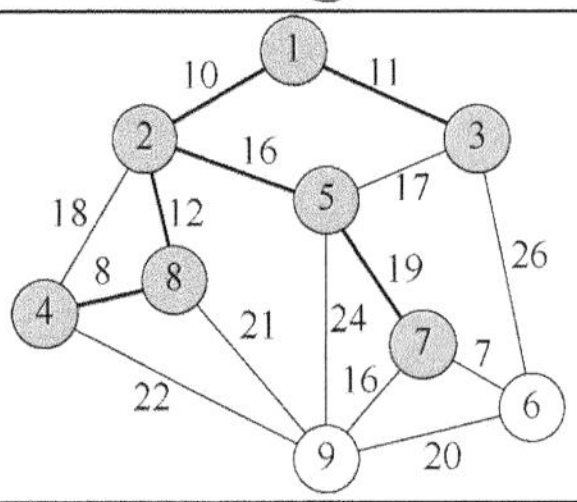	U = { 1,2,3,8,4,5,7 } $V-U$ = {6,9} TE ={ (1,2),(1,3),(2,8),(8,4),(2,5),(5,7) } cost ={ (2,4) 18, (3,5) 17, (3,6) 26, (4,9) 22, (5,9) 24, (7,6) 7, (7,9) 16, (8,9) 21,…}

续表

步骤	图示	顶点及边集合
第 8 步 选择顶点 6		$U = \{ 1,2,3,8,4,5,7,6 \}$ $V - U = \{9\}$ $TE = \{ (1,2),(1,3),(2,8),(8,4),(2,5),(5,7),(7,6) \}$ $cost = \{ (2,4)\ 18,(3,5)\ 17,(3,6)\ 26,(4,9)\ 22,(5,9)\ 24,$ $(7,9)\ 16,(8,9)\ 21,(6,9)\ 20\cdots \}$
第 9 步 选择顶点 9		$U = \{ 1,2,3,8,4,5,7,6,9 \}$ $V - U = \varnothing$ TE $= \{ (1,2),(1,3),(2,8),(8,4),(2,5),(5,7),(7,6),(7,9) \}$ $cost = \{ (2,4)\ 18,(3,5)\ 17,(3,6)\ 26,(4,9)\ 22,(5,9)\ 24,$ $(8,9)\ 21,(6,9)\ 20\cdots \}$

按照普利姆算法，由表 8-1 描述的 9 个步骤构建的最小生成树的代价为 10+11+12+8+16+19+7+16 = 99。

2. 用克鲁斯卡尔算法构建最小生成树

【问题 8-15】用克鲁斯卡尔算法为"村村通"项目的网构建最小生成树。

1956 年，美国的计算机科学家克鲁斯卡尔用另外一种思路构建网的最小生成树。克鲁斯卡尔算法是对贪心算法的应用，其基本思想是"加边法"，即每次都选择一条边权最小的边加入最小生成树，直到选择完 $n-1$ 条边为止。仍然以图 8-50 为例尝试理解克鲁斯卡尔算法的基本思想，总结归纳出利用克鲁斯卡尔算法构建最小生成树的步骤，记得"找规律、列步骤"。

【训练 8-14】利用克鲁斯卡尔算法为如图 8-50 所示的网 $G=<V,E>$ 构建最小生成树。

与普里姆算法一样做初始准备，首先需要设定要生成的最小生成树为 $T=< U,TE>$，其中 U 为最小生成树的顶点集，初始 $U = V$。TE 为最小生成树的当前边集，初始 $TE = \varnothing$。

第 1 步，设置初始状态，最小生成树 $T = <U,TE>$，最小生成树的初始状态顶点集 U 为图 G 中的所有顶点，如图 8-59 所示。$U = V$，$TE = \varnothing$，每个顶点为一个连通分量，即 T 的连通分量为 $\{A\},\{B\},\{C\},\{D\},\{E\},\{F\}$。

第 2 步，在图 G 的 E 中选择一条边权最小的边 $(B,E)\ 12$，加入当前的最小生成树 T 中，如图 8-60 所示。$TE = \{(B,E)\}$，T 的连通分量变为 $\{A\},\{B,E\},\{C\},\{D\},\{F\}$。

图 8-59　初始状态的最小生成树　　　图 8-60　加入边 (B,E) 后当前的最小生成树

第 3 步，在图 G 的 E 中选择一条边权最小的边 (C,D) 17，加入当前的最小生成树 T 中，如图 8-61 所示。TE = { (B,E),(C,D) }，T 的连通分量变为{A}，{B,E}，{C,D}，{F}。

第 4 步，在图 G 的 E 中选择边权最小的一条边 (A,F) 19，加入当前的最小生成树 T 中，如图 8-62 所示。TE = { (B,E),(A,F),(C,D) }，T 的连通分量变为{A,F}，{B,E}，{C,D}。

图 8-61　加入边 (C,D) 后当前的最小生成树　　　图 8-62　加入边 (A,F) 后当前的最小生成树

第 5 步，在图 G 的 E 中选择边权最小的一条边 (C,F) 25，加入当前的最小生成树 T 中，如图 8-63 所示。TE = { (B,E),(A,F),(C,D),(C,F) }，T 的连通分量变为{A, F, C, D}，{B, E}。

第 6 步，在图 G 的 E 中选择边权最小的一条边 (E,F) 26，加入当前的最小生成树 T 中，如图 8-64 所示。TE = { (B,E),(A,F),(C,D),(C,F),(E,F) }，T 的连通分量变为{A,F,C,D,B,E}。

图 8-63　加入边 (C,F) 后当前的最小生成树　　　图 8-64　加入边 (E,F) 后当前的最小生成树

至此，若最小生成树的所有顶点都在同一个连通分量上，或者完成 5 条边的选择，则最小生成树构建完成。最小生成树的边权和为 12 + 26 + 19 + 25 + 17 = 99，与用普里姆算法所构建的最小生成树的代价和是相等的。

与普里姆算法一样，由于边 (F,C) 和边 (F,D) 的边权均为 25，所以在构建最小生成树时，如果选择边 (F,C)，则得到图 8-64 所示的最小生成树。也可以选择边 (F,D)，构建成如图 8-65 所示的另一棵最小生成树。在此步骤中，选择两条边，尽管构建出的最小生成树的形态不同，但是其最小边权和均为 99。

在图 8-63 的状态下，图 G 的边集 E 中边权最小的是边 (F,D) 25，我们却没有选择这条边，而是选择了权值次小的边 (F,E) 26，为什么呢？请仔细思考，如果选了边 (F,D) 25，那么当前构建的最小生成树将会如图 8-66 所示，当前的最小生成树中出现了回路，这与生成树的定义是相悖的。所以，用克鲁斯卡尔算法构建最小生成树时，每次选择新边加入时，除了判断边权最小外，还要判断是否与当前已经构建的最小生成树型成回路。如果有回路形成，就要放弃边权最小的边，再依次选择边权次小的边加入当前的最小生成树中。

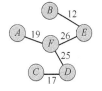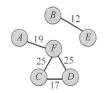

图 8-65　另一棵最小生成树　　　图 8-66　加入边 (F,D) 后当前的最小生成树

同样，用克鲁斯卡尔算法构建最小生成树的过程也是典型的循环结构。每次判断是否有回路和选择边权最小的边的操作为循环体，直到完成选择 $n-1$ 条边，或者最小生成树成为一个连通分量。下面我们一起来归纳克鲁斯卡尔算法的步骤。

假设为具有 n 个顶点的图 $G = <V, E>$ 构建最小生成树 $T = <U, \text{TE}>$，其中 U 为最小生成树的顶点集，TE 为最小生成树边集。

(1)初始化，$U = V$，$\text{TE} = \varnothing$；

(2)在 E 中选择一条边权最小的边，判断该边是否与当前已构建的最小生成树形成环，若是，则放弃该边，在 E 中选择边权次小的边再进行判断，直到有一条满足条件的边为止，将满足条件的边并入 TE；

(3)重复第(2)步，直到选择了 $n-1$ 条边终止，则 $T = <U,\text{TE}>$ 为图 G 的一棵最小生成树。

根据克鲁斯卡尔算法的 3 个步骤就可以为"村村通"项目的网构建最小生成树，从而达到 9 个村子修建 8 条公路连通且修建公路所用的花费最少的目的。鉴于在训练 8-14 中已经给出了构建最小生成树的详细过程，此处简化语言叙述过程，通过表格的形式描述整个构建过程，如表 8-2 所示。

表 8-2　用克鲁斯卡尔算法为"村村通"项目的网构建最小生成树的过程

步骤	图示	顶点及边集合
第 1 步 设置初始状态		$U = V =\{\,1,2,3,4,5,6,7,8,9\,\}$ $\text{TE} = \varnothing$
第 2 步 选择边(7,6)		$U = V =\{\,1,2,3,4,5,6,7,8,9\,\}$ $\text{TE} = \{\,(7,6)\,\}$
第 3 步 选择边(4,8)		$U = V =\{\,1,2,3,4,5,6,7,8,9\,\}$ $\text{TE} = \{\,(7,6),(4,8)\,\}$

续表

步骤	图示	顶点及边集合
第4步 选择边(1,2)	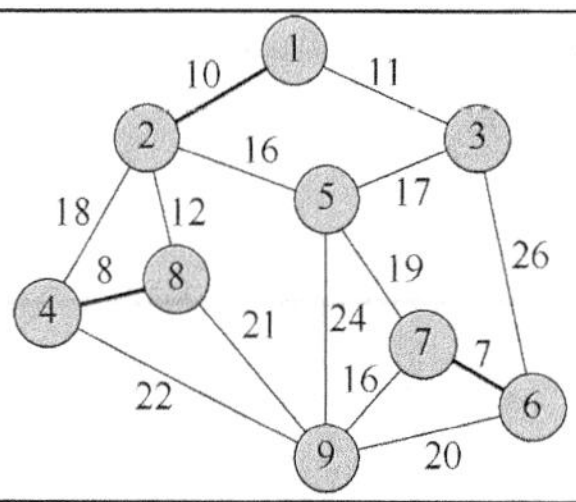	$U = V$ ={ 1,2,3,4,5,6,7,8,9 } TE = { (7,6),(4,8),(1,2) }
第5步 选择边(1,3)	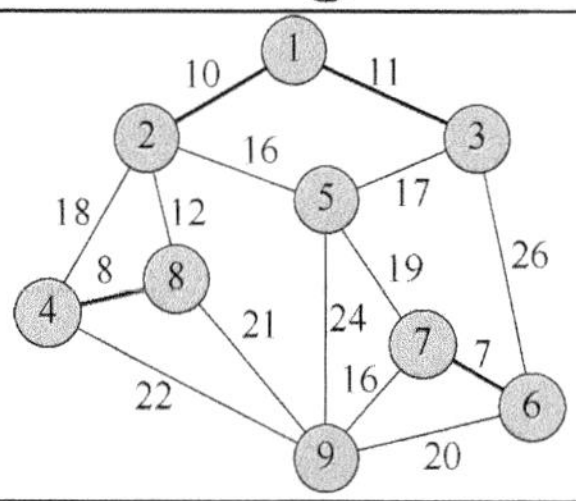	$U = V$ ={ 1,2,3,4,5,6,7,8,9 } TE= { (7,6),(4,8),(1,2),(1,3) }
第6步 选择边(2,8)	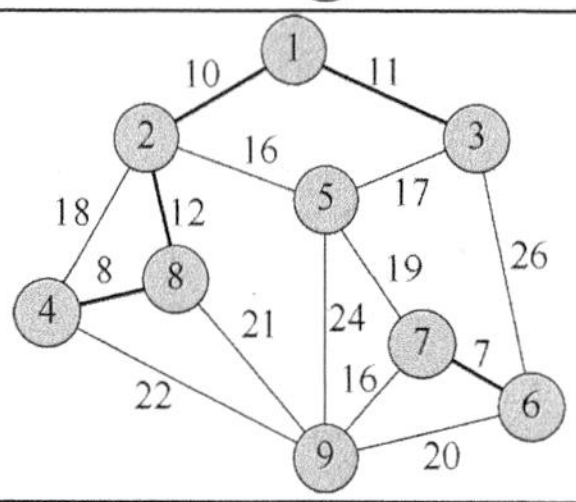	$U = V$ ={ 1,2,3,4,5,6,7,8,9 } TE = { (7,6),(4,8),(1,2),(1,3),(2,8) }
第7步 选择边(2,5)	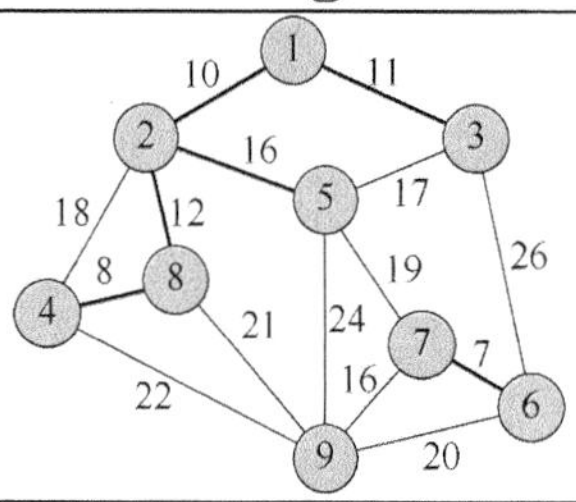	$U = V$ ={ 1,2,3,4,5,6,7,8,9 } TE = { (7,6),(4,8),(1,2),(1,3),(2,8),(2,5) }
第8步 选择边(7,9)	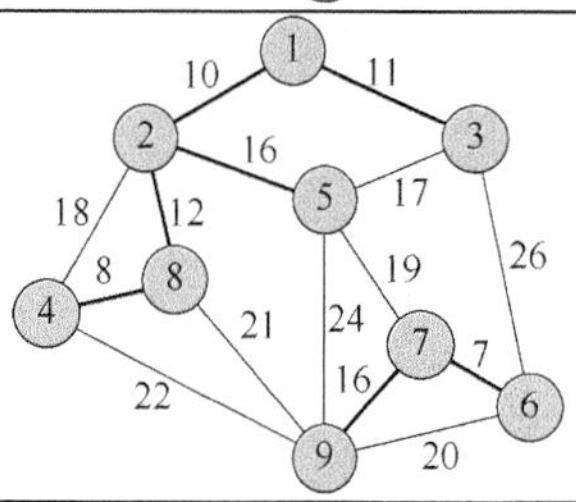	$U = V$ ={ 1,2,3,4,5,6,7,8,9 } TE = { (7,6),(4,8),(1,2),(1,3),(2,8),(2,5),(7,9) }
第9步 选择边(5,7)	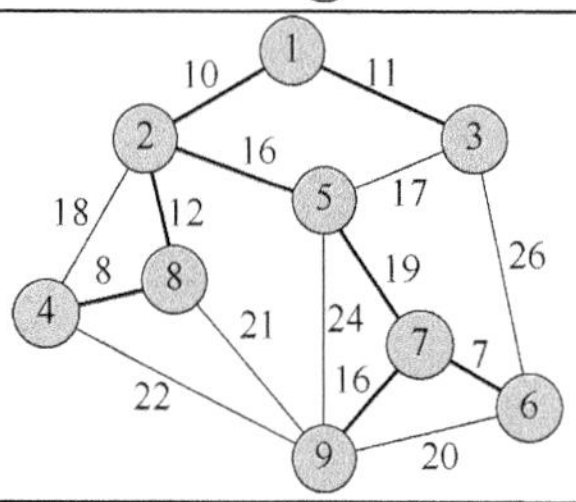	$U = V$ ={ 1,2,3,4,5,6,7,8,9 } TE = { (7,6),(4,8),(1,2),(1,3),(2,8),(2,5),(7,9), (5,7) }

按照克鲁斯卡尔算法,由表 8-2 描述的 9 个步骤构建最小生成树的代价为 7+8+10+11+

12+16+16+19 = 99。

对比普里姆算法和克鲁斯卡尔算法构建最小生成树的方法可以发现，普里姆算法主要针对"加点"展开，不断地比较顶点与顶点构成边的边权大小，那么网中的顶点越多，比较的次数就越多，所以适合于顶点相对较少而边相对较多的稠密网。克鲁斯卡尔算法主要针对"加边"展开，不断地比较各条边的边权大小，那么网中的边越多，比较的次数就越多，所以适合于边相对较少的稀疏网。

在掌握了两种算法的基本思想和基本步骤，学会了如何为网构建最小生成树，确定了"村村通"项目中花费总额最少的 8 条公路的修建方案后，接下来要解决的问题是让计算机来实现构建最小生成树的方案。

8.3.3 最小生成树的实现

对于顶点少或者边少的网可以通过人的眼力和笔力计算来构建最小生成树。但是如果遇到顶点多、边多的复杂图，构建最小生成树就是人力所不及的，必须要借助计算机来完成这一任务。那么无论是采用普里姆算法还是克鲁斯卡尔算法，都需要把上述算法的解题步骤转换为计算机的解题步骤，最终通过编写计算机程序来实现。实现"村村通"项目中以最小花费修建连通 9 个村子的 8 条公路的设计方案，或者说为"村村通"项目的网构建最小生成树，一定是基于网的某种存储结构实现的。也就是说，求最小生成树是基于网的存储结构的一种操作。所以实现构建最小生成树之前，首先要确定图的存储结构。本章的前面几节已经学习了图的三种存储结构，分别是邻接矩阵、邻接表和十字链表，并对每一种存储结构用 C 语言进行了定义，这里将要使用到。

【问题 8-16】用普里姆算法实现"村村通"项目中以最小花费修建连通 9 个村子的 8 条公路的设计方案。

我们首先选择用邻接矩阵作为图的存储结构，用普里姆算法来构建最小生成树。

如图 8-45 所示，根据"村村通"项目的网，构建邻接矩阵如图 8-67 所示。其中 roadCostMatrix[i][j]表示依附于第 i 个顶点和第 j 个顶点的边的边权。

$$\text{roadCostMatrix=} \begin{bmatrix} 0 & 10 & 11 & \infty & \infty & \infty & \infty & \infty & \infty \\ 10 & 0 & \infty & 18 & 16 & \infty & \infty & 12 & \infty \\ 11 & \infty & 0 & \infty & 17 & 26 & \infty & \infty & \infty \\ \infty & 18 & \infty & 0 & \infty & \infty & \infty & 8 & 22 \\ \infty & 16 & 17 & \infty & 0 & \infty & 19 & \infty & 24 \\ \infty & \infty & 26 & \infty & \infty & 0 & 7 & \infty & 20 \\ \infty & \infty & \infty & \infty & 19 & 7 & 0 & \infty & 16 \\ \infty & 12 & \infty & 8 & \infty & \infty & \infty & 0 & 21 \\ \infty & \infty & \infty & 22 & 24 & 20 & 16 & 21 & 0 \end{bmatrix}$$

图 8-67 "村村通"项目图 8-45 所示的网的邻接矩阵

定义"村村通"项目网的邻接矩阵的存储结构如下：

```
struct cuncunConnectedMatrix
{
    int villages[MAX_VILLAGE];        //存储村子数据，即顶点数据
    int roadCostMatrix[MAX_VILLAGE][MAX_VILLAGE];
```

```
                                        //邻接矩阵存储修路花费，即边及边权信息
    int num_villages, num_roads;        //村子数和公路数，即图的顶点数和边数
}
```

这里需要说明一下，之前定义 cuncunConnectedMatrix 时，数组 villages 为 struct villageInfo 类型，包含村子的 6 项信息。为了方便实现，这里用 int 类型替代 struct villageInfo，仅包含了顶点的编号。

定义好网的存储结构后，就可以通过定义函数，用普里姆算法来求解最小生成树。函数具体定义如下：

（1）函数名，要见名知义，故命名为 miniCostSpanningTree_Prim。

（2）函数的参数，参数为预构建最小生成树的图 network，前面已经定义了其数据类型为 struct cuncunConnectedMatrix。

（3）返回值类型，构建完成最小生成树需要返回数据的数据类型。本例将结果直接在屏幕上输出，所以返回值类型为 void。

（4）函数体，就是基于邻接矩阵存储结构，用普里姆算法构建最小生成树过程的实现语句。

```
void miniCostSpanningTree_Prim( struct cuncunConnectedMatrix  network)
{
int min,i,j,k;
int vertexes[MAX_VILLAGE];      //保存最小生成树的当前顶点集合
int cost[MAX_VILLAGE];          //保存每个顶点当前最小权值

vertexes[0]=0;
cost[0]=0;
/* 初始化操作*/
for(i=1; i < network.num_villages; i++)
{
    cost[i]=network.roadCostMatrix[0][i];
    vertexes[i]=0;
}
    for(i=1; i<network.num_villages; i++)
    {
        min=65535;
        j=1;
        k=0;
        while(j<network.num_villages)
        {
          /*当前 lowcost 中的最小值*/
          if( cost[j]!=0 && cost[j]<min)
          {
              min=cost[j];
```

```
                k=j;
             }
           j++;
        }
      printf("(%d,%d)",vertexes[k]+1,k+1);
      cost[k]=0;
      for(j=1; j <network.num_villages; j++)
      {
          if(cost[j]!=0 && network.roadCostMatrix[k][j]<cost[j])
          {
              cost[j]=network.roadCostMatrix[k][j];
              vertexes[j]=k;
          }
      }
    }
}
```

【问题 8-17】 用克鲁斯卡尔算法实现"村村通"项目中以最小花费修建连通 9 个村子的 8 条公路的设计方案。

根据普里姆算法可以很容易地设计出构建最小生成树的方案。基于网的邻接矩阵存储结构用克鲁斯卡尔算法构建最小生成树的操作也通过函数来实现，具体定义如下：

(1)函数名，要见名知义，故命名为 miniCostSpanningTree_Kruskal。

(2)函数的参数，与普里姆算法实现一样，参数为预构建最小生成树的图 network，前面已经定义了其数据类型为 struct cuncunConnectedMatrix。

(3)返回值类型，构建完成最小生成树需要返回数据的数据类型。本例将结果直接在屏幕上输出，所以返回值类型为 void。

(4)函数体，就是基于邻接矩阵存储结构，用克鲁斯卡尔算法构建最小生成树过程的实现语句。

为了便于快速计算边权最小的边，需要定义一个数据结构 struct edge 来存储依附于边的两个顶点以及边权。

```
struct edge
{
  int startpoint;
  int endpoint;
  int weight;
};
void miniCostSpanningTree_Kruskal(cuncun_connected_network  network)
{
  int i,j,k=0,n,m,l;
  struct edge edges[network.num_roads];  //保存每条边的数据
```

```
        int isloop[network.num_villages];              //判断边与边是否存在环路

    /*将邻接矩阵中的边保存到结构体数组 edges 中*/
    for(i=0; i <network.num_villages; i++)
    {
        for(j=0; j<=i; j++)
        {
            if( network.roadCostMatrix[i][j]!=0 && network.roadCostMatrix
[i][j]!=65535 )
            {
                edges[k].startpoint=i;
                edges[k].endpoint=j;
                edges[k].weight=network.roadCostMatrix[i][j];
                k++;
            }
        }
    }
    /*将结构体 edges 中的数据按照 weight 从小到大排序*/
    for(i=0; i<k; i++)
    {
        for(j=i; j<k; j++)
        {
            if(edges[i].weight>edges[j].weight)
            {
                m=edges[i].startpoint;
                n=edges[i].endpoint;
                l=edges[i].weight;
                edges[i].startpoint=edges[j].startpoint;
                edges[i].endpoint=edges[j].endpoint;
                edges[i].weight=edges[j].weight;
                edges[j].startpoint=m;
                edges[j].endpoint=n;
                edges[j].weight=l;
            }
        }
    }
     /*对 isloop 数组赋初值为全 0*/
    for(i=0; i<network.num_villages; i++)
    {
        isloop[i]=0;
    }
     /*按照克鲁斯卡尔算法构建最小生成树，检测 edges 中的每一条边*/
```

```
    for(i=0; i<network.num_roads; i++)
    {
            n=find(isloop,edges[i].startpoint);
            m=find(isloop,edges[i].endpoint);

            if(n!=m)
            {
                    isloop[m]=n;
                    printf("(%d,%d)%d",edges[i].startpoint,edges[i].endpoint,
                            edges[i].weight);
            }
    }
}
/*检测加入顶点 point 是否会构成回路*/
int find(int isloop[ ],int point)
{
    while(isloop[point]>0)
    {
        point=isloop[point];
    }
    return point;
}
```

　　为了熟练地在基于网的某种存储结构上构建并实现最小生成树，请读者自行为图 8-50 所示的网基于邻接表分别用普里姆算法和克鲁斯卡尔算法构建最小生成树，并设计算法。

　　以上完成了"村村通"项目中的第 1 个任务，确定了在 9 个村子间修建 8 条公路，既保证村村相通，又保证修建公路的花费最少。接下来为修建这 8 条公路而实施各项工程活动。

8.4　安排"村村通"项目各项修路工程活动顺利完工的顺序

　　科学、有序地安排好修建公路的各项工程活动，以确保工程的正常实施，需要学习拓扑排序。

8.4.1　拓扑排序

【问题 8-18】什么是拓扑排序？

　　整个修建公路的施工过程由若干个"工程活动"组成。由于某些前置条件的限制，各个工程活动是有施工顺序的。有些工程活动可以并行实施，而有些工程活动要有先后顺序。为了能够保证公路施工工程顺利完成，必须依据各个工程活动的施工条件，将所有的工程活动施工进行合理排序。经项目组研讨并评审，现将修路工程活动的先后顺序用图来表示，如图 8-68 所示。

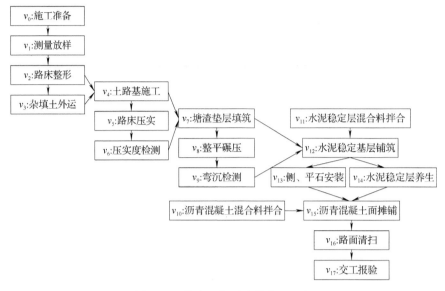

图 8-68　修路工程活动的先后顺序

　　在"村村通"项目中，假设有几支工程队可以同时施工，每个工程队完成一条公路的施工。图 8-68 为每个工程队修建公路过程所实施的 18 项活动（分别用 v_0、v_1、v_2、$\cdots$、v_{17} 表示）的先后顺序，其中每一个矩形框表示一项工程活动，矩形框间的弧 $<v_i,v_j>$ 表示两个活动的先后顺序，一般称 v_i 为 v_j 的前驱活动，v_j 为 v_i 的后继活动。只有当 v_i 表示的工程活动结束后，v_j 表示的工程活动才可以开始。例如，弧 $<v_2,v_3>$，v_2 是 v_3 的前驱活动，v_3 是 v_2 的后继活动，只有当 v_2 路床整形活动结束，v_3 杂填土外运活动才能开始。在具体施工中，由于任何一个工程活动和其自身不可能有施工的先后关系，所以表示工程活动先后顺序的图一定为有向无环图。在数据结构中，像图 8-68 所示一样，用顶点表示活动的图被称为AOV 网（Activity on Vertex Network）。

　　在 $G = <V,E>$ 有向无环图中，用顶点表示活动，用弧表示活动之间的先后顺序，称图 G 为顶点表示活动的网，即 AOV 网。

　　再一次提醒读者，AOV 网是一个有向无环图，适用于在工程项目中，给各项工程活动安排一个线性顺序，以保证工程的顺利施工。

　　明确了"村村通"项目中每个工程队修建公路的 18 个工程活动之间的先后顺序，接下来就要根据这些工程活动间的先后顺序，也就是依据图 8-68，给 18 个活动进行线性排序。每个工程队应该按照这样的顺序依次去完成每一个工程活动，我们把基于 AOV 网上的这种线性排序称为拓扑排序。

　　图 $G = <V,E>$ 为具有 n 个顶点的有向无环图，V 中顶点序列为 $v_1,v_2,v_3,\cdots,v_n$。将图 G 中的所有顶点排成一个线性序列，使得图 G 中任意一对顶点 v_i、v_j 都满足：对于 $<v_i,v_j>\in E$，则在顶点的线性序列中，顶点 v_i 一定出现在顶点 v_j 的前面。我们称这个顶点的线性序列为拓扑序列（Topological Order），把获得拓扑序列的过程称为拓扑排序

（Topological Sort）。

拓扑排序也可以定义为由一个集合上的偏序得到该集合上的一个全序的操作过程。在"村村通"项目中，拓扑排序就是根据 18 个工程活动间的施工先后制约条件，将它们排列成一个线性序列，获得拓扑序列，并按照该拓扑序列实施各项工程活动，可确保工程的顺利进行。

那么，如何基于有向无环图进行拓扑排序呢？这是接下来要弄清楚的重要问题。

8.4.2　拓扑排序思想

【问题 8-19】如何为"村村通"项目的各个工程活动进行排序，以确保各个工程活动有序、顺利进行？

要给图 8-68 中的 18 个工程活动安排一个线性序列，应该首先关注 AOV 网中没有前驱活动的工程活动，而这些工程活动就是 AOV 网中入度为 0 的顶点；其次当某个工程活动完成了，可能会使得其后继工程活动因没有前驱工程活动的限制而成为 AOV 网中入度为 0 的顶点。例如，v_0、v_{10} 和 v_{11} 三个工程活动没有前驱活动，在 AOV 网中入度均为 0，所以可以排在拓扑排序的前面进行施工。这三个工程活动没有任何的先后限制条件，因此，在拓扑排序时，怎么排序均可以。当工程活动 v_0 施工完成，工程活动 v_1 就没有了前驱工程活动的限制条件，在 AOV 网中其入度由 1 变为 0，此时就可以加入拓扑序列中。弄懂了上面两点，基于 AOV 网上的拓扑排序就是一件非常简单的事情了。

拓扑排序的步骤如下。

第 1 步，在 AOV 网中任意选择一个入度为 0 的顶点输出；

第 2 步，删除该顶点以及所有以该顶点为尾的弧；

第 3 步，重复第 1 步和第 2 步，直到输出 AOV 网中的全部顶点结束或者 AOV 网中已经不存在入度为 0 的顶点，说明该有向图中有环路，输出提示信息"有环路"结束。

下面用一个简单的 AOV 网来对拓扑排序的步骤进行训练。

【训练 8-15】为图 8-69 所示的一个 AOV 网进行拓扑排序。

第 1 步，由于在 AOV 网中仅顶点 4 的入度为 0，所以选择顶点 4 并输出，如图 8-70 所示。

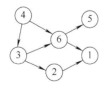 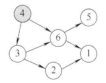

图 8-69　一个 AOV 网　　　　　　　图 8-70　选择顶点 4

第 2 步，删除顶点 4 以及<4,6>和<4,3>两条弧，如图 8-71 所示。

第 3 步，当前网中，顶点 3 入度为 0，选择顶点 3 输出，如图 8-72 所示。

第 4 步，删除顶点 3 以及<3,2>和<3,6>两条弧，如图 8-73 所示。

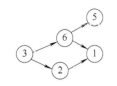

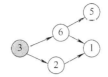

图 8-71 删除顶点 4 及两条弧   图 8-72 选择顶点 3   图 8-73 删除顶点 3 及两条弧

第 5 步，当前网中，顶点 6 入度为 0，选择顶点 6 输出，如图 8-74 所示。

第 6 步，删除顶点 6 以及<6,5>和<6,1>两条弧，如图 8-75 所示。

第 7 步，当前网中，顶点 5 和顶点 2 的入度均为 0，任意选择顶点 2 输出，如图 8-76 所示。

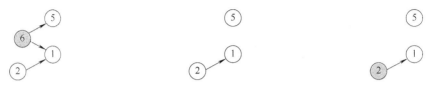

图 8-74 选择顶点 6   图 8-75 删除顶点 6 及两条弧   图 8-76 选择顶点 2

第 8 步，删除顶点 2 以及<2,1>，如图 8-77 所示。

第 9 步，当前网中，顶点 5 和顶点 1 的入度均为 0，任意选择顶点 1 输出，如图 8-78 所示。

第 10 步，删除顶点 1，如图 8-79 所示。

图 8-77 删除顶点 2 及一条弧   图 8-78 选择顶点 1   图 8-79 删除顶点 1

第 11 步，当前网中，顶点 5 的入度为 0，选择顶点 5 输出，所有的顶点均被输出。

图 8-69 所示的 AOV 网顶点的拓扑序列为 4,3,6,2,1,5。

上述训练中应注意，第 9 步中，顶点 5 和顶点 2 的入度均为 0，此时只要任意选择一个入度为 0 的顶点输出即可。这也可以得出结论，基于 AOV 网的拓扑序列是不唯一的，可能会有多个。例如，在第九步中，也可以先选择顶点 5 输出，则顶点的拓扑序列变为 4,3,6,2,5,1。

根据训练 8-15，相信读者已经掌握了基于 AOV 网求顶点拓扑排序的方法。依此方法，可以得到图 8-68 所示的 AOV 网的一个顶点拓扑序列为 $v_0,v_1,v_2,v_3,v_4,v_5,v_6,v_7,v_8,v_9$，$v_{11},v_{12},v_{13},v_{14},v_{10},v_{15},v_{16},v_{17}$。其他的拓扑序列请读者自行完成。

现在，我们已经学会了如何基于 AOV 网对顶点进行拓扑排序，接下来学习如何用计算机来实现拓扑排序算法。

8.4.3 拓扑排序实现

【问题 8-20】实现"村村通"项目的各项工程活动的拓扑排序。

拓扑排序是基于 AOV 网进行的，即求顶点的拓扑序列其实是基于图的一种操作。所以实现拓扑排序，与该 AOV 网的存储结构有密切的关系。前面已经学过图的三种存储方式，邻接矩阵、邻接表和十字链表。通过训练 8-15 发现，在拓扑排序过程中，需要不断地删除入度为 0 的顶点及依附于它的弧，所以相比较而言，邻接表这种链式存储结构更加适合，因此，选择使用邻接表作为 AOV 网的存储结构。

另外，拓扑排序过程中要不断地查找入度为 0 的顶点，在存储 AOV 网的邻接表的结构体数组元素的构成中，要加入 inDegree 域，用来存储对应顶点的入度数。结构体数组元素的结构如图 8-80 所示。

activity	inDegree	firstArc
第i个顶点信息	顶点的度数	指向第1条弧

图 8-80   结构体数组元素的结构

依据 8-80 所示的结构体数组元素的结构构成，为图 8-68 所示的 AOV 网构建邻接表，如图 8-81 所示。

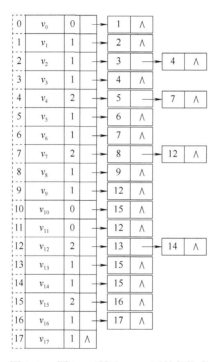

图 8-81   图 8-68 所示 AOV 网的邻接表

该 AOV 网的邻接表的存储结构定义如下：

```
/*定义邻接表中单链表结点的数据类型*/
struct orderNode
{
    int adjvertext;          //邻接点在结构体数组中的下标
    struct orderNode*next;   //指向下一个邻接点的指针
}
/*定义邻接表中结构体数据元素的数据类型*/
```

```
struct  activityOrder
{
    int  activity;                      //存储顶点数据，此处仅存储了顶点的编号
    int  inDegree;                      //顶点的入度
    struct orderNode * firstArc;        //单链表的头指针
}
```
/*定义存储邻接表的结构体数组*/
```
struct cuncunTopSortAdjList
{
    struct  activityOrder  activities[18]; //存储18个工程活动
    int vertex_num, arc_num;               //存储顶点数和弧数
}
```
/*基于邻接表上的拓扑排序实现*/
```
void cuncun_topologicalSort( struct cuncun_activityorder g)
{
    struct  orderNode  *node;
    int i, k, gettop;
    int *stack ;                        //存储入度为0的顶点下标
    int top = 0;
    int count = 0;
    stack = (int *) malloc(g.vertex_num *sizeof(int)); //建立栈
    node = (struct orderNode *)malloc(sizeof(struct orderNode ));
    /*将入度为0的顶点的下标压入栈 stack*/
    for(i = 0; i < g.vertex_num; i++)
    {
        if( g.activities[i].inDegree==0 )
        {
            stack[top++] = i;
        }
    }
    while(top != 0)
    {
        gettop = stack[--top];
        printf(" %d ->",g.activities[gettop].activity);
        count ++;
        /*遍历该顶点拉着的单链表*/
        for(node=g.activities[gettop].firstarc;node;node= node->next)
        {
            k = node->adjvertext;
            printf("%d\n",k);
            g.activities[k].inDegree--;
            if(g.activities[k].inDegree==0)
            {
```

```
                    stack[top++] = k;
                }
            }
        }
    if(count < g.vertex_num)
    {
        printf("存在环路");
    }
}
```

由于在拓扑排序的过程中要不断地查找入度为 0 的顶点，所以需要一个堆栈来依次存储排序过程中入度为 0 的顶点，从而可以避免每次查找入度为 0 的顶点时都要查找并对比整个结构体数组元素的入度。首先将初始入度为 0 的顶点压入栈。当栈不空时，弹出栈顶顶点并输出，计算剩余顶点当前的入度，将入度为 0 的顶点压入栈，重复此操作，直到栈空为止。如果还存在没有输出的顶点，说明该网中存在回路。

至此，完成了"村村通"项目的第 2 个任务，为"村村通"项目的几支工程队在修路施工过程中的 18 个工程活动进行了拓扑排序，保证了各项活动有序、顺利进行。接下来，每支工程队就可以按照上面拓扑排序的顺序，依次实施各个工程活动了。

除了安排好每支工程队的工程活动的实施次序外，还要估计一下在几支工程队共同施工情况下，整个工程需要的最短工期，哪支工程队实施的工程活动是主要的、关键的、影响整个工程按期交付的工程活动。掌握这些信息，并保证这些工程队的工程活动如期实施，才能保证整个工程如期交工。此外，提高这些工程队实施工程活动的效率，会有效地缩短整个工程工期。这就是我们接下来要学习的图的关键路径问题。

8.5　确定"村村通"项目修路工程最短工期及关键工程活动

如何能够计算"村村通"项目工程最短工期，知晓哪些工程活动是影响工期的关键活动，需要学习关键路径。

8.5.1　关键路径

【问题 8-21】什么是关键路径？

学习关键路径之前，我和大家分析一下我家周末进行若干集体活动的计划安排，初步认识什么是关键路径。为了能够让儿子养成热爱劳动和积极参与社会实践的好习惯，增强家庭及社会责任感。周末时间，我家一般做 2 项集体活动：一是家庭大扫除；二是参加社区组织的 1h 公益实践。我们一家三口大扫除的分工是，儿子负责打扫书房，我负责打扫卧室，爸爸负责打扫客厅。我们三个人都完成打扫任务后，再步行 5min 到社区，一起参加大约 1h 的公益实践，周末的集体活动结束。一般情况下，我打扫卧室需要 20min，爸爸打扫客厅需要 25min，儿子打扫书房需要 30min。将我家周末的集体活动安排计划用图表示出来，如图 8-82 所示。

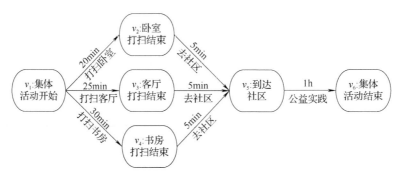

图 8-82 我家周末集体活动安排计划

从图 8-82 中可知，我花费 20min 打扫卧室、5min 去社区、1h 公益实践，共计 1h 25min；爸爸花费 25min 打扫客厅、5min 去社区、1h 公益实践，共计 1h 30min；我儿子花费 30min 打扫书房、5min 去社区、1h 公益实践，共计 1h 35min，那么我家周末的集体活动至少需要多少时间呢？是我花费的总时长 1h 25min，还是爸爸花费的总时长 1h 30min，还是我儿子花费的总时长 1h 35min 呢？读者可能很快会看出，我家周末集体活动需要的最短时长为我儿子花费的总时长 1h 35min，因为尽管我家务熟练仅用了 20min 就打扫完卧室，之后 5min 到达社区后，必须等待家务不熟练的爸爸和家务极不熟练的儿子分别完成打扫任务到达社区集合后，才能一起开始公益实践。所以我儿子的活动总时长就是家庭集体活动的最短时间。如果每周都保证家庭集体活动在最短时间内完成，必须要确保我儿子打扫书房、去社区和公益实践三项活动都要按时完成，不能拖延。此外，如果想要缩短家庭集体活动的最短时间，有效的方法是帮助我儿子提高打扫房间的熟练度以节省时间或者让儿子跑步去社区。如此看来，我儿子所实施的活动是关键活动。

由于修建公路的工程任务是由几支工程队实施多个工程活动来完成的。每支工程队实施修路工程活动所需要的时间应该是不同的，那么确定完成整个修路工程的最短工期，以及确定影响整个工程工期的是哪支工程队，确保这些工程队实施的工程活动按期完成，是保证整个修路工程按期完成的关键。就像我家周末进行的家庭集体活动及其持续的时间用图表示一样，"村村通"项目修路工程的所有工程队实施的工程活动及其持续的时间也可以用图表示出来，一般活动用图中的边来表示，所以通常称该图为 AOE 网（Activity on Edge Network）。从 AOE 网中可以计算出最短路径和关键活动，保证关键活动按期完成就可以保证整个工程按期完工。

图 $G=<V,E>$ 是一个带权有向图，用顶点表示事件，用弧表示活动，用弧上的权值表示活动持续的时间，这种用弧来表示活动的网称为 AOE 网。

图 8-82 是一个 AOE 网。为了方便起见，分别用 v_1、v_2、v_3、v_4、v_5、v_6 表示网中的顶点。网中每一条弧表示一个活动，弧上的数字表示活动持续的时间，每条弧依附的两个顶点分别表示该活动的开始事件和结束事件。例如，打扫书房活动所在的弧 $<v_1,v_4>$，弧尾顶点 v_1 表示打扫书房活动的开始事件，弧头顶点 v_4 表示打扫书房活动的结束事件，弧上的权值 30 表示打扫书房活动需要持续 30min。

此外，再进一步观察两个特殊的顶点。顶点 v_1 表示家庭集体活动的开始事件，其入度为 0。顶点 v_6 表示家庭集体活动的结束事件，其出度为 0。一般来说，在 AOE 网中，入度为 0 的顶点称为起点或源点，表示一项工程或者计划的开始事件；出度为 0 的顶点称为终点或者汇点，表示一项工程或者计划的结束事件。正常情况下，AOE 网中只有一个源点和一个汇点。

这里请读者首先清楚 AOV 网和 AOE 网的区别与用途。AOV 网用顶点表示活动，用边表示活动的优先关系，用来给所有工程活动线性排序，保证整个工程有序、顺利进行；AOE 网则用弧表示活动，用顶点表示活动的开始或结束事件，用来计算一个工程的最短工期、确定影响工程工期的关键活动，确保工程按期完工。读者要很好地区分两者定义的区别、构建的方法异同以及适用解决问题的不同。

上面提到，在我家的家庭集体活动中，我儿子的三项活动是关键活动。这三项活动是否能按时完成直接影响整个家庭集体活动的最短时间。因此，在 AOE 网中确定出关键活动非常重要。

路径长度(Path Length)：AOE 网中，一条路径上所有弧的权值之和。

关键路径(Critical Path)：AOE 网中，从源点到汇点路径长度最长的路径。

关键活动(Critical Activity)：AOE 网中，关键路径上的所有活动。

图 8-82 中，路径 $v_1 \rightarrow v_2 \rightarrow v_5$ 的路径长度为 1h 25min；路径 $v_1 \rightarrow v_3 \rightarrow v_5 \rightarrow v_6$ 的路径长度为 1h 30min。从源点到汇点，路径 $v_1 \rightarrow v_4 \rightarrow v_5 \rightarrow v_6$ 的路径长度最长，为 1h 35min，是关键路径。因此，弧$<v_1, v_4>$代表的活动"打扫书房"、弧$<v_4, v_5>$代表的活动"去社区"、弧$<v_5, v_6>$代表的活动"公益实践"均为关键活动。

知道了 AOE 网以及基于 AOE 网的关键路径和关键活动后，就可以为"村村通"项目的实施构建 AOE 网了，明确其关键路径和关键活动，从而有效地控制工程如期完成甚至缩短工期。

【问题 8-22】为"村村通"项目各个工程队实施的工程活动构建 AOE 图。

在 8.3 节根据普里姆算法构建的最小生成树，如图 8-83 所示，包含 8 条公路。现在项目组安排了 3 支工程队来修建这 8 条公路。由于每条公路的长度、修建的难易程度不同，修建每条公路所花费的时间也不同。整个修路工程具体分工如下：3 支工程队先各自单独修建 2 条公路，其中第 1 工程队计划分别用 37 天、30 天修建公路(1,3)和(7,6)；第 2 工程队计划分别用 36 天、28 天修建公路(2,8)和(8,4)；第 3 工程队计划分别用 35 天、42 天修建公路(1,2)和(2,5)；之后 3 支工程队分别用时 18 天和 20 天共同修建公路(5,7)和(7,9)。"村村通"项目中 3 支工程队修建 8 条公路所花费的时间如图 8-84 所示，其中边上的数字分别表示边的序号和修建公路所用的天数，如边(1,2)上的数字"1：35"，1 表示是第 1 条边，35 表示修建第 1 条公路用时 35 天。

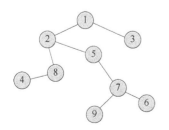

图 8-83 普里姆算法构建的最小生成树

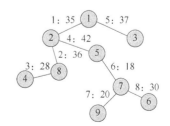

图 8-84 3 支工程队修建公路所用天数

根据以上描述 3 支工程队修路工程活动以及活动持续的时间，构建"村村通"项目修路工程活动的 AOE 网如图 8-85 所示。

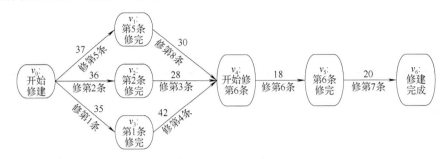

图 8-85 "村村通"项目修路工程活动的 AOE 网

$v_0 \rightarrow v_1 \rightarrow v_4 \rightarrow v_5 \rightarrow v_6$ 是第 1 工程队实施的工程活动路径，路径长度为 37+30+18+20 =105（天），其中第 5 条、第 8 条公路为其单独修建。$v_0 \rightarrow v_2 \rightarrow v_4 \rightarrow v_5 \rightarrow v_6$ 是第 2 工程队的活动路径，路径长度为 36+28+18+20=102（天），其中第 2 条、第 3 条公路为其单独修建；$v_0 \rightarrow v_3 \rightarrow v_4 \rightarrow v_5 \rightarrow v_6$ 是第 3 工程队的活动路径，路径长度为 35+42+18+20=115（天），其中第 1 条、第 4 条公路为其单独修建。由图 8-85 可知，第 3 工程队的工程活动路径长度最长，是"村村通"项目的关键路径，所以"修第 1 条""修第 4 条""修第 6 条""修第 7 条"四个工程活动为关键活动。

以上，我们应该知悉了什么是 AOE 网、AOE 网适合解决的问题、如何构建 AOE 网、如何确定关键路径以及关键活动。

如果利用计算机求解基于 AOE 网的关键路径和关键活动，如何完成呢？下面进一步理解关键路径和关键活动，看看求解过程是否有规律可循。

8.5.2 关键路径的思想

【问题 8-23】基于 AOE 网，求解"村村通"项目修路工程工期的最短工期，以及影响最短工期的关键工程活动。

通过前面的学习，我们已经非常清楚，解答这个问题需要使用 AOE 网。那么进一步分析"村村通"项目中 3 支工程队修路工程活动的 AOE 图。第 1 工程队修建第 5 条、第 8 条公路共花费 67 天，第 2 工程队修建第 2 条、第 3 条公路共花费 64 天，第 3 工程队修建第 1 条、第 4 条公路共花费 77 天。之后三个工程队一起修建第 6 条、第 7 条公路。由此可见，第 1 工程队和第 2 工程队在三个工程队合作共同修路前是有空闲时间的。在保证原计划最短 115 天工期的情况下，相比第 3 工程队的 77 天，第 1 工程队有 10 天的自由支配时间，第 2 工程队有 13 天的自由支配时间。也就是说，第 1 工程队在修建第 5 条和第 8 条公路时，可以不严格按照计划的起始时间，如原计划修第 5 条公路在 10 号开始，实际最晚可以推迟到 20 号再开始，但这种情况下修第 8 条公路必须准时开始。总之，只要第 1 工程队修建第 5 条、第 8 条公路延迟时间合计不超过 10 天即可。同样，第 2 工程队修建第 1 条、第 4 条公路延迟时间合计不超过 13 天即可。而第 3 工程队没有任何的自由支配时间，每个活动必须严格按照计划的起始时间进行。

基于以上分析可知，为了保证工程按期完工，AOE 网中的每个活动都有两个时间需要重点关注：活动的最早开始时间和活动的最晚开始时间。那么在 AOE 网中，活动所在弧的弧尾顶点所表示的活动开始事件也应该有最早发生时间和最晚发生时间。

事件 v 的最早发生时间 ete(the Earliest Time of Event)：顶点 v 所代表的事件的最早发生的时间，是从源点到顶点 v 的最长路径长度，记为 ete(v)。

事件 v 的最晚发生时间 lte(the Latest Time of Event)：顶点 v 所代表的事件的最晚发生的时间，是在不推迟总工期的前提下，该事件最晚发生的时间，记为 lte(v)。

活动 a_i 的最早开始时间 eta(the Earliest Time of Activity)：活动 a_i 所在弧的弧尾顶点表示的事件最早发生时间，记为 eta(a_i)。

活动 a_i 的最晚开始时间 lta(the Latest Time of Activity)：活动 a_i 所在弧的弧头顶点表示的事件最晚发生时间减去该活动持续时间之差，也就是在不推迟工期的情况下，该活动最晚开始的时间，记为 lta(a_i)。

依据以上定义，分别计算图 8-85 中各个事件和活动的 ete(v)、lte(v)、eta(a_i)和 lta(a_i)。一般情况下，应该首先计算事件的时间，再根据事件的时间来计算活动的时间。

首先，计算每个事件的最早发生时间。计算每个事件的最早发生时间的方法是从源点到汇点顺推。假设修建公路开始的时间为 0 时刻。因为 v_0 是源点，代表工程的起点，所以，v_0 的最早发生时间为 0，其他顶点 v 所代表的事件的最早发生时间是从 v_0 到 v 的最长路径长度。所有顶点所代表的事件的最早发生时间如表 8-3 所示。

表 8-3　顶点代表事件的最早发生时间

代表事件的顶点 v	最早发生时间 ete(v)	代表事件的顶点 v	最早发生时间 ete(v)
v_0	0	v_4	77
v_1	37	v_5	95
v_2	36	v_6	115
v_3	35		

其次，计算每个事件的最晚发生时间。计算事件的最晚发生时间的方法是从汇点向源点倒推。如果不耽误工程总工期，就要保证汇点 v_n 在 lte(v_n)时刻发生，那么汇点所代表的事件的最晚发生时间一定是 lte(v_n)。其余顶点 v_i 所代表的事件的最晚发生时间为 lte(v_n)减去顶点 v_i 到汇点 v_n 的最长路径长度。所有顶点所代表的事件的最晚发生时间如表 8-4 所示。

表 8-4　顶点代表事件的最晚发生时间

代表事件的顶点 v	最晚发生时间 lte(v)	代表事件的顶点 v	最晚发生时间 lte(v)
v_0	0	v_4	77
v_1	47	v_5	95
v_2	49	v_6	115
v_3	35		

说明：在保证总工期的前提下，汇点 v_6 的最晚发生时间与其最早发生时间一定是相同的。顶点 v_3 所代表的事件的最晚发生时间为汇点 v_6 的最晚发生时间减去顶点 v_3 到汇点 v_6 的最长路径长度，即 $115 - (20 + 18 + 42) = 35$。

最后，根据事件的最早发生时间和最晚发生时间来计算活动的最早开始时间和最晚开始时间。活动 a_i 的最早开始时间为活动 a_i 所在弧的弧尾顶点所代表的事件的最早发生时间。活动 a_i 的最晚开始时间为活动 a_i 所在弧的弧头顶点所代表的事件的最晚发生时间与活动 a_i 持续时间之差。经计算，所有活动的最早开始时间和最晚开始时间如表 8-5 所示。

表 8-5　活动的最早开始时间和最晚开始时间

活动	最早开始时间 eta	最晚开始时间 lta
$<v_0, v_1>$	0	10
$<v_0, v_2>$	0	13
$<v_0, v_3>$	0	0
$<v_1, v_4>$	37	47
$<v_2, v_4>$	36	49
$<v_3, v_4>$	35	35
$<v_4, v_5>$	77	77
$<v_5, v_6>$	95	95

说明：活动 $<v_0, v_3>$ 的最早开始时间为顶点 v_0 所代表的事件的最早发生时间，即 0。其最晚开始时间为顶点 v_3 所代表的事件的最晚发生时间减去活动 $<v_0, v_3>$ 的持续时间，即 $35-35=0$。活动 $<v_2, v_4>$ 的最早开始时间为顶点 v_2 所代表的事件的最早发生时间，即 36。其最晚开始时间为顶点 v_4 所代表的事件的最晚发生时间减去活动 $<v_2, v_4>$ 的持续时间，即 $77-28=49$。

我们来仔细研究表 8-5 中每个活动的最早开始时间和最晚开始时间，其中 $<v_0, v_3>$、$<v_3, v_4>$、$<v_4, v_5>$、$<v_5, v_6>$ 四个活动的最早开始时间和最晚开始时间都是相同的。这就表明，如果要保证工程按期完工，这四个活动必须分别在第 0、35、77、95 天开工，不能有任何延误。而其他活动的实际开始时间都可以有延误，例如，活动 $<v_0, v_1>$ 可以在第 0 天开工，但是也可以推迟 10 天再开工。同样活动 $<v_2, v_4>$ 最早可以在第 36 天开工，也可以推迟 13 天，到第 49 天再开工，这些工程活动在允许的时间内是可以延迟的，不会影响工程工期。

基于以上分析，可以得到结论，在 AOE 网中，从源点到汇点的路径长度最长的路径为关键路径，关键路径上的活动均为关键活动。上面我们提到，图 8-85 中，路径 $v_0 \to v_3 \to v_4 \to v_5 \to v_6$ 的路径长度最长为 115，$<v_0, v_3>$、$<v_3, v_4>$、$<v_4, v_5>$、$<v_5, v_6>$ 为关键活动。四个活动的最早开始时间和最晚开始时间是相同的，所以，关键活动可以用活动的最早开始时间等于最晚开始时间来定义，关键路径就是所有关键活动所在的路径，这也是通过计算机实现求解关键活动和关键路径算法的一个非常重要的依据。

【训练 8-16】求解图 8-86 所示的 AOE 网的关键活动和关键路径。

为了进一步熟练基于 AOE 网上求解关键活动和关键路径，进行一个新的训练，确定图 8-86 所示的 AOE 网的关键活动和关键路径。完成本次训练后，读者应该能够总结出求

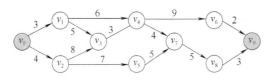

图 8-86　一个 AOE 网

解事件的最早发生时间和最晚发生时间、活动的最早开始时间和最晚开始时间的通用公式，以备后面编程实现使用。

首先计算该 AOE 图中每个事件的最早发生时间和最晚发生时间，如表 8-6 所示。

表 8-6 事件的最早发生时间和最晚发生时间

代表事件的顶点	最早发生时间 ete	最晚发生时间 lte
v_0	0	0
v_1	3	7
v_2	4	4
v_3	12	12
v_4	15	15
v_5	11	13
v_6	24	25
v_7	19	19
v_8	24	24
v_9	27	27

根据事件的最早发生时间和最晚发生时间计算活动的最早开始时间和最晚开始时间，如表 8-7 所示。

表 8-7 活动的最早开始时间和最晚开始时间

活动	最早开始时间 eta	最晚开始时间 lta
$a_0 < v_0, v_1 >$	0	4
$a_1 < v_0, v_2 >$	0	0
$a_2 < v_1, v_3 >$	3	7
$a_3 < v_1, v_4 >$	3	9
$a_4 < v_2, v_3 >$	4	4
$a_5 < v_2, v_5 >$	4	6
$a_6 < v_3, v_4 >$	12	12
$a_7 < v_4, v_6 >$	15	16
$a_8 < v_4, v_7 >$	15	15
$a_9 < v_5, v_7 >$	11	13
$a_{10} < v_6, v_9 >$	24	25
$a_{11} < v_7, v_8 >$	19	19
$a_{12} < v_8, v_9 >$	24	24

由表 8-7 可知，$a_1<v_0,v_2>$、$a_4<v_2,v_3>$、$a_6<v_3,v_4>$、$a_8<v_4,v_7>$、$a_{11}<v_7,v_8>$、$a_{12}<v_8,v_9>$ 六个活动因最早开始时间和最晚开始时间相同为关键活动，关键路径为 $v_0 \rightarrow v_2 \rightarrow v_3 \rightarrow v_4 \rightarrow v_7 \rightarrow v_8 \rightarrow v_9$，路径长度为 $4+8+3+4+5+3=27$。

经过上面的训练，相信读者已经得出求解事件及活动的时间公式，总结如下。

(1) 事件 v_i 的最早发生时间 $\text{ete}(v_i)$：

$$\text{ete}(v_i) = \begin{cases} 0, & v_i \text{为源点} \\ \max\{\text{ete}(v_j)+\text{weight}(<v_j,v_i>)\}, & <v_j,v_i> \in E \end{cases}$$

(2)事件 v_i 的最晚发生时间 $\text{lte}(v_i)$：

$$\text{lte}(v_i) = \begin{cases} \text{ete}(v_i), & v_i\text{为源点} \\ \min\{\text{lte}(v_j) - \text{weight}(<v_i,v_j>)\}, & <v_i,v_j> \in E \end{cases}$$

(3)活动 a_i 的最早开始时间 $\text{eta}(a_i)$：

$$\text{eta}(a_i) = \text{ete}(v_i), \quad a_i\text{为} <v_i,v_j>$$

(4)活动 a_i 的最晚开始时间 $\text{lta}(a_i)$：

$$\text{lta}(a_i) = \text{lte}(v_j) - \text{weight}(<v_i,v_j>), \quad a_i\text{为} <v_i,v_j>$$

其中，$\text{weight}(<v_i,v_j>)$ 表示弧$<v_i,v_j>$的边权，也就是活动持续的时间。请读者认真学习以上总结的四个公式。

以上，相信读者已经学会了如何为一个工程项目或者一项计划构建 AOE 网，计算活动的最早开始时间和最晚开始时间，并依据两个时间是否相等来判断是否为关键活动，进而确定关键路径。接下来学习用计算机求解关键路径的算法。

8.5.3　关键路径的实现

【问题 8-24】基于 AOE 网，求解"村村通"项目修路工程工期的最短工期及影响最短工期的关键工程活动和关键路径。

实现基于 AOE 网的关键路径，也是基于图的一种操作，所以首先需要确定 AOE 网在计算机中的存储结构。前面已经学过图的邻接矩阵、邻接表和十字链表三种存储结构，我们选择使用邻接表作为 AOE 网的存储结构来实现关键路径算法。

由于在计算关键活动和关键路径时，要用到活动的持续时间，也就是网中弧的权值，所以邻接表中单链表结点结构需要增加 weight 域，如图 8-87 所示，用来存储活动的持续时间，其余和前面已经定义过的邻接表一致，这里不再详细说明。

adjVertexIndex	weight	nextArc
邻接点下标	权值信息	指向下一条弧

图 8-87　增加 weight 域的单链表结点结构

第 1 步，构建邻接表。

根据图 8-85 所示的 AOE 网以及图 8-87 所示的单链表结点结构，"村村通"项目中 AOE 网的邻接表构建如图 8-88 所示。

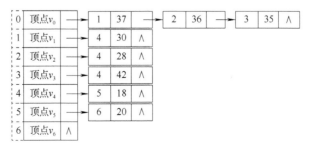

图 8-88　"村村通"项目 AOE 网的邻接表

第 2 步，定义邻接表。

```
/*定义单链表结点的数据类型*/
struct criticalPathNode
{
    int adjVertexIndex;    //邻接点在结构体数组中的下标
    int weight;            //弧的权值，活动持续的时间
    struct criticalPathNode * nextArc;    //指向下一条弧的指针
};
/*定义结构体数组元素的数据类型*/
struct criticalPathVertex
{
    int eventVertex;       //存储顶点数据，此处仅存储了顶点的编号
    int inDegree;          //顶点的入度
    struct criticalPathNode * firstArc; //单链表的头指针
};
/*定义存储邻接表的结构体数组*/
struct criticalPathAdjList
{
    struct criticalPathVertex events[MAX_EVENT]; //存储7个代表事件的顶点
    int num_vertex, num_are;                     //存储顶点数和弧数
};
```

第 3 步，基于邻接表实现求解关键路径的算法。

```
int *ete, *lte;
int *stack2;
int top2;
/*通过拓扑排序，计算每个顶点所代表的事件的最早发生时间*/
void topologicalSort(struct criticalPathAdjList  g)
{
 struct criticalPathNode * node;
 int i, k, gettop;
 int top1=0;
 int count=0;
 int *stack1;
 stack1=(int *)malloc(g.num_vertex * sizeof(int));
 for(i=0; i<g.num_vertex; i++)
 {
     if(g.events[i].inDegree==0)
     {
         stack1[top1]=i;
         top1++;
     }
 }
 top2=0;
```

```
/*保存每个事件的最早发生时间*/
ete=(int *)malloc(g.num_vertex * sizeof(int));
for(i=0; i < g.num_vertex; i++)
{
    ete[i]=0;
}
stack2=(int *)malloc(g.num_vertex * sizeof(int));

while(top1!=0)
{
    gettop=stack1[--top1];
    count++;
    stack2[top2++]=gettop;

    for(node=g.events[gettop].firstArc; node; node=node->nextArc)
    {
        k=node ->adjVertexIndex;
        g.events[k].inDegree--;
        if(g.events[k].inDegree==0)
        {
            stack1[top1++]=k;
        }
        if(ete[gettop] + node->weight > ete[k])
        {
            ete[k]=ete[gettop] + node->weight;
        }
    }
}
if(count < g.vertexnum)
{
        printf("图中有回路");
}
}
/*求解关键路径*/
void cuncun_getCriticalPath(struct criticalPathAdjList  g)
{
    struct criticalPathNode * node;
    int i,gettop,k,j;
    int eta,lta;
    topologicalSort(g); //求解每个事件的最早发生时间
    lte=(int *)malloc(g.num_vertex * sizeof(int));
    node=(struct criticalPathNode *)malloc(sizeof(struct
        criticalPathNode));
```

```
/*lte 中每一个成员初值为最长路径长度*/
for(i=0; i<g.num_vertex; i++)
{
    lte[i]=ete[g.num_vertex-1];
}
while(top2!=0)
{
    gettop=stack2[--top2];
    for(node=g.events[gettop].firstArc; node; node=node->nextArc)
    {
        k=node->adjVertexIndex;
        if(lte[k]-node->weight<lte[gettop])
        {
            lte[gettop]=lte[k]-node->weight;
        }
    }
}
for(j=0; j<g.num_vertex; j++)
{
    for(node=g.events[j].firstArc; node; node=node->nextArc)
    {
        k=node->adjVertexIndex;
        eta=ete[j];
        lta=lte[k]-node->weight;
        if(eta==lta)
        {
            printf("<%d,%d>%d,",g.events[j].eventVertex,g.events[k].
            eventVertex,node->weight);
        }
    }
}
}
```

借助计算机程序，根据一个工程的 AOE 网的存储结构计算出该工程的关键活动和关键路径，就可以掌握该工程的最短工期以及影响工程工期的关键活动，保证关键活动按期完成就可以确保整个工程按期完工。在保证工程质量的前提下，缩短关键活动的工期就可以缩短整个工程的工期。再次提示，在一个 AOE 网中，关键路径不一定是唯一的。所以在有多条关键路径的工程中，一定要缩短每条关键路径上关键活动的工期，才能缩短整个工程的工期。

以上，按照"村村通"项目的要求，用"最小生成树"确定以最少花费连通 9 个村子的 8 条公路；用"基于 AOV 网的拓扑排序"完成了按照施工条件的要求对工程队实施的修路工程活动的排序；用"基于 AOE 网的关键路径"确定了整个工程的最短工期及影响工期的关键活动，此刻就可以开始修路施工了，8 条公路修建完成后，就可以利用 8 条公路为 9 个村子收取并运送当地的土特产、发展旅游业等，帮助农民脱贫致富，为全面实现小康社会做贡献。

8.6　完成"村村通"项目到每个村子帮助农民运送土特产任务

"要想富，先修路"，8 条公路修通之后，9 个村子的土特产就可以顺利地运送出来，农民的收入增加了，生活水平提高了，农村经济得到极大的振兴。某快递公司承接了收取并运送当地农民土特产的任务。快递公司把这项任务交给了快递员小王。小王调研后与农民约定，每月 15 日到各个村子去收取土特产。假设小王的运送车辆足够装下所有的土特产。那么快递员小王根据已经修建好的 8 条公路，如何依次地、一个不落地到达每个村子一次且仅一次收取并运送农民的土特产呢？

为了帮助快递员小王解决问题，需要先来了解图的相关遍历策略。

在互联网时代，我们的工作、学习、生活都已经离不开搜索。而大数据时代的到来使得大多数的搜索都是基于较为复杂的图。例如，我们要了解世界各个国家的新冠肺炎疫情状况，可以在互联网上进行搜索，而互联网就是一幅复杂的图；如果要去一个陌生的地方，可以借助导航找到一条最适合的路径，这是基于交通图的搜索。例如，从北京西站下车，想乘坐地铁去北京联合大学，只知道在惠新西街北口下车，却不知道该站在哪一条地铁线上。如果只能借助地铁站里提供的北京地铁部分示意图，如图 8-89 所示，来确定惠新西街北口站的位置，有几种搜索策略呢？

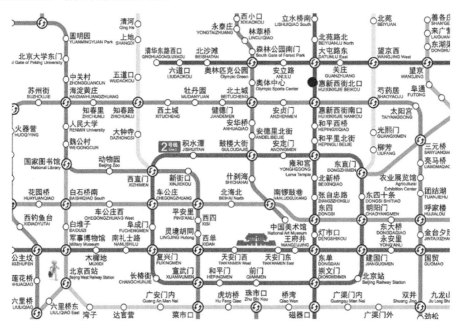

图 8-89　北京市地铁部分示意图

第 1 种做法是"碰运气"搜索策略。我抱着侥幸的心理，在北京市地铁线路图上毫无章法地寻找惠新西街北口站，结果没有找到。于是，我决定采取某种策略进行搜索。我首先使用"广度"搜索策略，以北京西站为起点，以不断扩大的同心圆由近及远地扩大搜索范围，结果也没有找到。之后我又使用"深度"搜索策略，沿着一条地铁线路进行搜索，如果这条地铁线路没有找到，再通过换乘站转到其他的地铁线路接着进行搜索。最终，我找到了位于地铁 5 号线上的惠新西街北口站。

很显然，北京市地铁线路是一张图。我在北京市地铁线路图上搜索某一个车站的问题，就是一个典型的基于图结构进行搜索的问题。分析我所采取的三种搜索策略就很容易知道，第 1 种"碰运气"搜索策略是不可取的，或者说是不适合用计算机去完成的。基于图结构进行搜索需要遵循一定的规律，如广度优先搜索策略和深度优先搜索策略，这也是基于图结构最常用的两种搜索方式，下面我们来具体学习。

8.6.1 图的遍历

【问题 8-25】什么是图的遍历？

1. 认识图的遍历

有的读者会有疑问，上面不是说搜索吗，怎么又讲遍历了。上面我们一直用搜索一词，主要是搜索更容易让人理解。搜索，英文 Search。在现代汉语词典中，搜索解释为仔细查找(隐藏的人或者东西)。而遍历是一种特殊的搜索。遍历，英文 Traversal，"遍"为"全面、到处"，"历"解释为"行、游历"，遍历为"全面游历"。在计算机科学的图论中，图的遍历(Traversing Graph)定义如下：

图 $G = <V,E>$ 中的遍历，是指从图的某一个顶点出发，依据某种搜索策略，沿着某条搜索路线，依次对图中每个顶点进行一次且仅一次访问。

仔细分析图的遍历定义可知，图的遍历包含三个要素：一是要有搜索策略，决定了搜索路线；二是要遍访图中的全部顶点，该搜索路线保证到达图中的每一个顶点；三是每个顶点只能被访问一次，搜索路线只能访问每个顶点一次且仅一次。如此看来，保证遍历三个要素的关键是设计好搜索路线，也就是说采取的搜索策略非常重要。

在这里需要读者注意两点：一是图的遍历是指访问图中每个顶点一次且仅一次。意思是遍历过程中，每个顶点只能被访问一次，但是并没有要求搜索路线经过顶点必须一次且仅一次。二是访问顶点的操作要根据具体问题来决定，也可能是对每个顶点的数据做数学运算，也可能对每个顶点的数据进行修改等。例如，在"村村通"项目中，快递员小王需要借助 8 条公路到达每一个村子收取土特产。这里收取土特产就是对村子顶点的访问操作。但是因为村与村之间道路的连通情况，收取土特产的线路可能会经过某个或某些村子两次或多次，只要不重复地收取土特产即可。

由此看来，在图的遍历中，搜索策略更大程度上是为了保证图中全部的顶点均被访问到，确保访问全部顶点。

2. 理解图的遍历

图表示了数据元素间多对多的复杂关系，一般处理起来比较麻烦。按照某种策略遍历后，会得到关于图中所有的顶点的一个线性访问序列，所以图的遍历操作也是把数据元素间多对多的非线性关系转变为线性关系的一种方法。在之前学过的二叉树的先序、中序和后序遍历，也是将数据元素间一对多的非线性关系转变为线性关系的方法。图的遍历要比树的遍历复杂得多，主要有以下四个原因。

(1)树有根结点，所以一般的遍历起点为根结点。图没有根结点，所有的顶点在图中的地位相同，所以一般从图中"任意一个顶点"均可以开始遍历。

(2)树结构是一对多的层次关系，尤其二叉树是由根结点、左子树和右子树三部分构成的，鲜明的结构特征利于遍历操作。图没有固定的结构，任何两个顶点间都可能有关系，所以在选择遍历路线时，会有很多种可能，也会增加遍历的复杂性。

(3)树结构中不可能存在回路，图中可能存在回路或者线性路径，当遍历完回路中的所有顶点又回到起点、遍历到线性路径的末端要返回时，均需要考虑采取什么策略避免重复访问这些顶点。

(4)图的遍历也是基于图的存储结构的一种操作，选择哪种遍历策略需要依据具体的存储结构而定。

在搜索"惠新西街北口"地铁站时，采用了广度优先搜索策略和深度优先搜索策略。同样，在图的遍历中，这两种搜索策略也是最常用、最典型的方案。在图论中，如果采用深度优先搜索策略进行遍历，称为图的深度优先遍历；如果采用广度优先搜索策略进行遍历，称为图的广度优先遍历。我们先来学习图的深度优先遍历。

8.6.2　深度优先遍历

【问题 8-26】什么是图的深度优先遍历？

首先来宏观了解一下深度优先遍历。我在北京西站下车，在北京市地铁线路图中寻找"惠新西街北口"站。我采取深度优先搜索策略搜索线路，沿着一条地铁线搜索到底，没找到再折回。如果有换乘站，可以转到另一条地铁线路接着搜索，如图 8-90 所示。另外，

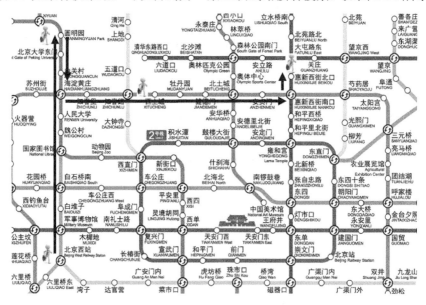

图 8-90　深度优先搜索线路

为了避免重复搜索已经搜索过的地铁站，我对已经搜索过的地铁站做醒目的标识，以便提示我这些地铁站已经搜索过了。这样，我从地铁站北京西站开始搜索，沿着地铁线向北到圆明园站，未搜索到目标，则返回到海淀黄庄换乘站，再沿着新的地铁线向东到惠新西街南口换乘站，再沿新的地铁线向北搜索，第 1 站就是惠新西街北口站。这一过程很好地描述了基于图的深度优先遍历过程。

当然，我的搜索在找到惠新西街北口就停止了，达到目的，搜索就结束了。尽管没有遍历北京地铁线路图中的所有站点，但是我的搜索策略确是典型的深度优先搜索策略。深度优先搜索策略同样适合于图的遍历，按照深度优先搜索策略访问图中的每个顶点一次且仅一次，直到图中所有顶点都被访问到才宣告遍历结束。

1. 认识深度优先遍历

首先，来研究基于简单图的深度优先遍历，如图 8-91 所示。试着进行深度优先遍历以便能够找到关于图的深度优先遍历的规律和步骤。

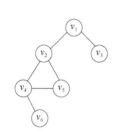

图 8-91 简单一点的图一

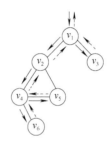

图 8-92 图 8-91 的遍历过程

图 8-91 的遍历过程如图 8-92 所示。首先假设从顶点 v_1 出发开始深度优先遍历，标识 v_1 已访问；v_1 有 2 个未被访问邻接点 v_2 和 v_3，先选择访问其左边的未被访问邻接点 v_2，标识 v_2 已访问；v_2 有 2 个未被访问邻接点 v_4 和 v_5，仍然选择访问其左边的未被访问邻接点 v_4，标识 v_4 已访问；v_4 有两个未被访问的邻接点 v_5 和 v_6，仍然先选择其左边的未被访问邻接点 v_6，标识 v_6 已访问；此时，v_6 仅有的一个邻接点 v_4 已经被访问过，v_6 已经没有未被访问的邻接点。因此访问完 v_6 以后，回退到顶点 v_4；v_4 有个三邻接点 v_2、v_5 和 v_6，其中 v_2 和 v_6 已被访问过，故 v_4 仅剩一个未被访问的邻接点 v_5，访问 v_5，标识 v_5 已访问；顶点 v_5 的邻接点 v_4 和 v_2 均已被访问过，v_5 已经没有未被访问的邻接点，回退到 v_4；v_4 也已经没有未被访问的邻接点，回退到 v_2；v_2 也已经没有未被访问的邻接点，退回到 v_1；v_1 有两个邻接点 v_2 和 v_3，v_2 已经被访问过，v_3 未被访问，访问邻接点 v_3，标识 v_3 已访问；v_3 已经没有未被访问的邻接点，回退到遍历的起始点 v_1。经历此过程后，图中所有的顶点均被访问一次且仅被访问一次，深度优先遍历过程结束，遍历顶点的顺序为 $v_1 \rightarrow v_2 \rightarrow v_4 \rightarrow v_6 \rightarrow v_5 \rightarrow v_3$。图 8-92 中，实线箭头表示遍历，虚线箭头表示回退。

从上面的深度优先遍历过程可以看出，首先遍历是从图中某一个顶点开始，只要有未被访问的邻接点，该邻接点也有未被访问的邻接点，……，就一直遍历下去，如 $v_1 \rightarrow v_2 \rightarrow v_4 \rightarrow v_6$，直观感觉是顺着图上的某条路径向纵深遍历，这就是深度优先遍历名字的由来。

其次，当遍历到图中某个顶点 v 后，访问顶点 v，设置访问标志，然后从顶点 v 的一个未被访问的邻接点 w 开始，访问顶点 w，设置访问标志，然后从顶点 w 的一个未被访问的邻接点 s 开始，……，读者应该早就看出，这是一个重复的操作，即选择当前顶点的任意一个未被访问的邻接点 v，访问 v，设置访问标志。所以深度优先遍历可以使用循环结构来实现。另外，深度优先遍历也可以使用递归来实现。深度优先遍历是一个典型的递归问题，使用递归实现更简单。

这里简单地区分一下递归和循环。虽然递归和循环都包含一个重复的操作过程，但是一般循环是有去无回，表示为 for($i = 1$; $i <1000$; $i ++$)。而递归是有去有回的，即从哪里离开最终还要回到哪里。例如，上面的例子中，从图中的顶点 v_1 开始，遍历完图中的所有顶点后，又回退到起始顶点 v_1。深度优先遍历过程中的每一个顶点都可以看作一次新的深度优先遍历，所以深度优先遍历是一个递归的过程。深度优先遍历(DFS)定义如下。

对图 $G = <V,E>$ 的深度优先遍历过程如下：

(1) 从图 G 中选择任意一个顶点 $v(v \in V)$ 为起始点，访问顶点 v，设置访问标志；

(2) 选择顶点 v 的任意一个未被访问的邻接点 w 为起始点，再从顶点 w 开始进行深度优先遍历，直至图 G 中所有和 v 有路径相通的顶点都被访问到；

(3) 如果图中还有未被访问的顶点，说明图 G 为非连通图，则另外选择一个未被访问的顶点作为起始点，重复上述的遍历过程，直至图中所有的顶点都被访问到为止。

最后，请读者再关注一个重要问题，当深度优先遍历到某个顶点处，该顶点已经没有未被访问的邻接点了，例如，上例中遍历到顶点 v_5 时，因为顶点 v_5 的邻接点 v_2 和 v_4 均被访问过，v_5 就要回退。那么问题来了，回退到哪里？回退到顶点 v_2 还是顶点 v_4？当然是回退到顶点 v_4，因为前面遍历时，是从顶点 v_4 到达顶点 v_5 的，而不是从顶点 v_2 到达顶点 v_5 的。所以，当某个顶点已经没有未被访问的邻接点时，应该按照遍历来时的路回退，也就是计算机程序设计经常说的"回溯"。计算机如何记住回溯的路径呢？即依次往回退，从后往前退。很多读者可能已经想到，为了能够正确地回溯，需要使用前面章节学过的栈结构来记录遍历顶点的路径，即遍历过程中顶点的访问次序，记住"来时的路"，以便可以正确地回溯。

注意，当遍历到顶点 v_2 时，v_2 有两个未被访问的邻接点 v_4 和 v_5，上面先选择了顶点 v_4，所以深度优先遍历的顶点顺序为 $v_1 \rightarrow v_2 \rightarrow v_4 \rightarrow v_6 \rightarrow v_5 \rightarrow v_3$。其实，也可以先选择顶点 v_5，那么深度优先遍历的顶点顺序变为 $v_1 \rightarrow v_2 \rightarrow v_5 \rightarrow v_4 \rightarrow v_6 \rightarrow v_3$。因此可以知道，一个图的深度优先遍历的顶点顺序是不唯一的。

2. 理解深度优先遍历

【问题 8-27】在"村村通"项目中，帮助快递员小王求解深度优先遍历村子的顺序。

回到"村村通"项目中，假设是按照图 8-93 所示的最小生成树来修建 8 条公路的。对照图的深度优先遍历，小王要去收取土特产的 9 个村子是图中的顶点，连接 9 个村子的 8 条公路是图中的边，小王收取土特产是对图中顶点的访问，小王每月要到达每个村子一次且仅一次是对图的遍历。

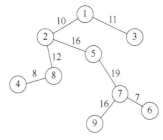

图 8-93 最小生成树

下面按照图的深度优先遍历策略，一起帮助快递员小王完成收取农民土特产的任务。

初始准备，栈 s 用于依次存放被访问过的顶点编号，初始开辟 9 个栈元素空间。s.top 表示栈顶位置，s.top = -1，表示当前为空栈。栈 s 的初始状态如图 8-94 所示。

第 1 步，选定顶点 1 作为深度遍历的起始点，访问顶点 1(取得土特产)，设置顶点 1 已访问标志，顶点 1 进栈，s.top = 0，经第 1 步，栈 s 当前状态如图 8-95 所示。

图 8-94　栈 s 的初始状态　　　　　图 8-95　经第 1 步，栈 s 当前状态

第 2 步，判断顶点 1 是否有未被访问的邻接点，若有，则选择顶点 1 的未被访问的邻接点顶点 2，访问顶点 2，设置顶点 2 已访问标志，顶点 2 进栈，s.top = 1，经第 2 步，栈 s 当前状态如图 8-96 所示。

第 3 步，判断顶点 2 是否有未被访问的邻接点，若有，则选择顶点 2 未被访问的邻接点顶点 8，访问顶点 8，设置顶点 8 已访问标志，顶点 8 进栈，s.top = 2，经第 3 步，栈 s 当前状态如图 8-97 所示。

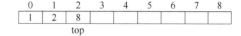

图 8-96　经第 2 步，栈 s 当前状态　　　　图 8-97　经第 3 步，栈 s 当前状态

第 4 步，判断顶点 8 是否有未被访问的邻接点，若有，则选择顶点 8 未被访问的邻接点顶点 4，访问顶点 4，设置顶点 4 已访问标志，顶点 4 进栈，s.top = 3，经第 4 步，栈 s 当前状态如图 8-98 所示。

第 5 步，判断顶点 4 是否有未被访问的邻接点，若没有，则回溯，顶点 4 出栈，回溯到顶点 8，s.top = 2，经第 5 步，栈 s 当前状态如图 8-99 所示。

图 8-98　经第 4 步，栈 s 当前状态　　　　图 8-99　经第 5 步，栈 s 当前状态

第 6 步，判断顶点 8 是否有未被访问的邻接点，若没有，则回溯，顶点 8 出栈，回溯到顶点 2，s.top = 1，经第 6 步，栈 s 当前状态如图 8-100 所示。

第 7 步，判断顶点 2 是否有未被访问的邻接点，若有，则选择顶点 2 未被访问的邻接点 5，访问顶点 5，设置顶点 5 已访问标志，顶点 5 进栈，s.top = 2，经第 7 步，栈 s 当前状态如图 8-101 所示。

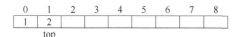

图 8-100　经第 6 步，栈 s 当前状态　　　　图 8-101　经第 7 步，栈 s 当前状态

第 8 步，判断顶点 5 是否有未被访问的邻接点，若有，则选择顶点 5 未被访问的邻接点 7，访问顶点 7，设置顶点 7 访问标志，顶点 7 进栈，s.top = 3，经第 8 步，栈 s 当前状态如图 8-102 所示。

第 9 步，判断顶点 7 是否有未被访问的邻接点，若有，则选择顶点 7 未被访问的邻接点 9，访问顶点 9，设置顶点 9 已访问标志，顶点 9 进栈，s.top = 4，经第 9 步，栈 s 当前状态如图 8-103 所示。

图 8-102　经第 8 步，栈 s 当前状态　　　　　图 8-103　经第 9 步，栈 s 当前状态

第 10 步，判断顶点 9 是否有未被访问的邻接点，若没有，则回溯，顶点 9 出栈，回溯到顶点 7，s.top = 3，经第 10 步，栈 s 当前状态如图 8-104 所示。

第 11 步，判断顶点 7 是否有未被访问的邻接点，若有，则选择顶点 7 未被访问的邻接点 6，访问顶点 6，设置顶点 6 已访问标志，顶点 6 进栈，s.top = 4，经第 11 步，栈 s 当前状态如图 8-105 所示。

图 8-104　经第 10 步，栈 s 当前状态　　　　图 8-105　经第 11 步，栈 s 当前状态

第 12 步，判断顶点 6 是否有未被访问的邻接点，若没有，则回溯，顶点 6 出栈，回溯到顶点 7，s.top = 3，经第 12 步，栈 s 当前状态如图 8-106 所示。

第 13 步，判断顶点 7 是否有未被访问的邻接点，若没有，则回溯，顶点 7 出栈，回溯到顶点 5，s.top = 2，经第 13 步，栈 s 当前状态如图 8-107 所示。

图 8-106　经第 12 步，栈 s 当前状态　　　　图 8-107　经第 13 步，栈 s 当前状态

第 14 步，判断顶点 5 是否有未被访问的邻接点，若没有，则回溯，顶点 5 出栈，回溯到顶点 2，s.top = 1，经第 14 步，栈 s 当前状态如图 8-108 所示。

第 15 步，判断顶点 2 是否有未被访问的邻接点，若没有，则回溯，顶点 2 出栈，回溯到顶点 1，s.top = 0，经第 15 步，栈 s 当前状态如图 8-109 所示。

图 8-108　经第 14 步，栈 s 当前状态　　　　图 8-109　经第 15 步，栈 s 当前状态

第 16 步，判断顶点 1 是否有未被访问的邻接点，若有，则选择顶点 1 未被访问的邻接点顶点 3，访问顶点 3，设置访问标志，顶点 3 进栈，s.top = 1，经第 16 步，栈 s 当前状态如图 8-110 所示。

第 17 步，判断顶点 3 是否有未被访问的邻接点，若没有，则回溯，顶点 3 出栈，回溯到顶点 1，s.top = 0，经第 17 步，栈 s 当前状态如图 8-111 所示。

图 8-110 经第 16 步，栈 s 当前状态   图 8-111 经第 17 步，栈 s 当前状态

第 18 步，判断顶点 1 是否有未被访问的邻接点，若没有，则回溯，顶点 1 出栈，栈 s 空，s.top = -1，经第 18 步，栈 s 当前状态如图 8-112 所示，深度优先遍历结束。

当栈为空时，深度优先遍历完成。快递员小 王根据深度优先遍历结果去各村收取土特产的次 序为 1→2→8→4→5→7→9→6→3。

图 8-112 经第 18 步，栈 s 当前状态

为了进一步熟悉深度优先遍历算法，读者依据上例自行完成对图 8-93 或者其他图结构 进行深度优先遍历过程的训练。

通过以上讲解和练习，相信读者已经掌握了图的深度优先遍历的基本思想和步骤，下 面将讨论如何用计算机实现。

3. 深度优先遍历的实现

【问题 8-28】设计并编程实现问题 27 中帮助快递员小王求解的深度优先遍历村子的 顺序。

前面已经提到，图的深度优先遍历的实现有两种方法：一种为非递归方法实现，就是 我们上面演示的过程，需要自定义栈结构依次存储访问过的顶点；另一种则是递归算法实 现，其实现也会用到栈结构，只是不需要自定义。我们将详细分析递归算法的实现过程， 但也给出非递归算法的实现代码。

图的深度优先遍历用递归实现。在 C 语言程序设计中学习过递归。实现递归要确定两 个要素：一是重复操作的规律，也就是通常的递推公式；二是递归结束条件。在图的深度 优先遍历过程中，重复操作是选择当前顶点的某个未被访问的顶点 v，访问该顶点，设置 访问标识。递归结束条件均已为所有的顶点设置了访问标识。下面依据深度优先遍历算法， 利用函数帮助快递员小王实现到每个村子一次且仅一次收集土特产任务。

由于深度优先遍历也是基于图的一种操作，所以实现深度优先遍历必须要先确定图的 存储结构。这里我们选择邻接矩阵作为图的存储结构。读者可以用邻接表作为图的存储结 构自行实现。

(1) 函数名 cuncunConnectedDFS；

(2) 函数的参数，村村通中的 8 条公路连通村子的图 g。由于选择以邻接矩阵作为存储 结构，在之前已经定义过，其数据类型为 struct cuncunConnectedMatrix。为方便说明，对 struct cuncunConnectedMatrix 类型稍做调整，即村子数据仅保留村子编号即可，其余省略 掉。更新后的类型定义如下：

```
struct cuncunConnectedMatrix
{
  int villages[MAX_VILLAGES];                    //仅记录村子编号 1-9
  int roadInfoMatrix[MAX_VILLAGES][MAX_VILLAGES]; //存储边数据
  int num_villages, num_roads;                    //存储图的顶点数和边数
```

```
    }
```

（3）函数返回值类型，由于小王去收取土特产是访问顶点的操作，这里只要将访问过的村子编号依次输出即可，不需要返回值，故返回值类型为 void。

（4）函数体，实现深度优先遍历过程的语句。

```
int visited[MAX_VILLAGES]; // 全局变量，保存每个顶点的访问标识
/*从第 i 个顶点进行深度优先遍历的算法*/
void DFS(struct cuncunConnectedMatrix g, int i)
{
    visited[i]=1;
    printf("%d,", g.villages[i]);
    for(j=0; j<g.num_villages; j++)
    {
        if(g.roadInfoMatrix[i][j]==1 && visited[j]==0)
        {
            DFS(g,j);
        }
    }
}
void cuncunConnectedDFS(struct cuncunConnectedMatrix g)
{
    int i;
    for(i=0; i<g.num_villages; i++ )
    {
        visited[i]=0;
    }
    for(i=0; i<g.num_villages; i++)
    {
        if(visited[i]!=0)
        {
            DFS(g,i);
        }
    }
}
```

在实现深度优先遍历算法时，设置了一个全局变量 visited[MAX_VILLAGES]，数组元素依次与图中的顶点对应，保存顶点是否被访问过的标识。这里初始值均置为 0，标识初始所有顶点都没有被访问过。当某个顶点被访问后，相对应的数组元素置为 1。

前面学习过图的邻接表和十字链表两种存储结构，建议读者自行完成基于后面两种存储结构的深度优先遍历。下面来学习图的广度优先遍历。

8.6.3　广度优先遍历

【问题 8-29】什么是图的广度优先遍历？

　　学会了图的深度优先遍历方法后,以此方法学习广度优先遍历。首先来宏观了解一下广度优先遍历。我在北京市地铁线路图中寻找"惠新西街北口"站,采取广度优先搜索线路,首先确认①军事博物馆站不是搜索目标,再依次搜索与军事博物馆站有地铁线路的相邻站,即②公主坟站、③白堆子站、④木樨地站,没有发现目标站,则扩大搜索范围。搜索与②公主坟站相邻的⑤西钓鱼台站,与③白堆子站相邻的⑥白石桥南站,与④木樨地站相邻的⑦南礼士路站等,如图 8-113 所示。按照图 8-113 中标识的序号顺序按圆形或者扇形向外进行搜索,这个过程很好地描述了基于图的广度优先遍历。

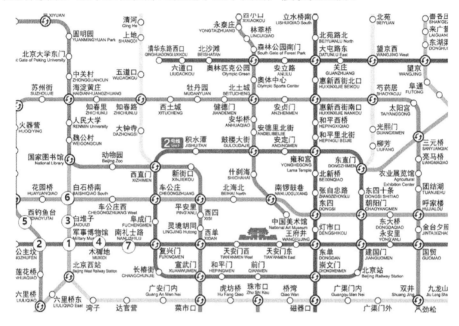

图 8-113　广度优先搜索线路

1. 认识广度优先遍历

　　仍然以研究简单一点的图入手,如图 8-114 所示。先试着进行广度优先遍历以便能够找到关于图的广度优先遍历的基本思想和步骤。

　　图 8-114 的广度优先遍历过程如图 8-115 所示。首先假设从顶点 v_1 出发开始广度优先搜索,标识顶点 v_1 已访问; v_1 有 2 个未被访问的邻接点 v_2 和 v_3,先选择访问其左边未被访问的邻接点 v_2,标识顶点 v_2 已访问,再访问未被访问的邻接点 v_3,标识顶点 v_3 已访问, v_1 已经没有未被访问的邻接点;接下来,选择从 v_1 的第 1 个已被访问的邻接点 v_2 开始, v_2 有两个未被访问的邻接点 v_4 和 v_5,先选择访问左边未被访问的邻接点 v_4,标识顶点 v_4 已访问,再访问未被访问的邻接点 v_5,标识顶点 v_5 已访问, v_2 已经没有未被访问的邻接点;然后,选择从 v_1 另一个已被访问的邻接点 v_3 开始, v_3 有两个未被访问的邻接点 v_6 和 v_7,先选择访问左边未被访问的邻接点 v_6,标识顶点 v_6 已访问,再访问未被访问的邻接点 v_7,标识顶点 v_7 已访问, v_3 已没有未被访问的邻接点;最后,选择从 v_2 的第一个已被访问的邻接点 v_4 开始, v_4 有一个未被访问的邻接点 v_8,标识顶点 v_8 已访问, v_4 已经没有其他未被访问的邻接点;再依次从 v_5、 v_6、 v_7、 v_8 开始,均已没有未被访问的邻接点,至此所有的顶点均被访

问过，广度优先遍历结束。遍历顶点的顺序为 $v_1 \rightarrow v_2 \rightarrow v_3 \rightarrow v_4 \rightarrow v_5 \rightarrow v_6 \rightarrow v_7 \rightarrow v_8$。图 8-115 中，实线箭头表示广度优先遍历过程。

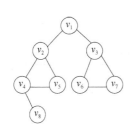

图 8-114   简单一点的图二

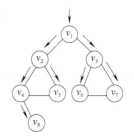

图 8-115   广度优先遍历过程

从上面的广度优先遍历过程可以看出，首先遍历是从图中某一个顶点开始的，先遍历其所有的邻接点，然后依次从其每个已被访问的邻接点开始，依次访问每个邻接点的全部邻接点，……，一直遍历下去，如 $v_1 \rightarrow v_2 \rightarrow v_3 \rightarrow v_4 \rightarrow v_5$。直观感觉，广度优先遍历是在图上按层遍历，不断扩大遍历范围，这就是广度优先遍历名字的由来。广度优先遍历(Breadth-First Search，BFS)定义如下。

在图 $G = <V,E>$ 中的广度优先遍历过程如下：

(1) 从图 G 中选择任意一个顶点 $v(v \in V)$ 为起始点，访问顶点 v，设置已访问标志；

(2) 依次访问顶点 v 的所有未被访问的邻接点 v_1、v_2、……；

(3) 分别从邻接点 v_1、v_2、……出发，依次访问其所有未被访问的邻接点，设置已访问标志，直到与顶点 v 有路径相通的所有顶点均被访问。

(4) 如果图中还有未被访问的顶点，说明图 G 为非连通图，则另外选择一个未被访问的顶点作为起始点，重复上述遍历过程，直至图中所有的顶点都被访问到为止。

请读者关注一个问题，当广度优先遍历到某个顶点处，该顶点已经没有未被访问的邻接点了，接下来选择哪个顶点进行广度优先遍历呢？例如，上例中遍历到顶点 v_3 时，访问完顶点 v_3，接下来需要访问哪一个顶点，是顶点 v_4、v_5、v_6，还是顶点 v_7？一般来说，访问完顶点 v_3，接下来应该访问顶点 v_4。因为顶点 v_2 先于 v_3 被访问，所以 v_2 的邻接点也要先于 v_3 的邻接点被访问。因此，为了能够正确地记录各个顶点被访问的先后次序，需要使用前面章节学过的队列结构来记录遍历过程中顶点的访问次序。

与深度优先遍历相同，当遍历到顶点 v_2 时，v_2 有两个未被访问的邻接点 v_4 和 v_5，上面我们先选择了 v_4，所以广度优先遍历的顶点顺序为 $v_1 \rightarrow v_2 \rightarrow v_3 \rightarrow v_4 \rightarrow v_5 \rightarrow v_6 \rightarrow v_7 \rightarrow v_8$。其实，也可以先选择顶点 v_5，那么广度优先遍历的顶点顺序变为 $v_1 \rightarrow v_2 \rightarrow v_3 \rightarrow v_5 \rightarrow v_4 \rightarrow v_6 \rightarrow v_7 \rightarrow v_8$。因此可知，一个图的广度优先遍历的顶点顺序也是不唯一的。

2. 理解广度优先遍历

【问题 8-30】在"村村通"项目中，帮助快递员小王求解广度优先遍历村子的顺序。

下面按照图的广度优先遍历策略，一起帮助快递员小王到各个村子收取农民的土特产。

初始化准备，队列 q 用于依次存放已访问的顶点编号，初始开辟 9 个队列元素空间。q.front 表示队头的位置，q.rear 表示队尾的位置，q.front = q.rear = 0，表示队空，队列 q 初始化状态如图 8-116 所示。

第 1 步，选定顶点 1 作为起始点，访问顶点 1（取得土特产），设置顶点 1 已访问标志，顶点 1 入队，q.front = 0，q.rear = 1，经第 1 步队列 q 的当前状态如图 8-117 所示。

图 8-116　队列 q 初始化状态　　　　　　　图 8-117　经第 1 步队列 q 的当前状态

第 2 步，顶点 1 出队，判断顶点 1 是否有未被访问的邻接点，有则选择顶点 1 的未被访问的邻接点顶点 2，访问顶点 2，设置顶点 2 已访问标志，顶点 2 入队；选择顶点 v1 下一个未被访问的邻接点顶点 3，访问顶点 3，设置访问顶点 3 已标志，顶点 3 入队，q.front = 1，q.rear = 3，经第 2 步队列 q 的当前状态如图 8-118 所示；顶点 1 没有未被访问的邻接点。

第 3 步，顶点 2 出队，判断顶点 2 是否有未被访问的邻接点，有则选择顶点 2 未被访问的邻接点顶点 8，访问顶点 8，设置顶点 8 已访问标志，顶点 8 入队；选择顶点 2 下一个未被访问的邻接点顶点 5，访问顶点 5，设置顶点 5 已访问标志，顶点 5 入队，q.front = 2，q.rear = 5，经第 3 步队列 q 的当前状态如图 8-119 所示。顶点 v2 没有未被访问的邻接点。

图 8-118　经第 2 步队列 q 的当前状态　　　图 8-119　经第 3 步队列 q 的当前状态

第 4 步，顶点 3 出队，判断顶点 3 是否有未被访问的邻接点，顶点 3 没有邻接点，q.front = 3，q.rear = 5，经第 4 步队列 q 的当前状态如图 8-120 所示。顶点 3 没有未被访问的邻接点。

第 5 步，顶点 8 出队，判断顶点 8 是否有未被访问的邻接点，有则选择顶点 8 未被访问的邻接点顶点 4，访问顶点 4，设置顶点 4 已访问标志，顶点 4 入队，q.front = 4，q.rear = 6，经第 5 步队列 q 的当前状态如图 8-121 所示。顶点 v3 没有未被访问的邻接点。

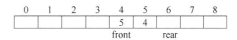

图 8-120　经第 4 步队列 q 的当前状态　　　图 8-121　经第 5 步队列 q 的当前状态

第 6 步，顶点 5 出队，判断顶点 5 是否有未被访问的邻接点，有则选择顶点 5 未被访问的邻接点顶点 7，访问顶点 7，设置顶点 7 已访问标志，顶点 7 入队，q.front = 5，q.rear = 7，经第 6 步队列 q 的当前状态如图 8-122 所示。顶点 v4 没有未被访问的邻接点。

第 7 步，顶点 4 出队，判断顶点 4 是否有未被访问的邻接点，顶点 4 没有未被访问的邻接点，q.front = 6，q.rear = 7，经第 7 步队列 q 的当前状态如图 8-123 所示。

图 8-122　经第 6 步队列 q 的当前状态　　　图 8-123　经第 7 步队列 q 的当前状态

第 8 步，顶点 7 出队，判断顶点 7 是否有未被访问的邻接点，有则选择顶点 7 未被访问的邻接点顶点 9，访问顶点 9，设置顶点 9 已访问标志，顶点 9 入队；选择顶点 7 未被访问的邻接点顶点 6，访问顶点 6，设置顶点 6 已访问标志，顶点 6 入队，q.front = 7，q.rear = 0，经第 8 步队列 q 的当前状态如图 8-124 所示。顶点 7 没有未被访问的邻接点；

第 9 步，顶点 9 出队，判断顶点 9 是否有未被访问的邻接点，顶点 9 没有未被访问的邻接点；q.front = 8，q.rear = 0，经第 9 步队列 q 的当前状态如图 8-125 所示。

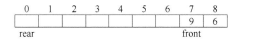

图 8-124　经第 8 步队列 q 的当前状态

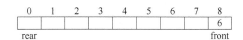

图 8-125　经第 9 步队列 q 的当前状态

第 10 步，顶点 6 出队，判断顶点 6 是否有未被访问的邻接点，顶点 6 没有未被访问的邻接点；q.front = 0，q.rear = 0，经第 10 步队列 q 的当前状态恢复到如图 8-116 所示。队列 q 为空，没有顶点可遍历，广度优先遍历结束，广度优先遍历的顶点次序为 1→2→3→8→5→4→7→9→6。

因此，快递员小王根据广度优先遍历策略去各村收集土特产的次序为 1→2→3→8→5→4→7→9→6。

为了进一步熟悉深度优先遍历算法，读者依据上例自行完成对图 8-91 或者其他图结构进行深度优先遍历的训练。

通过以上讲解和练习，相信读者已经掌握了图的广度优先遍历的基本思想和步骤，下面将解决如何用计算机实现广度优先遍历的问题。

3. 广度优先遍历的实现

【问题8-31】设计并编程实现问题30中帮助快递员小王求解的广度优先遍历村子的顺序。

通过问题 30 九个步骤的分解说明可知，实现广度优先遍历需要借助队列结构来实现。由于广度优先遍历也是基于图的一种操作，所以实现广度优先存储，首先要确定图的存储结构。我们采用邻接矩阵作为图的存储结构，实现深度优先遍历。这次我们将采用邻接表作为图的存储结构来实现广度优先遍历。

通过基于邻接表的存储结构定义函数，实现"村村通"项目广度优先遍历。

(1) 函数名 cuncunConnectedBFS；

(2) 函数的参数，村村通中的 8 条公路连通村子的图 g。由于选择以邻接表作为存储结构，在之前已经定义过，其数据类型为 struct cuncunConnectedAdjList。为方便说明，对结构体数组元素的数据类型 struct villageRoadInfo 的定义稍做调整，即村子数据仅保留村子编号即可。其余保持不变。更新后的类型定义如下：

```
struct villageRoadInfo
{
    int  village;                   //村子编号
    struct roadNode * firstroad;    //指向第 1 个结点(第 1 条边)
}
```

　　(3)函数返回值类型，由于访问顶点的操作就是小王收取土特产，因此对顶点的访问只要将村子编号输出即可，不需要返回值，故返回值类型为 void。

　　(4)函数体，实现广度优先遍历过程的语句。

```
void cuncunConnectedBFS(struct cuncunConnectedAdjList  g)
{
 int i;
 roadNode * node;
 int visited[MAX_VILLAGES];        //存放各顶点是否被访问标志
 struct queue                      //依次存放已访问过的顶点的队列
 {
     int elem[MAX_VILLAGES];
     int front;
     int rear;
 }q;
 for(i=0; i<g.num_villages; i++)//初始化访问标志和队列
 {
     visited[i]=0;
     q.elem[i]=-1;
 }
 q.rear=0;
 q.front=0;

 for(i=0; i<g.num_villages; i++)
 {
     if(visited[i]==0)
     {
         visited[i]=1;
         printf("%d,",g.villageAdjList[i].village);
         q.elem[q.rear]=g.villageAdjList[i].village;
         q.rear=(q.rear+1) % g.num_villages;
         while(q.front!=q.rear)
         {
             k=q.elem[q.front];
             q.front=(q.front+1) % g.num_villages;
             node=g.villageAdjList[i].firstRoad;
             while( node!=NULL)
             {
                 if( visited[node->adjVillageIndex]!=0)
                 {
                     visited[node->adjVillageIndex]=1;
                     printf("%d,",g.villageAdjList[node->
                     adjVillageIndex].village);
                     q.elem[(q.rear)]=g.villages[j];
```

```
                q.rear=(q.rear+1) % g.num_villages;
            }
            node=node->nextRoad;
        }
      }
    }
  }
```

上面的广度优先遍历是基于图的邻接表的存储结构的。前面我们还学习过图的邻接矩阵和十字链表两种存储结构，建议读者自行完成基于这两种存储结构的广度优先遍历算法。

以上，通过深度优先遍历和广度优先遍历两种策略，我们帮助快递员小王完成依次到9个村子一次且仅一次收取并运送土特产的任务。农民的土特产经由修建的8条公路源源不断地销售出去，农民的收入不断增加。"村村通"项目的实施将为改善农民的生活水平提供有力的保障。

实施"村村通"项目的9个村子不仅有各具特色的土特产，还有风景怡人的旅游资源。为了大力开发旅游资源，方便游客在各个村子之间旅游，项目组研究决定在各个村子间再增加修建公路的条数，并且提供9个村子间的公路特色导航服务，能够为游客提供快捷的导航路线。

8.7 为"村村通"项目设计村子间导航服务

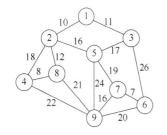

图 8-126 "村村通"各村之间的
公路及其长度

不同游客可能对公路导航的需求不同。有人为了节省时间，选择走用时最短的路径；有人为了节省汽油，选择走长度最短的路径；也可能有人想欣赏到更多的旅途风景，而选择走长度最长的路径。下面探讨关于图的最短路径问题。假设经过科学的测量，各个村子之间公路及其公路的长度(以千米为单位)如图 8-126 所示，其边上的权值代表村子间的公路长度。我们先从满足游客的最短路径导航学起。

8.7.1 最短路径

【问题 8-32】什么是最短路径？

在 8.1 节中已经学过在非网中路径和路径长度的概念。图中一个顶点到另一个顶点的路径是从一个顶点到另一个顶点经过的边的集合，路径长度为经过边的条数。但是在网中，由于每条边都有边权，所以网中一个顶点到另一个顶点的路径长度是从一个顶点到另一个顶点经过的所有边的边权之和。因此，在网和非网中，最短路径的定义是有差异的。当然，如果将非网中的边权都记为 1，那么在网和非网中，最短路径的定义就是相同的。

在网 $G = <V,E>$ 中，两个顶点之间的最短路径是指两个顶点之间经过的所有边的边权之和最小的路径。最短路径上第 1 个顶点为源点，最后一个顶点为终点。

应用以上定义，在图 8-126 中，从村子 1 到村子 9 的路径有很多条，如路径 $1\to3\to5\to7\to6\to9$，路径长度为 $11 + 17 + 19 + 7 + 20 = 74$；再如路径 $1\to2\to5\to7\to9$，路径长度为 $10 + 16 + 19 + 16 = 61$；但是最短路径为 $1\to2\to8\to9$，最短路径长度为 43。

我们再通过一个有向图来理解最短路径。

【训练 8-17】分别求图 8-127 所示的基于有向图的网的源点 A 到终点 E 间、顶点 B_2 到终点 E 间的最短路径。

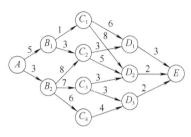

图 8-127 基于有向图的网三

由于有向图的边都是有方向的弧，所以该网中的最短路径也是有方向的。从源点 A 开始，顺着弧的方向寻找最短路径，直到终点 E 结束。经过查找，从源点 A 到终点 E 共有 12 条路径。其中路径 $A\to B_1\to C_2\to D_1\to E$ 为最短路径，路径长度为 $5 + 3 + 3 + 3 = 14$。顶点 B_2 到终点 E 之间共有 6 条路径，其中路径 $B_2\to C_3\to D_2\to E$ 为一条最短路径，路径长度为 $7 + 3 + 2 = 12$。另外，$B_2\to C_3\to D_3\to E$ 和 $B_2\to C_4\to D_3\to E$ 两条路径也为最短路径，其路径长度也均为 12。因此，可以得出结论，图中两点间的最短路径不一定是唯一的。但是如果有多条最短路径，其最短路径的长度是相同的。

以上最短路径都是读者通过对图的观察，然后通过计算两个顶点间的路径长度而得到的。但如果是基于一幅特别复杂的图求解最短路径，却是人的眼力和计算所不能及的，必须要通过计算机来完成。这就要求我们要很好地理解最短路径，找出求解最短路径的一般方法，才能编写出程序由计算机来完成。

8.7.2 最短路径的思想

一般来说，游客对最短路径的需求归结为两种：一种为从一个村子到其他各个村子的最短路径；另一种为任意两个村子之间的最短路径。下面我们一起来研究获得最短路径的算法，以满足游客的两种导航需求。

最短路径是图论中研究的经典问题，广泛应用于计算机科学、交通工程、通信工程、运筹学等众多领域。求解最短路径比较常用的有两种算法：一种是迪杰斯特拉(Dijkstra)算法，主要适用于解决单源最短路径问题，即求解从图中一个顶点(源点)到其余各个顶点(终点)间的最短路径；另一种是弗洛伊德(Floyd)算法，主要适用于多源最短路径问题，即求解图中任意两个顶点间的最短路径。其实，不管是单源最短路径问题，还是多源最短路径问题，读者应该把握住一个道理，从一个顶点到另一个顶点的路径无非有两种情况：一种是这两个顶点直接相连；另一种是两个顶点经过其他若干个顶点后相连。本着这样的道理来理解上面的两个算法就比较容易了。下面我们先来学习用迪杰斯特拉算法求解单源最短路径问题。

【问题 8-33】用迪杰斯特拉算法为"村村通"项目的公路连通图，如图 8-126 所示，求解最短路径，提供从单源导航服务。

在"村村通"项目中，假设当前游客老李在村子 1，马上想自驾去游览其他村子，想要知道从村子 1 到其余 8 个村子的最短路径，这就是一个典型的单源最短路径问题，需要应用迪杰斯特拉算法来完成。

迪杰斯特拉算法是荷兰计算机科学家、1972 年图灵奖获得者艾兹格·迪杰斯特拉 (Edsger Wybe Dijkstra) 对计算机科学的两大贡献之一。他的另一个贡献是提出了操作系统中的银行家算法。迪杰斯特拉算法基于一种贪心策略，其特点是利用广度优先搜索，以源点为中心向外层扩展，每一步都选择最短路径，直到找到终点为止。

迪杰斯特拉算法的基本思想是把图 G 中的顶点集合 V 分成两组，第 1 组为已求出最短路径的顶点集合 S，初始时 S 中只有源点 v，以后每求得一条最短路径，就将它对应的顶点加入集合 S 中，直到全部顶点都加入 S 中；第 2 组是未确定最短路径的顶点集合 $U = V - S$。在将顶点加入集合 S 的过程中，总保持从源点 v 到 S 中各个顶点的最短路径长度不大于从源点 v 到 U 中任何顶点的最短路径长度。

下面将应用迪杰斯特拉算法为图 8-126 求解村子 1 到其余 8 个村子的最短路径。在此过程中，请读者仔细领会迪杰斯特拉算法的基本思想，归纳工作步骤。

如前面所述，为了便于表示，村子 1～村子 9 分别用序号 1～9 表示。

初始准备，$S = \{1\}$，$U = V - S = \{2,3,4,5,6,7,8,9\}$，distance$[i] = \{0\}$。其中，distance 向量存储顶点 1(源点)到其余各点(终点)当前的最短路径长度。

第 1 步，以顶点 1 为出发点，搜索顶点 1 在集合 U 中的邻接点。顶点 1 与顶点 2、顶点 3 有边相连，权值分别为 10 和 11。将权值保存在向量 distance 中对应的位置。如果不是顶点 1 的邻接点，将向量 distance 中对应位置置为无穷大，用符号"∞"表示。经第 1 步，顶点 1 到其余各顶点的当前最短路径长度如图 8-128 所示。

	1	2	3	4	5	6	7	8	9
distance	0	10	11	∞	∞	∞	∞	∞	∞

图 8-128　经第 1 步，顶点 1 到其余各顶点的当前最短路径长度

由于仅研究简单图，所以顶点 1 到其自身路径长度为 0，即 distance$[1] = 0$。顶点 1 到顶点 2、顶点 3 分别有一条边，权值分别为 10 和 11，即 distance$[2] = 10$，distance$[3] = 11$。顶点 1 到其余顶点没有边，则向量 distance 的对应位置均置为∞。此时，经第 1 步，顶点 1 到其余各顶点的路径及当前最短路径长度如图 8-129 所示。

顶点	1	2	3	4	5	6	7	8	9
路径	—	1→2	1→3	∞	∞	∞	∞	∞	∞
长度	0	10	11	∞	∞	∞	∞	∞	∞

图 8-129　经第 1 步，顶点 1 到其余各顶点的路径及当前最短路径长度

由图 8-129 可知，在集合 U 的顶点中，顶点 1 到顶点 2 的路径长度最短，即 distance$[2] = 10$ 为最小值，可以确定顶点 1 到顶点 2 的最短路径长度为 10，路径为 1→2，因为两个村子之间的距离不可能是负值，所以顶点 1 经过其他顶点再到达顶点 2 的路径长度不可能小于 10。这里也提示读者，迪杰斯特拉算法仅适合在权值为正值的图上求解最短路径。如果权值为负值，就不能确定顶点 1 到顶点 2 的最短路径为 10，所以迪杰斯特拉算法也就无能为力了。

由于已经确定顶点 1 到顶点 2 的最短路径，所以将顶点 2 从集合 U 中删除，并入集合

S，即 $S = \{1,2\}$，$U= \{3,4,5,6,7,8,9\}$。

第 2 步，将试图通过顶点 2 来探求从顶点 1 到剩余各个顶点的最短路径。以顶点 2 为出发点，搜索顶点 2 在集合 U 中的邻接点。顶点 2 与顶点 4、顶点 5、顶点 8 有边相连，权值分别为 18、16、12，则路径 $1\to2\to4$ 的路径长度为 $10 + 18 = 28 <$ distance[4]、路径 $1\to2\to5$ 的路径长度为 $10 + 16 = 26 <$ distance[5]、路径 $1\to2\to8$ 的路径长度为 $10 + 12 = 22 <$ distance[8]。所以，更新向量 distance 中的值，即用更短的路径长度值 28、26 和 22 去替代对应位置∞，经第 2 步，顶点 1 到其余各顶点的当前最短路径长度如图 8-130 所示。

	1	2	3	4	5	6	7	8	9
distance	0	10	11	28	26	∞	∞	22	∞

图 8-130 经第 2 步，顶点 1 到其余各顶点的当前最短路径长度

此时，经第 2 步，顶点 1 到其余各顶点的路径及当前最短路径长度如图 8-131 所示。

顶点	1	2	3	4	5	6	7	8	9
路径	—	$1\to2$	$1\to3$	$1\to2$ $2\to4$	$1\to2$ $2\to5$	∞	∞	$1\to2$ $2\to8$	∞
长度	0	10	11	28	26	∞	∞	22	∞

图 8-131 经第 2 步，顶点 1 到其余各顶点的路径及当前最短路径长度

由图 8-131 可知，在集合 U 的顶点中，顶点 1 到顶点 3 的路径长度最短，即 distance[3]= 11 为最小值，可以确定顶点 1 到顶点 3 的最短路径长度为 11，路径为 $1\to3$。

由于已经确定顶点 1 到顶点 3 的最短路径，所以将顶点 3 从集合 U 中删除，并入集合 S，即 $S = \{1,2,3\}$，$U= \{4,5,6,7,8,9\}$。

第 3 步，将试图通过顶点 3 来探求从顶点 1 到剩余各个顶点的最短路径。以顶点 3 为出发点，搜索顶点 3 在集合 U 中的邻接点。顶点 3 与顶点 5、顶点 6 有边相连，权值分别为 17、26，则路径 $1\to3\to5$ 的路径长度为 $11 + 17 = 28 >$ distance[5]、路径 $1\to3\to6$ 的路径长度为 $11 + 26 = 37 <$ distance[6]。所以，更新向量 distance 中的值，用更小的路径长度值 37 去替代 distance[6]中的∞。而 $28 > 26$ 不需更新 distance[5]，经第 3 步，顶点 1 到其余各顶点的当前最短路径长度如图 8-132 所示。

	1	2	3	4	5	6	7	8	9
distance	0	10	11	28	26	37	∞	22	∞

图 8-132 经第 3 步，顶点 1 到其余各顶点的当前最短路径长度

此时，经第 3 步，顶点 1 到其余各顶点的路径及当前最短路径长度如图 8-133 所示。

顶点	1	2	3	4	5	6	7	8	9
路径	—	$1\to2$	$1\to3$	$1\to2$ $2\to4$	$1\to2$ $2\to5$	$1\to3$ $3\to6$	∞	$1\to2$ $2\to8$	∞
长度	0	10	11	28	26	37	∞	22	∞

图 8-133 经第 3 步，顶点 1 到其余各顶点的路径及当前最短路径长度

由图 8-133 可知，在集合 U 的顶点中，顶点 1 到顶点 8 的路径长度最短，即 distance[8]= 22 为最小值，可以确定顶点 1 到顶点 8 的最短路径长度为 22，路径为 $1\to2\to8$。

由于已经确定顶点 1 到顶点 8 的最短路径，所以将顶点 8 从集合 U 中删除，并入集合 S，即 $S=\{1,2,3,8\}$，$U=\{4,5,6,7,9\}$。

第 4 步，将试图通过顶点 8 来探求从顶点 1 到剩余各个顶点的最短路径。以顶点 8 为出发点，搜索顶点 8 在集合 U 中的邻接点。顶点 8 与顶点 4、顶点 9 有边相连，权值分别为 8、21，则路径 $1\rightarrow2\rightarrow8\rightarrow4$ 的路径长度为 $22+8=30>$ distance[4]、路径 $1\rightarrow2\rightarrow8\rightarrow9$ 的路径长度为 $22+21=43<$ distance[9]。所以，更新向量 distance 中的值，用更小的路径长度值 43 去替代 distance[9] 中的 ∞。而 $30>28$ 不需更新 distance[4]，经第 4 步，顶点 1 到其余各顶点的当前最短路径长度如图 8-134 所示。

	1	2	3	4	5	6	7	8	9
distance	0	10	11	28	26	37	∞	22	43

图 8-134　经第 4 步，顶点 1 到其余各顶点的当前最短路径长度

此时，经第 4 步，顶点 1 到其余各顶点的路径及当前最短路径长度如图 8-135 所示。

顶点	1	2	3	4	5	6	7	8	9
路径	—	$1\rightarrow2$	$1\rightarrow3$	$1\rightarrow2$ $2\rightarrow4$	$1\rightarrow2$ $2\rightarrow5$	$1\rightarrow3$ $3\rightarrow6$	∞	$1\rightarrow2$ $2\rightarrow8$	$1\rightarrow2$ $2\rightarrow8$ $8\rightarrow9$
长度	0	10	11	28	26	37	∞	22	43

图 8-135　经第 4 步，顶点 1 到其余各顶点的路径及当前最短路径长度

由图 8-135 可知，在集合 U 的顶点中，顶点 1 到顶点 5 的路径长度最短，即 distance[5]=26 为最小值，可以确定顶点 1 到顶点 5 的最短路径长度为 26，路径为 $1\rightarrow2\rightarrow5$。

由于已经确定顶点 1 到顶点 5 的最短路径，所以将顶点 5 从集合 U 中删除，并入集合 S，即 $S=\{1,2,3,8,5\}$，$U=\{4,6,7,9\}$。

第 5 步，将试图通过顶点 5 来探求从顶点 1 到剩余各个顶点的最短路径。以顶点 5 为出发点，搜索顶点 5 在集合 U 中的邻接点。顶点 5 与顶点 7、顶点 9 有边相连，权值分别为 19、24，则路径 $1\rightarrow2\rightarrow5\rightarrow7$ 的路径长度为 $26+19=45<$ distance[7]、路径 $1\rightarrow2\rightarrow5\rightarrow9$ 的路径长度为 $26+24=50>$ distance[9]。所以，更新向量 distance 中的值，用更小的路径长度值 45 去替代 distance[7] 中的 ∞。而 $50>43$ 不需更新 distance[9]，经第 5 步，顶点 1 到其余各顶点的当前最短路径长度如图 8-136 所示。

	1	2	3	4	5	6	7	8	9
distance	0	10	11	28	26	37	45	22	43

图 8-136　经第 5 步，顶点 1 到其余各顶点的当前最短路径长度

此时，经过第 5 步，顶点 1 到其余各顶点的路径及当前最短路径长度如图 8-137 所示。

顶点	1	2	3	4	5	6	7	8	9
路径	—	$1\rightarrow2$	$1\rightarrow3$	$1\rightarrow2$ $2\rightarrow4$	$1\rightarrow2$ $2\rightarrow5$	$1\rightarrow3$ $3\rightarrow6$	$1\rightarrow2$ $2\rightarrow5$ $5\rightarrow7$	$1\rightarrow2$ $2\rightarrow8$	$1\rightarrow2$ $2\rightarrow8$ $8\rightarrow9$
长度	0	10	11	28	26	37	45	22	43

图 8-137　经第 5 步，顶点 1 到其余各顶点的路径及当前最短路径长度

由图 8-137 可知，在集合 U 的顶点中，顶点 1 到顶点 4 的路径长度最短，即 distance[4]=

28 为最小值，可以确定顶点 1 到顶点 4 的最短路径长度为 28，路径为 1→2→4。

由于已经确定顶点 1 到顶点 4 的最短路径，所以将顶点 4 从集合 U 中删除，并入集合 S，即 S = { 1,2,3,8,5,4 }，U= { 6,7,9 }。

第 6 步，将试图通过顶点 4 来探求从顶点 1 到剩余各个顶点的最短路径。以顶点 4 为出发点，搜索顶点 4 在集合 U 中的邻接点。顶点 4 与顶点 9 有边相连，权值为 22，则路径 1→2→4→9 的路径长度为 28 + 22 = 50 > distance[9]。所以，无须更新向量 distance 中的值，经第六步，顶点 1 到其余各顶点的当前最短路径长度与图 8-136 所示相同。

此时，经第 6 步顶点 1 到其余各顶点的路径及当前最短路径长度与图 8-137 所示相同。

由图 8-137 可知，在集合 U 的顶点中，顶点 1 到顶点 6 的路径长度最短，即 distance[6]= 37 为最小值，可以确定顶点 1 到顶点 6 的最短路径长度为 37，路径为 1→3→6。

由于已经确定顶点 1 到顶点 6 的最短路径，所以将顶点 6 从集合 U 中删除，并入集合 S，即 S = { 1,2,3,8,5,4,6 }，U= { 7,9 }。

第 7 步，将试图通过顶点 6 来探求从顶点 1 到剩余各个顶点的最短路径。以顶点 6 为出发点，搜索顶点 6 在集合 U 中的邻接点。顶点 6 与顶点 7、顶点 9 有边相连，权值分别为 7 和 20，则路径 1→3→6→7 的路径长度为 37 + 7 = 44 < distance[7]，路径 1→3→6→9 的路径长度为 37+20 = 57 > distance[9]。所以，更新向量 distance 中的值，用更小的路径长度值 44 去替代 distance[7] 中的 45。而 57 > 43 不需更新 distance[9]，经第 7 步，顶点 1 到其余各顶点的当前最短路径长度如图 8-138 所示。

	1	2	3	4	5	6	7	8	9
distance	0	10	11	28	26	37	44	22	43

图 8-138　经第 7 步，顶点 1 到其余各顶点的当前最短路径长度

此时，经第 7 步顶点 1 到其余各顶点的路径及当前最短路径长度如图 8-139 所示。

顶点	1	2	3	4	5	6	7	8	9
路径	—	1→2	1→3	1→2 2→4	1→2 2→5	1→3 3→6	1→3 3→6 6→7	1→2 2→8	1→2 2→8 8→9
长度	0	10	11	28	26	37	44	22	43

图 8-139　经第 7 步，顶点 1 到其余各顶点的路径及当前最短路径长度

由图 8-139 可知，在集合 U 的顶点中，顶点 1 到顶点 9 的路径长度最短，即 distance[9]= 43 为最小值，可以确定顶点 1 到顶点 9 的最短路径长度为 43，路径为 1→2→8→9。

由于已经确定顶点 1 到顶点 9 的最短路径，所以将顶点 9 从集合 U 中删除，并入集合 S，即 S = { 1,2,3,8,5,4,6,9 }，U= {7}。

第 8 步，将试图通过顶点 9 来探求从顶点 1 到剩余各个顶点的最短路径。以顶点 9 为出发点，搜索顶点 9 在集合 U 中的邻接点。顶点 9 与顶点 7 有边相连，权值为 16，则路径 1→2→8→9→7 的路径长度为 43 + 16 = 59 > distance[7]，所以不需更新 distance[7]，经第 8 步，顶点 1 到其余各顶点的当前最短路径长度与图 8-138 所示相同。

此时，经第 8 步，顶点 1 到其余各顶点的路径及当前最短路径长度如图 8-139 所示。

由图 8-139 可知，在集合 U 的顶点中，顶点 1 到顶点 7 的路径长度最短，即 distance[7]= 44 为最小值，可以确定顶点 1 到顶点 7 的最短路径长度为 44，路径为 1→3→6→7。

由于已经确定顶点 1 到顶点 7 的最短路径,所以将顶点 7 从集合 U 中删除,并入集合 S,即 S = { 1,2,3,8,5,4,6,9,7},U=∅。

当集合 S 中包含了图中所有的顶点或者集合 U 为空集时,说明顶点 1 到其余各点的最短路径均已求得,结果如 8-139 中列出的路径及路径长度。

为了进一步提高读者对迪杰斯特拉算法求解最短路径的理解,我们再训练一个基于有向图求最短路径的问题。

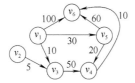

图 8-140 基于有向图的网四

【训练 8-18】求图 8-140 所示的基于有向图的网中顶点 v_1 到其余各个顶点的最短路径。

为了方便表示,我们将不再单独列出向量 distance,其中的数值用路径长度表示。

第 1 步,$S = \{ v_1 \}$,$U = V - S = \{ v_2, v_3, v_4, v_5, v_6 \}$,经第 1 步,顶点 v_1 到其余各顶点的路径及当前最短路径长度如图 8-141 所示。

第 2 步,顶点 v_1 到 v_3 的路径最短,路径长度为 10,将顶点 v_3 并入 $S = \{ v_1, v_3 \}$,并从集合 U 中删除,$U = \{ v_2, v_4, v_5, v_6 \}$。接下来,通过顶点 v_3 来探求从顶点 1 到剩余各个顶点的最短路径及路径长度,经第 2 步,顶点 v_1 到其余各顶点的路径及当前最短路径长度如图 8-142 所示。

顶点	v_1	v_2	v_3	v_4	v_5	v_6
路径	—	—	1→3	—	1→5	1→6
长度	0	∞	10	∞	30	100

图 8-141 经第 1 步,顶点 v_1 到其余各顶点的路径及当前最短路径长度

顶点	v_1	v_2	v_3	v_4	v_5	v_6
路径	—	—	1→3	1→3 3→4	1→5	1→6
长度	0	∞	10	60	30	100

图 8-142 经第 2 步,顶点 v_1 到其余各顶点的路径及当前最短路径长度

第 3 步,顶点 v_1 到 v_5 的路径最短,路径长度为 30,将顶点 v_5 并入 $S = \{ v_1, v_3, v_5 \}$,并从集合 U 中删除,$U = \{ v_2, v_4, v_6 \}$。接下来,通过顶点 v_5 来探求从顶点 1 到剩余各个顶点的最短路径及路径长度,经第 3 步,顶点 v_1 到其余各顶点的路径及当前最短路径长度如图 8-143 所示。

第 4 步,顶点 v_1 到 v_4 的路径最短,路径长度为 50,将顶点 v_4 并入 $S = \{ v_1, v_3, v_5, v_4 \}$,并从集合 U 中删除,$U = \{ v_2, v_6 \}$。接下来,通过顶点 v_4 来探求从顶点 1 到剩余各个顶点的最短路径及路径长度,经第 4 步,顶点 v_1 到其余各顶点的路径及当前最短路径长度如图 8-144 所示。

顶点	v_1	v_2	v_3	v_4	v_5	v_6
路径	—	—	1→3	1→5 5→4	1→5	1→5 5→6
长度	0	∞	10	50	30	90

图 8-143 经第 3 步,顶点 v_1 到其余各顶点的路径及当前最短路径长度

顶点	v_1	v_2	v_3	v_4	v_5	v_6
路径	—	—	1→3	1→5 5→4	1→5	1→5 5→4 4→6
长度	0	∞	10	50	30	60

图 8-144 经第 4 步,顶点 v_1 到其余各顶点的路径及当前最短路径长度

第 5 步，顶点 v_1 到 v_6 的路径最短，路径长度为 60，将顶点 v_6 并入 $S=\{v_1,v_3,v_5,v_4,v_6\}$，并从集合 U 中删除，$U=\{v_2\}$。接下来，通过顶点 v_6 来探求从顶点 1 到剩余各个顶点的最短路径及路径长度，经第 5 步，顶点 v_1 到其余各顶点的路径及当前最短路径长度与图 8-144 所示相同。

顶点 v_6 与集合 U 中的顶点间不存在边。但是集合 S 中并没有包含图中的所有顶点，或者说集合 U 不为空。这说明集合 U 中剩余顶点 v_2 与顶点 v_1 间没有路径相通，是不可达的。

至此，相信读者已经学会了基于无向图和有向图应用迪杰斯特拉算法求解从源点到其余各点的最短路径。为了能够让计算机帮助我们实现这一过程，总结一下迪杰斯特拉算法的基本步骤。

假设在图 $G=\langle V,E\rangle$，$V=\{v_1,v_2,v_3,\cdots,v_n\}$ 上应用迪杰斯特拉算法求解源点 v_1 到其余各顶点的最短路径。

(1)初始设置两个集合 S 和 U，集合 S 中包含已经求得最短路径的顶点，集合 U 中包含还未求得最短路径的顶点。$S=\{v_1\}$，$U=\{v_2,v_3,\cdots,v_n\}$。设置一个向量 distance[MAX_VERTEX]记录源点 v_1 到其余各顶点当前的最短路径长度，初始值均为无穷大（记为 65535）。

(2)对 $v_i\in S$，搜索 v_i 在集合 U 中的邻接点 v_j，计算源点 v_1 通过顶点 v_i 到达其邻接点 v_j 的路径长度 w。如果 distance[j]>w，则 distance[j]=w，否则不更新 distance 中的值。

(3)选择向量 distance 中未被选择的最小值 distance[k]，将其对应的顶点 v_k 并入集合 S 中，并在集合 U 中删除它。

(4)重复第(2)和(3)步，直到 S 中包含全部顶点或者 $U=\varnothing$ 为止。

以上，学习了用迪杰斯特拉算法求解单源最短路径的方法，解决了部分游客的旅游导航需求。但是游客有时还需要查询任意两个村子间的最短路径，满足这一需求应学习用弗洛伊德算法来求解最短路径问题。

【问题 8-34】用弗洛伊德算法为"村村通"项目的公路连通图，如图 8-126 所示，求解最短路径，提供任意两个村子间的导航服务。

在"村村通"项目中，假设当前游客老李想事先了解任意两个村子间的最短路径，以便能够更好地安排旅游线路。这就是一个典型的多源最短路径问题，需要应用弗洛伊德算法来完成。

弗洛伊德算法是美国计算机科学家、1978 年图灵奖获得者罗伯特·弗洛伊德提出的。弗洛伊德算法又称"插点法"，是一种利用动态规划的思想寻找给定带权图中多源点之间的最短路径的算法。与迪杰斯特拉算法相比，弗洛伊德算法求解最短路径的带权图既可以是正权值也可以是负权值。

弗洛伊德算法的基本思想是基于动态规划策略的。对任何两个顶点 v_i 和 v_j 而言，其最短路径无非就是两种情况：一种是顶点 v_i 直接到达顶点 v_j，也就是图中顶点 v_i 和顶点 v_j 之间有边或者弧直接相连；另一种情况是顶点 v_i 经过其他一个或多个顶点再到达顶点 v_j。我们知道，图的邻接矩阵表示了图中每一个顶点 v_i 直接到达另一个顶点 v_j 的路径长度。但是这可能不是两个顶点间的最短路径，也许顶点 v_i 经过其他顶点 v_k（$k=1,2,3,\cdots$）再到达顶点 v_j 的路径长度更短。我们暂且把顶点 v_k 称为中转点。因此，为了获得图中任意两个顶点间的最短路径长度，需要在直接到达的路径长度的基础上，依次迭代计算每个顶点作为中转点时所有顶点间的路径长度。如果经过新的中转点使得两个顶点间的路径长度缩短了，则更新原来的路径长度，从而最终获得所有顶点间的最短路径及其长度。

任意两个顶点间直接到达的路径长度其实就是图的邻接矩阵，邻接矩阵中的元素是边或者弧上的权值。因此，弗洛伊德算法求解最短路径是从图的邻接矩阵开始的。

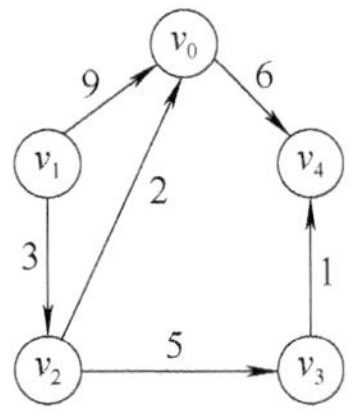

为了更好地帮助读者理解弗洛伊德算法，先用一个简单一点的图进行讲解，请读者仔细领会弗洛伊德算法的基本思想，归纳工作步骤。

【问题 8-35】 为图 8-145 所示的有向图求解所有顶点间的最短路径。

初步分析，这是一个多源顶点求解最短路径问题，适合采用弗洛伊德算法来求解。

图 8-145　有向图

初步准备，首先构建两个 5×5 矩阵，一个矩阵 cost 用来存放图中所有顶点间当前最短路径长度；另一个矩阵 path 用来存放两点间当前最短路径。其中，矩阵 cost 初始是图的邻接矩阵为

$$\text{cost} = \begin{bmatrix} 0 & \infty & \infty & \infty & 6 \\ 9 & 0 & 3 & \infty & \infty \\ 2 & \infty & 0 & 5 & \infty \\ \infty & \infty & \infty & 0 & 1 \\ \infty & \infty & \infty & \infty & 0 \end{bmatrix} \tag{8-1}$$

当前最短路径矩阵 path 中的数据元素初始值均设置为 –1，即

$$\text{path} = \begin{bmatrix} -1 & -1 & -1 & -1 & -1 \\ -1 & -1 & -1 & -1 & -1 \\ -1 & -1 & -1 & -1 & -1 \\ -1 & -1 & -1 & -1 & -1 \\ -1 & -1 & -1 & -1 & -1 \end{bmatrix} \tag{8-2}$$

第 1 步，以顶点 v_0 为中转点，如果 cost[i][0]+cost[0][j] < cost[i][j]，则用 cost[i][0]+cost[0][j] 的值替换 cost[i][j] 的值，使 path[i][j] = 0，否则无须更新 cost 矩阵和 path 矩阵。

以顶点 v_0 为中转点时，依次比较发现有 cost[1][4] 的值由∞更新为 15，cost[2][4] 的值由∞更新为 8。因为 cost[1][0] + cost[0][4] = 9 + 6 = 15 < cost[1][4]，所以用 15 替换 cost[1][4] 的值；同理，cost[2][0] + cost[0][4] = 2 + 6 = 8 < cost[2][4] 的值，用 8 替换 cost[1][4] 的值。读者注意，有变化的矩阵值用下划线做了标识。另外，cost[1][4] 和 cost[2][4] 的值发生变化也说明了顶点 v_0 是顶点 v_1 和顶点 v_4 间当前最短路径的中转点，所以 path[1][4] = 0。同理，顶点 v_0 也是顶点 v_2 和顶点 v_4 间当前最短路径的中转点，所以 path[2][4] = 0，经第 1 步图中两个顶点间当前的最短路径长度及最短路径为

$$\text{cost} = \begin{bmatrix} 0 & \infty & \infty & \infty & 6 \\ 9 & 0 & 3 & \infty & \underline{15} \\ 2 & \infty & 0 & 5 & \underline{8} \\ \infty & \infty & \infty & 0 & 1 \\ \infty & \infty & \infty & \infty & 0 \end{bmatrix} \tag{8-3}$$

第 2 步，以顶点 v_1 为中转点，如果 cost[i][1]+cost[1][j] < cost[i][j]，则用 cost[i][1]+cost[1][j]的值替换 cost[i][j]的值，否则无须更新。

因没有满足 cost[i][1]+cost[1][j]<cost[i][j]条件，所以 cost 矩阵和 path 矩阵均无更新，经第 2 步图中两个顶点间当前的最短路径长度及最短路径为

$$
\text{path} = \begin{bmatrix} -1 & -1 & -1 & -1 & -1 \\ -1 & -1 & -1 & -1 & 0 \\ -1 & -1 & -1 & -1 & 0 \\ -1 & -1 & -1 & -1 & -1 \\ -1 & -1 & -1 & -1 & -1 \end{bmatrix} \tag{8-4}
$$

第 3 步，以顶点 v_2 为中转点，如果 cost[i][2]+cost[2][j] < cost[i][j]，则用 cost[i][2]+cost[2][j]的值替换 cost[i][j]的值，将 path[i][j] = 2，否则无须更新 cost 和 path 矩阵。

其中，cost[1][2] + cost[2][0] = 3 + 2 = 5 <cost[1][0]，cost[1][2] + cost[2][3] = 8 < cost[1][3]，cost[1][2] + cost[2][4] = 11 < cost[1][4]，cost[1][0]、cost[1][3]和cost[1][4]均满足 cost[i][2]+cost[2][j] < cost[i][j]条件，所以将 cost[1][0]置为 5、cost[1][3]置为 8、cost[1][4]置为 11。相应地，path[1][0] = 2、path[1][3] = 2、path[1][4] = 2。所以更新 cost 矩阵和 path 矩阵，经第 3 步，图中两个顶点间当前的最短路径长度及最短路径为

$$
\text{cost} = \begin{bmatrix} 0 & \infty & \infty & \infty & 6 \\ \underline{5} & 0 & 3 & \underline{8} & \underline{11} \\ 2 & \infty & 0 & 5 & \underline{8} \\ \infty & \infty & \infty & 0 & 1 \\ \infty & \infty & \infty & \infty & 0 \end{bmatrix}, \quad \text{path} = \begin{bmatrix} -1 & -1 & -1 & -1 & -1 \\ 2 & -1 & -1 & 2 & 2 \\ -1 & -1 & -1 & -1 & 0 \\ -1 & -1 & -1 & -1 & -1 \\ -1 & -1 & -1 & -1 & -1 \end{bmatrix} \tag{8-5}
$$

第 4 步，以顶点 v_3 为中转点，如果 cost[i][3]+cost[3][j] < cost[i][j]，则用 cost[i][3]+cost[3][j]的值替换 cost[i][j]的值，否则无须更新 cost 和 path 矩阵。

其中，cost[1][3] + cost[3][4] = 8 + 1 = 9 <cost[1][4]，cost[2][3] + cost[3][4] =5 + 1 = 6 < cost[2][4]，cost[1][4]和cost[2][4]均满足 cost[i][2]+cost[2][j] < cost[i][j]条件，更新 cost[1][4] = 9、cost[2][4] = 6，path[1][4] = 3，path[2][4] = 3。经第 4 步，图中两个顶点间当前的最短路径长度及最短路径为

$$
\text{cost} = \begin{bmatrix} 0 & \infty & \infty & \infty & 6 \\ \underline{5} & 0 & 3 & \underline{8} & \underline{9} \\ 2 & \infty & 0 & 5 & \underline{6} \\ \infty & \infty & \infty & 0 & 1 \\ \infty & \infty & \infty & \infty & 0 \end{bmatrix}, \quad \text{path} = \begin{bmatrix} -1 & -1 & -1 & -1 & -1 \\ 2 & -1 & -1 & 2 & 3 \\ -1 & -1 & -1 & -1 & 3 \\ -1 & -1 & -1 & -1 & -1 \\ -1 & -1 & -1 & -1 & -1 \end{bmatrix} \tag{8-6}
$$

第 5 步，以顶点 v_4 为中转点，如果 cost[i][4]+cost[4][j] < cost[i][j]，则用 cost[i][4]+cost[4][j]的值替换 cost[i][j]的值，否则无须更新 cost 矩阵和 path 矩阵。

因没有满足 cost[i][1]+cost[1][j] < cost[i][j]条件，所以 cost 矩阵和 path 矩阵均无更新，经第 5 步图中两个顶点间当前的最短路径长度及最短路径与式(8-6)和式(8-7)相同。

至此，所有顶点均作为中转点计算了最短路径，由式(8-7)可知，在 cost 矩阵中可以获得任意两个顶点间最短路径长度，比如 cost[0][4]=6 说明顶点 v_0 到顶点 v_4 的最短路径为 6，cost[1][0] = 5 说明顶点 v_1 到顶点 v_0 的最短路径为 5、cost[2][4] − 6 说明顶点 v_2 到顶点 v_4 的最短路径为 6。由式(8-6)可知，在 path 矩阵中可以获得任意两个顶点间的路径，比如，path[0][4]= −1 说明顶点 v_0 到顶点 v_4 的最短路径是 $v_0 \rightarrow v_4$ 直接到达，path[1][4] = 3 说明从顶点 v_0 到顶点 v_4 的最短路径要经过顶点 3，path[3][4] = −1 说明顶点 v_3 到顶点 v_4 间的最短路径是直接达到，而 path[1][3] = 2 说明顶点 v_1 到顶点 v_3 间的最短路径要经过顶点 2，而 path[1][2] = −1 说明顶点 v_1 到顶点 v_2 间的最短路径为直接到达，所以顶点 v_1 到顶点 v_4 间的最短路径为 $v_1 \rightarrow v_2 \rightarrow v_3 \rightarrow v_4$。

相信读者已经总结出弗洛伊德算法求解最短路径的基本思想和步骤。这里还要提醒读者，以上 5 个步骤是迭代过程，每一次迭代都是在以上一个顶点为中转点所求解的 cost 矩阵和 path 矩阵的基础上再进行计算的。

根据上面的训练，来解决"村村通"项目中提出的问题 34。

初始准备，首先构建两个 9×9 矩阵，一个矩阵 cost 用来存放图 8-126 中所有顶点间当前最短路径长度；另一个矩阵 path 用来存放所有顶点间当前最短路径。其中 cost 矩阵初始是"村村通"项目中图 8-126 的邻接矩阵为

$$
\text{cost} =
\begin{bmatrix}
0 & 10 & 11 & \infty & \infty & \infty & \infty & \infty & \infty \\
10 & 0 & \infty & 18 & 16 & \infty & \infty & 12 & \infty \\
11 & \infty & 0 & \infty & 17 & 26 & \infty & \infty & \infty \\
\infty & 18 & \infty & 0 & \infty & \infty & \infty & 8 & 22 \\
\infty & 16 & 17 & \infty & 0 & \infty & 19 & \infty & 24 \\
\infty & \infty & 26 & \infty & \infty & 0 & 7 & \infty & 20 \\
\infty & \infty & \infty & \infty & 19 & 7 & 0 & \infty & 16 \\
\infty & 12 & \infty & 8 & \infty & \infty & \infty & 0 & 21 \\
\infty & \infty & \infty & 22 & 24 & 20 & 16 & 21 & 0
\end{bmatrix}
\tag{8-7}
$$

path 矩阵中的数据元素初始值均为 −1，即

$$
\text{path} =
\begin{bmatrix}
-1 & -1 & -1 & -1 & -1 & -1 & -1 & -1 & -1 \\
-1 & -1 & -1 & -1 & -1 & -1 & -1 & -1 & -1 \\
-1 & -1 & -1 & -1 & -1 & -1 & -1 & -1 & -1 \\
-1 & -1 & -1 & -1 & -1 & -1 & -1 & -1 & -1 \\
-1 & -1 & -1 & -1 & -1 & -1 & -1 & -1 & -1 \\
-1 & -1 & -1 & -1 & -1 & -1 & -1 & -1 & -1 \\
-1 & -1 & -1 & -1 & -1 & -1 & -1 & -1 & -1 \\
-1 & -1 & -1 & -1 & -1 & -1 & -1 & -1 & -1 \\
-1 & -1 & -1 & -1 & -1 & -1 & -1 & -1 & -1
\end{bmatrix}
\tag{8-8}
$$

第 1 步，以顶点 1 为中转点，计算图 8-126 中任意两个顶点经顶点 1 中转的路径长度 cost[i][1]+cost[1][j]，如果 cost[i][1]+cost[1][j]<cost[i][j]，则 cost[i][j] = cost[i][1] + cost[1][j]，

path[*i*][*j*]=1，否则无须更新 cost 矩阵和 path 矩阵。经计算，更新 cost 矩阵和 path 矩阵，经第 1 步，图中两个顶点间当前的最短路径长度及最短路径为

$$
\text{cost} = \begin{bmatrix}
0 & 10 & 11 & \infty & \infty & \infty & \infty & \infty & \infty \\
10 & 0 & \underline{21} & 18 & 16 & \infty & \infty & 12 & \infty \\
11 & \underline{21} & 0 & \infty & 17 & 26 & \infty & \infty & \infty \\
\infty & 18 & \infty & 0 & \infty & \infty & \infty & 8 & 22 \\
\infty & 16 & 17 & \infty & 0 & \infty & 19 & \infty & 24 \\
\infty & \infty & 26 & \infty & \infty & 0 & 7 & \infty & 20 \\
\infty & \infty & \infty & \infty & 19 & 7 & 0 & \infty & 16 \\
\infty & 12 & \infty & 8 & \infty & \infty & \infty & 0 & 21 \\
\infty & \infty & \infty & 22 & 24 & 20 & 16 & 21 & 0
\end{bmatrix} \tag{8-9}
$$

$$
\text{path} = \begin{bmatrix}
-1 & -1 & -1 & -1 & -1 & -1 & -1 & -1 & -1 \\
-1 & -1 & 1 & -1 & -1 & -1 & -1 & -1 & -1 \\
-1 & 1 & -1 & -1 & -1 & -1 & -1 & -1 & -1 \\
-1 & -1 & -1 & -1 & -1 & -1 & -1 & -1 & -1 \\
-1 & -1 & -1 & -1 & -1 & -1 & -1 & -1 & -1 \\
-1 & -1 & -1 & -1 & -1 & -1 & -1 & -1 & -1 \\
-1 & -1 & -1 & -1 & -1 & -1 & -1 & -1 & -1 \\
-1 & -1 & -1 & -1 & -1 & -1 & -1 & -1 & -1 \\
-1 & -1 & -1 & -1 & -1 & -1 & -1 & -1 & -1
\end{bmatrix} \tag{8-10}
$$

第 2 步，以顶点 2 为中转点，计算图 8-126 中任意两个顶点经顶点 2 中转的路径长度 cost[*i*][2]+ cost[2][*j*]，如果 cost[*i*][2]+cost[2][*j*]<cost[*i*][*j*]，则 cost[*i*][*j*]=cost[*i*][2]+cost[2][*j*]，path[*i*][*j*]=2，否则无须更新 cost 矩阵和 path 矩阵。经计算，更新 cost 矩阵和 path 矩阵，经第 2 步，图中两个顶点间当前的最短路径长度及最短路径为

$$
\text{cost} = \begin{bmatrix}
0 & 10 & 11 & \underline{28} & \underline{26} & \infty & \infty & \underline{22} & \infty \\
10 & 0 & \underline{21} & 18 & 16 & \infty & \infty & 12 & \infty \\
11 & \underline{21} & 0 & \underline{39} & 17 & 26 & \infty & \underline{33} & \infty \\
\underline{28} & 18 & \underline{39} & 0 & \underline{34} & \infty & \infty & 8 & 22 \\
\underline{26} & 16 & 17 & \underline{34} & 0 & \infty & 19 & \underline{28} & 24 \\
\infty & \infty & 26 & \infty & \infty & 0 & 7 & \infty & 20 \\
\infty & \infty & \infty & \infty & 19 & 7 & 0 & \infty & 16 \\
\underline{22} & 12 & \underline{33} & 8 & \underline{28} & \infty & \infty & 0 & 21 \\
\infty & \infty & \infty & 22 & 24 & 20 & 16 & 21 & 0
\end{bmatrix} \tag{8-11}
$$

$$
\text{path} = \begin{bmatrix}
-1 & -1 & -1 & 2 & 2 & -1 & -1 & 2 & -1 \\
-1 & -1 & 1 & -1 & -1 & -1 & -1 & -1 & -1 \\
-1 & 1 & -1 & 2 & -1 & -1 & -1 & 2 & -1 \\
2 & -1 & 2 & -1 & 2 & -1 & -1 & -1 & -1 \\
2 & -1 & -1 & 2 & -1 & -1 & -1 & 2 & -1 \\
-1 & -1 & -1 & -1 & -1 & -1 & -1 & -1 & -1 \\
-1 & -1 & -1 & -1 & -1 & -1 & -1 & -1 & -1 \\
2 & -1 & 2 & -1 & 2 & -1 & -1 & -1 & -1 \\
-1 & -1 & -1 & -1 & -1 & -1 & -1 & -1 & -1
\end{bmatrix} \tag{8-12}
$$

第 3 步，以顶点 3 为中转点，计算图 8-126 中任意两个顶点经顶点 3 中转的路径长度 $\text{cost}[i][3]+\text{cost}[3][j]$，如果 $\text{cost}[i][3]+\text{cost}[3][j]<\text{cost}[i][j]$，则 $\text{cost}[i][j]=\text{cost}[i][3]+\text{cost}[3][j]$，$\text{path}[i][j]=3$，否则无须更新 cost 矩阵和 path 矩阵。经计算，更新 cost 矩阵和 path 矩阵，经第 3 步，图中两个顶点间当前的最短路径长度及最短路径为

$$
\text{cost} = \begin{bmatrix}
0 & 10 & 11 & \underline{28} & \underline{26} & \underline{37} & \infty & \underline{22} & \infty \\
10 & 0 & \underline{21} & 18 & 16 & \underline{47} & \infty & 12 & \infty \\
11 & \underline{21} & 0 & \underline{39} & 17 & 26 & \infty & \underline{33} & \infty \\
\underline{28} & 18 & \underline{39} & 0 & \underline{34} & 65 & \infty & 8 & 22 \\
\underline{26} & 16 & 17 & \underline{34} & 0 & \underline{43} & 19 & \underline{28} & 24 \\
\underline{37} & \underline{47} & 26 & 65 & \underline{43} & 0 & 7 & \underline{59} & 20 \\
\infty & \infty & \infty & \infty & 19 & 7 & 0 & \infty & 16 \\
\underline{22} & 12 & \underline{33} & 8 & \underline{28} & \underline{59} & \infty & 0 & 21 \\
\infty & \infty & \infty & 22 & 24 & 20 & 16 & 21 & 0
\end{bmatrix} \tag{8-13}
$$

$$
\text{path} = \begin{bmatrix}
-1 & -1 & -1 & 2 & 2 & 3 & -1 & 2 & -1 \\
-1 & -1 & 1 & -1 & -1 & 3 & -1 & -1 & -1 \\
-1 & 1 & -1 & 2 & -1 & -1 & -1 & 2 & -1 \\
2 & -1 & 2 & -1 & 2 & 3 & -1 & -1 & -1 \\
2 & -1 & -1 & 2 & -1 & 3 & -1 & 2 & -1 \\
3 & 3 & -1 & 3 & 3 & -1 & -1 & 3 & -1 \\
-1 & -1 & -1 & -1 & -1 & -1 & -1 & -1 & -1 \\
2 & -1 & 2 & -1 & 2 & 3 & -1 & -1 & -1 \\
-1 & -1 & -1 & -1 & -1 & -1 & -1 & -1 & -1
\end{bmatrix} \tag{8-14}
$$

第 4 步，以顶点 4 为中转点，计算图 8-126 中任意两个顶点经顶点 4 中转的路径长度 $\text{cost}[i][4]+\text{cost}[4][j]$，如果 $\text{cost}[i][4]+\text{cost}[4][j]<\text{cost}[i][j]$，则 $\text{cost}[i][j]=\text{cost}[i][4]+\text{cost}[4][j]$，$\text{path}[i][j]=4$，否则无须更新 cost 矩阵和 path 矩阵。经计算，更新 cost 矩阵和 path 矩阵，经第 4 步，图中两个顶点间当前的最短路径长度及最短路径为

$$\text{cost} = \begin{bmatrix} 0 & 10 & 11 & 28 & 26 & 37 & \infty & 22 & 50 \\ 10 & 0 & 21 & 18 & 16 & 47 & \infty & 12 & 40 \\ 11 & 21 & 0 & 39 & 17 & 26 & \infty & 33 & 61 \\ 28 & 18 & 39 & 0 & 34 & 65 & \infty & 8 & 22 \\ 26 & 16 & 17 & 34 & 0 & 43 & 19 & 28 & 24 \\ 37 & 47 & 26 & 65 & 43 & 0 & 7 & 59 & 20 \\ \infty & \infty & \infty & \infty & 19 & 7 & 0 & \infty & 16 \\ 22 & 12 & 33 & 8 & 28 & 59 & \infty & 0 & 21 \\ 50 & 40 & 61 & 22 & 24 & 20 & 16 & 21 & 0 \end{bmatrix} \tag{8-15}$$

$$\text{path} = \begin{bmatrix} -1 & -1 & -1 & 2 & 2 & 3 & -1 & 2 & 4 \\ -1 & -1 & 1 & -1 & -1 & 3 & -1 & -1 & 4 \\ -1 & 1 & -1 & 2 & -1 & -1 & -1 & 2 & 4 \\ 2 & -1 & 2 & -1 & 2 & 3 & -1 & -1 & -1 \\ 2 & -1 & -1 & 2 & -1 & 3 & -1 & 2 & -1 \\ 3 & 3 & -1 & 3 & 3 & -1 & -1 & 3 & -1 \\ -1 & -1 & -1 & -1 & -1 & -1 & -1 & -1 & -1 \\ 2 & -1 & 2 & -1 & 2 & 3 & -1 & -1 & -1 \\ 4 & 4 & 4 & -1 & -1 & -1 & -1 & -1 & -1 \end{bmatrix} \tag{8-16}$$

之后依次以顶点 5、顶点 6、顶点 7、顶点 8 和顶点 9 为中转点，cost 矩阵和 path 矩阵不断进行迭代，最终最短路径长度及最短路径为

$$\text{cost} = \begin{bmatrix} 0 & 10 & 11 & 28 & 26 & 37 & 44 & 22 & 43 \\ 10 & 0 & 21 & 18 & 16 & 42 & 35 & 12 & 33 \\ 11 & 21 & 0 & 39 & 17 & 26 & 33 & 33 & 41 \\ 28 & 18 & 39 & 0 & 34 & 42 & 38 & 8 & 22 \\ 26 & 16 & 17 & 34 & 0 & 26 & 19 & 28 & 24 \\ 37 & 42 & 26 & 42 & 26 & 0 & 7 & 41 & 20 \\ 44 & 35 & 33 & 38 & 19 & 7 & 0 & 37 & 16 \\ 22 & 12 & 33 & 8 & 28 & 41 & 37 & 0 & 21 \\ 43 & 33 & 41 & 22 & 24 & 20 & 16 & 21 & 0 \end{bmatrix} \tag{8-17}$$

$$\text{path} = \begin{bmatrix} -1 & -1 & -1 & 2 & 2 & 3 & 6 & 2 & 8 \\ -1 & -1 & 1 & -1 & -1 & 7 & 5 & -1 & 8 \\ -1 & 1 & -1 & 2 & -1 & -1 & 6 & 2 & 5 \\ 2 & -1 & 2 & -1 & 2 & 9 & 9 & -1 & -1 \\ 2 & -1 & -1 & 2 & -1 & 7 & -1 & 2 & -1 \\ 3 & 7 & -1 & 9 & 7 & -1 & -1 & 9 & -1 \\ 6 & 5 & 6 & 9 & -1 & -1 & -1 & 9 & -1 \\ 2 & -1 & 2 & -1 & 2 & 9 & 9 & -1 & -1 \\ 8 & 8 & 5 & -1 & -1 & -1 & -1 & -1 & -1 \end{bmatrix} \tag{8-18}$$

在式(8-18)中可以获得图 8-126 中任意两个顶点间最短路径长度，如 cost[7][4] = 38 表示顶点 7 到顶点 4 间的最短路径长度为 38。当然，由于是无向图，cost[4][7] = 38 说明顶点 4 到顶点 7 的最短路径长度也为 38。在式(8-19)中可以获得图中任意两个顶点间的最短路径，如 path[7][4] = 9 说明顶点 9 一定是顶点 7 和顶点 4 间最短路径的中转点，path[9][4] = −1 说明顶点 9 到顶点 4 的最短路径是直接到达，path[7][9] = −1 说明顶点 7 到顶点 9 的最短路径也是直接到达，所以顶点 7 到顶点 4 间的最短路径为 7→9→4。

下面总结一下弗洛伊德算法求解最短路径的基本步骤。

假设在图 $G = <V,E>$，$V=\{ v_1, v_2, v_3, \cdots, v_n \}$上应用弗洛伊德算法求解图 G 中任意两个顶点间最短路径。

(1)初始化两个矩阵 cost 和 path，其中，矩阵 cost 中保存任意两个顶点间当前的最短路径长度，矩阵 path 中保存任意两个顶点间当前的最短路径。矩阵 cost 初始值为图 G 的邻接矩阵(邻接矩阵中的数据元素为图中边的权值，其中"∞"定义为 65535)，矩阵 path 中的数据元素初始值均设置为-1。

(2)以顶点 v_k ($k = 1,2,3,\cdots,n$)为中转点，迭代计算图中任意两个顶点经顶点 v_k 中转的路径长度 cost[i][k] + cost[k][j]，如果 cost[i][k] + cost[k][j] < cost[i][j]，则 cost[i][j] = cost[i][k] + cost[k][j]，path[i][j] = k，否则无须更新 cost 矩阵和 path 矩阵。

(3)重复步骤(2)直到图中所有顶点均已经作为中转点完成计算最短路径为止。

至此，我们学习了用弗洛伊德算法求解图中任意两点间的最短路径长度及最短路径的方法，下面来学习如何实现这一算法。

8.7.3　最短路径的实现

【问题 8-36】在"村村通"项目中，如何实现用迪杰斯特拉算法求解图中源点到终点的最短路径？

基于图结构求解源点到终点间的最短路径，也是图结构上的一个操作。要实现迪杰斯特拉算法，首先必须明确图的存储结构。用邻接矩阵作为图的存储结构来实现迪杰斯特拉算法。

下面我们一起来实现迪杰斯特拉算法，以便"村村通"项目为游客提供特色导航服务。在邻接矩阵上定义函数来实现。

(1)函数名 ShortestPath_Dijkstra；

(2)函数的参数，村村通中的 8 条公路连通村子的图 G。由于选择以邻接矩阵作为存储结构，在之前已经定义过，其数据类型为 struct cuncunConnectedMatrix。为方便说明，对 struct cuncunConnectedMatrix 类型稍做调整，即村子数据仅保留村子编号即可，其余省略掉。更新后的类型定义如下：

```
struct cuncunConnectedMatrix
{
    int villages[MAX_VILLAGES];                        //仅记录村子编号 1-9
    int roadInfoMatrix[MAX_VILLAGES][MAX_VILLAGES]; //存储边数据
    int num_villages, num_roads;                       //存储图的顶点数和边数
}
```

（3）函数返回值类型，由于返回值均保存在数组 distance 和 path 中，所以不需要返回值，故返回值类型为 void。

（4）函数体，实现迪杰斯特拉算法的语句。

```c
void ShortestPath_Dijkstra(struct cuncunConnectedMatrix g,int source,
    int  distance[],int path[])
{
    int i,j,k,min;
    int final[MAX_VILLAGES];
    for(i=0;i<g.num_villages;i++)
    {
        final[i]=0;
        distance[i]=g.roadInfoMatrix[source][i];
        path[i]=0;
    }
    distance[source]=0;
    final[source]=1;

    for(i=0; i<g.num_villages; i++)
    {
        min=65535;
        for(j=0; j<g.num_villages; j++)
        {
            if(!final[j] && distance[j] < min)
            {
                k=j;
                min=distance[j];
            }
        }
        final[k]=1;
        for(j=0;j<g.num_villages; j++)
        {
            if(!final[j]&&(min+g.roadInfoMatrix[k][j]<distance[j]))
            {
                distance[j]=min+g.roadInfoMatrix[k][j];
                path[j]=k;
            }
        }
        for(j=0; j<g.num_villages; j++)
        {
            printf("%d",distance[j]);
        }
        printf("\n");
```

```
for(j=0; j<g.num_villages; j++)
{
    printf("%d",path[j]);
}
printf("\n");
}
}
```

【**问题 8-37**】在"村村通"项目中，如何实现用弗洛伊德算法求解图中任意两点间的最短路径？

基于图结构求解任意两点间的最短路径，也是图结构上的一个操作。所以要实现弗洛伊德算法，首先必须明确图的存储结构。依据上面的讲解，用弗洛伊德算法求解最短路径，图的存储结构应该采用邻接矩阵。

下面我们一起来实现弗洛伊德算法，以便"村村通"项目为游客提供特色导航服务。在邻接矩阵上定义函数来实现。

(1)函数名 ShortestPath_Floyd；

(2)函数的参数，村村通中的 8 条公路连通村子的图 G。由于选择以邻接矩阵作为存储结构，其数据类型为 struct cuncunConnectedMatrix。与迪杰斯特拉算法中定义的数据类型相同，这里不再重复。

(3)函数返回值类型，由于返回数据保存在数组 cost 和 path 中，所以不需要返回值，故返回值类型为 void。

(4)函数体，实现弗洛伊德算法的语句。

```
void ShortestPath_Floyd(struct cuncunConnectedMatrix g,int cost [9] [9],
    int path[9][9])
{
    int i,j,k,m;
    int costtemp[9][9],pathtemp[9][9];
    /*初始化*/
    for(i=0;i<g.num_villages;i++)
    {
        for(j=0;j<g.num_villages; j++)
        {
            costtemp[i][j]=cost[i][j];
            pathtemp[i][j]=path[i][j];
        }
    }
    for(k=0; k<g.num_villages; k++)
    {
        for(i=0;i<g.num_villages;i++)
        {
            for(j=0;j<g.num_villages; j++)
            {
```

```
            if(costtemp[i][j]>costtemp[i][k]+costtemp[k][j])
            {
                costtemp[i][j]=costtemp[i][k]+costtemp[k][j];
                pathtemp[i][j]=k;
            }
        }
    }
    printf("最终结果 cost\n");
    for(i=0;i < g.num_villages;i++)
    {
        for(j=0;j < g.num_villages; j++)
        {
            printf("%4d", costtemp[i][j]);
        }
        printf("\n");
    }
    printf("最终结果 path\n");
    for(i=0;i < g.num_villages;i++)
    {
        for(j=0;j < g.num_villages; j++)
        {
            printf("%4d", pathtemp[i][j]);
        }
        printf("\n");
    }
}
```

以上利用图结构的相关知识完成了"村村通"项目中的所有任务。

8.8　本　章　小　结

与线性结构数据元素间一对一关系、树型结构数据元素间一对多关系不同，图结构为数据元素间多对多关系。图结构是计算机科学中比较重要的一种数据结构，在用计算机解决众多领域，尤其是工程领域的实际问题中，被广泛应用。本章的学习以依次完成"村村通"项目的 7 个工程任务为主线展开，在学习知识的同时提升了解决实际问题的能力。

8.1 节首先从认识图结构开始，从众多直观图示总结出图的定义，$G = <V,E>$，其中，V 为顶点的集合，E 为边的集合。所以顶点和边是图的最本质构成。确定顶点和边也就确定了图。之后基于不同的视角对图进行分类，以及众多的图世界语言——术语，尤其是图中顶点的度、图中边的权值等，让读者在宏观上对图有了一定的认识。并且学习了为一个具体问题构建图(图的逻辑结构)的方法和步骤，通过确定数据集、数据元素、构建逻辑结构、确定操作四个步骤完成基于一个具体问题的图结构的构建。此外，针对构建图过程中的一些关键问题给予了充分的建议，让读者能够分辨图问题，并熟练地将实际问题转换成图的问题。

8.2 节主要学习图的三种存储结构，即邻接矩阵、邻接表和十字链表。其中，邻接矩阵是用二维数组来存储图中顶点之间的关系（边或者弧）；邻接表是一种顺序和链式混合的存储方法，顶点采用一维数组顺序存储，而边或者弧用链表来存储，适合对图中顶点和边进行添加或者删除操作问题；十字链表存储方法也是顺序和链式混合存储，顶点也采用一维数组顺序存储，边或者弧也采用链式存储，但是链表结点既包含入度又包含出度，是邻接表的一种升级。总之，选择哪种存储方式，一定要依据要解决的具体问题来决定。没有哪一种存储结构是万能的，要善于根据具体问题对每种存储结构进行改造。通过该节的学习，读者能够根据具体问题确定存储方式并且熟练定义存储结构。

8.3 节主要学习最小生成树。从图的子图到生成树，再到最小生成树，最小生成树必须满足包含图中全部 n 个顶点及连通 n 个顶点的 $n-1$ 条边的子图，其 $n-1$ 条边的权值之和最小。构建最小生成树有两种常见算法：一种是普里姆算法，是"加点法"，通过不断将顶点加入，逐步构建最小生成树；另一种是克鲁斯卡尔算法，是"加边法"，通过不断将权值最小的边加入，逐步构建最小生成树。普里姆算法适合顶点较少的图，而克鲁斯卡尔算法适合边比较少的图。通过该节的学习，读者能够根据具体问题判断用哪种算法构建最小生成树，以及如何构建并实现最小生成树。

8.4 节主要学习图的拓扑结构。在工程项目中，多个活动通常是有先后关系的，拓扑排序就是将原来活动间非线性的关系排列为有先后顺序的线性关系。由于活动用图中的顶点表示，所以拓扑排序是基于 AOV 网的。拓扑排序通过不断查找入度为 0 的顶点，不断删除弧来完成，所以 AOV 网适合用邻接表存储方式，且单链表的结点要增加入度域。通过该节的学习，读者要能够判断一个具体问题中多项活动能否顺利进行，排列顺序是什么，如何用计算机实现。

8.5 节主要学习图的关键路径。在工程项目的多个活动中，有些活动是关键活动，关系到完成整个工程的最短时间、工程是否能够按时完工以及是否能够缩短工期。由于活动用图中的边表示，所以关键路径是基于 AOE 网的。求解关键路径就是要求得每个事件（顶点）的最早发生时间和最晚发生时间，每个活动（边）的最早开始时间和最晚开始时间。最早开始时间与最晚开始时间相等的活动均为关键活动，这些活动构成的路径即关键路径。通过该节的学习，读者应该能够根据具体问题构建 AOE 图，并基于某种存储结构计算出关键活动和关键路径，为工程的按时或者提前完工提供支持。

8.6 节主要学习图的遍历。图的遍历也是基于图结构的一种常见操作，是指访问图中的所有顶点一次且仅一次。和拓扑排序类似，是把非线性的数据元素间的关系转换为一对一的线性排列。图的遍历有两种常见方式，即深度优先遍历和广度优先遍历，两种遍历过程具有明显的递归性，所以实现遍历最简单的方式就是利用递归算法，当然也可以利用栈和队列等线性结构以非递归的方式实现。通过该节的学习，读者应该能够根据具体问题判断是使用深度优先遍历还是广度优先遍历，并能够用递归或者非递归方法实现遍历。

8.7 节主要学习图的最短路径。最短路径顾名思义为图中两个顶点间的路径长度最短。最短路径的应用场景非常多，常见的是基于地图的导航。经典的求解最短路径算法有两种：

一种是单源最短路径问题的迪杰斯特拉算法,采用贪心策略,求解从一点(源点)到其他各点(终点)的最短路径;另一种是多源最短路径问题的弗洛伊德算法,采用动态规划策略,求解图中任意两个顶点间的最短路径。迪杰斯特拉算法仅适用于在边权为正值的图中求解最短路径。如果边权有负值,则该算法失效。而弗洛伊德算法对边权的正负没有限制,且用一个简单的三重循环就可求得图中任意两点间的最短路径。通过该节的学习,读者应该能够根据具体问题确定采用哪种算法求解最短路径,并能够基于邻接矩阵存储结构理解并实现求解。

习 题

1. 已知图 8-146 所示为基于有向图的网,按照要求完成以下任务:

(1)计算每个顶点的出度和入度,并检验握手原理;

(2)画出邻接矩阵;

(3)画出邻接表;

(4)构建至少一棵最小生成树;

(5)写出至少一种深度优先遍历序列和广度优先遍历序列;

(6)写出至少一种拓扑排序;

(7)写出至少一种关键路径,并写出关键活动;

(8)写出顶点 a 到其余各顶点的最短路径,以及图中任意两顶点间的最短路径。

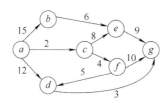

图 8-146 基于有向图的网五

2. 依据第 1 题的设计,至少采用一种方法实现第(2)~(8)小题。

第9章

近年来，随着互联网和信息行业的发展，海量数据无时无刻在产生，面对如此海量的数据，人们一般都使用搜索引擎进行搜索，以获取其所需要的信息，那么，搜索引擎如何从海量数据中搜索出用户所需的数据，这正是查找的典型应用。那么搜索引擎具体的工作原理是怎样的呢？

搜索引擎的基本工作原理包括如下三个过程，如图9-1所示。

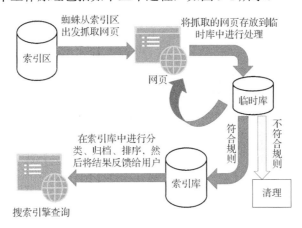

图 9-1　搜索引擎工作原理图

首先，在互联网中发现、搜集网页信息；在这个过程中，搜索引擎通过一种特定规律的程序跟踪网页的链接，从一个链接爬行到另外一个链接，像蜘蛛在蜘蛛网上爬行一样，所以引擎程序被称为"蜘蛛"，也被称为"机器人"。

其次，对网页信息进行提取，并组织建立索引库；主要是存储跟踪链接到达网页抓取数据，将数据存入原始页面数据库，并在去重处理、提取关键词、消除噪声后，建立索引库。

最后，由检索器根据用户输入的查询关键字，在索引库中快速检出文档，进行文档与查询的相关度评价，对将要输出的结果进行排序，并将查询结果返回给用户。

在实际生活中，还有很多类似的应用场景，例如，去超市购物的时候，面对超市琳琅满目的商品，我们需要在超市中，依次查看超市各个货架上的商品，如图9-2所示，寻找自

图 9-2　超市商品示意图

己满意的商品，找到商品后，将商品放入购物车中；在图书馆借书的时候，由于图书馆馆藏书籍数量数不胜数，书架上整齐地摆放着各类图书，并且按照一定的顺序排列，但由于相同类别的书籍也不计其数，甚至书名相同的书籍都有很多本，读者需要在书架上依次查看书籍名称、作者、出版社等信息，从而寻找出其想要借阅的图书；当人们在打电话的时候，通过手机的联系人，查询某个人的电话号码；在人山人海的广场上找人的时候，正如诗词所描述的，"众里寻他千百度，蓦然回首，那人却在，灯火阑珊处。"如图 9-3 所示。这些问题中的数据一般都比较多，如何寻找出特定的信息数据，这就是我们本章要学习的查找算法。

图 9-3　寻人诗歌图

本章首先从查找算法的基本概念入手，对查找算法建立直观认识；然后通过对具体问题的分析与设计，主要训练常用的几种查找算法的逻辑思维，提升抽象思维能力；最后基于不同的存储结构，学习常用查找算法的操作，以达到培养计算思维，解决具体问题的能力。

本章问题：利用查找算法及操作完成智慧城市中"无人超市"项目。

问题描述：当前，全球信息技术呈加速发展趋势，信息技术在国民经济中的地位日益突出，信息资源也日益成为重要的生产要素。随着智慧交通、智慧医疗和智慧城管等的建设与发展，新型智慧城市应运而生。

智慧城市综合采用包括射频传感技术、物联网技术、云计算技术、下一代通信技术在内的新一代信息技术，这些技术的应用使城市变得更易于感知，城市资源更易于充分整合，在此基础上实现对城市的精细化和智能化管理，从而减少资源消耗，降低环境污染，解决交通拥堵，消除安全隐患，最终实现城市的可持续发展。

人脸识别、"无人超市"、无人驾驶等人工智能技术是缔造智慧城市的缩影，具有十分重要的意义。

"无人超市"可以体验刷脸购物，如图 9-4 所示。按照超市门口张贴的指引提示，首先要进行注册，然后进入"无人超市"进行人脸的识别，自拍上传照片之后开通微信免密功能，就可以形成一个二维码，再扫码进行人脸识别，只用 30s 就可完成整个刷脸过程。

图 9-4　"无人超市"入口

"无人超市"里各种食品、饮料和生活用品有序摆放。和传统超市不同的是，这里采用了人脸识别、行为抓取等技术，能够对顾客的消费行为实时追踪。

目前，经前期的试运营，"无人超市"已经有少部分用户开通微信免密功能，数据的存储格式如表 9-1 所示。

表 9-1　用户数据存储表

Username (用户名)	Password (密码)	手机号	E-mail	姓名
user01	123456	13512341234	abc1@163.com	张三
user02	123456	13043214321	abc2@163.com	李四
user03	123456	15912341234	abc3@163.com	王五

"无人超市"项目中客户的主要需求有以下几个：

（1）假设"无人超市"在试运营初期，只有 10 件商品，某顾客进入超市，想要购买某商品，如何在"无人超市"中快速地找到该商品？

（2）随着"无人超市"的不断完善，商品的数量与日俱增，达到成千上万件，超市为了提高选购商品的效率，使顾客能够快速找到想要购买的商品，那么超市该如何优化呢？

（3）"无人超市"在不断发展的过程中，为了丰富商品数量，需要引入新的商品，新商品会标上编号；在进货后，商品工作人员要根据商品编号将相应的商品放到货架上，商品编号存在，则放在原商品位置，商品编号不存在，则根据编号顺序放在货架上，那么如何快速地实现商品上架呢？

首先认识查找算法，理解查找算法的理论，才能为"无人超市"项目中的查找问题进行分析，并且基于不同的数据结构，采用不同的查找算法来快速实现查找任务。

9.1　"无人超市"项目的理论知识支撑

【任务描述】以"无人超市"项目为实例，通过分析项目的关键问题，讲述项目中查找算法的理论。

在"无人超市"项目中，主要的研究问题是查找商品位置、商品结算和用户身份确认。顾客进入"无人超市"后，需要自己在货架上寻找想要购买的商品；顾客在商品结算时，"无人超市"可以使用不同的方式在数据库中匹配商品信息，以及用户信息，从而完成商品的结算；寻找商品的摆放位置，匹配出商品的价格和用户信息正是查找算法的应用。在应用查找算法完成"无人超市"项目之前，我们先直观认识一下生活中无处不在的查找。

9.1.1　查找的定义

生活中几乎时时刻刻都会遇到查找的问题，在我们不经意之间做的某件事，就已经完成了一次查找。例如，早上起床后，我们会在衣柜中找出上班要穿的衣服，以及与之搭配的裤子和鞋子等；在选择上班出行路线时，为了避开拥堵路段，我们一般都会使用导航软件查询实时路况信息，从而选择更畅通的出行路线；在工作中，为了和客户进行业务沟通与联系，我们会翻阅通讯录，查询客户的电话号码；在中午点外卖的时候，我们会使用外卖 APP 查询附近的美食。计算机相关专业的学生，在学习程序设计算法过程中，也会经常用到查找算法，如查询表中的最大值、最小值等。

人类对于世界的探索过程，从产生智慧的那一刻起就没有停止过查找。大到在茫茫的宇宙中进行大规模外星智慧生命的搜索行动，小到微观世界查找分子、原子、质子等。

2020 年 4 月，被誉为"中国天眼"的 500m 口径球面射电望远镜(FAST)正式开始搜索地外文明，如图 9-5 所示。报道称，"地外文明搜索"是 FAST 望远镜五大科学目标之一。如今越来越多的地外行星被发现，再加上仪器和观测能力的革命性进步，引领了寻找地外文明的复兴。其中，FAST 将成为相关研究的主力军。

图 9-5 "中国天眼"

从古到今，人类一直在探索世界的构成，古希腊著名思想家亚里士多德认为，世界是由土、水、气、火组成的；我国古代有些哲学家认为，世界是由金、木、水、火、土组成的；今天，科学中的分支——化学，继承了分解世界的任务，通过研究发现，身边的一切物体，都是由基础元素构成的。而元素的基本单位就是原子，分子由原子组成；原子有 118 种，分子不计其数。原子由质子、中子和电子组成，其中，质子和中子组成了致密的原子核，而电子围绕它旋转，如图 9-6 所示。

通过对不同查找问题的分析，可以很直观地看出，查找问题无处不在，在数据较多的情况下，为了找出某个数据，都需要进行查找，计算机科学中对查找的形式化定义如下。

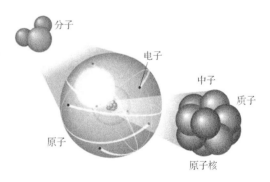

图 9-6 物质的基本构成

在一些(有序的/无序的)数据元素中，通过一定的方法找出与给定关键字相同的数据元素的过程称为查找。也就是根据给定的某个值，在查找表中确定一个关键字等于给定值的记录或数据元素。

此定义需要强调以下几点：

(1)查找表中的数据元素有些是有序的，也有些是无序的，这直接影响查找算法的选择；

(2)数据元素的数据结构不同，查找算法也会不同；

(3)在查找中，必须给定一个需要查找的关键字。

9.1.2　查找的分类

在日常生活中，查找问题随处可见，那么不同的查找根据不同的特点可以进行分类，接下来我们来探讨这个问题。

1. 基于查找表是否有序的视角对查找进行分类

【问题 9-1】观察图 9-7 和图 9-8，两个图相比各自有什么特点？

图 9-7　无序的数据

图 9-8　有序的数据

首先，从直观上看，很容易能看出图 9-7 中的数据杂乱无章，没有任何规律，是无序的数据；而图 9-8 中，小朋友整齐地站成一队，显而易见，他们是按照身高从低到高来排列站队的，是有序的数据。

其次，图 9-7 中的物品各式各样，数据不属于同一类别，而在图 9-8 中，站队的都是小朋友，数据属于同一类别。

在数据结构中，当查找表中的数据没有规律，没有顺序时，称为无序查找。反之，当查找表中的数据是按一定顺序排列时，则称为有序查找。下面介绍这两种查找形式的定义。

无序查找(Disorder Search)：查找表中的数据元素(记录)无序；

有序查找(Order Search)：查找表中的数据元素(记录)有序。

在现实生活中，查找问题往往都是无序的，同时查找表中的数据可能不是同一类别，例如，在计算机中查找某个文件，在图书馆中查找某一本图书，在一个班级中查找身高为 178cm 的男生，在手机通讯录中，查找张三的手机号等，这些都属于无序查找。而有序查找是为了提高查找的效率，将无序的查找表按顺序进行排列，于是可以在排序后的查找表中，使用更高效的有序查找算法。例如，计算机中的文件按照日期进行排列，图书馆中的图书重新分类、编号，按照类别、编号进行排序，手机通讯录按照姓氏的拼音字母排序等。

2. 基于查找操作的视角对查找进行分类

【问题 9-2】"无人超市"在不断发展的过程中，为了丰富商品数量，引入了新的商品，如何将新的商品上架？

查找问题在查找过程中有两种不同的方式：一种是查找过程中，仅仅查找关键字是否存在，例如，在超市购物结账的时候，查询顾客的手机号是否为会员；在超市结算时，查询出某商品的价格；称这类的查询为静态查找（Static Search）。

静态查找是"真正的查找"。因为在静态查找过程中仅仅是执行"查找"的操作，即查看某特定的关键字是否在表中（判断性查找）；检索某特定关键字数据元素的各种属性（检索性查找）。这两种操作都只是获取已经存在的一个表中的数据信息，不对表的数据元素和结构进行任何改变。

另一种是查找过程中，为了对查找表中的数据进行扩展、修改或删除等，例如，超市在进货后，查询某件商品是否存在，存在的则对商品的库存进行修改，不存在的为引入的新商品，新商品需要重新分类、编号，并将商品信息插入查找表（超市的商品信息表）中，然后按照货架的分区排列顺序，将新商品上架。这类查找称为动态查找（Dynamic Search）。

动态查找是一个对表进行创建、扩充、修改、删除的过程。动态查找的过程中对查找表的操作会多两个动作：如果某特定的关键字在查找表中不存在，则按照一定的规则将其插入表中；如果已经存在，则可以对其执行删除操作。动态查找的过程虽然只是多了插入和删除的操作，但是在对具体的查找表执行这两种操作时，往往并不那么简单。

那么这两种形式的查找在计算机中是如何定义的呢？

静态查找：在查找时只对数据元素进行查询或检索，查找表称为静态查找表。

动态查找：在实施查找的同时，插入查找表中不存在的记录，或从查找表中删除已存在的某个记录，查找表称为动态查找表。

9.1.3 查找的术语

我们下面来了解并逐步熟悉关于查找的特定语言称谓或专业术语。

【问题 9-3】计算机科学中，查找都有哪些自己的语言称谓或者关键术语？

我们以顾客在"无人超市"购买商品为背景，来介绍查找算法中涉及的专业术语，商品的摆放如图 9-9 所示。

图 9-9　超市商品摆放图

假如，顾客李明进入"无人超市"，想购买一瓶雪碧，李明在超市货架上找到了雪碧，意味着"无人超市"存在雪碧饮料；对应到查找算法中，在查找表找到了指定的元素，也就是查找表中存在指定的元素，称为查找成功。

同样，假定顾客张三进入"无人超市"，想购买一瓶草莓味的酸奶，张三在商店的货架上反复找了半天，始终没有找到草莓味的酸奶，意味着"无人超市"不存在草莓味的酸奶；对应到查找算法中，未找到相应的元素，也就是查找表中不存在指定的元素，称为查找不成功。

回顾前面学过的数据结构可知，在查找过程中，为了保存查找表中的数据，根据数据的特点，我们需要选择不同的数据结构进行存储，那么这种数据结构，称为查找结构。

接下来，我们来看一下在计算机中，刚才所提到的几个查找术语的定义。

查找表（Search Table）：相同类型的数据元素（记录）的集合，每个元素通常由若干数据项构成。

查找成功：若查找表中存在满足条件的元素，称查找成功，结果为所查到的记录信息或记录在查找表中的位置。

查找不成功：若表中不存在满足条件的元素，称查找不成功，结果可给出一个空记录或空指针。

查找结构（Search Structure）：专门为查找设置的数据结构。

【问题 9-4】查找问题中，平均查找长度的含义是什么？

根据前面所描述的，"无人超市"在试运营初期，只有 10 件商品，商品信息表如表 9-2 所示。

表 9-2　"无人超市"商品信息表

编号	条形码	物品名称	类别	单位	单价/元
1	6920927184246	××酸奶	食品	瓶	3.10
2	6911988014849	××面包	食品	包	4.80
3	6925347300443	××凤爪	食品	包	4.30
6	6904682151019	××饼干	食品	包	3.10
8	6923450656150	××口香糖	食品	瓶	9.00
10	6902022135255	××洗衣液	洗衣液	瓶	29.80
16	4891338005692	××牙膏	洗护用品	盒	6.80
20	6938315085686	××手帕纸	清洁纸品	袋	5.70
12	6903148091432	××洗发露	洗护用品	瓶	29.90
9	6917878007441	××咖啡	食品	盒	12.90

在信息表中，一件商品的信息包括编号、条形码、物品名称、类别、单位和单价，在计算机科学中，编号、物品名称、类别等称为一个数据项；而信息表中的一行数据可以称为一条记录，代表一个数据元素，也称为一个结点（常用在图、二叉树等数据结构中）。

数据元素（Data Element）是计算机科学术语。它是数据的基本单位，数据元素也称为结点或记录。在计算机程序中通常作为一个整体进行考虑和处理。有时，一个数据元素可由若干个数据项组成，例如，一本书的书目信息为一个数据元素，而书目信息的每一项（如书名、作者名等)为一个数据项。数据项是数据的不可分割的最小单位。

通过观察，可以看出，这些数据项中，编号、条形码、物品名称，甚至类别，都可以标识一件商品，即一个数据元素；众所周知，为了便于超市的运行和管理，在超市存储数据中，每件商品都有唯一的编号、条形码，那么编号、条形码能够唯一地标识商品(数据元素或者记录)，就是商品信息表中的主关键字。

与此同时，在表 9-2 中可以看到，类别为食品的有几件商品，类别为洗护用品的也有两件商品，虽然洗衣液、清洁纸品这两个类别在目前的数据中能够唯一标识，但是随着超市商品的增多，洗衣液、清洁纸品这两类的商品肯定不止一件，这样可以得出结论：类别不能唯一标识某件商品，最多只能作为次关键字。

从目前 10 件商品来看，商品的物品名称都是唯一的，但是物品名称是可以重复的，比如一件商品的不同规格，那么物品名称也不是主关键字，只能作为次关键字，在计算机中，刚才所描述的几个术语的定义如下。

关键字(Key)是数据元素中某个数据项的值，又称为键值，用它可以标识一个数据元素。若关键字可以唯一地标识一个记录，则称此关键字为主关键字(Primary Key)；若关键字对应多个记录，则称此关键字为次关键字(Secondary Key)。

接下来，我们来看一下顾客进入"无人超市"后，在购买商品的过程中，假设顾客从超市入口开始，每看到一件商品，都会在心中和自己想购买的商品进行比较，看其是不是自己要买的商品，若商品是顾客想购买的，则拿上商品去收银区结账离开；若商品不是顾客想购买的，接下来看下一件商品，直到看到想购买的商品，或超市逛完都没找到希望购买的商品。

根据刚才的分析可知，顾客在找到要购买的商品前，会查看很多商品，那么所有查看并比较的商品件数，简称比较商品次数。

假定商品的摆放顺序是按照商品编号进行摆放的，顾客在"无人超市"中，按照摆放顺序依次查看并比较每件商品。那么可以得出各件商品的比较商品次数，如表 9-3 所示。

表 9-3 比较商品次数分析表

商品编号	1	2	3	6	8	10	16	20	12	9		
关键字(商品)	1	2	3	6	8	10	16	20	12	9	11	18
比较商品次数	1	2	3	4	5	6	7	8	9	10	10	10

从表 9-3 中可以看出，查找商品过程中，存在查找商品成功的情况，同时也存在查找商品不成功的情况。表 9-3 中，当查找商品存在时，具体的查找次数就和所选查找算法以及查找商品的关键字有很大关系，具体在后续介绍算法的时候会详细讲解。

那么在比较各个查找算法的时候，为了更加公平地比较算法的优劣，在查找算法中，用平均查找长度来衡量算法的性能。下面介绍几个计算机术语的定义。

平均查找长度(Average Search Length，ASL)：需和指定 key 进行比较的关键字个数的期望值，称为查找算法在查找成功时的平均查找长度，它的定义为

$$ASL = \sum_{i=1}^{n} p_i c_i \tag{9-1}$$

其中，p_i 是查找到某个元素的概率；c_i 是查找到这个元素时已经比较的次数，例如，在 10

个数中查找第 5 个数,其比较的次数是多少(包括和第 5 个数比较的次数)。

9.1.4 算法复杂度

【问题 9-5】查找问题中,如何评价查找算法的效率?

程序是用来解决问题的,是由多个步骤或过程组成的,这些步骤和过程就是解决问题的算法。解决一个问题有多种方法,也就有多种算法。每一种算法都可以达到解决问题的目的,但花费的成本和时间不尽相同,从节约成本和时间的角度考虑,需要找出最优算法。那么,如何衡量一个算法的好坏呢?

显然,首先选用的算法应该是正确的。除此之外,通常有三个方面的考虑。

(1)算法在执行过程中所消耗的时间;

(2)算法在执行过程中所占资源的多少,例如,占用内存空间的大小;

(3)算法的易理解性、易实现性和易验证性等。

衡量一个算法的好坏,可以通过前面提出的三个方面进行综合评估。从多个候选算法中找出运行时间短、资源占用少、易理解、易实现的算法。然而,现实情况却不尽如人意。往往是,一个看起来很简便的算法,其运行时间要比一个形式上复杂的算法慢得多;而一个运行时间较短的算法往往会占用较多的资源。

因此,在不同情况下需要选择不同的算法。在实时系统中,对系统响应时间要求高,则尽量选用执行时间短的算法;当数据处理量大,而存储空间较少时,则尽量选用节省空间的算法。

算法效率的评估一般采用算法复杂度进行衡量,查找算法也一样。

算法复杂度分为时间复杂度和空间复杂度。其作用分别为:时间复杂度是指执行算法所需要的计算工作量;而空间复杂度是指执行这个算法所需要的内存空间。算法复杂度体现了在运行该算法时,计算机所需资源的多少,计算机资源最重要的是时间和空间(即寄存器)资源,因此,算法复杂度分为时间和空间复杂度。

算法在执行过程中所消耗的时间,一般采用时间复杂度来衡量,其定义如下所示:

在计算机科学中,时间复杂性,又称时间复杂度,算法的时间复杂度是一个函数,它定性地描述该算法的运行时间。这是一个代表算法输入值的字符串长度的函数。时间复杂度常用大 O 符号表述,不包括这个函数的低阶项和首项系数。使用这种方式时,时间复杂度是渐近的,即考察输入值大小趋近无穷时的情况。

一个算法在执行过程中所消耗的时间取决于下面的因素:

(1)算法所需数据输入的时间;

(2)算法编译为可执行程序的时间;

(3)计算机执行每条指令所需的时间;

(4)算法语句重复执行的次数。

其中,(1)依赖于输入设备的性能,若是脱机输入,则输入数据的时间可以忽略不计。(2)和(3)取决于计算机本身执行的速度和编译程序的性能。因此,习惯上将算法语句重复执行的次数作为算法的时间量度。

另外,占用资源指的是算法在运行过程中所占用的内存资源,我们知道算法在运行过程中,会定义一些中间变量,或者辅助的数据结构,如链表、二叉树等,当算法在运行速度比较的同时，占用内存越小，也就是使用的中间变量或者数据结构越少，那么算法就更优。在计算机科学中，一般使用空间复杂度来衡量，其定义如下：

空间复杂度：是对一个算法在运行过程中临时占用存储空间大小的量度，记作 $S(n) = O(f(n))$。

9.2　"无人超市"项目中使用顺序查找寻找商品

【任务描述】以"无人超市"项目为实例，假设"无人超市"在试运营初期，只有 10 件商品，某用户进入超市，想要购买某商品，如何在"无人超市"中快速地找到商品。

大家回想一下，在超市购买商品的过程，常见的购物流程一般都是从超市入口开始，依次查看货架上的商品，看到想购买的商品就放入购物车中，如图 9-10 所示。

那么在寻找商品的过程中，最容易想到的方法，也是大部分人逛超市的常规操作，就是在超市的货架上，从上到下，从左到右，依次查看每件商品的商品名称、价格等，比较商品是不是自己满意

图 9-10　超市选购商品

的商品，价格是否实惠等，从而找到想要购买的商品。这种方法就是顺序查找，那么顺序查找的定义是什么呢？我们看一下在计算机中顺序查找的定义。

9.2.1　顺序查找的定义

首先，我们来了解一下顺序查找(Sequential Search)的基本思想。

在一组数据中，从第 1 个数据开始，按照这组数据的排列顺序将每个数据逐个与给定的值进行比较。若某个数据与给定值相等，则查找成功，找到所查数据的位置；反之查找不成功。

从顺序查找的基本思想中，可以看出顺序查找是针对一组数据进行的。那么，根据前面所学的数据结构知识可知，一组数据的数据存储结构包括数组、线性表、链表、二叉树等，基本上前面所学的数据结构都能够存储一组数据，于是在实现顺序查找的时候，要注意数据存储的数据结构。

顺序查找又称线性查找，是最基本的查找技术，它的查找过程是：从查找表中第 1 个（或最后一个）数据元素开始，逐个与给定值比较，若某个数据元素和给定值相等，则查找成功，找到所查的数据元素；如果直到最后一个（或第 1 个）数据元素，其关键字和给定值比较都不等，则表中没有所查的数据元素，查找不成功。

此定义需要强调几点：

(1)对查找表中的数据元素无要求，可以是有序，也可以是无序；

(2)查找时，从第 1 个元素开始；

(3)顺序查找中，需要逐一遍历整个查找表(除非已经找到给定值)；

(4)若查找到最后一个元素还没找到，则查找不成功。

9.2.2 顺序查找的实现

回到"无人超市"的问题，在试运营期间，假如超市只有如下 10 件商品：商品 1、商品 2、商品 3、商品 6、商品 8、商品 10、商品 16、商品 20、商品 12、商品 9，为了便于顺序查找算法的描述，我们将 10 件商品简称 1、2、3、6、8、10、16、20、12、9；某个顾客进入"无人超市"，想要购买商品 16，那么如何快速地找到商品 16 呢？

首先，定义商品的数据结构，为了便于更好地理解顺序查找算法，我们使用数组来存储商品信息，每个结点存储商品的编号、商品名称、价格等。为了更直观地描述顺序查找算法，接下来对商品信息的描述只写商品的编号，其他信息暂时省略，首先我们来看一下查找表的初始状态，如图 9-11 所示。

欲查找商品：16

图 9-11   查找商品的初始状态

其中，变量 P 为欲查找商品的编号，数组中记录的数值为商品编号，数组的下标从 0 开始，标记在数组对应的数值下。

初始状态：从第 1 个数组元素开始进行比较，从左向右，依次取数组中的数值和 P 进行比较，查找 P 值对应的商品信息，如图 9-11 所示。

第 1 步，变量 P 与数组下标为 0 的数值进行比较，不相等，数组下标递增，相当于 P 开始向右滑行一个单位，进入下一步，继续比较，如图 9-12 所示。

欲查找商品：16

图 9-12   顺序查找的第 1 步

第 2 步～第 7 步，查找到元素 16，匹配目标 16 成功，如图 9-13 所示，数组下标为 6，于是，顾客就能查看商品 16 的商品信息，包括商品详细介绍、价格、生产日期等，于是顾客可以将商品放入购物车，再进行后续的支付等操作。

欲查找商品：16

第7步

1	2	3	6	8	10	16	20	12	9
0	1	2	3	4	5	6	7	8	9

图9-13　顺序查找的第 7 步：查找成功

上述推演过程讲解的是 10 件商品中，查找 1 件商品信息，但现实生活中，"无人超市"往往不止 10 件商品。为了更好地掌握顺序查找算法，假设"无人超市"的商品数量为 n，商品数据记录在数组 d 中，数组下标的取值范围为 0～n−1；我们要查找的商品的关键字为 key。根据刚才的推演过程，对于 n 件商品的顺序查找算法，其流程图如图 9-14 所示。

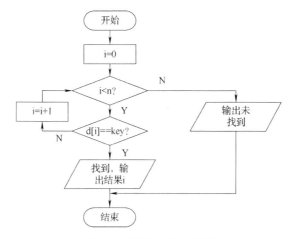

图9-14　顺序查找流程图

从数组 d 的第 1 个元素 d[0]开始，依次判断各元素的值是否与关键字 key 相等。若 i<n，并且 d[i]和 key 相等，查找到等于 key 值的商品，输出结果 i；否则输出未找到。

顺序查找对表中数据元素的排序无要求，这些数据元素在表中可以任意排序，这使得顺序查找的适应性很高。

顺序查找的实现很简单，由于 C 语言中数组的大小需要指定，设 n 为 10，程序可以用一个函数来实现，具体的定义如下：

(1)函数名，Sequential_Search；

(2)函数的参数，参数分别为要查找的数组 d[]、数组的长度 n、待查找关键字 key，数据类型均为 int；

(3)函数的返回值类型，返回数组的下标 i，查找失败返回 −1；

(4)函数体，实现顺序查找的过程算法。

```c
/**顺序查找算法的实现函数 */
#include "stdio.h"
int Sequential_Search(int d[],int n,int key){
    int i=0;
    while(1){
```

```
        if(i==n){              //用循序查找需要判断 i 是否已经越界
        return-1;
        }
        if(d[i]==key){         //查找是否找到与 key 相等的数据元素
            return i;
        }
        i++;
    }
}
```

定义了顺序查找的函数后，在主函数中初始化包含商品编号的数组，调用顺序查找函数，这样完成了"无人超市"项目中的第 1 个任务，使用顺序查找确定了商品的位置。接下来，要在实现的顺序查找函数的基础上，继续优化算法的效率。

9.2.3　顺序查找的优化与性能分析

在 9.2.2 节，使用顺序查找实现了对数组中值为 key 的商品的查找，在实现的编码中，为了判断数组下标 i 是否越界，在循环中，每次循环都需要比较 i 与数组长度 n，这样，顺序查找算法的效率并不是最优的。接下来，对顺序查找算法进行优化，在数组的末尾设置"哨兵"，查找顺序还是从数组第 1 个元素开始，从前往后依次比较，如果前面没找到，比较到"哨兵"时就会结束循环，这样每次循环的过程中，不需要判断数组下标 i 是否越界，程序可以用一个函数来实现，具体的定义如下：

(1)函数名，Sequential_Search_ Sentry；

(2)函数的参数，参数分别为要查找的数组 d[]、数组的长度 n、待查找关键字 key，数据类型均为 int；

(3)函数的返回值类型，返回数组的下标 i，查找失败返回 -1；

(4)函数体，实现顺序查找的过程算法。

```
/**加入哨兵的顺序查找算法*/
int Sequential_Search_ Sentry(int d[],int n,int key){
    d[n]=key;                 //把哨兵追加到数组末尾
    int i=0;
    while(1){
        if(d[i]==key){        //当 i 取值为 n 时会结束循环
            return i==n?-1:i; //判断 i 是否为 n，如果是，说明没找到数据元素
        }
        i++;
    }
}
```

当然，在循环次数很小的情况下，优化算法和原来算法差别也不大，但是如果循环次数达到了上万次，或者调用次数较多的情况下，还是有必要对循环内容进行优化的，减少循环里的时间和空间消耗。

在前面我们提到了 ASL(平均查找长度)，针对顺序查找，在能够找到的情况下，假设

每个元素的查找概率相等,每个元素的查找概率为 $1/n$,于是计算 ASL:$1/n \times (1+2+3+\cdots+n)$,也就是 $(1+n)/2$。在最坏的情况下就是没有找到,近似比较 n 次。

顺序查找是从头到尾依次查找的,在查找过程中,会对整个数组进行查找。当然,最好的情况是数组的第 1 个元素就是我们要找的元素,这样可以直接找到,最坏的情况是到最后一个元素时,才找到或者没有找到要找的元素。根据时间复杂度的运算,顺序查找的性能,平均时间复杂度为 $O(n)$,n 是查找表的长度。

顺序查找是对查找表进行顺序比较,没有占用额外的空间,所以空间复杂度为常数 $O(1)$。

顺序查找非常简单,以至于我们在一般的简单场景下,都不考虑使用其他复杂查找算法。顺序查找由于简单,在数据不多的情况下,运用得很广泛。

不过在数据元素较多的情况下,顺序查找就不太适合了。例如,电子商务网站的商品种类繁多,可能达到百万、千万,甚至更多,那么想要查到一件商品的详细信息,根据顺序查找的特点,关键词比较次数将达到百万次、千万次;需要花费很长时间,这样直接影响用户在购物中的体验,那么如何提高查找的效率呢?

相信大家都去超市选购过商品,大家仔细回想一下,超市的每件商品上都有编号,这是超市为了对商品分类和排序,对超市的商品采用一定的规则重新进行了编号,通过对商品进行分类和排序后,超市管理系统可以利用商品的顺序更快地查找到相应的商品,能够对商品进行补货等,对排序好的商品进行查找,接下来要学习的对有序查找表的查找算法。

9.3　"无人超市"项目中使用折半查找寻找商品

【任务描述】以"无人超市"项目为实例, 假设"无人超市"在试运营初期,只有 10 件商品,某用户进入超市,想要购买某商品,如何在"无人超市"中快速地找到商品。

想必大家都玩过一个猜数字游戏。游戏规则如下:出题人从 1 到 n 选择一个数字。 其他人来猜数字,每次猜错了,出题人会告诉猜数字的人,所猜的数字是大了还是小了。那么最少需要几次就能猜出选择的数字呢?

在猜数字的过程中,通过不断缩小数字的范围,最终就能猜出选择的数字。例如,小明在 1~100 之内选择了数字 59。张三在猜数字的时候,为了尽快猜出数字,每次都猜中间的数,第 1 次猜 50,小明告诉张三,比 50 大,那么小明选择的数在 50~100 之间;张三第 2 次猜数字 75,小明告诉张三,比 75 小,这说明小明选择的数在 50~75 之间,于是第 3 次张三猜 62,依次类推,最后张三猜了 5 次就猜出了数字,如图 9-15 所示。这就是折半查找(Half-Interval Search)的思路。

在计算机中,如果从文件中读取的数据记录的关键字是有序排列的(递增的或是递减的),则可以用一种更有效率的查找方法来查找文件中的记录,这就是折半查找法,又称为二分查找。

下面介绍计算机科学中,折半查找的定义是如何描述的。

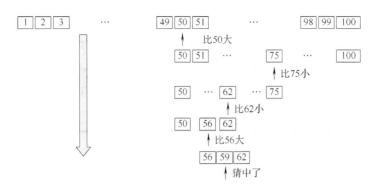

图 9-15　猜数字游戏图

9.3.1　折半查找的定义

折半查找的基本思想：减少查找表的长度，分而治之地进行关键字的查找。其查找过程是：先确定待查找元素所在的范围，然后逐渐缩小查找的范围，直至找到该记录为止（也可能查找失败）。

折半查找法是效率较高的一种查找方法。

折半查找：也称二分查找（Binary Search）、对数查找（Logarithmic Search），是一种在有序查找表中查找某一特定元素的查找算法。

查找过程从查找表的中间元素开始，如果中间元素正好是要查找的元素，则查找过程结束；如果某一特定元素大于或者小于中间元素，则在查找表大于或小于中间元素的那一半中查找，而且跟开始一样，从中间元素开始比较。如果在某一步骤查找为空，则代表查找失败。这种查找算法每一次比较都使查找范围缩小一半。

此定义需要强调几点：

(1)一定是要在排好序的查找表中（未排序的查找表先用排序算法排好序）。

(2)直接取查找表中间的值比较（在 C 语言中有几种取整方法，要注意取整的方法）。

(3)目标值等于中间值，直接返回。

(4)查找表是递增的情况下，当目标值大于中间值时，忽略左边的一半，继续取剩余右边的一半的中间值比较。

(5)查找表是递增的情况下，当目标值小于中间值时，则忽略右边的一半，取左边的中间值继续比较。

9.3.2　折半查找的实现

回到“无人超市”的问题，在试运营期间，假如超市只有如下 10 件商品：商品 1、商品 2、商品 3、商品 6、商品 8、商品 9、商品 10、商品 12、商品 16、商品 20，为了便于折半查找算法的描述，我们将 10 件商品简为 1、2、3、6、8、9、10、12、16、20；某个顾客进入“无人超市”，想要购买商品 16，如何在“无人超市”中快速地找到商品？

首先，定义商品的数据结构，为了便于更好地理解折半查找算法，使用数组来存储商品信息，接下来对商品信息的描述只写商品的编号，其他信息暂时省略，由于折半查找要求数组中的数据元素是有序的，所以，初始状态是按商品编号递增排列的，如图 9-16 所示。

欲查找商品：16

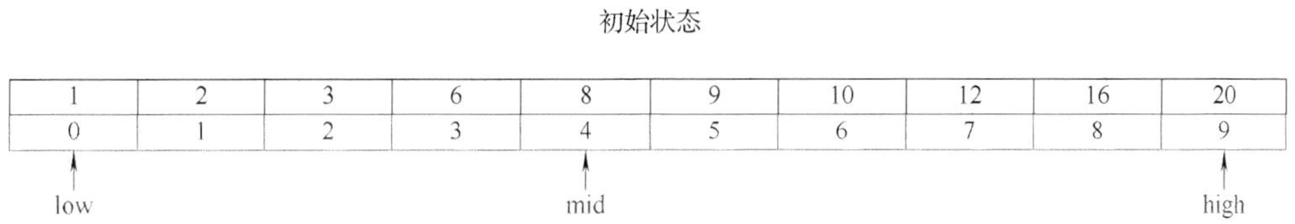

初始状态

| 1 | 2 | 3 | 6 | 8 | 9 | 10 | 12 | 16 | 20 |
| 0 | 1 | 2 | 3 | 4 | 5 | 6 | 7 | 8 | 9 |

low　　　　　　　　　　　mid　　　　　　　　　　　high

图 9-16　折半查找的初始状态

设指针 high 和 low 分别指向关键字序列的上界和下界，即 low=0，high=9。指针 mid 指向序列的中间位置，即 mid=[(low+high)/2]=4。在这里 low 指向关键字 1，high 指向关键字 20，mid 指向关键字 8。

第 1 步，如图 9-17 所示，首先将 mid 所指向的元素与 key 进行比较，因为 key=16，大于 8，这就说明待查找的关键字一定位于 mid 和 high 之间。因为数组是有序递增的，因此下面的查找工作只需在[mid+1,high]中进行。于是指针 low 指向 mid+1 的位置，即 low=5，也就是指向关键字 9，并将 mid 调整到指向关键字 12，即 mid=[(low+high)/2]=7，如图 9-18 所示。

欲查找商品：16

第1步

| 1 | 2 | 3 | 6 | 8 | 9 | 10 | 12 | 16 | 20 |
| 0 | 1 | 2 | 3 | 4 | 5 | 6 | 7 | 8 | 9 |

　　　　　　　　　　　　　low　　　　mid　　　high

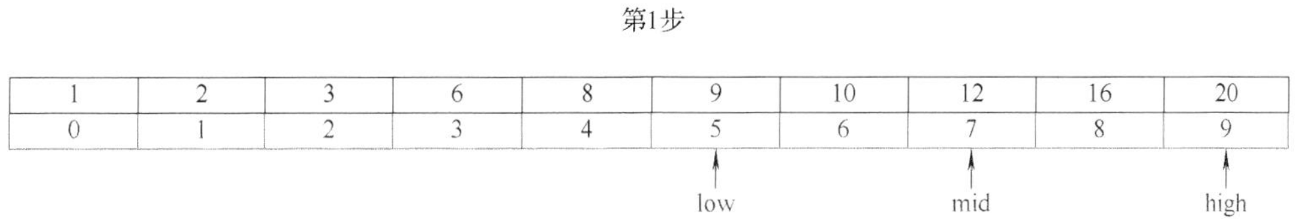

图 9-17　折半查找第 1 步

第 2 步，如图 9-17 所示，将 mid 所指向的元素与 key 进行比较，因为 key=16，大于 12，说明待查找的关键字一定位于 mid 和 high 之间。于是指针 low 指向 mid+1 的位置，即 low=8，也就是指向关键字 16，high 保持不变，并将 mid 调整到指向关键字 16，即 mid=[(low+ high)/2]=[(8+9)/2]=8，如图 9-18 所示。

欲查找商品：16

第2步

| 1 | 2 | 3 | 6 | 8 | 9 | 10 | 12 | 16 | 20 |
| 0 | 1 | 2 | 3 | 4 | 5 | 6 | 7 | 8 | 9 |

　　　　　　　　　　　　　　　　　　　　low　　high
　　　　　　　　　　　　　　　　　　　　mid

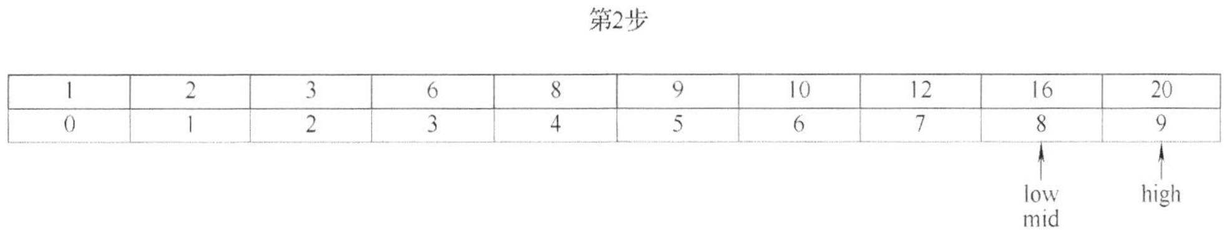

图 9-18　折半查找第 2 步

第 3 步，如图 9-19 所示，将 mid 所指向的元素与 key 进行比较，比较相等，查找成功，返回 mid 的值 8。

第 4 步，假设要查找的关键字 key 为 17，那么上述的查找还要继续下去。由于当前 mid 所指的元素是 16，小于 17，因此下面的查找工作仍然只需在[mid+1,high]中进行。将指针 low 指向 mid+1 的位置，并调整指针 mid 的位置。这时指针 mid、low 与 high 三者重合，都指向关键字 20，它们的值都为 9，如图 9-19 所示。

欲查找商品：17

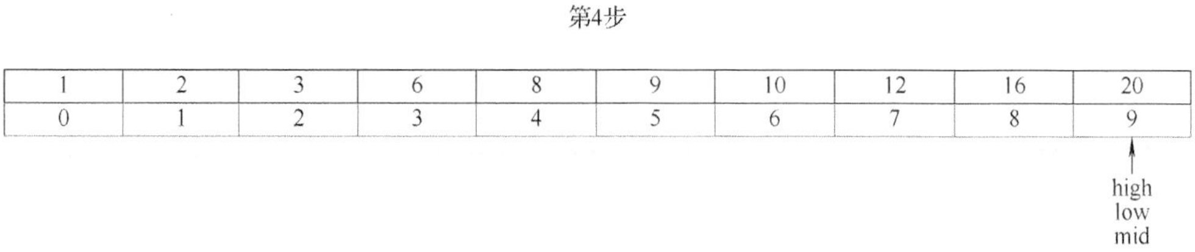

第4步

1	2	3	6	8	9	10	12	16	20
0	1	2	3	4	5	6	7	8	9

high
low
mid

图 9-19　折半查找第 4 步

第 5 步，如图 9-20 所示，将 mid 所指的元素与 key 进行比较，因为 key=17，小于 20，说明待查找的关键字一定位于 low 和 mid 之间。所以下面的查找工作仍然只需在 [low,mid-1]中进行。于是令指针 high 指向 mid-1 的位置，即 high=8，也就是指向关键字 16。这时指针 high 小于指针 low，这表明本次查找失败，如图 9-20 所示。

欲查找商品：17

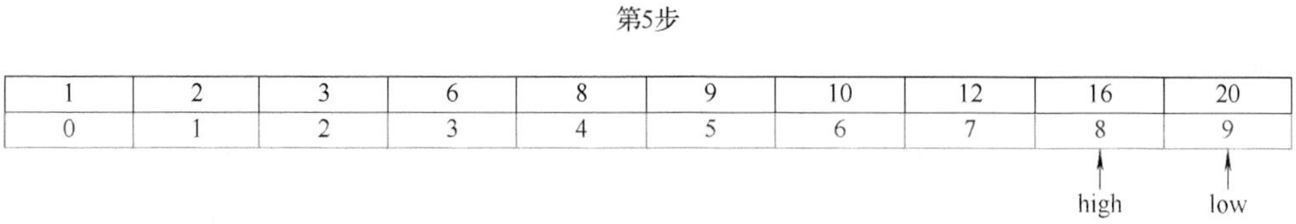

第5步

1	2	3	6	8	9	10	12	16	20
0	1	2	3	4	5	6	7	8	9

high　low

图 9-20　折半查找第 5 步

折半查找对查找表中元素的排序有要求，假设无人超市的商品数量为 n，商品数据记录在数组 d 中，数组的下标的取值范围为 0～n-1，数组中的数据元素是有序递增的；我们要查找的商品的关键字为 key。根据刚才的推演过程，对于 n 件商品的折半查找算法，可以得到折半查找的流程图如图 9-21 所示。

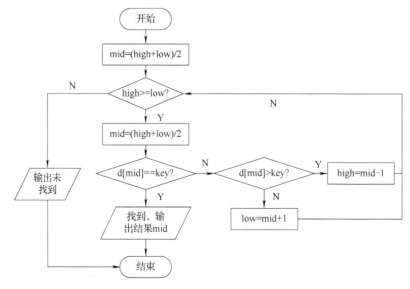

图 9-21　折半查找流程图

首先，在初始状态，需要设定 low=0，high=n-1；然后在进行查找前，设定循环结束的条件为：high 大于等于 low，满足条件则进入循环体，继续查找，不满足条件，说明已经遍历查找了整个数组，也未找到为 key 值的数据元素，退出循环。

在循环体里，mid 值取值为[(low+high)/2]，比较数组 d[mid]是否等于查找关键字 key，如果等于，输出结果 mid，查找成功。

如果不等于，接着比较数组 d[mid]是否大于 key，如果大于 key，说明查找的 key 在数组中的下标范围为[low,mid-1]，将 high 取值为 mid-1；如果不大于 key，说明小于 key，查找 key 在数组中的下标范围为[mid+1,high]，将 low 取值为 mid+1；继续在下标为[low,high]的范围内查找 key，直到找到 key 或者在整个数组中未找到 key，退出循环。

折半查找算法的程序可以用一个函数来实现，具体的定义如下：

(1)函数名，Half_Interval_Search；

(2)函数的参数，参数分别为要查找的数组 d[]、数组的长度 n、待查找关键字 key，数据类型均为 int；

(3)函数的返回值类型，返回数组的下标 i，查找失败返回-1；

(4)函数体，实现折半查找的过程算法。

```c
/*折半查找算法的实现函数*/
#include "stdio.h"
int Half_Interval_Search(int d[],int n,int key)
{
    int low=0,high=n-1,mid;
    while(low<=high)
    {
        mid=(low+high)/2;
         if(d[mid]==key)
            return mid;    //查找成功，返回 mid
        if(d[mid]>key)
            high=mid-1;    //在前半序列中查找
        else
            low=mid+1;     //在后半序列中查找
    }
    return -1;             //查找失败，返回-1
}
```

定义了折半查找的函数后，在主函数中初始化包含商品编号的数组，商品编号递增排列，调用折半查找函数，这样完成了"无人超市"项目中的第 2 个任务，使用折半查找确定了商品的位置，相比顺序查找，查找效率得到了提高。

在算法中，n 表示查找表中记录的个数，key 表示要查找的关键字，d[]为关键字查找表，并且数据元素是有序的，递增排列。

9.3.3 折半查找的性能分析

折半查找的运行过程可以用二叉树来描述，这棵树通常称为"判定树"。例如，上述

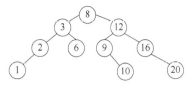

图 9-22 折半查找的"判定树"

讲解的在 10 件商品中查找商品 16，做折半查找的过程，对应的判定树如图 9-22 所示。

注意，图 9-22 中，叶子结点看似为父结点的右孩子结点，其实不然，这里的叶子结点既可以作为右孩子结点，也可以当作左孩子结点对待，都是可以的。

对于具有 n 个结点(查找表中含有 n 个关键字)的判定树，它的层次数至多为 $\log_2 n + 1$，如果结果不是整数，则做取整操作，例如，$[\log_2 10] + 1 = 3 + 1 = 4$。

使用数学归纳法可以得出：

查找成功时，平均的查找长度，折半查找平均查找长度为 $((n+1)/n)(\log(n+1)-1)$。

查找失败时，需要比较的次数，折半查找最多比较次数为 $\log_2 n + 1$。

综上所述，折半查找的性能，平均时间复杂度为 $O(\log_2 n)$，n 是查找表的长度，由于折半查找在查找的过程中，除了记录序列的上界和下界，以及 mid，没有占用额外的空间，所以空间复杂度为常数 $O(1)$。

可以看出折半查找在查找次数上对查找算法进行了优化，在任务 3 的实现过程中，最多查找次数已经降到了 4 次，比顺序查找的最多 10 次约减少了一半。那么还有没有可能进一步优化呢？在后续的章节中我们继续来讲解其他查找算法。

9.4　"无人超市"项目中使用斐波那契查找寻找商品

【任务描述】以"无人超市"项目为实例，假设"无人超市"在试运营初期，只有 10 件商品，10 件商品按编号顺序递增排列，某顾客进入超市，想要购买某商品，如何在"无人超市"中快速地找到商品呢？

斐波那契查找(Fibonacci Search)又称斐波那契搜索，是在折半查找的基础上，根据斐波那契数列进行分割的。我们先来了解一下斐波那契数列的内容。

9.4.1　斐波那契数列

斐波那契数列，又称黄金分割数列，指的是这样一个数列：1、1、2、3、5、8、13、21、……。在数学上，斐波那契按递归方法定义如下：$F(1)=1$，$F(2)=1$，$F(n)=f(n-1)+F(n-2)$（$n \geqslant 2$）。该数列越往后，相邻的两个数的比值越趋向于黄金比例(0.618)。黄金比例又称黄金分割，是指事物各部分间一定的数学比例关系，即将整体一分为二，较大部分与较小部分之比等于整体与较大部分之比，其比值约为 $1：0.618$ 或 $1.618：1$。

在自然界中，斐波那契数列中的斐波那契数会经常出现在我们的眼前，如松果、凤梨、树叶的排列，某些花朵的花瓣数等，松果上的螺旋线条，如图 9-23 所示，顺时针数 8 条；反向再数就变成了 13 条。

这其实就是斐波那契螺旋线，斐波那契螺旋线也被称为黄金螺旋，是对斐波那契数列的一种拓展，它是根据斐波那契数列而画出来的一种螺旋曲线。

约 2300 年前，欧几里得在《几何原本》中定义了黄金比例，这个比例通常取 1.618(也可以是 0.618，取倒数即可)。相邻两个斐波那契数的比值随序号的增加而逐渐逼近黄金分割比。斐波那契螺旋线也称"黄金螺旋",是根据斐波那契数列画出来的螺旋曲线,如图 9-24 所示。

图 9-23 种子的排列

图 9-24 斐波那契螺旋线的形成

自然界中,这种现象很常见,例如,海螺的外壳,为什么会长出一圈一圈的螺旋线呢?花瓣或者向日葵的种子,为什么长出来的时候会呈现出那样的形状呢?自然界中的斐波那契螺旋线如图 9-25 所示。

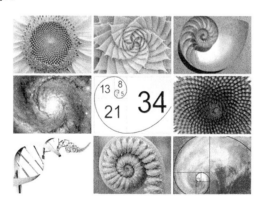

图 9-25 自然界中的斐波那契螺旋线

还有台风中的云层流动，也会出现台风眼那样的螺旋的形状，水中的漩涡也会这样，甚至 DNA 形成的双螺旋，它螺旋的结构也会出现这种规律，甚至银河系从俯视图来看也呈现这个规律，这些都是自然生长规律。

斐波那契螺旋线也代表了黄金比例 0.618，它的作用不仅仅体现在如绘画、雕塑、音乐、建筑等艺术领域，而且在管理、工程设计等方面也有着不可忽视的作用。

从埃及的金字塔到雅典的帕特农神庙(图 9-26)，从达·芬奇的《蒙娜丽莎》(图 9-27)到米开朗琪罗的《大卫》。艺术家发现，黄金比例 0.618 具有严格的比例性与和谐性，蕴含着丰富的美学价值。所以很多的艺术品主题都在画面的 0.618 处，0.618 让艺术更美。

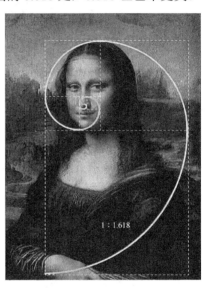

图 9-26　帕特农神庙中的斐波那契螺旋线　　　图 9-27　达·芬奇画作的斐波那契螺旋线

当它用于设计或者生活时，能创造出纯天然的、有生命力的作品，愉悦我们的眼睛。例如，iPad 的显示比例 3∶2 或者 HDTV 的显示比例 16∶9，这些比例都趋近于黄金比例数值。

斐波那契查找正是在折半查找的基础上，对于待查找的数据元素，使用斐波那契数列进行分割，从而实现对折半查找算法的优化，算法的详细描述在 9.4.2 节进行讨论。

9.4.2　算法描述

斐波那契查找与折半查找很相似，它是根据斐波那契序列的特点对有序查找表(递增)进行分割的。算法要求查找表中记录的个数为某个斐波那契数小 1，即 $n = F(k)-1$，如图 9-28 所示。

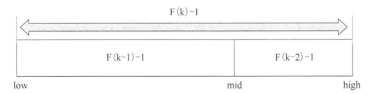

图 9-28　斐波那契查找的示意图

开始将 k 值与第 F(k-1) 位置的记录进行比较（即 mid=low+F(k-1)-1），mid 的位置正好是黄金比例 0.618，比较结果也分为三种：

(1) 相等，则 mid 位置的元素即为所求；

(2) key 大于 mid 位置的元素，则 low=mid+1，k=k-2；

说明：low=mid+1 说明待查找元素在[mid+1,high]范围内，k=k-2 说明范围[mid+1,high]内的元素个数为 n-(F(k-1))=F(k)-1-F(k-1)=F(k)-F(k-1)-1=F(k-2)-1，于是可以递归地应用斐波那契查找。

(3) key 小于 mid 位置的元素，则 high=mid-1，k=k-1。

说明：low=mid+1 说明待查找元素在[low,mid-1]范围内，k=k-1 说明范围[low,mid-1]内的元素个数为 F(k-1)-1 个，同样可以递归地应用斐波那契查找。

在应用斐波那契查找算法的时候，如果查找的数据长度等于斐波那契数列的某一项数，则可以直接进行查找；否则，就需要将查找目标数组进行扩列，扩列数用目标数组高位填充。

举个例子，现有长度为 10 的数组，首先由于 10 不是斐波那契数列，要对它进行拆分，则需要在数组最后添加最高位数据（数组最后一位），将数组长度补齐到斐波那契数列，对照斐波那契数列（长度先随便取，只要最大数大于 10 即可）{1,1,2,3,5,8,13,21,34}，不难发现，大于 10 且最接近 10 的斐波那契数值是 f[6]=13，也就是数组添加 3 个数据，补齐到长度为 13 的数组。

其次，对数组进行拆分，为了满足黄金分割，它的第 1 个拆分点应该就是 f[6]的前一个值 f[5]=8，即待查找数组 array 的第 8 个数，对应到下标就是 array[7]，依次类推。

9.4.3 算法实现和性能分析

斐波那契查找算法可以使用迭代的程序来实现，首先定义了一个常量 FIB_MAXSIZE，数值为 100，为斐波那契数列数组的长度；然后用一个函数来实现生成斐波那契数列，具体的定义如下：

(1) 函数名，ProduceFib；

(2) 函数的参数，参数分别为指向存储斐波那契数列数组的指针 fib、斐波那契数列长度 size，数据类型均为 int；

(3) 函数的返回值类型，无返回值；

(4) 函数体，实现生成斐波那契数列的过程算法。

```
/*生成斐波那契数列的实现函数*/
#include <stdio.h>
#define FIB_MAXSIZE 100
void ProduceFib(int fib[], int size){
    int i;
    fib[0]=1;
    fib[1]=1;
    for (i=2; i<size; i++) {
        fib[i]=fib[i-1]+fib[i-2];
```

```
        }
    }
```

斐波那契查找算法的程序可以用一个函数来实现，具体的定义如下：

(1)函数名，Fibonacci_Search；

(2)函数的参数，参数分别为要查找的数组 d[]、数组的长度 n、待查找关键字 key，数据类型均为 int；

(3)函数的返回值类型，返回数组的下标 i，查找失败返回-1；

(4)函数体，实现斐波那契查找的过程算法。

```
/*斐波那契查找算法的实现函数*/
int Fibonacci_Search(int d[], int n,int key) {
    int low, high, mid, k, i, fib[FIB_MAXSIZE];
    low=0;
    high=n-1;
    ProduceFib(fib, FIB_MAXSIZE);
    k=0;
    //找到与有序查找表元素个数在斐波那契数列中最接近的最大数列值
    while (high>fib[k]-1) {
        k++;
    }
    //补齐有序表
    for (i=n; i<=fib[k]-1; i++) {
        d[i]=d[high];                       //使用有序表中的末尾数值补齐有序表
    }
    while (low<=high) {
        mid=low+fib[k-1]-1;                 //根据斐波那契数列进行黄金分割
        if (d[mid]==key) {
            if (mid<=n-1) {
                return mid;
            }
            else {
                return n-1;                 //说明查找得到的数据元素是补全值
            }
        }
        if (d[mid]>key) {
            high=mid-1;
            k=k-1;
        }
        if (d[mid]<key) {
            low=mid+1;
            k=k-2;
        }
    }
```

```
        return -1;
    }
```

定义了斐波那契查找的函数后，在主函数中初始化包含商品编号的数组，商品编号递增排列，调用斐波那契查找函数，这样我们完成了"无人超市"项目中的第 5 个任务，使用斐波那契查找确定了商品的位置。

那么斐波那契查找的效率如何呢？

在最坏情况下，斐波那契查找的时间复杂度还是 $O(\log_2 n)$，n 是查找表的长度，且其平均复杂度也为 $O(\log_2 n)$，斐波那契查找在查找的过程中，在折半查找的基础上，需要记录序列的上界和下界，并需要一个存储斐波那契数列的数组，没有占用额外的空间，所以空间复杂度为常数 $O(1)$。

9.5　"无人超市"项目中使用索引查找寻找商品

【任务描述】以"无人超市"项目为实例，随着"无人超市"的发展，商品类别不断扩大，购物的用户也越来越多，为了更好地对商品进行管理，同时提高用户选购商品的效率，如何对无人超市的商品摆放进行优化呢？

索引查找（Index Search）的应用场景在现实生活中也很常见。例如，一个学校有很多个班级，每个班级有几十个学生。给定一个学生的学号，要求查找这个学生的相关资料。显然，每个班级的学生档案是分开存放的，那么最好的查找方法是先确定这个学生所在的班级，然后在这个学生所在班级的学生档案中，查找这个学生的资料。上述查找学生资料的过程，实际上就是典型的索引查找。

大型超市由于商品数量不计其数，品种繁多，为了方便超市的管理，同时为了方便用户在选购商品的时候，能够更快地找到购买的商品，超市对商品进行分类，同类商品放在一个区域，并使用挂牌标注，如图 9-29 所示。

这样顾客在超市中要选购商品的时候，只需在相应的区域查找就可以了，大大提高了选购商品的速度和效率。例如，想购买花生、瓜子，那么我们只需找到干货区，在这个区域内找就可以，这就是索引查找的算法思路。

图 9-29　索引查找的应用场景

9.5.1　算法描述

通过几个典型的应用案例，我们了解了索引查找算法的基本思路。下面介绍在计算机中索引查找的定义和相关术语。

索引查找：又称为分块查找（Blocking Search），它是顺序查找的一种改进方法，是一种介于顺序查找和折半查找之间的查找方法，由于只要求索引表是有序的，对块内结点没有排序要求，因此特别适合于结点动态变化的情况。

索引是为了加快查找速度而设计的数据结构。接下来我们了解一下索引的定义。

索引是把一个关键字与它对应的记录建立关联的过程。索引技术是大数据查找的一项重要技术。在搜索引擎、大数据应用、人工智能等应用领域，索引技术都有其重要的作用。那么常见的索引技术有哪些呢？

例如，在查字典的时候，要查找"熙"字的详细资料，在字典的目录中都会有查字表，如图 9-30(a) 所示，在查字表中，每个字都有对应的页码，通过该表我们可以找到字典中每个字的页码。

同时，我们在读书的时候，书籍的目录中则只会列出章节目录，如图 9-30(b) 所示，通过章节名称，读者可以在对应的章节查看具体的内容。

两种不同的目录就是常见的两种索引方式，字典中查字表就是稠密索引，而书籍中的章节目录，则是稀疏索引。

在稠密索引中，数据集中每个记录对应一个索引项。

稀疏索引又称分块索引，对数据集中每个记录分块，块间有序，块内无序，每个分块对应一个索引项。

(a) 字典的查字表　　　　　　　　　　　　　　(b) 书籍的章节目录

图 9-30　稠密索引与稀疏索引的应用场景

也就是说，稠密索引为数据记录文件的每一条记录都设一个键-指针对。如图 9-31 所示，索引项包括索引值以及指向该搜索码的第 1 条数据记录的指针，即我们所说的键-指针对。

稀疏索引为数据记录文件的每个存储块设一个键-指针对，存储块意味着块内存储单元连续，如图 9-31 所示。

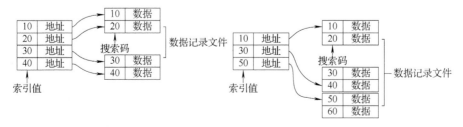

图 9-31　稠密索引与稀疏索引的示意图

这两种索引的优缺点：

(1)稠密索引能比稀疏索引更快地定位一条记录。

(2)稀疏索引所占空间小，并且插入和删除时所需维护的开销也小。

索引算法的基本思想是：将 n 个数据元素按块有序划分为 m 块（m≤n）。每一块中的结点不必有序，但块与块之间必须按块有序；即第 1 块中任一元素的关键字都必须小于第 2 块中任一元素的关键字；而第 2 块中任一元素的关键字又都必须小于第 3 块中的任一元素的关键字，如图 9-32 所示。

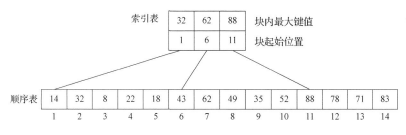

图 9-32　索引查找的索引表

算法流程：

(1)先选取各块中的最大关键字构成一个索引表。

(2)查找分两个部分。先对索引表进行折半查找或顺序查找，以确定待查记录在哪一块中；然后，在已确定的块中用顺序法进行查找。

9.5.2　算法的实现与分析

在实现索引查找算法前需要弄清楚以下三个术语。

主表：要查找的序列。

查找表：一般我们会将主表分成几个块，每个块中的元素被称为查找表。

索引表：索引项的集合。

在利用索引查找时，需要先对数据进行分块，并建立索引表。

同时，索引项需要包括以下三点。

(1)index，即索引项在主表的关键字。

(2)start，即块内的第 1 个元素在主表中的位置。

(3)length，即块的长度。

索引表的类型可定义如下：

```
struct IndexItem{
    int index;          //index 为索引值
    int start;          //子表中第 1 个元素所在的下标位置
    int length;         //子表的长度域
};
```

【问题 9-6】为了更好地理解索引查找算法，假设在"无人超市"中，包含如下 21 件商品，商品的编号如下：108, 102, 101, 104, 107, 106, 105, 103, 116, 114, 113, 119, 117, 111, 115, 218, 212, 216, 214, 211, 215。使用索引查找算法实现对商品 215 和 112 的查找，并将

不存在的商品插入索引表中。

　　观察 21 件商品的编号，将索引值设置为商品编号前两位，于是可以将 21 件商品分成 3 块，接下来使用 C 语言实现索引查找算法。索引查找算法的程序可以用一个函数来实现，具体的定义如下：

　　(1) 函数名，IndexSearch；

　　(2) 函数的参数，参数为待查找关键字 key，数据类型为 int；

　　(3) 函数的返回值类型，返回数组的下标 i，查找失败返回-1；

　　(4) 函数体，实现索引查找的过程算法。

```c
#include<stdio.h>
#define LEN 30
/*定义索引项的结构体*/
typedef struct
{
    int index;  //索引值
    int start;  //开始位置
    int length; //子表长度
}Index_Table;
/*定义主表数据*/
int Master[LEN]=
{
    108,102,101,104,107,106,105,103, 0, 0,
    116,114,113,119,117,111,115, 0, 0, 0,
    218,212,216,214,211,215, 0, 0, 0, 0
};
/*定义索引表*/
Index_Table Table[3]=
{
    {10, 0, 8},
    {11,10, 7},
    {21,20, 6}
};
/*索引查找算法的实现函数*/
int IndexSearch(int key)
{
    int start,length,i;
    for(i=0;i<3;i++)                   //在索引表中查找索引值
    {
        if(Table[i].index==key/10)    //找到索引值并计算索引值
        {
            start=Table[i].start;     //获取数组开始序号
            length=Table[i].length;   //获取元素的长度
            break;                    //跳出循环
```

```
        }
    }
    if(i>=3)
        return -1;                        //索引表中查找失败
    for(i=start;i<start+length;i++)       //在分块中使用顺序查找
        if(Master[i]==key)                //找到关键字
            return i;                     //返回序号
    if(i>=start+length)
        return -1;                        //在分块中查找失败
}
```

同时，在索引查找的基础上，对主表中不存在的数据进行插入，相应的程序可以用一个函数来实现，具体的定义如下：

(1) 函数名，InsertNode；

(2) 函数的参数，参数为待查找关键字 key，数据类型为 int；

(3) 函数的返回值类型，关键字 key 插入成功返回 0，失败返回-1；

(4) 函数体，实现索引查找并插入结点的过程算法。

```
/*索引查找算法中，动态查找并插入数据的实现函数*/
int InsertNode(int key)
{
    int start,length,i;
    for(i=0;i<3;i++)                      //在索引表中查找索引值
    {
        if(Table[i].index==key/10)        //计算索引值
        {
            start=Table[i].start;         //获取数组开始的序号
            length=Table[i].length;       //获取元素长度
            break;
        }
    }
    if(i>=3)
        return -1;                        //索引表中查找失败
    Master[start+length]=key;             //保存关键字到主表
    Table[i].length++;                    //修改索引表的子表长度
    return 0;
}
```

定义了索引查找的函数后，在主函数中调用索引查找算法中的函数，这样完成了"无人超市"项目中的第 2 个任务，使用索引查找确定了商品的位置，相比顺序查找，查找效率得到了提高。同时，对于新的数据，可以使用索引查找的方式，插入主表中，能够完成"无人超市"项目中新商品的上架任务。

接下来对索引查找算法进行分析，索引查找的比较次数等于算法中查找索引表的比较

次数和查找相应子表的比较次数之和，假定索引表的长度为 m，子表长度为 s，则索引查找的平均查找长度为

$$\text{ASL} = (1+m)/2 + (1+s)/2 = 1 + (m+s)/2 \tag{9-2}$$

假定每个子表具有相同的长度，即 $s=n/m$，则 $\text{ASL} = 1 + (m+n/m)/2$，当 $m=n/m$（即 $m=\sqrt{n}$，s 也等于 $\sqrt{n}$）时，$\text{ASL} = 1 + \sqrt{n}$ 最小，时间复杂度为 $O(\sqrt{n})$。

当然，可以对索引查找进行优化，先按折半查找去找 key 在索引表的大概位置（所给出代码是顺序查找），然后在主表中的可能所在块的位置开始按顺序查找，所以时间复杂度为 $O(\log_2 m + N/m)$，m 为分块的数量，N 为主表元素的数量，N/m 就是每块内元素的数量，于是平均时间复杂度为 $O(\log_2 N)$。

可见，索引查找的速度快于顺序查找，但低于折半查找。

在索引存储中，不仅便于查找单个元素，而且更方便查找子表中的全部元素，若在主表中的每个子表后都预留有空闲位置，则索引存储也便于进行插入和删除运算，更适合动态查找的应用。

9.6 "无人超市"项目中使用哈希查找实现商品上架

【任务描述】"无人超市"在不断发展的过程中，为了丰富商品数量，需要引入新的商品，新商品会标上编号；在进货后，商品工作人员要根据商品编号将相应的商品放到货架上，商品编号存在，则放在原商品位置，商品编号不存在，则根据编号顺序放在货架上，那么如何快速地实现商品上架呢？

在大型超市购买商品的时候，我们在寻找商品的过程中，一般都是在超市的货架上依次寻找，有时候当我们对超市不太熟悉，或者实在找不到所需要的商品时，我们会咨询商场工作人员，一般他们能够马上准确地指出商品的位置。

假如商品的商品数量为 n，从时间复杂度来看，我们使用顺序查找是 $O(n)$，就算优化使用折半查找，也只能达到 $O(\log_2 n)$，而商场工作人员只需要查找一次就能找到商品，时间复杂度达到 $O(1)$，这是最快的速度。那么，如何使用计算机实现这种快速的查找算法呢？

这种查找就是哈希查找算法，是在哈希表和哈希函数的基础上实现的，其定义如下。

哈希查找（Hash Search）：利用哈希函数进行查找的过程为哈希查找，又称散列技术。

接下来，我们学习哈希查找算法的相关知识。

9.6.1 哈希表和哈希函数

我们使用一个下标范围比较大的数组来存储元素。可以设计一个函数（哈希函数，也称为散列函数），使得每个元素的关键字都与一个函数值（即数组下标）相对应，于是用这个数组单元来存储这个元素；也可以简单地理解为，按照关键字为每一个元素分类，然后将这个元素存储在相应类所对应的地方。但是，不能够保证每个元素的关键字与函数值是一一对应的，因此极有可能出现对于不同的元素却计算出了相同的函数值的情况，这样就产生了冲突，换句话说，就是把不同的元素分在了相同的类之中。后面将看到一种解决冲

突的简便做法。

哈希表(Hash Table):也称散列表,是根据关键码值(Key Value)而直接进行访问的数据结构。也就是说,它通过把关键码值映射到表中一个位置来访问记录,以加快查找的速度。这个映射函数称为哈希函数,存放记录的数组称为哈希表。

哈希函数的规则:通过某种转换关系,使关键字适度地分散到指定大小的顺序结构中,越分散,则以后查找的时间复杂度越小,空间复杂度越高。

几种常见的哈希函数(散列函数)构造方法如下。

1. 直接定址法

取关键字或关键字的某个线性函数值为散列地址。即 $F(\text{key}) = \text{key}$ 或 $F(\text{key}) = a \times \text{key} + b$,其中 a 和 b 为常数。

如果要对 0~100 岁的人口数字进行统计,那么对年龄这个关键字就可以直接用年龄的数字作为地址,此时 $F(\text{key}) = \text{key}$。

这时,可以得出哈希函数:$F(0) = 0$,$F(1) = 1$,…,$F(20) = 20$。这个是根据我们自己设定的直接定址来的。人数,可以不管,我们关心的是如何通过关键字找到地址。

如果要统计的是 1980 后出生的人口数,那么我们对出生年份这个关键字可以用年份减去 1980 作为地址。此时 $F(\text{key}) = \text{key}–1980$。

假如今年是 2000 年,那么 1980 年出生的人就是 20 岁了,此时 $F(2000) = 2000–1980$,可以找得到地址 20,地址 20 里保存了数据"人数 500 万"。

也就是说,我们可以取关键字的某个线性函数值为散列地址。

这样的散列函数优点就是简单、均匀,也不会产生冲突,但问题是,这需要事先知道关键字的分布情况,适合查找表较小且连续的情况。由于这样的限制,在现实应用中,直接定址法虽然简单,但却并不常用。

2. 数字分析法

数字分析法是指提取关键字中取值较均匀的数字作为哈希地址。

如手机号码的存储,如表 9-4 所示,可以取 $F(\text{key})=$后四位数字或者 $F(\text{key})=$后四位的前两位+后四位的后两位。

表 9-4 数字分析法的实例

A	手机号码	13902070001	13902070002	13902070003	13902070004	13902070005	13902070006
B	格式	139-0207-0001	139-0207-0002	139-0207-0003	139-0207-0004	139-0207-0005	139-0207-0006

特点:它适用于所有关键字已知的情况,需要对关键字每一位的取值分布情况加以分析。

3. 除留余数法

取关键字被某个不大于散列表长度 m 的数 p 求余,得到的余数作为散列地址。即 $F(\text{key}) = \text{key} \% p, p < m$。如表 9-5 所示,为内部代码除 1000 取余数。

表 9-5　除留余数法的实例

关键字	内部代码	Key MOD 1000
key1	11052501	501
key2	11052502	502
key3	01110525	525
key4	02110525	525

4. 平方取中法

先计算出关键字值的平方，然后取平方值的中间几位作为散列地址。随机分布的关键字，得到的散列地址也是随机分布的。

5. 折叠法(叠加法)

将关键字分为位数相同的几部分，然后取这几部分的叠加和(舍去进位)作为散列地址。折叠法适用于关键字位数较多，并且关键字中每一位上数字分布大致均匀的情况。

假设关键字 Key 为超长的整数，示例 12360324711202065：

(1)确定哈希表的长度，示例：1000。即地址空间为 0～999。

(2)从左到右，分割成 N 个三位数，右侧不足三位的舍弃，示例：123 603 247 112 020。

(3)将 N 个三位数相加，结果超过三位数的左侧舍弃，示例：

$F(\text{Key}) = F(12360324711202065) = 123 + 603 + 247 + 112 + 020 = 1105 \% 1000 = 105$

6. 随机数法

选择一个随机函数，把关键字的随机函数值作为它的哈希值。通常当关键字的长度不等时用这种方法。

9.6.2　哈希冲突的解决

选用哈希函数计算哈希值时，可能不同的 key 会得到相同的结果，一个地址怎么存放多个数据呢？这就是冲突。

解决冲突常用的主要有以下两种方法。

1. 拉链法(链地址法)

拉链法的原理是如果遇到冲突，它就会在原地址新建一个空间，然后以链表结点的形式插入该空间。如图 9-33 所示，可以很清晰明了地反映下面的结构。比如说有一堆数据{06, 26,38,12,41,68,15,44,36,51,…}，而哈希函数是 $H(\text{key})=\text{key mod } 13$，第 1 个数据 06 的哈希值 $F(06)=6$，插入结点 6 的后面，第 2 个数据 26 的哈希值 $F(26)=0$，插入结点 0，第 3 个数据 38 的哈希值 $F(38)=12$，插入结点 12 后面，第 4 个数据 12，计算得到哈希值是 12，遇到冲突，但是依然只需要找到结点 12 的最后链结点，插入即可，51 同理。

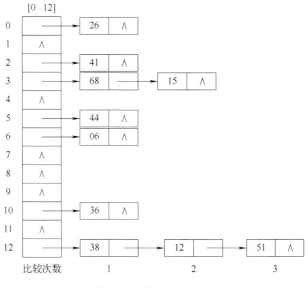

图 9-33 拉链法的实例

2. 开放定址法

用开放定址法解决冲突的做法是：当冲突发生时，使用某种探测技术在散列表中形成一个探测序列。沿此序列逐个单元地查找，直到找到给定的关键字，或者碰到一个开放的地址(即该地址单元为空)为止(若要插入，在探查到开放的地址时，则可将待插入的新结点存入该地址单元)。查找时探测到开放的地址则表明表中无待查的关键字，即查找失败。

简单地说，当冲突发生时，使用某种探查(也称探测)技术在散列表中寻找下一个空的散列地址，只要散列表足够大，空的散列地址总能找到。

按照形成探查序列的方法不同，可将开放定址法区分为线性探查法、二次探查法、双重散列法等。

9.6.3　算法描述

哈希查找是一种典型以空间换时间的算法，例如，原来一个长度为 100 的数组，对其查找，只需要遍历且匹配相应记录即可，从空间复杂度上来看，假如数组存储的是字节类型数据，那么该数组占用 100 字节空间。现在我们采用 Hash 算法，前面说的 Hash 必须有一个规则，约束键与存储位置的关系，那么就需要一个固定长度的 Hash 表，此时，仍然是 100 字节的数组，假设我们需要 100 字节来记录键与位置的关系，那么总的空间为 200 字节，而且用于记录规则的表的大小根据规则是不定的。在实现哈希查找算法前，我们需要定义出哈希表的数据结构，具体实现如下：

```c
#include<stdio.h>
#include<stdlib.h>
#include<string.h>
#define MAXSIZE 100        //哈希表中总容量
#define NULLKEY -1         //表示无效的 key
```

```
/*哈希表的结构*/
typedef struct _HS
{
    int key;
    char data[16];              //用来存储其他数据
}HashTable;
```

构造哈希表时，计算地址值可以用一个函数来实现，具体的定义如下：

(1)函数名，Hash；

(2)函数的参数，参数为关键码值 key，数据类型为 int；

(3)函数的返回值类型，返回存储地址；

(4)函数体，使用除留取余法计算出地址，$F(\text{key}) = \text{key mod } p \ (p \leqslant m)$；其中 m 为散列表长。

```
int g_haskmod=0;
/*构造哈希表，计算地址值*/
int Hash(int key)
{
    return key%g_haskmod;
}
```

初始化哈希表的程序可以使用一个函数来实现，具体定义如下：

(1)函数名，InitHS；

(2)函数的参数，参数分别为哈希表的指针 hs、数据类型为 HashTable、哈希表长度 len，数据类型均为 int；

(3)函数的返回值类型，无返回值；

(4)函数体，实现初始化哈希表的过程算法。

```
/*初始化哈希表的函数*/
void InitHS(HashTable *hs, int len)
{
    int i=0;
    for(i=0; i<len; i++)
    {
        hs[i].key=NULLKEY;
        memset(&hs[i].data, 0, sizeof(hs[i].data));
    }
}
```

往哈希表中插入 key 的程序用一个函数来实现，具体定义如下：

(1)函数名，InsertHS；

(2)函数的参数，参数分别为哈希表的指针 hs、数据类型为 HashTable、哈希表长度 len、关键码值 key，数据类型均为 int；

(3)函数的返回值类型，无返回值；

(4) 函数体，实现往哈希表中插入 key 的过程算法。

```
/*往哈希表中插入 key*/
void InsertHS(HashTable *hs, int len, int key)
{
    int index=Hash(key);
    while(len--)
    {
        if(hs[index].key==NULLKEY)
        {
            hs[index].key=key;
            itoa(key, hs[index].data, 10);
            break;
        }
        else
        {
            index=(index+1)%g_haskmod;  //开放定址法的线性探测
        }
    }
}
```

在哈希表中查找关键码值的程序可以用一个函数来实现，具体定义如下：

(1) 函数名，SearchHS；

(2) 函数的参数，参数分别为哈希表的指针 hs、数据类型为 HashTable、哈希表长度 len、关键码值 key，数据类型均为 int；

(3) 函数的返回值类型，返回哈希表中的位置，查找失败返回-1；

(4) 函数体，实现哈希查找的过程算法。

```
/*在哈希表中查找 key 的实现函数*/
int SearchHS(HashTable *hs, int len, int key)
{
    int index=Hash(key);
    while(len--)
    {
        if((hs[index].key==NULLKEY)||(hs[index].key!=key))
        {
            index=(index+1)%g_haskmod;
        }
        else
        {
            printf("Search success. key:%d  hs[%d].data=%s\n", key,
                    index, hs[index].data);
            return index;
        }
    }
```

```
    }
    printf("Search key:[%d] failed\n", key);
    return -1;
}
```

在哈希表中删除关键码值 key 的程序可用一个函数来实现，具体定义如下：

(1)函数名，DeleteHS；

(2)函数的参数，参数分别为哈希表的指针 hs、数据类型为 HashTable、哈希表长度 len、关键码值 key，数据类型均为 int；

(3)函数的返回值类型，返回哈希表中的位置，key 不存在，则返回-1；

(4)函数体，实现哈希表中删除关键码值 key 的过程算法。

```
/*在哈希表中删除关键码值 key 的实现函数*/
int DeleteHS(HashTable *hs, int len, int key)
{
    int index=SearchHS(hs, len, key);
    if(index==-1)
    {
        printf("DeleteHS key:[%d] failed\n", key);
        return -1;
    }
    hs[index].key=NULLKEY;
    memset(&hs[index].data, 0, sizeof(hs[index].data));
    printf("delete [%d] success\n", key);
    return index;
}
```

打印哈希表中的数据可用一个函数来实现，具体定义如下：

(1)函数名，DisplayHS；

(2)函数的参数，参数分别为哈希表的指针 hs、数据类型 HashTable、哈希表长度 len，数据类型均为 int；

(3)函数的返回值类型，无返回值；

(4)函数体，实现打印哈希表中数据的过程算法。

```
/*打印哈希表中数据的实现函数*/
void DisplayHS(HashTable *hs, int len)
{
    printf("Display HashTable:\n");
    int i=0;
    for(i=0; i<len; i++)
    {
        if(hs[i].key==NULLKEY)
            continue;
        printf("hs[%d].key=%d, hs[%d].data=%s\n", i, hs[i].key, i,
```

```
                 hs[i].data);
        }
    }
```

【问题 9-7】为了更好地理解哈希查找算法，假设在"无人超市"中，包含如下 10 件商品，商品的编号如下：1,2,3,6,8,9,10,12,16,20。查找商品 12、9、5 和 18，将存在的商品删除，并将不存在的商品插入哈希表中。

定义了哈希表的结构，并定义了哈希表中插入、删除、查找函数后，在主函数中，由于共有 10 件商品，于是先定义哈希表的长度为 10，调用哈希表插入函数，将 10 件商品依次插入哈希表，这样我们完成了"无人超市"项目中的第 3 个任务，使用哈希查找算法实现商品的上架，相比前面学习的查找算法，效率得到了显著的提高。

对于问题 9-7，在主函数中，我们使用哈希表的查找函数进行查询，商品 12 和 9 存在于哈希表中，再调用哈希表的删除函数，将这两个商品从哈希表中删除；而商品 5 和 18 不存在于哈希表中，调用哈希表的插入函数，将两个商品插入哈希表，这样我们完成了问题 9-7。

哈希查找的时间复杂度和哈希表的构建有关，而哈希表的构建又受到哈希表的长度、哈希函数以及哈希冲突的解决等因素的影响，其中，对链表的循环时间复杂度影响最大，链表查找的时间复杂度为 $O(n)$，与链表长度有关。时间复杂度最理想的情况是：保证链表长度为 1，也就是哈希函数尽量减少冲突，才能使链表长度尽可能短，理想状态为 1。因此，哈希查找时间复杂度只有在最理想的情况下才为 $O(1)$，而要保证这个理想状态不是程序能完全控制的，还和硬件环境有一定的关系。

9.7 "无人超市"项目中使用树表查找实现商品上架

【任务描述】"无人超市"在不断发展的过程中，为了丰富商品数量，需要引入新的商品，新商品会标上编号；在进货后，商品工作人员要根据商品编号将相应的商品放到货架上，商品编号存在，则放在原商品位置，商品编号不存在，则根据编号顺序放在货架上，那么如何快速地实现商品上架呢？

顺序查找、折半(二分)查找和索引查找都是静态查找表，其中，折半查找的效率最高。静态查找表的缺点是：当表的插入或删除操作较频繁时，为维护表的有序性，需要移动表中很多记录。

这种由移动记录引起的额外时间开销，就会抵消折半查找的优点(折半查找和分块查找只适用于静态查找表)。

若要对动态查找表进行高效率的查找，可以使用树表。以二叉树或树作为表的组织形式，称为树表。

商品上架就是对动态查找表的查找、插入，某些情况还需要对动态查找表删除(例如，某件商品换包装了，需要下架)，接下来，学习树表查找的相关知识。

9.7.1 二叉查找树

二叉查找树，也称二叉搜索树，或称二叉排序树，如图 9-34 所示。

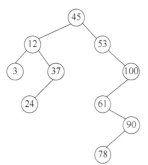

图 9-34 二叉排序树

二叉查找树可以是一棵空树，或者是具有下列性质的二叉树：

(1)若任意结点的左子树不空，则左子树上所有结点的值均小于它的根结点的值；

(2)若任意结点的右子树不空，则右子树上所有结点的值均大于它的根结点的值；

(3)任意结点的左、右子树也分别为二叉查找树。

二叉查找树性质：对二叉查找树进行中序遍历，即可得到有序的数列。

二叉排序树中查找某关键字时，查找过程类似于次优二叉树，在二叉排序树不为空树的前提下，首先将被查找值同树的根结点进行比较，会有三种不同的结果：

(1)如果相等，查找成功；

(2)如果比较结果为根结点的关键字值较大，则说明该关键字可能存在于其左子树中；

(3)如果比较结果为根结点的关键字值较小，则说明该关键字可能存在于其右子树中。

动态查找表中做查找操作时，若查找成功可以对其进行删除；如果查找失败，即表中无该关键字，可以将该关键字插入表中。

例如，假设原来的二叉排序树为空树，在对动态查找表{3,5,7,2,1}做查找以及插入操作时，可以构建出一个含有表中所有关键字的二叉排序树，过程如图 9-35 所示。

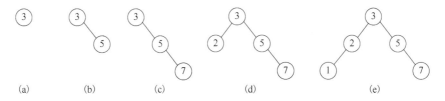

图 9-35 二叉排序树插入过程

通过不断地查找和插入操作，最终构建的二叉排序树如图 9-35(e)所示。当使用中序遍历算法遍历二叉排序树时，得到的序列为 12357，为有序序列。

9.7.2 平衡二叉树

在二叉查找树中，如果插入元素的顺序接近有序，二叉查找树将退化为链表，从而导致二叉查找树的查找效率大大降低。苏联科学家 Adelson-Velskii 和 Landis 在 1962 年的一篇论文中提出了一种自平衡二叉查找树。这种二叉查找树在插入和删除操作中，可以通过一系列的旋转操作来保持平衡，从而保证了二叉查找树的查找效率。最终，这种二叉查找树被命名为 AVL-Tree，也被称为平衡二叉树(Balanced Binary Tree)。实际上就是遵循以下两个特点的二叉树：

(1)每棵子树中的左子树和右子树的深度差不能超过 1；

(2)二叉树中每棵子树都要求是平衡二叉树。

每个结点都有其各自的平衡因子，表示的就是其左子树深度同右子树深度的差。平衡二叉树中各结点平衡因子的取值只可能是 0、1 和-1。

其实就是在二叉树的基础上，若树中每棵子树都满足其左子树和右子树的深度差都不超过 1，则这棵二叉树就是平衡二叉树，如图 9-36 所示。

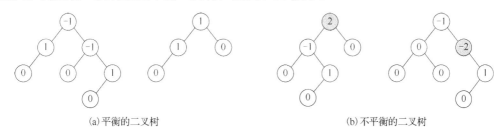

(a)平衡的二叉树　　　　　　　　　　(b)不平衡的二叉树

图 9-36　平衡与不平衡的二叉树及结点的平衡因子

如图 9-36 所示，其中图 9-36(a)的两棵二叉树中由于各个结点的平衡因子数的绝对值都不超过 1，所以图 9-36(a)中两棵二叉树都是平衡二叉树；而图 9-36(b)的两棵二叉树中有结点的平衡因子数的绝对值超过 1，所以都不是平衡二叉树。

9.7.3　二叉查找树的算法实现

(1)定义二叉查找树结点的数据结构，为了简单起见，只定义了关键字，左孩子和右孩子指针，代码如下所示：

```c
#include <stdio.h>
#include <stdlib.h>
#include <malloc.h>
#include <stdbool.h>
/*二叉查找树的数据结构*/
struct BSTNode
{
    int data;
    struct BSTNode *pLchild;
    struct BSTNode *pRchild;
    struct BSTNode *pParent;
};
```

(2)二叉排序树的查找可以使用一个函数来实现，具体定义如下：

①函数名，SearchBSTree；

②函数的参数，参数分别为二叉排序树指针 pBST、数据类型 BSTNode、关键码值 key，数据类型均为 int；

③函数的返回值类型，查找成功，返回该结点的地址，查找失败，返回 null，返回值类型为 BSTNode；

④函数体，实现初始化哈希表的过程算法。

```
/*二叉排序树的查找函数*/
struct BSTNode *SearchBSTree(struct BSTNode *pBST,int key)
{
    if(NULL==pBST)
        return NULL;
    else if(key<pBST->data)
        return SearchBSTree(pBST->pLchild,key);
    else if(key>pBST->data)
        return SearchBSTree(pBST->pRchild,key);
    else return pBST;
}
```

(3)向二叉树中插入一个元素的程序,可以使用函数来实现,具体定义如下:

① 函数名,InsertBSTree;

② 函数的参数,参数分别为二叉排序树指针 pBST、数据类型 BSTNode、插入元素 InsertVal,数据类型均为 int;

③ 函数的返回值类型,无返回值;

④ 函数体,实现二叉排序树插入元素的过程算法。

```
/*二叉排序树的插入元素函数*/
void InsertBSTree(struct BSTNode *pBST,int InsertVal)
{
    struct BSTNode *pRoot=pBST;  //记录根结点地址
    struct BSTNode *pNew=(struct BSTNode *)malloc(sizeof(struct BSTNode));
    if(NULL==pNew)
        exit(-1);
    pNew->data=InsertVal;
    pNew->pLchild=pNew->pRchild=NULL;
    struct BSTNode *pTmp=NULL;
    while(NULL!=pBST )
    {
        pTmp=pBST;
        if(pNew->data<pBST->data)
            pBST=pBST->pLchild;
        else
            pBST=pBST->pRchild;
    }
    pNew->pParent=pTmp;
    if(NULL==pTmp)                      //当树为空时,将插入结点的地址赋给根结点
        *pRoot=*pNew;
    else if(pNew->data<=pTmp->data)
        pTmp->pLchild=pNew;
    else
```

```
        pTmp->pRchild=pNew;
    }
```

接下来，我们分析一下算法的性能，给定值的比较次数等于给定值结点在二叉排序树中的层数。如果二叉排序树是平衡的，则 n 个结点的二叉排序树的高度为 $\log_2(n+1)$，其查找效率为 $O(\log_2 n)$，近似于折半查找。如果二叉排序树完全不平衡，则其深度可达到 n，查找效率为 $O(n)$，退化为顺序查找。一般的，二叉排序树的查找性能在 $O(\log_2 n)$ 到 $O(n)$ 之间。因此，为了获得较好的查找性能，就要构造一棵平衡的二叉排序树。

9.8 本 章 小 结

随着互联网的迅猛发展，大量数据的获取、聚集、存储、传输、处理、分析等变得越来越便捷，大数据分析成为热门话题。如何从大数据中查找出用户所关注的信息是目前研究的热点，查找算法也受到越来越多的关注，查找算法是计算机科学中重要的一种算法，应用领域广泛，尤其是数据量比较大的实际问题。本章的学习以依次完成"无人超市"项目的 3 个任务为主线展开，在学习知识的同时，也提升了分析问题和解决问题的能力。

9.1 节首先从认识查找的定义开始，从日常生活中常见的查找实例引入查找的概念，总结出查找的定义，即在一些数据元素中，通过一定的方法找出与给定关键字相同的数据元素的过程称为查找。之后基于不同的视角对查找进行分类，以及查找相关的术语，尤其是评估查找算法效率的时间复杂度和空间复杂度，让读者在宏观上对查找有一定的认识。

9.2 节主要学习顺序查找算法，顺序查找是最基本的查找技术，它的查找过程是：从查找表中第 1 个(或最后一个)数据元素开始，逐个与给定值比较，若某个数据元素和给定值相等，则查找成功，若查找表中未找到与之相等的数据元素，则查找失败。之后基于顺序查找的定义，实现了顺序查找算法，并讲述了几种优化后的顺序查找算法，对优化后的顺序查找算法进行了效率评估，平均时间复杂度为 $O(n^2)$，空间复杂度为 $O(1)$。顺序查找算法最简单直观，应用广泛，但在数据量较大的情况下，查找效率较低。

9.3 节主要学习折半查找算法，折半查找通过与中间位置上的元素进行比较，每次确定待查记录的所在范围，将比较元素的范围缩小一半，逐次比较直到找到或找不到该记录为止。折半查找算法是基于有序查找表的一种查找算法，查找过程可以用二叉树来描述，算法的效率相比顺序查找有了显著提升，平均时间复杂度为 $O(\log_2 n)$，空间复杂度为 $O(1)$。

9.4 节主要学习斐波那契查找算法，斐波那契查找是在折半查找的基础上，根据斐波那契数列进行分割的，查找过程和折半查找一样，通过不断缩小查找范围，从而提高查找的效率。斐波那契查找的平均时间复杂度是 $O(\log_2 n)$，空间复杂度为 $O(1)$。

9.5 节主要学习索引查找算法，索引查找算法是在索引技术的基础上，建立索引表，通过索引表的查找，减少比较次数，从而提高查找的效率。索引查找算法的时间复杂度为 $O(\log_2 n)$，空间复杂度和索引表的大小有关，索引查找算法便于进行插入和删除运算，更适合动态查找的应用。

9.6 节主要学习哈希查找算法，哈希查找在记录的存储地址和它的关键字之间建立一个确定的对应关系；这样，不经过比较，一次存取就能得到所查元素。哈希函数是在记录的关键字与记录的存储地址之间建立的一种对应关系。哈希函数的构造方法包括直接定址法、数字分析法、平方取中法、折叠法、除留余数法和除留余数法。选用哈希函数计算哈希值时，可能不同的 key 会得到相同的结果，这种就是冲突。常用的冲突处理方法有拉链法(链地址法)和开发定址法。最理想情况下，哈希查找的时间复杂度为 $O(1)$，在选取哈希函数时，尽量减少冲突，才能使链表长度尽可能短，才能达到理想状态。

9.7 节主要学习树表查找算法，二叉查找树是建立在二叉树的基础上的，二叉查找树又称二叉排序树，是一种有序的二叉树，用二叉查找树进行查找，查找过程类似于次优二叉树，查找的效率和二叉树的构建有关系，当插入元素接近有序时，二叉查找树将退化为链表，从而导致二叉查找树的查找效率大大降低。在此基础上，提出了平衡二叉树，平衡二叉树是通过一系列的旋转操作来保持平衡的，从而保证了二叉查找树的查找效率。一般的，二叉排序树的查找性能在 $O(\log_2 n)$ 到 $O(n)$ 之间。因此，为了获得较好的查找性能，就要构造一棵平衡的二叉排序树。

习　　题

1. 试画出在线性表(16,34,41,44,48,53,61,72)中进行折半查找，查找关键字 23、61 的过程。

2. 试画出对长度为 15 的有序表进行斐波那契查找的判定树，并求在等概率时查找成功的平均查找长度。

3. 选取哈希函数 $H(k)=(3k) \bmod 11$。用开放定址法处理冲突，di=$i((7k) \bmod 10+1)$ (i=1, 2, 3, …)。试在 0~10 的散列地址空间中对关键字序列(32,75,29,63,48,94,25,46,18,70)列出哈希表，并求等概率情况下查找成功时的平均查找长度。

4. 已知如下所示长度为 10 的表：

(Liu,Hu,Li,Gou,Zhang,Qian,Sun,Xiong,Zhan,Wang)

(1)试按表中元素的顺序依次插入一棵初始为空的二叉排序树，画出插入完成之后的二叉排序树，并求其在等概率的情况下查找成功的平均查找长度。

(2)若对表中元素先进行排序构成有序表，求在等概率的情况下对此有序表进行折半查找时查找成功的平均查找长度。

(3)按表中元素顺序构造一棵平衡二叉排序树，并求其在等概率的情况下查找成功的平均查找长度。

第 10 章

排　序

随着互联网、供应链、大数据等科技的飞速发展，电子商务网站以不可阻挡之势迅猛发展，人们可以足不出户在电子商务网站上购买日用百货、电子产品、家用电器等，几乎所有的商品，包括生鲜水果、蔬菜等也都能在电子商务网上买到。与此同时，随着越来越多的产品在电子商务网上销售，当用户在电子商务网上搜索某种商品的时候，同类商品数量繁多，价格也有一定的差异，那么用户如何选择价格优惠、质量较好的产品呢？

例如，我们想购买一台联想的笔记本电脑，在网站上查找"联想笔记本"，会出现 13 万多条记录，如图 10-1 所示。那么我们如何才能选购到价格实惠、质量过关的产品呢？

图 10-1　"联想笔记本"搜索截图

排序就是一种较好的解决办法，我们可以在网页上选择按照价格、销量等进行排序，如图 10-2 所示，从而选出满意的笔记本电脑。

图 10-2　"联想笔记本"排序后截图

商品的排序是电子商务网站计算最烦琐的操作，所以对于排序算法的优化在电子商务网站的应用中具有重要的意义。

排序往往是我们日常生活中都要面对的问题。例如，在学生时代，招生考试的时候(高考、考研等)，往往会按照分数的高低进行排序，再按照录用的名额从高到低依次录取。在学校上体育课的时候，体育老师会按照身高从高到矮站队，让学生排成指定的队列。在计算机中，为了便于文件资料的管理，我们在使用的过程中，会对文件夹中的文件按照时间顺序进行排序，或者按照文件名排序。

本章首先从排序算法的基本概念入手，对排序算法建立直观认识；然后通过对具体问题的分析与设计，主要训练常用的几种排序算法的逻辑思维，提升抽象思维能力；最后学习基于不同的存储结构上常用排序算法的操作，以培养计算思维、解决具体问题的能力。

本章问题： 利用排序算法及操作完成电子商务网站中商品的排列。

问题描述： 在电子商务网站上购买商品的时候，商品在网站上都是按照一定的排序规则排列展示的，我们往往会选择销售量高的产品，同时还会参考其他用户是如何评价这个商品的。目前，电子商务网站上的用户量与日俱增，为了提升网站的用户体验，需要对网站的排序进行升级。

电子商务网站的商品排序项目中主要有以下几个需求。

(1)电子商务网站由于硬件设备未进行升级改造，要求使用较少的存储空间实现排序算法；

(2)电子商务网站对硬件设备进行了升级改造，存储空间大大提升，要求提高排序算法的速度，不用考虑存储空间。

我们首先来认识排序算法、理解排序算法的理论，才能为电子商务网站的商品排序项目构建排序算法，并使用该算法来解决上述两个问题。

10.1　电子商务网站项目的理论知识支撑

【任务描述】为电子商务网站的商品排序项目构建逻辑结构。

在电子商务网站的商品排序项目中，主要的研究问题是商品的排序问题。将数据库中搜索到的商品，按照用户的要求进行排序，如按照销售量、价格、评价数等，然后在页面上展示出来。在应用排序算法完成商品排序项目之前，我们先来直观认识一下生活中无处不在的排序。

10.1.1　排序的定义

生活中经常遇到排序的问题，例如，去网上商务网站选购商品，我们希望选购性价比高的商品，那么我们可以将商品按照价格升序排列，选择价格优惠的商品；或者我们希望购买大众认可度高的商品，那么我们可以将商品按照销售量降序排列，选择销售量高的商品。

例如，我们要出差去外地，在网上选购机票的时候，我们可以按照出发时间排序，这样更方便我们选择适合自己时间的航班；当然，为了选择更优惠的机票，我们也可以按照价格进行排序。在选择上班出行路线时，为了路上避开拥堵，我们一般都会按照路况信息和路程等信息综合排序，从而选择更畅通的出行路线。

【问题 10-1】观察图 10-3，通过回顾生活中的排序问题，给排序下一个定义。

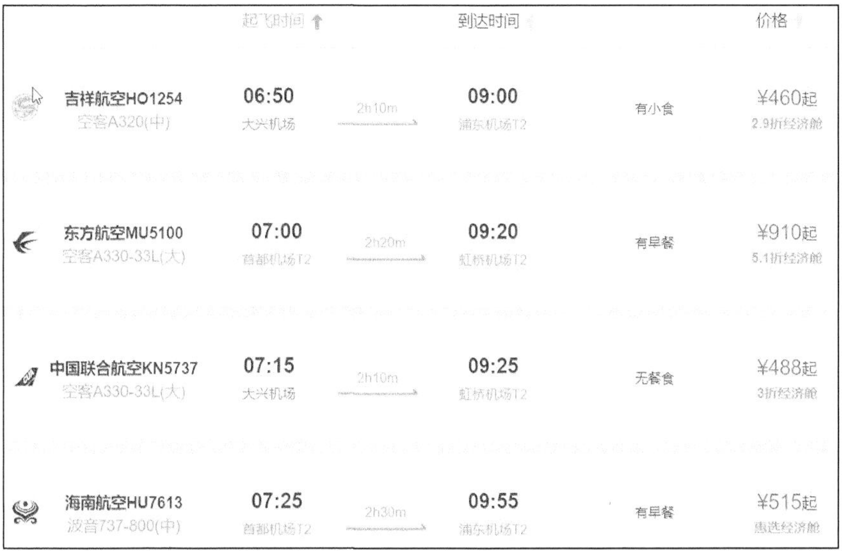

图 10-3　航班按照起飞时间排序

通过对不同排序问题的分析，可以很直观地看出，排序问题无处不在，在数据较多的情况下，都需要进行排序，计算机科学中对排序的形式化定义如下：

排序即将一组杂乱无章的数据按一定的规律顺次排列起来。

此定义需要强调三点：

(1)数据存放在数据表中；

(2)必须给定排序的关键字，并指定排序方式(升序或降序)；

(3)排序的目的是快速查找。

10.1.2 排序的术语

下面了解并逐步熟悉关于排序的特定语言称谓或专业术语。

根据在排序过程中，待排序的数据是否全部放置在内存中，可以对排序分类：若排序过程中，所有的文件都是放在内存中处理的，不涉及数据的内外存交换，则称该排序算法是内部排序算法；若排序过程中涉及内外存交换，则是外部排序。内部排序适合小文件，外部排序适用于不能一次性把所有记录放入内存的大文件。

排序算法的稳定性：若排序对象中存在多个关键字相同的记录，经过排序后，相同关键字的记录之间的相对次序保持不变，则该排序方法是稳定的，若次序发生变化(哪怕只有两条记录之间)，则该排序方法是不稳定的。

例如，原有数据{1,4,2,16,25,16*,30}(由于 16 和 16*的数值一样，在此为两个数据)。通过排序后，数据为{1,2,4,16,16*,25,30}，那么 16 和 16*的顺序并未改变，16 还是在 16*之前，这样的排序算法就是稳定的。

若排序结果为{1,2,4,16*,16,25,30}，那么排序算法就是不稳定的。

上述描述的相关术语，其定义如下。

内排序：对待排序数据存放在内存中进行的排序过程。

外排序：待排数据量太大，无法一次性将所有待排序数据放入内存中，在排序过程中需要对磁盘等外部储存器进行访问。

稳定的排序算法：两个记录 A 和 B 的关键字值相等，即 key(A)=key(B)，排序后 A、B 的先后次序保持不变，这种排序算法是稳定的。

不稳定的排序算法：两个记录 A 和 B 的关键字值相等，即 key(A)=key(B)，排序后 A、B 的先后次序发生变化，这种排序算法是不稳定的。

10.2 电子商务网站中使用冒泡排序实现商品排序

【任务描述】使用排序算法实现商品排序，要求占用内存小。

在电子商务网站中，商品的数量数不胜数，为了更好地理解排序算法，假定某类商品只有 6 种，其销售量分别是 21、25、49、25*、16、8，对这些商品如何快速地按照销售量进行排序？

在日常生活中，我们经常能观察到冒泡现象，如小鱼在水中吐气泡，如图 10-4 所示。化学实验中化学药剂反应引起的气泡，还有在游泳呼气时产生的气泡，这些气泡由于浮力的原因，慢慢地上浮到水面。

冒泡排序算法名字的由来，正是因为其在排序过程中，越小的元素会经过交换慢慢"浮"到数列的顶端，就像碳酸饮料中二氧化碳的气泡，最终会上浮到顶端一样。那么冒泡排序的具体定义是什么呢？计算机中冒泡排序的定义如下：

图 10-4　冒泡示意图

冒泡排序(Bubble Sort)是一种简单的排序算法。排序过程中，每趟不断将记录两两比较，并按"前小后大"或"前大后小"规则交换。

通过定义可知：在要排序的一组数中，对当前还未排好序的全部数，自上而下对相邻的两个数依次进行比较和调整，让较大的数往下沉，较小的数往上冒。即每当两相邻的数比较后，若它们的排序与排序要求相反，则将它们互换。每一趟排序后的效果都是将没有沉下去的元素沉下去。

10.2.1　算法描述

接下来，我们具体看看冒泡排序的算法思路(以升序排列为例)：

(1)比较相邻的元素。如果第 1 个比第 2 个大，就交换它们两个；

(2)对每一对相邻元素做同样的工作，从开始第 1 对到结尾的最后一对，这样在最后的元素应该会是最大的数；

(3)针对所有的元素重复以上的步骤，除了最后一个。

重复步骤(1)～(3)，直到排序完成。

【问题 10-2】在电子商务网站中，某类商品有 6 种，各商品的销售量分别是 21、25、49、25*、16、8，其中第 4 种商品的销售量和第 2 种商品的销售量相同，也为 25，为了便于在排序中区别两种商品，将第 4 种商品的销售量标记为 25*，使用冒泡排序完成商品按照销售量排序的任务。

图 10-5　初始状态图

为了理解冒泡排序的基本流程，我们分步来分析冒泡排序的过程。首先，商品的数据存储在数组中，或者存储在顺序表中，初始状态如图 10-5 所示。

开始第 1 趟排序，如图 10-6 所示。

第 1 次比较：21 和 25 比较，21 小于 25，不交换位置；

第 2 次比较：25 和 49 比较，25 小于 49，不交换位置；

第 3 次比较：49 和 25*比较，49 大于 25*，交换位置；

第 4 次比较：49 和 16 比较，49 大于 16，交换位置；

第 5 次比较：49 和 8 比较，49 大于 8，交换位置；

第 1 趟总共进行了 5 次比较，排序结果：[21,25,25*,16,8,49]。

第 2 趟排序，如图 10-7 所示。

第 1 次比较：21 和 25 比较，21 小于 25，不交换位置；

第 2 次比较：25 和 25*比较，25 等于 25*，不交换位置；

第 3 次比较：25*和 16 比较，25*大于 16，交换位置；

第 4 次比较：25*和 8 比较，25*大于 8，交换位置；

第 2 趟总共进行了 4 次比较，排序结果：[21,25,16,8,25*,49]。

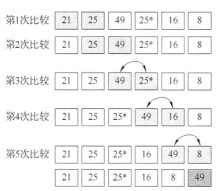

图 10-6　冒泡排序的第 1 趟排序

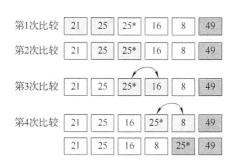

图 10-7　冒泡排序的第 2 趟排序

第 3 趟排序，如图 10-8 所示。

第 1 次比较：21 和 25 比较，21 小于 25，不交换位置；

第 2 次比较：25 和 16 比较，25 大于 16，不交换位置；

第 3 次比较：25 和 8 比较，25 大于 8，交换位置；

第 3 趟总共进行了 3 次比较，排序结果：[21,16,8,25,25*,49]。

第 4 趟排序，如图 10-9 所示。

第 1 次比较：21 和 16 比较，21 大于 16，交换位置；

第 2 次比较：21 和 8 比较，21 大于 8，交换位置；

第 4 趟总共进行了 2 次比较，排序结果：[16,8,21,25,25*,49]。

图 10-8　冒泡排序的第 3 趟排序

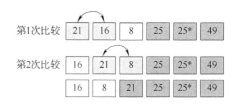

图 10-9　冒泡排序的第 4 趟排序

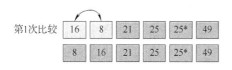

图 10-10　冒泡排序的第 5 趟排序

第 5 趟排序，如图 10-10 所示。

第 1 次比较：16 和 8 比较，16 大于 8，交换位置；

第 5 趟总共进行了 1 次比较，排序结果：[8,16,21,25,25*,49]。

这样，商品就使用冒泡排序算法，按照销售量的升序完成了商品的排序，在整个排序过程中，进行了五趟排序，共比较了 5+4+3+2+1=15（次）。

10.2.2 算法实现

通过对冒泡排序的分析，数据采用数组 d 存储，数组长度为 n，数组的第 1 个元素的下标为 0，最后一个元素的下标为 n-1；由此可以得出冒泡排序的流程图(该流程图以递增方式排序)，如图 10-11 所示。

冒泡排序算法的程序可以用一个函数来实现，具体的定义如下：

(1)函数名，bubble_sort；

(2)函数的参数，参数分别为要排序的数组 d[]、数组的长度 n，数据类型均为 int；

(3)函数的返回值类型，无返回值；

(4)函数体，实现冒泡排序算法。

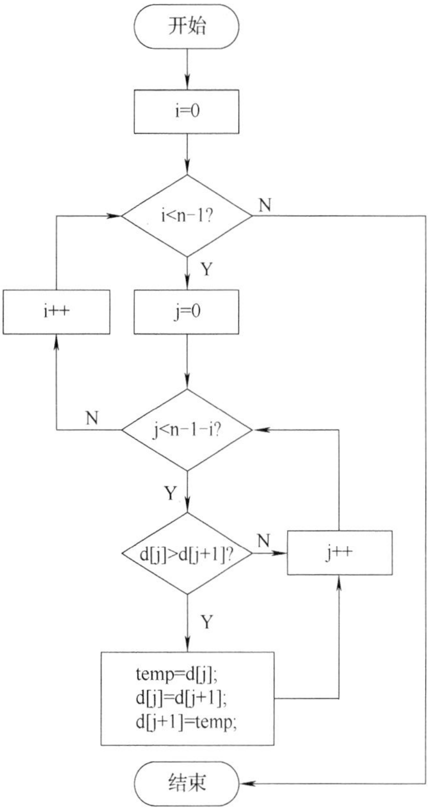

```
/*冒泡排序算法的实现函数*/
#include <stdio.h>
void bubble_sort(int d[], int n);
//申明函数"bubble_sort"
int d[10000];
//在主函数外面定义数组可以更长
int count=0;
void bubble_sort(int d[], int n){
//下面是函数 bubble_sort 的程序
    int i,j,temp;                //定义三个整型变量
    for (i=0;i<n-1;i++){         //用一个嵌套循环来遍历一遍每一对相邻元素
        for (j=0;j<n-1-i;j++){
            count++;
            if(d[j]>d[j+1]){     //从大到小排就把左边的">"改为"<"
                temp=d[j];       //d[j]与 d[j+1](即 d[j]后面那个)交换
                d[j]=d[j+1];     //基本的交换原理"c=a;a=b;b=c"
                d[j+1]=temp;
            }
        }
    }
}
```

图 10-11 冒泡排序的流程图

定义了冒泡排序的函数后，在主函数中初始化包含商品销售量的数组，调用冒泡排序函数完成，这样我们完成了电子商务网站项目中的第 1 个任务，使用冒泡排序实现了商品销售量的排序。

10.2.3　算法优化

假设有{1,2,3,4,5,6,7,8,10,9}这样一组数据，按照冒泡排序算法，第 1 趟排序后将 10 和 9 交换后，数据就已经有序，那么接下来的 8 趟排序就是多余的，没有意义，反而会影响算法的效率。为了对冒泡排序进行优化，我们可以在交换的位置加一个标记，如果一趟排序没有交换元素，说明这组数据已经有序，不用再继续进行比较。

优化后的冒泡排序算法可以用一个函数来实现，具体的定义如下：
(1)函数名，bubble_sort_optimize1；
(2)函数的参数，参数分别为要排序的数组 d[]、数组的长度 n，数据类型均为 int；
(3)函数的返回值类型，无返回值；
(4)函数体，实现优化后冒泡排序的过程算法。

```c
/*优化后的冒泡排序算法的实现函数*/
#include <stdio.h>
//申明函数"bubble_sort_optimize1"
void bubble_sort_optimize1(int d[], int n);
int d[10000];                    //在主函数外面定义数组可以更长
int count=0;
void bubble_sort_optimize1(int d[], int n){
    int i,j,temp;                //定义三个整型变量
    for (j=0;j<n-1;j++){         //用一个嵌套循环来遍历一遍每一对相邻元素
        int flag=0;
        for (i=0;i<n-1-j;i++){
            count++;
            if(d[i]>d[i+1]){     //从大到小排就把左边的">"改为"<"
                temp=d[i];       //d[i]与d[i+1](即d[i]后面那个) 交换
                d[i]=d[i+1];     //基本的交换原理"c=a;a=b;b=c"
                d[i+1]=temp;
                flag=1;          //加入标记
            }
        }
        if(flag==0){             //如果没有交换过元素,则已经有序
            return;
        }
    }
}
```

前面的优化方法仅仅适用于连续有序而整体无序的数据(如 1,2,3,4,7,6,5)。但是对于前面大部分是无序而后边小半部分有序的数据{1,2,5,7,4,3,6,8,9,10}，其排序效率也不可观。如图 10-12 所示，按照优化算法 1，在第 1 趟排序中，从 1 到 10 发生了 9 次比较，第 2 趟排序中，从 1 到 9 发生 8 次比较，第 3 趟排序中，从 1 到 8 发生 7 次比较，第 4 趟排序中，从 1 到 7 发生 6 次比较，没有数据交换位置，排序结束。总共比较了 9+8+7+6=30 (次)。

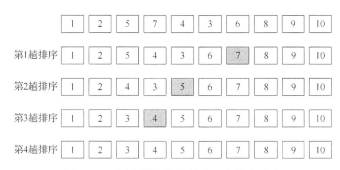

图 10-12　冒泡排序优化算法 1 的排序过程

对于这种类型的数据，可以继续优化。即可以记下最后一次交换的位置，后边没有交换，必然是有序的，然后下一次排序从第 1 个比较到上次记录的位置结束即可，该优化算法设为优化算法 2。如图 10-12 所示，按照优化算法 2 的思路，在第 1 趟排序中，从 1 到 10 发生了 9 次比较，最后交换位置的是第 6 个数组元素(数值为 6)；第 2 趟排序中，从 1 到 6(上次排序最后交换的位置)发生 5 次比较，最后交换位置的是第 4 个数组元素(数值为 3)；第 3 趟排序中，从 1 到 3(上次排序最后交换的位置，第 4 个元素)发生 3 次比较，最后交换位置的是第 3 个数组元素(数值为 3)；第 4 趟排序中，从 1 到 3(上次排序最后交换的位置)发生 2 次比较，没有数据交换位置，排序结束，总共比较了 9+5+3+2=19(次)，相比优化算法 1，大大提高了效率。

优化后的冒泡排序算法可以用一个函数来实现，具体的定义如下：

(1)函数名，bubble_sort_optimize2；

(2)函数的参数，参数分别为要排序的数组 d[]、数组的长度 n，数据类型均为 int；

(3)函数的返回值类型，无返回值；

(4)函数体，实现优化后冒泡排序的过程算法。

```c
/*优化冒泡排序算法 2 的实现函数*/
#include <stdio.h>
//申明函数"bubble_sort_optimize2"
void bubble_sort_optimize2(int d[], int n);
int d[10000];                    //在主函数外面定义数组可以更长
int count=0;
void bubble_sort_optimize2(int d[], int n){
    int i,j,temp;                //定义三个整型变量
    int pos=0;                   //用来记录最后一次交换的位置
    int k=n-1;
    for (j=0;j<n-1;j++){          //用一个嵌套循环来遍历一遍每一对相邻元素
        pos=0;
        for (i=0;i<k;i++){
            count++;
            if(d[i]>d[i+1]){      //从大到小排就把左边的">"改为"<"
                temp=d[i];        //d[i]与d[i+1](即 d[i]后面那个) 交换
                d[i]=d[i+1];      //基本的交换原理"c=a;a=b;b=c"
```

```
                    d[i+1]=temp;
                    pos=i;
                }
            }
            k=pos;                        //下一次比较到记录位置即可
        }
    }
```

当然，对于冒泡排序的优化不仅仅局限于上面两种，如鸡尾酒排序(Cocktail Sort)，此算法以双向进行排序，鸡尾酒排序等于是冒泡排序的轻微变形。

和传统冒泡的比较：不同的地方在于从低到高，然后从高到低，而冒泡排序每次都是从低到高去比较序列里的每个元素。可以得到比冒泡排序稍微好一点的效能，原因是冒泡排序只能从一个方向进行比对，每次循环只移动一个元素。例如，对于{1,2,3,4,5,6,0}这类数据，使用冒泡排序需要比较很多次，而使用鸡尾酒排序，一次排序就能将数据排好。鸡尾酒排序算法可以用一个函数来实现，具体的定义如下：

(1)函数名，cocktail_sort;

(2)函数的参数，参数分别为要排序的数组 d[]、数组的长度 n，数据类型均为 int;

(3)函数的返回值类型，无返回值；

(4)函数体，实现优化后鸡尾酒排序的过程算法。

```
/*鸡尾酒排序算法的实现函数*/
#include <stdio.h>
void cocktail_sort(int d[], int n);      //申明函数"cocktail_sort "
int d[10000];                            //在主函数外面定义数组可以更长
int count=0;
void cocktail_sort(int d[], int n){
    int i,j,temp;                        //定义三个整型变量
    int pos=0;                           //用来记录最后一次交换的位置
    int k=n-1;
    int m=0;
    for (j=0;j<n-1;j++){                  //用一个嵌套循环来遍历一遍每一对相邻元素
        int flag=0;
        pos=0;
        for (i=0;i<k;i++){
            count++;
            if(d[i]>d[i+1]){             //从大到小排就把左边的">"改为"<"
                temp=d[i];               //d[i]与 d[i+1](即 d[i]后面那个) 交换
                d[i]=d[i+1];             //基本的交换原理"c=a;a=b;b=c"
                d[i+1]=temp;
                flag=1;
                pos=i;
            }
        }
```

```
    if (flag==0){                    //如果没有交换过元素,则已经有序,直接结束
        return;
    }
    k=pos;                           //下一次比较到记录位置即可
//反向寻找最小值
    for (i=k; i>m; i--){
        int tmp=d[i];
        d[i]=d[i-1];
        d[i-1]=tmp;
        flag=1;
    }
    m++;
    if (flag==0){                    //如果没有交换过元素,则已经有序,直接结束
        return;
    }
    }
}
```

10.2.4 算法分析

冒泡排序就是把小的元素往前调,或者把大的元素往后调。比较是相邻的两个元素比较,交换也发生在这两个元素之间。如果两个元素相等,则不需要交换;如果两个相等的元素并不相邻,即使通过前面的两两交换,使得两个元素相邻,也不会交换,所以相同元素的前后顺序并没有改变,冒泡排序是一种稳定排序算法。

冒泡排序的优点:每进行一趟排序,就会少比较一次,因为每进行一趟排序都会找出一个较大值。如 10.2.1 节中的例子所示:第 1 趟比较之后,排在最后的数一定是最大的数,第 2 趟排序的时候,只需要比较除了最后一个数以外的其他数,同样也能找出一个最大的数排在参与第 2 趟比较的数的最后,第 3 趟比较的时候,只需要比较除了最后两个数以外的其他数,以此类推。也就是说,每进行一趟比较,下一趟则会少比较一次,一定程度上减少了算法的量。

那么冒泡排序的时间复杂度是多少呢?

假如待排序数据的初始状态是正序的,那么一趟扫描即可完成排序。所需的关键字比较次数 C 和记录移动次数 M 均达到最小值: $C_{\min}=n-1$, $M_{\min}=0$,所以冒泡排序最好的时间复杂度为 $O(n)$ 。

若待排序数据的初始状态是反序的,需要进行 $n-1$ 趟排序。每趟排序要进行 $n-i$ 次关键字的比较($1 \leqslant i \leqslant n-1$),且每次比较都必须移动记录三次来交换记录位置(移动记录三次指的是使用中间变量 temp,通过三次赋值,实现 $d[i]$ 与 $d[i+1]$ 的数值交换)。在这种情况下,比较和移动次数均达到最大值:

$$C_{\max}=\frac{n(n-1)}{2}=O(n^2), \quad M_{\max}=\frac{3n(n-1)}{2}=O(n^2)$$

冒泡排序的最坏时间复杂度为 $O(n^2)$ 。综上所述,冒泡排序的平均时间复杂度为 $O(n^2)$ 。

在算法实现的过程中，为了实现数据的交换，冒泡排序中使用了一个辅助变量 temp，所以冒泡排序的空间复杂度为 $O(1)$，即占用内存很少。使用冒泡排序完全符合任务 2 的要求。

但是，冒泡排序在交换数据过程中，数据的移动次数最大达到了 $3n(n-1)/2$，对于待排序数据较多的情况，数据的移动会大大降低系统的效率，那么在不用升级硬件设备的前提下，有没有算法能够做到呢？

10.3　电子商务网站中使用选择排序实现商品排序

【任务描述】使用排序算法实现商品排序，要求占用内存小，数据移动次数少。

在电子商务网站中，商品的数量数不胜数，为了更好地理解排序算法，假定某类商品只有 6 种，其销售量分别是 21、25、49、25*、16、8，对这些商品，如何快速地按照销售量进行排序？

例如，在高考成绩出来后，学校或者地方一般都会公布前 100 名的榜单，如图 10-13 所示。那么假如某省份总共有几百万名高三考生，要公布前 100 名的榜单，是不是用冒泡排序就不太现实，效率太低，并且除了前 100 名需要排序，100 名之后的数据无须进行排序。这时候，我们想到的办法就是，从几百万名高三考生中，找出成绩最高的，排在第 1 位，然后依次找出前 100 名，分别排在前 100 名，这就是选择排序(Selection Sort)算法的思路。

选择排序是一种简单直观的排序算法。它的工作原理：首先在未排序序列中找到最小(大)元素，存放到排序序列的起始位置，然后，从剩余未排序元素中继续寻找最小(大)元素，放到已排序序列的末尾。以此类推，直到所有元素均排序完毕。

选择排序在计算机中的定义如下：

选择排序是一种简单直观的排序算法。第 1 次从待排序的数据元素中选出最小(或最大)的一个元素，存放在序列的起始位置，再从剩余的未排序元素中寻找最小(大)元素，然后放到已排序的序列的末尾。以此类推，直到全部待排序的数据元素的个数为零。

某年某省普通高校招生考试理科成绩前 100 名名单

序号	考生号	准考证号	姓名	总分	性别	考生类别
83	09620101010057	101400014	孙晓	643	女	城市应届
84	09620101010023	105400104	张三	643	男	城市应届
85	09620101010145	106310113	李四	643	男	城市往届
86	09620101010208	114120021	李小明	642.5	男	城市应届
87	09620101010086	101005026	许峰	642.5	男	城市应届
88	09620101010025	102001921	张建国	642	男	城市往届
89	09620101010297	104301214	王五	642	男	城市应届
90	09620101010842	114003629	刘胜利	641	男	城市往届
91	09620101010703	101000606	赵晓光	641	男	城市应届
92	09620101010105	101201713	徐伟	641	男	城市应届

图 10-13　甘肃省 2009 年高考成绩榜单（部分数据）

10.3.1　算法描述

为了理解选择排序的基本流程，分步分析选择排序的过程。首先，商品的数据存储在数组中，或者存储在顺序表中，初始状态如图 10-14 所示。

第 1 趟排序：先遍历整个数组，数组元素之间两两比较，找出最小值为 8，共比较了 5 次；然后将最小值 8 和数组第 1 位的数据元素交换，如图 10-15 所示。

图 10-14　数据的初始状态　　　　　　　　　　图 10-15　选择排序的第 1 趟排序

第 2 趟排序：先遍历数组除第 1 个元素之外的数据元素，即第 2 个元素到第 6 个元素，找出最小值为 16，共比较了 4 次；然后将最小值 16 和数组第 2 位的数据元素交换，如图 10-16 所示。

第 3 趟排序：先遍历数组第 3 个元素到第 6 个元素，找出最小值为 21，共比较了 3 次；然后将最小值 21 和数组第 3 位的数据元素交换，如图 10-17 所示。

图 10-16　选择排序的第 2 趟排序　　　　　图 10-17　选择排序的第 3 趟排序

第 4 趟排序：先遍历数组第 4 个元素到第 6 个元素，找出最小值为 25*，共比较了 2 次，数据元素不需要交换，如图 10-18 所示。

图 10-18　选择排序的第 4 趟排序

第 5 趟排序和第 4 趟排序类似，找出最小值为 25，共比较了 1 次，数据元素不需要交换，数据排序完成。

整个排序过程中，进行了五趟排序，共比较了 5+4+3+2+1=15(次)，数据移动次数为 3 次，排序结果为 [8,16,21,25*,25,49]。

于是，n 个记录的选择排序可经过 n-1 趟选择排序得到有序结果。具体算法描述如下。

初始状态：无序区为 R[1..n](共 n 个元素)，有序区为空。

第 i 趟排序(i=1,2,3…,n-1)开始时，当前有序区和无序区分别为 R[1..i-1]和 R[i..n]。该趟排序从当前无序区中选出关键字最小的记录 R[k]，将它与无序区的第 1 个记录 R 交换，使 R[1..i]和 R[i+1..n]分别变为记录个数增加 1 个的新有序区和记录个数减少 1 个的新无序区。

n-1 趟排序结束，数组有序化了。

10.3.2　算法实现

通过对选择排序的分析，数据采用数组 d 存储，数组长度为 n，由此可以得出选择排序的流程图(该流程图以递增方式排序)，如图 10-19 所示。

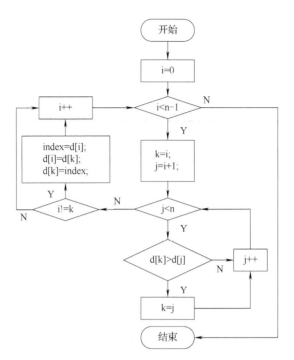

图 10-19　选择排序的流程图

选择排序算法可以用一个函数来实现，具体的定义如下：

(1)函数名，select_sort；

(2)函数的参数，参数分别为要排序的数组 d[]、数组的长度 n，数据类型均为 int；

(3)函数的返回值类型，无返回值；

(4)函数体，实现选择排序的过程算法。

```c
/*选择排序算法的实现函数*/
#include<stdio.h>
int number[100000000];              //在主函数外定义数组可以更长
void select_sort(int d[],int n)     //定义选择排序函数"select_sort"
{
    int i,j,k,index;                //定义变量
    for(i=0;i<n-1;i++)              //遍历
    {
        k=i;
        for(j=i+1;j<n;j++)
                                    //j初始不为0,冒泡初始为0,所以选择排序比冒泡快,但不稳定
        {
            if(d[j]<d[k])           //从这里改顺序,小到大"<",大到小">"
                k=j;                //这里是区分冒泡排序与选择排序的地方
        }
        index=d[i];                 //交换d[i]与d[k]中的数
        d[i]=d[k];                  //简单地交换c=a,a=b,b=c
```

```
        d[k]=index;
    }
}
```

定义了选择排序的函数后，在主函数中初始化包含商品销售量的数组，调用选择排序函数完成，我们就完成了电子商务网站项目中的第 1 个任务，使用选择排序实现了商品销售量的排序。

10.3.3　算法分析

选择排序是给每个位置选择当前元素最小的，例如，给第 1 个位置选择最小的，在剩余元素里面给第 2 个元素选择第 2 小的，依次类推，直到第 $n-1$ 个元素，第 n 个元素显然不需要选择。在一趟选择中，当最小的元素出现在最后，而交换位置的数据和最小元素前的数据相等，当数据交换后，两个相等的元素的顺序就会发生改变，正如在 10.3.1 节中的数据[21,25,49,25*,16,8]，排序完成后的数据为[8,16,21,25*,25,49]，其中 25 和 25*的位置就改变了，所以选择排序是一个不稳定的排序算法。

接下来对选择排序的复杂度进行分析。在最好的情况(也就是待排序数据为正序)或者最坏的情况(也就是待排序数据为反序)下，排序过程中的比较都是一样的。第一次内循环比较 $n-1$ 次，然后是 $n-2$ 次，$n-3$ 次，…，最后一次内循环比较 1 次。共比较的次数是 $(n-1)+(n-2)+\cdots+2+1$，求等差数列的和，得 $(n-1+1)n/2=n^2/2$。舍去最高项系数，其时间复杂度为 $O(n^2)$。

在算法实现的过程中，为了实现数据的交换，选择排序中使用了一个辅助变量 temp，所以选择排序的空间复杂度为 $O(1)$，即占用内存很少。

虽然选择排序和冒泡排序的时间复杂度一样，但实际上，选择排序进行的交换操作很少，最多会发生 $n-1$ 次交换。而冒泡排序最坏的情况下要发生 $n^2/2$ 次交换操作。从这个意义上讲，选择排序的性能略优于冒泡排序。

而且，选择排序比冒泡排序的思想更加直观。同时，选择排序的比较次数还是比较多的，有没有更优化的算法呢？

10.4　电子商务网站中使用直接插入排序实现商品排序

【任务描述】使用排序算法实现商品排序，要求占用内存小，数据移动次数少。

在电子商务网站中，商品的数量数不胜数，为了更好地理解排序算法，假定某类商品只有 6 种，其销售量分别是 21、25、49、25*、16、8，对这些商品，如何快速地按照销售量进行排序？

在玩纸牌游戏的时候，为了使手中的牌有顺序，每次我们抓牌，常常需要把随机抽取到的纸牌插入合适的位置，这其实就是直接插入排序(Straight Insertion Sort)，如图 10-20 所示。

插入排序(Insertion Sort)的算法描述是一种简单直观的排序算法。它的工作原理是通过构建有序序列，对于未排序数据，在

图 10-20　玩纸牌的理牌

已排序序列中从后向前扫描，找到相应位置并插入。

直接插入排序是插入排序算法中的典型算法，其在计算机中的定义如下：

直接插入排序是一种最简单的排序方法，根据关键字大小将待排数据直接插入已知的数据有序序列中。

10.4.1　算法描述

对直接插入排序的算法描述如下：

(1)从第 1 个元素开始，该元素可以认为已经被排序；

(2)取出下一个元素，在已经排序的元素序列中从后向前扫描；

(3)如果该元素(已排序)大于新元素，将该元素移到下一位置；

(4)重复步骤(3)直到找到已排序的元素小于或者等于新元素的位置；

(5)将新元素插入该位置后；

(6)重复步骤(2)～(5)。

为了理解直接插入排序的基本流程，我们分步分析直接插入排序的过程。首先，商品的数据存储在数组中，或者存储在顺序表中，初始状态如图 10-21 所示。

第 1 趟排序，如图 10-22 所示。数组的第 1 个元素 21 认为已经有序，取第 2 个元素 25 来比对，如图 10-22 所示，21 小于 25，继续向后取下一个元素进行排序，数据的比较次数为 1 次。

图 10-21　数据的初始状态

图 10-22　直接插入排序的第 1 趟排序

第 2 趟排序，如图 10-23 所示。数组的前两个元素已经有序，取第 3 个元素 49 来比对，如图 10-23 所示，25 小于 49，继续向后取下一个元素排序，数据的比较次数为 1 次。

第 3 趟排序，如图 10-24 所示。数组的前三个元素已经有序，取第 4 个元素 25*来比对，如图 10-24 所示，49 大于 25*，49 右移一位，由于 25 和 25*对比，25 等于 25*，将 25*放置到当前 49 所在位置，继续向后取下一个元素排序，数据的比较次数为 2 次。

图 10-23　直接插入排序的第 2 趟排序

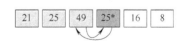

图 10-24　直接插入排序的第 3 趟排序

第 4 趟排序，如图 10-25 所示。数组的前四个元素已经有序，取第 5 个元素 16 来比对，如图 10-25 所示，49 大于 16，49 右移一位，同样 25*、25、21 都大于 16，依次右移一位，最后将 16 放到当前 21 所在的位置，继续向后取下一个元素排序，数据的比较次数为 4 次。

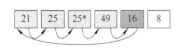

图 10-25　直接插入排序的第 4 趟排序

第 5 趟排序，如图 10-26 所示。数组的前五个元素已经有序，取第 6 个元素 8 来比对，如图 10-26 所示，49 大于 8，49 右移一位，同样 25*、25、21、16 都大于 8，依次右移一位，最后将 8 放到当前 16 所在的位置，数据的比较次数为 5 次。排序完成，结果如图 10-27 所示。

图 10-26　直接插入排序的第 5 趟排序

图 10-27　排序完的数据

在插入排序过程中，在数据进行右移的时候，为了保存当前比较的元素，需要使用一个辅助变量记录当前用于比较的元素值，在整个直接插入排序过程中，进行了 5 趟排序，共比较了 1+1+2+4+5=13（次）。

10.4.2　算法实现

通过对直接插入排序的分析，数据采用数组 d 存储，数组长度为 n，数组的第 1 个元素的下标为 0，最后一个元素的下标为 n-1；由此可以得出直接插入排序的流程图（该流程图以递增方式排序），如图 10-28 所示。

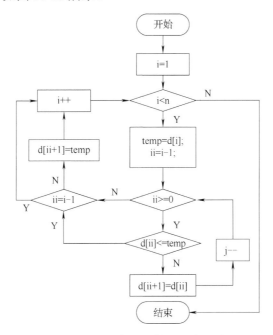

图 10-28　直接插入排序的流程图

直接插入排序算法的程序可以用一个函数来实现，具体的定义如下：

(1) 函数名，Insert_Sort；

(2) 函数的参数，参数分别为要排序的数组指针 d、数组的长度 n，数据类型均为 int；

(3) 函数的返回值类型，无返回值；

(4) 函数体，实现直接插入排序的过程算法。

```
/*直接插入排序算法的实现函数*/
#include<stdio.h>
int d[100000000];
void Insert_Sort(int *d,int n)
```

```
    {
        int i=0,ii=0,temp=0;
        for(i=1;i<n;i++)                //循环遍历
        {
            temp=d[i];                  //将 temp 每一次赋值为 d[i]
            ii=i-1;
            while(ii>=0&&temp<d[ii])
            {
                d[ii+1]=d[ii];          //将大的元素往前放
                ii--;
            }
            d[ii+1]=temp;
        }
    }
```

定义了直接插入排序的函数后，在主函数中初始化包含商品销售量的数组，调用直接插入排序函数完成排序，我们就完成了电子商务网站项目中的第 1 个任务，使用直接插入排序实现了商品销售量的排序。

10.4.3 算法分析

仔细分析直接插入排序的代码，会发现虽然每次都需要将数组向后移位，但是在此之前的判断却是可以优化的。

不难发现，每次都是从有序数组的最后一位开始，向前扫描的，这意味着，如果当前值比有序数组的第 1 位还要小，那就必须比较有序数组的长度 n 次。这个比较次数，在不影响算法稳定性的情况下，是可以简化的：记录上一次插入的值和位置，与当前插入值比较。若当前值小于上个值，将上个值插入位置之后的数，全部向后移位，以上个值插入的位置作为比较的起点；反之，仍然从有序数组的最后一位开始比较。

1. 稳定性分析

直接插入排序在排序过程中，首先要对插入的数据和已排序的数据进行比较，通过前面的算法描述以及代码实现，当有序部分数据和待插入数据相等的时候，我们将待插入数据放在后面，所以直接插入排序是稳定的。

2. 时间复杂度和空间复杂度分析

如果待排序数据的初始状态是正序的，那么一趟排序就只要比较 1 次，需要进行 $n-1$ 趟排序。所需的关键字比较次数 C 达到最小值：$C_{min}=n-1$，同时，不需要移动数据，即数据移动次数为 $M_{min}=0$，所以直接插入排序最好的时间复杂度为 $O(n)$。

若待排序数据的初始状态是反序的，需要进行 $n-1$ 趟排序。第 1 趟排序要进行 1 次关键字比较，第 2 趟进行 2 次比较，…，每 $n-1$ 趟排序时，要进行 $n-1$ 次关键字的比较；同时，在比较前，将待插入的数据赋值为辅助变量，之后每次比较后都需要将数据右移一次，将辅助变量的值放置在最前面。在这种情况下，比较和移动次数均达到最大值：直接插入排序的最坏时间复杂度为 $O(n^2)$。综上所述，直接插入排序的平均时间复杂度为 $O(n^2)$。

在算法实现的过程中，为了实现数据的交换，直接插入排序中使用了一个辅助变量 temp，所以直接插入排序的空间复杂度为 $O(1)$，即占用内存很少。

$$C_{max} = \frac{n(n-1)}{2} = O(n^2), \quad M_{max} = \frac{(n+4)(n-1)}{2} = O(n^2) \tag{9-3}$$

直接插入排序适用于已经有部分数据排好的情况，并且排好的部分越大越好。一般在输入规模大于 1000 的场合下不建议使用插入排序。

通过前三种排序算法的学习，每种算法的平均时间复杂度都是 $O(n^2)$，有没有效率更高的排序算法呢？

10.5　电子商务网站中使用希尔排序实现商品排序

【任务描述】 使用排序算法实现商品排序，要求占用内存小，时间复杂度小于 $O(n^2)$。

在电子商务网站中，商品的数量数不胜数，为了更好地理解排序算法，假定某类商品只有 6 种，其销售量分别是 21、25、49、25*、16、8，对这些商品，如何快速地按照销售量进行排序？

1959 年，Donald Shell 发明第 1 个突破 $O(n^2)$ 的排序算法，是简单插入排序的改进版。它与插入排序的不同之处在于，它会优先比较距离较远的元素。希尔排序(Shell Sort)又称缩小增量排序。

希尔排序是插入排序的一种，是直接插入排序算法的一种更高效的改进版本，其在计算机中的定义如下。

10.5.1　算法描述

希尔排序又称为缩小增量排序，先将整个待排记录序列分割成若干子序列，分别进行直接插入排序，待整个序列中的记录"基本有序"时，再对全体记录进行一次直接插入排序。

希尔排序的基本思想如下。

在要排序的一组数中，根据某一增量分为若干子序列，并对子序列分别进行插入排序。然后逐渐将增量减小，并重复上述过程。直至增量为 1，此时数据序列基本有序，最后进行插入排序。

为了理解希尔排序的基本流程，我们分步来分析希尔排序的过程。首先，商品的数据存储在数组中，或者存储在顺序表中，初始状态如图 10-29 所示。

在排序前，需要定义一个增量(或者步长)dk，一般初始化为 $n/2$，也就是数组长度的一半。

当 dk=3 时，判断数据 d[i] 与 d[i+dk] 的大小。

i=0，比较数组元素 d[0] 与 d[3] 的大小，21 小于 25*，因此不交换两者的数据，如图 10-30 所示。数据比较 1 次。

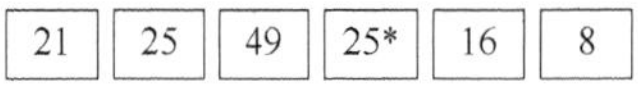

图 10-29　数据的初始状态 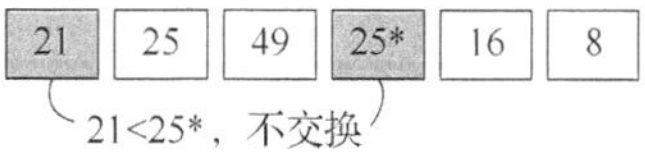　　　　　　　图 10-30　希尔排序-1(dk=3)

i=1，比较 d[1]与 d[4]的大小，25 大于 16，交换两者的数据，如图 10-31 所示。数据比较 1 次。

i=2，比较数组元素 d[2]与 d[5]的大小，49 大于 8，交换两者的数据，如图 10-32 所示。数据比较 1 次。

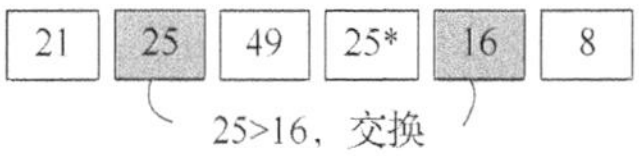

图 10-31　希尔排序-2(dk=3) 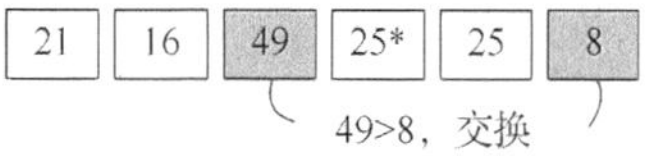　　　　　　图 10-32　希尔排序-3(dk=3)

i=3，由于 d[i+dk]为 d[6]超出数组下标取值范围，循环结束。

最终第 1 轮排序后，数组的排序结果如图 10-33 所示。从图中能观察到，数值 16、8 等小数字已经放在数组的前三位，而 25*、25、49 等大数字已经排在数组后三位，并已经完成了排序。这就是希尔排序的精妙之处，通过定义增量(步长)的方式，将关键字较小记录跳跃式地往前移动，从而使序列更快速地实现排序。

计算新的 dk，一般 dk=dk/2=1，这时就是直接插入排序。

i=0，比较数组元素 d[0]与 d[1]的大小，21 大于 16，交换两者数据，如图 10-34 所示。数据比较 1 次。

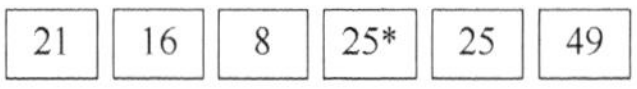

图 10-33　第 1 轮希尔排序结果 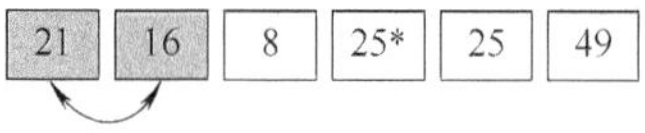　　　　　图 10-34　希尔排序-1(dk=1)

i=1，使用辅助变量 temp 记录 d[2]的值，比较 d[1]与 temp 的大小，21 大于 8，21 右移一位；比较 d[0]与 temp 的大小，16 大于 8，16 右移一位，将 8 放置在数组 d[0]处，如图 10-35 所示。数据比较 2 次。

i=2，比较 d[2]与 d[3]的大小，21 小于 25*，不交换两者数据，如图 10-36 所示。数据比较 1 次。

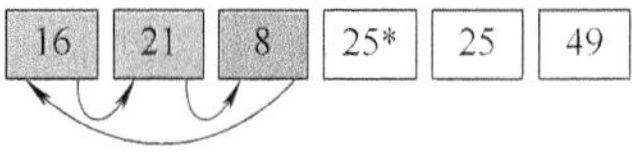

图 10-35　希尔排序-2(dk=1) 　　　　　　图 10-36　希尔排序-3(dk=1)

i=3，i=4 的情形和 i=2 类似，数据均不需要交换，每次数据比较 1 次。本轮排序结束。

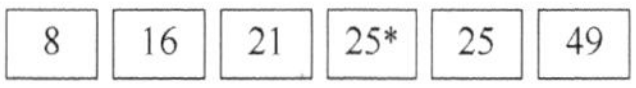

计算新的 dk，一般 dk=dk/2=0，整个排序结束，最终完成排序后，数据如图 10-37 所示。在整个希尔排序过程中，数据比较次数为 9 次。

| 8 | 16 | 21 | 25* | 25 | 49 |

图 10-37　希尔排序的最终结果

10.5.2 算法实现

通过对希尔排序的分析，数据采用数组 d 存储，数组长度为 n，数组的第 1 个元素的下标为 0，最后一个元素的下标为 n−1；由此可以得出希尔排序的流程图(该流程图以递增方式排序)，如图 10-38 所示。

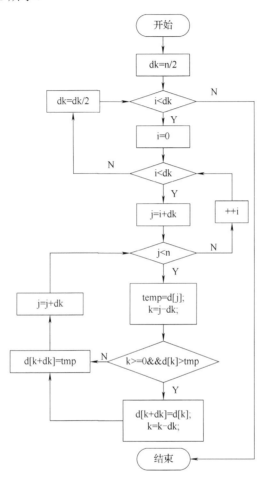

图 10-38　希尔排序的流程图

希尔排序算法的程序可以用一个函数来实现，具体的定义如下：

(1)函数名，shell_sort；

(2)函数的参数，参数分别为要排序的数组指针 d、数组的长度 len，数据类型均为 int；

(3)函数的返回值类型，无返回值；

(4)函数体，实现希尔排序的过程算法。

```c
/*希尔排序算法的实现函数(从小到大)*/
#include <stdio.h>
#include <malloc.h>
void shell_sort(int *d, int len)
{
```

```
int i, j, k, tmp, dk;          //dk 为增量
for (dk=len / 2; dk>0; dk /=2) {
    for (i=0; i<dk; ++i) {     //变量 i 为每次分组的第 1 个元素下标
        for (j=i+dk; j<len; j+=dk) {
            tmp=d[j];              //备份 a[i]的值
            k=j-dk;                //k 初始化为 j 的前一个元素(与 j 相差 dk 长度)
            while (k>=0 && d[k]>tmp) {
                d[k+dk]=d[k];
                k-=dk;
            }
            d[k+dk]=tmp;
        }
    }
}
```

定义了希尔排序的函数后，我们在主函数中，初始化包含商品销售量的数组，调用希尔排序函数完成，这样我们完成了电子商务网站项目中的第 2 个任务，使用希尔排序实现了商品销售量的排序。

10.5.3 算法分析

1. 稳定性分析

由于多次插入排序，我们知道一次插入排序是稳定的，不会改变相同元素的相对顺序，但在不同的插入排序过程中，相同的元素可能在各自的插入排序中移动，最后其稳定性就会被打乱，所以希尔排序是不稳定的。

2. 时间复杂度和空间复杂度分析

希尔排序是基于直接插入排序的一种算法，在此算法基础之上增加了一个新的特性，提高了效率。

本质上讲，希尔排序算法是直接插入排序算法的一种改进，减少了其赋值的次数，速度要快很多。原因是，当 n 值很大时，数据项每一趟排序需要移动的个数很少，但数据项的距离很长。当 n 值减小时，每一趟需要移动的数据增多，此时已经接近于它们排序后的最终位置。正是这两种情况的结合才使希尔排序效率比插入排序高很多。

希尔排序的时间复杂度依赖于增量序列的函数，只可以准确地对特定的待排序记录序列估算关键词的比较次数和对象移动次数。有人在大量的实验后得出结论：当 n 在某个特定的范围内，在最优的情况下，希尔排序的时间复杂度为 $O(n^{1.3})$，在最差的情况下，希尔排序的时间复杂度为 $O(n^2)$，通过归纳总结，得出希尔排序的平均时间复杂度为 $O(n\log n) \sim O(n^2)$。

希尔排序在排序过程中，使用了一个辅助变量 temp，所以希尔排序的空间复杂度为 $O(1)$。

10.6 电子商务网站中使用归并排序实现商品排序

【任务描述】 电子商务在升级过程中，为了减少商品的种类，将几类商品合并成一类商品，如何借助排序算法实现合并后商品的排序(按销售量升序排列)？

在电子商务网站中，商品的数量数不胜数，为了更好地理解排序算法，假定要合并的商品有 6 种，其中商品 1 和商品 2 一类，商品 3 和商品 4 一类，商品 5 和商品 6 一类，其销售量分别是 21、25、49、25*、16、8，对这些商品，如何快速地按照销售量进行排序？

在田径运动会的 100m 比赛中，我们经常看到这样的情景，在预赛中，运动员会分成几个组，每个组 8 个人，每组按照成绩排序，最后将几个组合并进行整体排序，从而得出晋级的名单，这就是一个归并排序(Merge Sort)的实例。

归并排序是建立在归并操作上的一种有效的排序算法。该算法是采用分治法(Divide and Conquer)的一个非常典型的应用。将已有序的子序列合并，得到完全有序的序列；即先使每个子序列有序，再使子序列段间有序。若将两个有序表合并成一个有序表，称为 2-路归并。

在计算机科学中，它们的定义如下。

分治法：字面意思是"分而治之"，就是把一个复杂的问题分成两个或多个相同或相似的子问题，再把子问题分成更小的子问题直到子问题可以简单地直接求解，原问题的解即子问题的解的合并。

10.6.1 算法描述

归并排序的基本思想如下。

首先考虑如何将两个有序数列合并。这个非常简单，只要比较两个数列的第 1 个数，谁小就先取谁，取了后就在对应数列中删除这个数，然后进行比较，如果有数列为空，那直接将另一个数列的数据依次取出即可。

归并排序的基本思路就是将数组分成两组，即 A、B，如果这两组内的数据都是有序的，那么就可以很方便地将这两组数据进行排序。如何让这两组内数据有序呢？

可以将 A、B 组各自再分成两组。依次类推，当分出来的小组只有 1 个数据时，可以认为这个小组内已经有序，然后合并相邻的两个小组就可以了。这样通过先递归的分解数列，再合并数列就完成了归并排序。

根据归并排序的基本思路，可以得出归并排序的基本步骤：

(1)把长度为 n 的输入序列分成两个长度为 $n/2$ 的子序列；
(2)对这两个子序列分别采用归并排序；
(3)将两个排序好的子序列合并成一个最终的排序序列。

【问题 10-3】 在电子商务网站中，某类商品有 6 种，各商品的销售量分别是 21、25、49、25*、16、8，其中第 4 种商品的销售量和第 1 种商品的销售量相同，也为 25，为了便于在排序中区别两种商品，将第 4 种商品的销售量标记为 25*，使用归并排序完成商品按照销售量排序的任务。

为了理解归并排序的基本流程，分步分析归并排序的过程。首先，商品的数据存储在数组中，或者存储在顺序表中，初始状态如图 10-39 所示。

按照归并排序的步骤，分步骤分析讲解。

第 1 步，将输入序列分成两个长度相等的子序列，如图 10-40 所示。

图 10-39　初始状态图　　　　　　　　图 10-40　序列分成两个子序列

第 2 步，对两个子序列分别采用归并排序，那么我们分别将子序列分成两个子序列，将{21,25,49}分成{21,25}和{49}两个子序列，将{25*,16,8}分成{25*,16}和{8}两个子序列，再依次将子序列分成更小的子序列，对于一个数据的序列就不需要再分了，如图 10-41 所示。

第 3 步，当子序列不可再分之后，我们将排序好的子序列合并成最终的有序序列，首先将子序列合并成有序序列，然后继续合并，如图 10-42 所示。

最终排序结果就是{8,16,21,25,25*,49}。从归并排序的整个过程来看，归并排序是典型的递归算法，可以使用递归函数来实现。

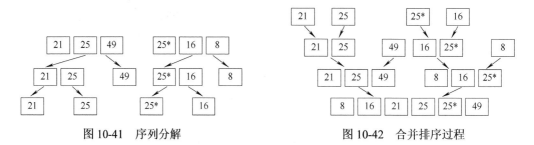

图 10-41　序列分解　　　　　　　　图 10-42　合并排序过程

10.6.2　算法实现

根据 10.6.1 节的分析，使用递归函数实现归并排序，那么我们来看一下算法的实现。

归并排序算法的程序可以使用递归的方式编写程序，程序用一个函数来实现，具体的定义如下：

(1)函数名，Merge_Sort；

(2)函数的参数，参数分别为排序数组的上界和下界，数据类型均为 int；

(3)函数的返回值类型，无返回值；

(4)函数体，实现归并排序的过程算法。

```
/*递归实现的归并排序算法(从小到大)*/
#include <stdio.h>
int d[3000];                            //在主函数外定义数组
int temp[3000];
void Merge_Sort(int left,int right)
{
```

```
    if ( left==right ) return;              //判断数组中是否只有一个数
    int mid=( left+right )/2;               //取一个中间数
    Merge_Sort(left, mid);
    Merge_Sort(mid + 1,right);
    int i=left;                             //把开始和中间的值保存在临时变量中
    int j=mid + 1;
    int len=0;
    while (i<=mid && j<=right)              //在范围内判断前后两数的大小
    {
        if (d[i]<d[j])                      //判断大小,大到小">",小到大"<"
        {
            temp[len]=d[i];                 //如果条件成立,把后面的值赋到前面
            len++;                          //表示判断过一遍
            i++;
        }
        else
        {
            temp[len]=d[j];                 //不成立就不变
            len++;
            j++;
        }
    }
    for (;i<=mid;i++)
    {
        temp[len]=d[i];
        len++;
    }
    for (;j<=right;j++)
    {
        temp[len]=d[j];
        len++;
    }
    for (int ii=left; ii<=right ;ii++)
        d[ii]=temp[ii-left];
}
```

定义了归并排序的函数后,在主函数中初始化包含商品销售量的数组,调用归并排序函数完成,这样我们完成了电子商务网站项目中的第 1 个任务,使用归并排序实现了商品销售量的排序。

归并排序使用递归函数实现,尽管在代码上比较清晰,容易理解,但是递归函数在时间和空间复杂度上,对算法的性能都会有损耗。那么是否可以使用非递归的方式实现归并排序呢?下面分析非递归实现归并排序的过程。

递归的思路是先将数组分成一段一段的,而非递归是我们直接将数组的每个元素都当

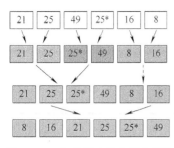

图 10-43　归并排序的非递归思路

成一个序列，然后从跨度为 1 开始依次合并，最后成为排好序的序列，如图 10-43 所示。

归并排序算法用非递归的方式来实现，首先定义一个归并函数，用于归并两个有序序列，具体的定义如下：

(1) 函数名，Merge；

(2) 函数的参数，参数分别为有序序列的存放数组 A、临时数组 TmpA、左边界 L、分割点 R 和右边界 RightEnd，数据类型均为 int；

(3) 函数的返回值类型，无返回值；

(4) 函数体，实现将有序的 A[L]~A[R-1]和 A[R]~A[RightEnd]归并成一个有序序列。

```c
/*归并两个有序序列(从小到大)*/
#include "stdio.h"
#include "stdlib.h"
void Merge( int A[], int TmpA[], int L, int R, int RightEnd )
{ /*将有序的 A[L]~A[R-1]和 A[R]~A[RightEnd]归并成一个有序序列*/
    int LeftEnd, NumElements, Tmp;
    int i;

    LeftEnd=R-1;                        /*左边终点位置*/
    Tmp=L;                              /*有序序列的起始位置*/
    NumElements=RightEnd-L+1;

    while( L<=LeftEnd&&R<=RightEnd ) {
        if ( A[L]<=A[R] )
            TmpA[Tmp++]=A[L++];         /*将左边元素复制到 TmpA*/
        else
            TmpA[Tmp++]=A[R++];         /*将右边元素复制到 TmpA*/
    }
    while( L<=LeftEnd )
        TmpA[Tmp++]=A[L++];             /*直接复制左边剩下的*/
    while( R<=RightEnd )
        TmpA[Tmp++]=A[R++];             /*直接复制右边剩下的*/
    /*for( i=0; i<NumElements; i++, RightEnd -- )
        A[RightEnd]=TmpA[RightEnd];     将有序的 TmpA[]复制回 A[]*/
}
```

归并排序算法在归并过程中，需要将相邻有序子列归并，可以使用一个函数来实现，具体的定义如下：

(1) 函数名，Merge_pass；

(2) 函数的参数，参数分别为有序子列 A、有序子列 TmpA、待排序序列的长度 N、当前有序子列的长度 length，数据类型均为 int；

(3) 函数的返回值类型，无返回值；

(4) 函数体，实现两两归并相邻有序子列。

```
/*两两归并相邻有序子列的实现函数*/
/*length=当前有序子列的长度*/
void Merge_pass( int A[], int TmpA[], int N, int length )
{
    int i, j;
    for ( i=0; i<=N-2*length; i+=2*length )
        Merge( A, TmpA, i, i+length, i+2*length-1 );
    if ( i+length < N )
```
/*i+一个序列还是小于 n,意味着有两个长度不等的子序列,其中一个为 length,另一个小于 length*/
```
        Merge( A, TmpA, i, i+length, N-1);  /*归并最后 2 个子列*/
    else /*最后只剩 1 个子列*/
        for ( j=i; j<N; j++ ) TmpA[j]=A[j];
}
```

非递归的归并排序算法可以使用一个函数来实现，具体的定义如下：

(1) 函数名，Merge_Sort；

(2) 函数的参数，参数分别为待排序序列 A、待排序序列的长度 N，数据类型均为 int；

(3) 函数的返回值类型，无返回值；

(4) 函数体，实现非递归的归并排序算法。

```
/*非递归实现的归并排序算法(从小到大)*/
void Merge_Sort( int A[], int N )
{
    int length;
    int *TmpA;
    length=1; /*初始化子序列长度*/
    TmpA=(int*)malloc( N * sizeof( int ) );
    if ( TmpA!=NULL ) {
        while( length < N ) {
            Merge_pass( A, TmpA, N, length );
            length*=2;
            Merge_pass( TmpA, A, N, length );
            length*=2;
        }
        free( TmpA );
    }
    else printf( "空间不足" );
}
```

定义了归并排序的函数后，在主函数中初始化包含商品销售量的数组，调用归并排序函数，这样我们就完成了电子商务网站项目中的第 1 个任务，使用归并排序实现了商品销售量的排序。

10.6.3　算法分析

归并排序是稳定的排序，即相等的元素的顺序不会改变。因为在归并的过程中，相等的数据都不会进行交换。下面分析时间复杂度和空间复杂度。

对于递归方式实现的归并排序：

排序过程就像一棵完全二叉树，因此最外层的递归进行了 $\log_2 n$ 次（完全二叉树的深度为 $\log_2 n$），因此递归的时间复杂度为 $O(\log_2 n)$，在归并有序序列的过程中，还要进行排序比对，比对的时间复杂度为 $O(n)$，由于比对在递归中嵌套，所以，归并排序的时间复杂度为 $O(n\log_2 n)$，也是归并排序算法中最好、最坏、平均的时间性能。

在归并过程中，需要与原数组同样数量的存储空间，同时还需要存放归并结果以及递归时深度为 $\log_2 n$ 的栈空间，因此空间复杂度为 $O(n+\log_2 n)$。

接下来，对于非递归方式实现的归并排序进行分析。

首先在归并过程中，每两个序列进行归并，这部分的时间复杂度为 $O(\log_2 n)$，然后，每个序列进行比对的时间复杂度为 $O(n)$，而且比对是嵌套在两个序列归并这个方法里的，因为时间复杂度为 $O(n\log_2 n)$。

在非递归实现的归并排序中，非递归避免了递归申请深度为 $\log_2 n$ 的栈空间，也就是申请了临时用的 temp 数组，非递归的空间复杂度为 $O(n)$。

综上所述，非递归实现的归并排序在时间性能上避免了递归导致的性能损耗，同时空间复杂度更优，所以，在使用归并排序的时候，尽可能考虑使用非递归实现的归并排序。

通过对归并排序的性能分析，其时间复杂度达到了 $O(n\log_2 n)$，效率已经相当可观，但唯一不足的是其占用空间较大，如果面对海量数据进行排序，对于系统内存是极大的考验，那么有没有排序算法能够在时间复杂度保持在 $O(n\log_2 n)$ 水准的情况下，降低空间复杂度呢？

10.7　电子商务网站中使用快速排序实现商品排序

【任务描述】使用排序算法实现商品排序，要求占用内存小，时间复杂度达到 $O(n\log_2 n)$。

在电子商务网站中，商品的数量数不胜数，为了更好地理解排序算法，假定某类商品只有 6 种，其销售量分别是 21、25、49、25*、16、8，对这些商品，如何快速地按照销售量进行排序？

快速排序（Quick Sort）是对冒泡排序的一种改进算法。由 Hoare 在 1960 年提出。该算法使用广泛、效率很高，是最重要的排序算法之一。

快速排序的基本思想：通过一趟排序将待排记录分隔成独立的两部分，其中一部分记录的关键字均比另一部分的关键字小，则可分别对这两部分记录继续进行排序，以使整个序列有序。

那么在计算机科学中，快速排序是如何定义的呢？

快速排序是对冒泡排序的一种改进。该算法从待排序列中任取一个元素(如取第 1 个)作为中心,所有比它小的元素一律前放,所有比它大的元素一律后放,形成左右两个子表;然后对各子表重新选择中心元素并依此规则调整,直到每个子表的元素只剩一个。此时便为有序序列。

10.7.1 算法描述

快速排序使用分治法把一个序列分为两个子序列。具体算法描述如下。

第 1 步,从数列中挑出一个元素,称为"基准"(Pivot)。

第 2 步,重新排序数列,所有元素比基准值小的摆放在基准前面,所有元素比基准值大的摆在基准的后面(相同的数可以到任一边)。在这个分区退出之后,该基准就处于数列的中间位置。这称为分区(Partition)操作。

第 3 步,递归地把小于基准值元素的子数列和大于基准值元素的子数列排序。

为了理解快速排序的基本流程,分步分析快速排序的过程。首先,商品的数据存储在数组中,或者存储在顺序表中,初始状态如图 10-44 所示。

根据快速排序的基本思路,可以得出排序的过程如下。

(1)假设最开始的基准数据为数组第 1 个元素 21,则首先用一个临时变量去存储基准数据,即 temp=21;然后分别从数组的两端扫描数组,设两个指示标志:low 指向起始位置,high 指向末尾,如图 10-45 所示。

图 10-44 初始状态图

图 10-45 快速排序的初始标志

(2)从后半部分开始,如果扫描到的值大于基准数据就让 high 减 1,如果发现有元素比该基准数据的值小(如图 10-46 中 8≤temp),就将 high 位置的值赋给 low 位置,结果如下。

(3)开始从前往后扫描,如果扫描到的值小于基准数据就让 low 加 1,如果发现有元素大于基准数据的值(如图 10-47 中 25≥temp),就将 low 位置的值赋给 high 位置,指针移动并且数据交换后的结果如下。

图 10-46 快速排序过程 1

图 10-47 快速排序过程 2

(4)从后向前扫描,原理同上,发现图 10-48 中 16≤temp,则将 high 位置的值赋给 low 位置,结果如下。

(5)从前往后遍历,原理同上,发现图 10-49 中 49≥temp,则将 low 位置的值赋给 high 位置,结果如下。

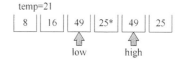

图 10-48　快速排序过程 3　　　　　　　　　　　图 10-49　快速排序过程 4

(6)从后往前遍历，直到 low=high 结束循环，此时 low 或 high 的下标就是基准数据 21 在该数组中的正确索引位置，如图 10-50 所示。

(7)将基准数据 21 放置在 low 和 high 的位置，如图 10-51 所示。

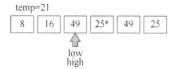

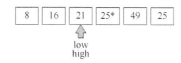

图 10-50　快速排序过程 5　　　　　　　　　　　图 10-51　快速排序过程 6

这样一遍下来，可以很清楚地知道，其实快速排序的本质就是把基准数大的都放在基准数的右边，把比基准数小的放在基准数的左边，这样就找到了该数据在数组中的正确位置。

之后采用递归的方式分别对前半部分和后半部分排序，当前半部分和后半部分均有序时，该数组就自然有序了。

10.7.2　算法实现

根据算法描述的算法步骤，使用 C 语言实现算法。

快速排序算法的程序可以用一个函数来实现，具体的定义如下：

(1)函数名，Quick_Sort；

(2)函数的参数，参数分别为要排序的数组下界 low 和上界 high，数据类型均为 int；

(3)函数的返回值类型，无返回值；

(4)函数体，实现快速排序的过程算法。

```c
/*快速排序算法的实现函数*/
#include<stdio.h>
#include<string.h>              //字符串头文件
int d[1000];                    //在主函数外面定义数组
void Quick_Sort(int low,int high)
{
    if(low>=high)               //如果左索引大于或者等于右索引就代表排序完成
        return ;
    int i=low;                  //将区间记录下来
    int j=high;
    int key=d[i];               //记录参考值
    while(i<j)                  //控制在当组内寻找一遍
    {
```

```
        while(i<j&&key<=d[j])
                        //结束的条件:(1)找到一个小于 key 的数;(2)i 与 j 的大小反转
            j--;            //向前寻找
        d[i]=d[j];        //找到数后就把它赋给 d[i]
        while(i<j&&key>=d[i]) //结束的条件:
                        //(1)找到一个大于 key 的数; (2)i 与 j 的大小反转
            i++;            //往后寻找
        d[j]=d[i];
    }
    d[i]=key;                //当在当组内找完一遍后就把中间数 key 赋值回去
    Quick_Sort(low,i-1);     //左边的序列使用快速排序
    Quick_Sort(i+1,high);    //对右边的序列使用快速排序
}
```

定义了快速排序的函数后，在主函数中初始化商品销售量的数组，调用快速排序函数完成排序，这样我们完成了电子商务网站项目中的第 1 个任务，使用快速排序实现了商品销售量的排序。

10.7.3　算法分析

快速排序采用了分治法的思想，采用的是递归函数方式，快速排序的次数取决于递归的次数。每次划分后进行一次递归，根据递归算法的思路，可以得到递归树，那么快速排序的性能取决于递归树的深度。

在最坏的划分下，每次划分完成时，基准两边的子数组总有一边为 0 个元素，这时快速排序相当于插入排序，递归树的深度为 n；同时，无论划分好坏，每次划分之后都需要进行 n 次比较，得出时间复杂度就是 $O(n^2)$。

在最好的划分下，每次划分完成后，基准正好位于数组中间，递归树的深度为 $\log_2 n$，那么时间复杂度就是 $O(n\log_2 n)$。

在平均情况下，基准元素位于第 $k(1 \leqslant k \leqslant n)$ 个位置，那么递归树的深度数量级也为 $\log_2 n$，所以快速排序的时间复杂度为 $O(n\log_2 n)$。

而快速排序的空间复杂度，由于快速排序采用的是递归函数方式，每次对划分后的数据进行存储，需要与原数组同样数量的存储空间，同时还需要存放排序结果以及递归时深度为 $\log_2 n$ 的栈空间，因此空间复杂度为 $O(n+\log_2 n)$。

快速排序过程中，在和基准比较后，对数据进行交换，就可能将相等的数据交换顺序，所以快速排序是不稳定的算法。

10.8　电子商务网站中使用堆排序实现商品排序

【任务描述】使用排序算法实现商品排序，要求时间复杂度达到 $O(n\log_2 n)$。

在电子商务网站中，商品的数量数不胜数，为了更好地理解排序算法，假定某类商品

只有 6 种，其销售量分别是 21、25、49、25*、16、8，对这些商品，如何快速地按照销售量进行排序？

在前面的章节中，我们学习过二叉树，在数据排序的过程中，假如我们的数据存储在二叉树这类的数据结构中，那么我们可以使用堆排序。

在讲述堆排序前，我们先了解一下什么是堆（Heap）？例如，"叠罗汉"的表演，由二人以上的人层层叠成各种样式，如图 10-52 所示。

"叠罗汉"表演和我们介绍的堆是相似的结构。"叠罗汉"是把人层层叠在一起，而堆是把数字符号堆成一个塔形。

我们来看一下堆的实例，如图 10-53 所示。

图 10-52 "叠罗汉"图

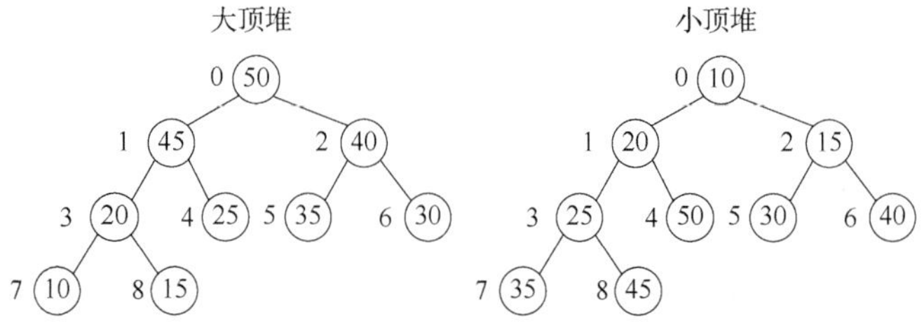

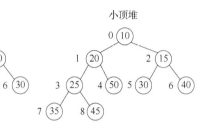

图 10-53 堆的示意图

从图 10-53 中可以看出，堆就是二叉树。在大顶堆中，根结点为最大的数，并且对于所有结点，叶子结点的数都小于根结点。而在小顶堆中，根结点为最小的数，并且对于所有结点，叶子结点的数都大于根结点。这就是堆的结构，我们来看一下计算机科学中，堆是如何定义的。

堆是具有下列性质的完全二叉树：

(1) 每个结点的值都大于或等于其左、右孩子结点的值——大根（顶）堆。

(2) 每个结点的值都小于或等于其左、右孩子结点的值——小根（顶）堆。

同时，对堆的存储是这样的，首先对堆中的结点按层进行编号，将这种逻辑结构映射到数组中，如图 10-54 所示。

下标	0	1	2	3	4	5	6	7	8
大顶堆	50	45	40	20	25	35	30	10	15

下标	0	1	2	3	4	5	6	7	8
小顶堆	10	20	15	25	50	30	40	35	45

图 10-54 堆的数组存储

同时，对于数组中的数据，根据堆的性质可得出如下条件：

大顶堆：arr[i] >= arr[2i+1] && arr[i] >= arr[2i+2]。

小顶堆：arr[i] <= arr[2i+1] && arr[i] <= arr[2i+2]。

接下来，来了解一下堆排序的步骤。

10.8.1 堆排序算法描述

堆排序（Heap Sort）就是利用堆进行排序的方法，具体定义如下：

将待排数据建立一个大根（小根）堆，移走根结点，将剩余的 $n-1$ 个数据重新构建大根

(小根)堆，移走根结点，如此反复，直到所有数据有序。通过实际数据来演示堆排序的过程。

(1)构造初始堆。将给定无序序列构造成一个大顶堆(一般升序采用大顶堆，降序采用小顶堆)。

假设给定无序序列结构如下，如图 10-55 所示。

此时，从最后一个非叶子结点开始(叶结点自然不用调整，第 1 个非叶子结点 [arr.length/2]−1=[5/2]−1=1，也就是下面的 6 结点)，由于 6 小于 9，从左至右，从下至上进行调整，如图 10-56 所示。

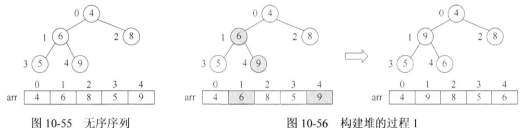

图 10-55 无序序列   图 10-56 构建堆的过程 1

找到第 2 个非叶子结点 4，由于[4,9,8]中元素 9 最大，4 和 9 交换，如图 10-57 所示。

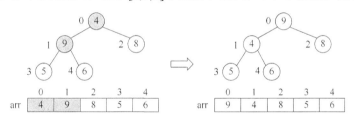

图 10-57 构建堆的过程 2

这时，交换导致了子根[4,5,6]结构混乱，继续调整，[4,5,6]中 6 最大，交换 4 和 6。如图 10-58 所示。

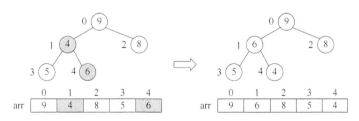

图 10-58 构建堆的过程 3

此时，就将一个无序序列构造成了一个大顶堆。

(2)将堆顶元素与末尾元素进行交换，使末尾元素最大。然后继续调整堆，再将堆顶元素与末尾元素交换，得到第 2 大元素。如此反复进行交换、重建、交换。

将堆顶元素 9 和末尾元素 4 进行交换，如图 10-59 所示。

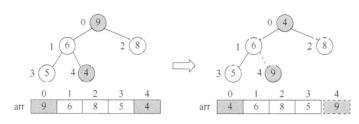

图 10-59　交换堆顶元素

重新调整结构，使其继续满足堆定义，如图 10-60 所示。

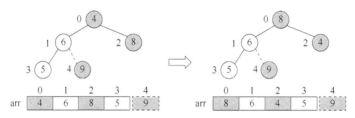

图 10-60　堆的调整

再将堆顶元素 8 与末尾元素 5 进行交换，得到第 2 大元素 8，如图 10-61 所示。

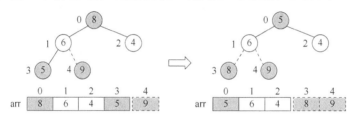

图 10-61　交换堆顶元素

后续过程，继续进行调整、交换，如此反复进行，最终使得整个序列有序，如图 10-62 所示。

由此，可以总结出堆排序的基本思路：

(1)将无序序列构建成一个堆，根据升序、降序需求选择大顶堆或小顶堆；

(2)将堆顶元素与末尾元素交换，将最大元素"沉"到数组末端；

(3)重新调整结构，使其满足堆定义，然后继续交换堆顶元素与当前末尾元素，反复执行调整加交换步骤，直到整个序列有序。

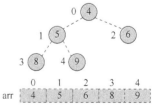

图 10-62　堆排序的结果

10.8.2　算法实现

堆数据调整算法的程序可以用一个函数来实现，具体的定义如下：

(1)函数名，HeapAdjust；

(2)函数的参数，参数分别为要排序的数组 a[]、要调整数据的数组下标 s 和 m，数据类型均为 int；

(3)函数的返回值类型，无返回值；

(4) 函数体，实现堆数据调整的过程算法。

```c
/*堆数据调整算法的实现函数*/
#include <stdio.h>
#include <malloc.h>
void HeapAdjust(int a[],int s,int m)  //一次筛选的过程
{
    int rc,j;
    rc=a[s];
    for(j=2*s;j<=m;j=j*2)                 //通过循环,沿较大的孩子结点向下筛选
    {
        if(j<m&&a[j]<a[j+1]) j++;         //j 为较大的记录的下标
        if(rc>a[j]) break;
        a[s]=a[j];s=j;
    }
    a[s]=rc;                              //插入
}
```

堆排序算法的程序可以用一个函数来实现，具体的定义如下：

(1) 函数名，HeapSort；

(2) 函数的参数，参数分别为要排序的数组 d[]、数组的长度 n，数据类型均为 int；

(3) 函数的返回值类型，无返回值；

(4) 函数体，实现堆排序的过程算法。

```c
/*堆排序算法的实现函数*/
void HeapSort(int d[],int n)
{
    int temp,i,j;
    for(i=n/2;i>0;i--)            //通过循环初始化顶堆
    {
        HeapAdjust(d,i,n);
    }
    for(i=n;i>0;i--)
    {
        temp=d[1];
        d[1]=d[i];
        d[i]=temp;               //将堆顶记录与未排序的最后一个记录交换
        HeapAdjust(d,1,i-1);     //重新调整为顶堆
    }
}
```

定义了堆排序的函数后，我们在主函数中，初始化商品销售量的数组，调用堆排序函数完成排序，这样我们完成了电子商务网站项目中的第 1 个任务，使用堆排序实现了商品销售量的排序。

10.8.3　算法分析

我们知道堆的结构是结点 i 的孩子结点为 $2i$ 和 $2i+1$ 结点，大顶堆要求父结点大于等于其 2 个子结点，小顶堆要求父结点小于等于其 2 个子结点。在一个长为 n 的序列中，堆排序的过程是，从第 $[n/2]$ 个结点开始，和其子结点共 3 个值，从中选择最大值(大顶堆)或者最小值(小顶堆)，这 3 个结点之间的选择当然不会破坏稳定性。但当为第 $[n/2]-1$ 个结点，第 $[n/2]-2$ 个结点，…，第 1 个结点(共 $[n/2]-1$ 个结点)选择元素时，就会破坏稳定性。有可能第 $[n/2]$ 个父结点与后面一个元素完成了交换，而第 $[n/2]-1$ 个父结点与后面一个值相同的结点没有交换，那么这 2 个值相同的结点之间的稳定性就被破坏了。所以，堆排序不是稳定的排序算法。

在堆排序(大顶堆)的过程中，堆建好之后，首先可以看到堆中第 0 个数据是堆中最大的数据。取出这个数据再执行堆的删除操作。这样堆中第 0 个数据又是堆中最大的数据，重复上述步骤直至堆中只有一个数据时就直接取出这个数据。

由于堆也是用数组模拟的，故堆化数组后，第 1 次将 $A[0]$ 与 $A[n-1]$ 交换，再对 $A[0]\cdots A[n-2]$ 重新恢复堆。第 2 次将 $A[0]$ 与 $A[n-2]$ 交换，再对 $A[0]\cdots A[n-3]$ 重新恢复堆，重复这样的操作直到 $A[0]$ 与 $A[1]$ 交换。由于每次都是将最大的数据并入后面的有序区间，故操作完成后整个数组就有序了，类似于直接选择排序。

由于每次重新恢复堆的时间复杂度为 $O(\log_2 n)$，共 $n-1$ 次重新恢复堆操作，再加上前面建立堆时 $n/2$ 次向下调整，每次调整时间复杂度也为 $O(\log_2 n)$。两次操作时间相加还是 $O(n\log_2 n)$。故堆排序的时间复杂度为 $O(n\log_2 n)$。

10.9　本　章　小　结

在数据量日益增长的时代，为了对数据进行筛选，需要对数据按照指定方式进行排序，从而加快数据的筛选和查找的效率。在大数据时代，排序算法的效率在应用中至关重要，由此排序算法受到越来越多的关注。排序算法是计算机科学中重要的一种算法，应用领域广泛。本章的学习以依次完成电子商务网站项目的两个任务为主线展开，在学习知识的同时，也提升了分析问题和解决问题的能力。

10.1 节首先从认识排序的定义开始，从日常生活中常见的排序实例引入排序的概念，总结出排序的定义，即将一组杂乱无章的数据按一定的规律顺次排列起来。之后根据排序的特点，讲述了排序相关的术语，让读者在宏观上对排序有一定的认识。

10.2 节主要学习冒泡排序，从日常生活中各种冒泡现象引出冒泡排序的定义，冒泡是一种简单的排序算法。排序过程中，每趟不断将记录两两比较，并按"前小后大"或"前大后小"规则交换。冒泡排序是稳定的排序算法。冒泡排序在交换数据过程中，数据的移动次数最大达到了 $3n(n-1)/2$，对于待排序数据较多的情况，数据的移动会大大降低系统的效率。冒泡排序的平均时间复杂度为 $O(n^2)$。冒泡排序中使用了一个辅助变量 temp，所以冒泡排序的空间复杂度为 $O(1)$。

10.3 节主要学习选择排序，选择排序是一种简单直观的排序算法，算法从头至尾扫描序列，找出最小的一个元素，和第 1 个元素交换，接着从剩下的元素中继续这种选择和交换方式，最终得到一个有序序列。选择排序算法是不稳定的排序算法。选择排序算法的时间复杂度为 $O(n^2)$。于是在选择排序算法的应用中，数据规模越小越好。在算法实现的过程中，为了实现数据的交换，选择排序中使用了一个辅助变量 temp，所以选择排序的空间复杂度为 $O(1)$。

10.4 节主要学习直接插入排序，直接插入排序是一种最简单的排序方法，根据关键字大小将待排数据直接插入已知的数据有序序列中。直接插入排序是稳定的。直接插入排序的平均时间复杂度为 $O(n^2)$。在算法实现的过程中，为了实现数据的交换，直接插入排序中使用了一个辅助变量 temp，所以直接插入排序的空间复杂度为 $O(1)$。

10.5 节主要学习希尔排序，希尔排序是插入排序的一种，是直接插入排序算法的一种更高效的改进版本，它与插入排序的不同之处在于，它会优先比较距离较远的元素。希尔排序是不稳定的。希尔排序的平均时间复杂度为 $O(n\log_2 n) \sim O(n^2)$。希尔排序在排序过程中，使用了一个辅助变量 temp，所以希尔排序的空间复杂度为 $O(1)$。

10.6 节主要学习归并排序，归并排序是建立在归并操作上的一种有效的排序算法。该算法是采用分治法的一个非常典型的应用。归并排序是稳定的排序算法。归并排序算法可以采用递归和非递归两种方式实现。归并排序的时间复杂度为 $O(n\log_2 n)$，在递归实现的归并排序中，在归并过程中，需要与原数组同样数量的存储空间，同时还需要存放归并结果以及递归时深度为 $\log_2 n$ 的栈空间，因此空间复杂度为 $O(n+\log_2 n)$，而非递归实现的算法中，算法的空间复杂度为 $O(n+\log_2 n)$。

10.7 节主要学习快速排序，快速排序是对冒泡排序的一种改进算法。快速排序从待排序列中任取一个元素作为中心，所有比它小的元素一律前放，所有比它大的元素一律后放，分为两个子序列，继续使用分治法对两个子序列进行快速排序。快速排序是不稳定的。快速排序的时间复杂度为 $O(n\log_2 n)$。由于快速排序是采用递归函数方式实现的，每次对划分后的数据进行存储，需要与原数组同样数量的存储空间，同时还需要存放排序结果以及递归时深度为 $\log_2 n$ 的栈空间，因此空间复杂度为 $O(n+\log_2 n)$。

10.8 节主要学习堆排序，堆是具有特定性质的完全二叉树。堆排序就是利用堆进行排序的方法。堆排序不是稳定的排序算法。堆排序的时间复杂度为 $O(n\log_2 n)$。

习　题

1. 已知一组关键字 (41,27,28,12,28*,13,52,7)，分别采用冒泡排序法、选择排序、直接插入排序、希尔排序和快速排序从小到大对这些关键字进行排序。请写出每趟排序后的划分结果。

2. 给定一个关键字序列 {4,8,7,2,10,3,6}，生成一棵 AVL 树，画出构造过程。

3. 已知序列 {55,19,12,61,6,16,82,25}，请给出采用堆排序对该序列做升序排序时的每一趟结果。

参 考 文 献

程杰，2011. 大话数据结构. 北京：清华大学出版社.

严蔚敏，吴伟民，米宁，2018. 数据结构题集（C 语言版）. 北京：清华大学出版社.

张乃孝，陈光，孙猛，2015. 算法与数据结构——C 语言描述. 3 版. 北京：高等教育出版社.

附录

中英文专业词汇

第 1 章中英文专业词汇

中文	英文	中文	英文
数据	Data	数据元素	Data Element
数据项	Data Item	数据对象	Data Object
数据结构	Data Structure	抽象数据类型	Abstract Data Type
逻辑结构	Logical Structure	集合结构	Set Structure
线性结构	Linear Structure	树型结构	Tree Structure
图型结构	Graph Structure	存储结构	Storage Structure
顺序存储结构	Sequential Storage Structure	随机存取	Random Access
链式存储结构	Linked Storage Structure	算法	Algorithm
时间复杂度	Time Complexity	空间复杂度	Space Complexity

第 2 章中英文专业词汇

中文	英文	中文	英文
数据类型	Data Type	变量	Variable
结构体	Structure	数组	Array
指针	Pointer	指针变量	Pointer Variable
链表	Linked List	函数	Function
模块化程序设计	Modular Programming		

第 3 章中英文专业词汇

中文	英文	中文	英文
线性结构/线性表	Linear List	顺序表	Sequential List
单链表	Singly Linked List	结点	Node
循环链表	Circular Linked List	双向链表	Double Linked List

第 4 章中英文专业词汇

中文	英文	中文	英文
栈	Stack	递归	Recursion
顺序栈	Sequential Stack	链栈	Linked Stack
栈顶	Top	栈底	Base

续表

中文	英文	中文	英文
入栈/压栈/进栈	Push	出栈/弹栈	Pop
共享栈	Shared Stack		

第 5 章中英文专业词汇

中文	英文	中文	英文
队列	Queue	循环队列	Circular Queue
顺序队列	Sequential Queue	链队列	Linked Queue
队首	Front	队尾	Rear
入队	Enqueue	出队	Dequeue

第 6 章中英文专业词汇

中文	英文	中文	英文
树	Tree	叶子结点	Leaf Node
环路	Cycle	路径	Path
结点	Node	高度	Height
根结点	Root Node	深度	Depth
双亲结点	Parent Node	层次	Level
兄弟结点	Sibling Node	森林	Forest
祖先	Ancestor Node	深度优先遍历	Depth-First Search
孩子结点	Child Node	广度优先遍历	Breadth-First Search
子孙结点	Descendant Node	度	Degree

第 7 章中英文专业词汇

中文	英文	中文	英文
二叉树	Binary Tree	二叉搜索树	Binary Search Tree
二叉排序树	Binary Sort Tree	线索	Thread
完美/满二叉树	Perfect Binary Tree	线索二叉树	Threaded Binary Tree
完全二叉树	Complete Binary Tree	权	Weight
完满二叉树	Full Binary Tree	带权路径长度	Weighted Path Length
遍历	Traversal	子树	Subtree
二叉链表	Binary Linked List	右子树	Right Subtree
左子树	Left Subtree	赫夫曼编码	Huffman Coding
先根遍历	Pre-Order Traversal	后根遍历	Post-Order Traversal
中根遍历	In-Order Traversal		

第 8 章中英文专业词汇

中文	英文	中文	英文
图	Graph	活动最晚开始时间	the Latest Time of Activity
顶点	Vertex	边	Edge
有向图	Directed Graph	无向图	Undirected Graph
稀疏图	Sparse Graph	混合图	Mixed Graph
无向完全图	Undirected Complete Graph	稠密图	Dense Graph
简单图	Simple Graph	有向完全图	Directed Complete Graph
权	Weight	多重图	Multiple Graph
度	Degree	网	Network
出度	Outdegree	入度	Indegree
路径长度	Path Length	路径	Path
回路	Cycle	简单路径	Simple Path
连通分量	Connected Component	连通图	Connected Graph
强连通分量	Strongly Connected Component	强连通图	Strongly Connected Graph
邻接表	Adjacent List	邻接矩阵	Adjacent Matrix
生成树	Spanning Tree	十字链表	Orthogonal List
AOV 网	Activity On Vertex Network	最小生成树	Minimum Cost Spanning Tree
拓扑排序	Topological Sort	拓扑序列	Topological Order
关键路径	Critical Path	AOE 网	Activity On Edge Network
事件最早发生时间	the Earliest Time of Event	关键活动	Critical Activity
活动最早开始时间	the Earliest Time of Activity	遍历图	Traversing Graph
事件最晚发生时间	the Latest Time of Event	最短路径	the Shortest Path

第 9 章中英文专业词汇

中文	英文	中文	英文
无序查找	Disorder Search	有序查找	Order Search
静态查找	Static Search	动态查找	Dynamic Search
查找表	Search Table	查找结构	Search Structure
数据元素	Data Element	主关键字	Primary Key
次关键字	Secondary Key	平均查找长度	Average Search Length
索引查找	Index Search	斐波那契查找	Fibonacci Search
折半查找	Half-Interval Search	二分查找	Binary Search
对数查找	Logarithmic Search	顺序查找	Sequential Search
分块查找	Blocking Search	哈希查找	Hash Search
散列表	Hash Table	平衡二叉树	Balanced Binary Tree

第 10 章中英文专业词汇

中文	英文	中文	英文
冒泡排序	Bubble Sort	选择排序	Selection Sort
插入排序	Insertion Sort	折半插入排序	Binary Insert Sort
基准	Pivot	希尔排序	Shell Sort
归并排序	Merge Sort	分区	Partition
堆排序	Heap Sort	快速排序	Quick Sort
堆	Heap	直接插入排序	Straight Insertion Sort